机械工业技师考评培训教材

电工技师培训教材

第 2 版

机械工业技师考评培训教材编审委员会　组编

姜平　主编

U0038876

机 械 工 业 出 版 社

本书系统介绍了电工技师必须掌握的理论及其应用知识，主要内容分为教材和试题两大部分，内容丰富，涉及面较广。教材部分的主要内容有：电子技术基础、电机、晶闸管变流技术、自动控制系统的基本知识、直流调速系统、交流调速系统与变频器应用技术、可编程序控制器技术和机床数控技术。试题部分的主要内容有：试题库和三套试卷样例。书后附有试题库答案，供读者参考。

本书主要用作电工技师考评培训教材，也可作为电工高级技师考评培训和电工高技能人才培训的参考教材，还可供企业技师考评及职业技能鉴定部门在命题时参考。

图书在版编目（CIP）数据

电工技师培训教材/姜平主编；机械工业技师考评培训教材编审委员会组编. —2 版. —北京：机械工业出版社，2017.6
（2023.9 重印）

机械工业技师考评培训教材

ISBN 978-7-111-56541-3

Ⅰ. ①电… Ⅱ. ①姜…②机… Ⅲ. ①电工技术 - 技术培训 - 教材 Ⅳ. ①TM

中国版本图书馆 CIP 数据核字（2017）第 070654 号

机械工业出版社（北京市百万庄大街 22 号 邮政编码 100037）
策划编辑：王振国 责任编辑：王振国
责任校对：肖 琳 封面设计：陈 沛
责任印制：郜 敏
北京富资园科技发展有限公司印刷
2023 年 9 月第 2 版第 6 次印刷
148mm×210mm·14.75 印张·442 千字
标准书号：ISBN 978-7-111-56541-3
定价：49.80 元

前　言

本书是原机械工业技师考评培训教材《维修电工技师培训教材》的修订版。第1版教材自2001年10月出版发行以来，社会反映良好，已成为全国通用电工技师培训教材之一。

随着2015版《国家职业分类大典》和最新国家职业标准的颁布，为了适应工业生产中现代电气控制技术的不断发展和技师培训与考评新形势的要求，需要对原书做出相应的修订和补充。

此次修订主要依据电工技师岗位实际要求，注重提升解决实际问题的职业技能，保持了原书的特点和风格，在内容上力求简明精练、通俗易懂，实用性和通用性强，努力保持理论知识的系统性，便于理解、掌握和应用，以满足全国各地技师培训和职业技能鉴定的需要。

本书内含教材和试题两大部分，内容较为丰富，编排上详略得当，既便于组织集体培训，也易于个人自学。本书不仅可以用作电工技师考前培训教材，也可作为电工高级技师考评培训和高技能人才培训的参考教材，还可供企业技师考评及职业技能鉴定部门在命题时参考。使用本书时，各地可以根据当地技师、高级技师培训和职业技能鉴定的情况，对培训内容进行适当的增减。

本书由姜平先生任主编，陈德玉先生等参加了编写，由叶猛先生任主审，沈峰、周刚两位先生参加了审稿。在此次修订过程中，得到了许多企业和读者的关心和帮助，也参考了大量的书籍和资料，在此一并致谢。

电工是理论与操作技能并重的一个特殊工种，在其实际操作中离不开理论的指导。因此，学习和掌握丰富的理论知识，坚持理论联系实际，培养一定的逻辑判断和思维能力，提高实际操作技能水平，对每一位电工来说是至关重要的。为此，我们希望本书能满足广大读者的要求，给广大读者带来帮助，成为大家的良师益友，并衷心感谢广大读者对本书的厚爱。

由于本书内容较多，涉及面较广，加之作者水平有限，因此书中难免存在不足和错误之处，恳请专家和广大读者批评指正。

编者

目　　录

第一章　电子技术基础

培训目标　掌握各种典型电子电路的功能、工作原理、性能指标及相关应用知识；掌握电力电子器件的分类、工作原理、特性和主要参数及其使用与保护知识；培养和提高分析、排除电子电路故障的能力。

电子技术是有关电子器件、电子电路及其应用的技术科学。电子电路中的电信号有两大类：模拟信号和数字信号。所谓模拟信号，是指模拟各种物理量及其实际变化的电压和电流。模拟信号在时间上和幅度上都是连续变化的，其波形是平滑的。而所谓数字信号，则是指在时间上和幅度上是离散的、不连续的电压和电流。电子电路根据其工作信号的不同，可分为模拟电子电路和数字电子电路两大类。随着半导体制造技术的不断发展，电子技术又产生了新的分支——电力电子技术。电力电子技术是以各种大功率的电力电子器件为核心，并应用于电力技术领域的电子技术。在工业上应用的各种电子电路，都是根据现场实际需要，对一些典型电子电路进行有目的的选择、组合、改进而来的，因此掌握电子技术，首先必须掌握各种电子元器件的主要特性及其各种典型的电子电路。本章简明归纳和总结了常见的各种典型电子电路，并对其中某些电路进行了较为详细的介绍和分析。

第一节　模拟电子电路

模拟电子电路，通常包括放大、运算、滤波、比较、波形变换、功率放大、稳压等电路，其常用的电子器件，有二极管、稳压二极管、晶体管、场效应晶体管和各种模拟集成电路。各种模拟电子电路，具有各自的电路功能，均有其相应的应用场合。

一、晶体管放大电路

晶体管放大电路的基本组成条件，是晶体管应工作于放大区而且信号能不失真地输入和输出。各种晶体管放大电路都是利用晶体管的电流放大特性，在输入信号的作用下，将直流电源的能量转变为输出信号的能量，因此它们都存在输出电压、输出电流和输出功率，而各种放大电路的差异主要是其侧重点有所不同。放大电路的特点是电路中同时存在直流分量和交流分量，而且晶体管是非线性器件。因此，分析放大电路时，主要采用的是图解法和微变等效电路法等分析方法。图解法是一种借助于晶体管特性曲线，进行作图求解的分析方法，适用于分析输入信号幅值较大（如功率放大器）、频率较低以及无反馈的放大电路，但它不能用来求取放大电路的某些技术指标，如输入电阻 R_i、输出电阻 R_o 等。而微变等效电路法，则是一种近似计算的分析方法，即在一定条件下用线性模型代替晶体管，然后用分析线性电路的方法，来分析放大电路的各项参数和指标，因此它适用于分析输入信号幅值较小的电压放大电路。常用的放大电路，有电压放大电路、差动放大电路和功率放大电路等。

1. 电压放大电路

电压放大电路一般工作在小信号状态，其输入信号多为毫伏级的交流电压信号，而电路各处电流也较小。电压放大电路的着重点是电压放大性能，即要求电压放大倍数足够大、输出波形不失真、工作稳定。电压放大器的主要性能指标，有电压放大倍数 A_u、输入电阻 R_i 和输出电阻 R_o 等。

（1）设置静态工作点　由晶体管的输入和输出特性可知，为使晶体管在放大交流信号的全过程中始终工作在特性曲线的线性部分，以不失真地放大信号，必须通过直流工作电源配合适当的电阻，来满足晶体管放大状态时发射结正偏、集电结反偏的外部条件，这称为设置静态工作点。设置静态工作点的典型电路有固定偏置放大电路和射极偏置放大电路，如图1-1所示。其中，射极偏置放大电路，利用直流负反馈的自动调节作用，可以稳定晶体管的静态工作点，因而实际应用较为广泛。

（2）基本放大电路　利用晶体管的3种基本接法可以构成3种基本放大电路。3种基本放大电路及其主要特点见表1-1。

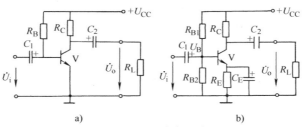

图 1-1　电压放大电路

a）固定偏置放大电路　b）射极偏置放大电路

表 1-1　3 种基本放大电路

电路名称	共发射极电路	共集电极电路	共基极电路
电路形式			
静态工作点 $(I_B、I_C、U_{CE})$	$I_B = I_C/\beta$ $I_C \approx I_E = (U_B - U_{BE})/R_E$ $U_{CE} \approx U_{CC} - I_C(R_C + R_E)$ 其中：$U_B = \dfrac{R_{B2}}{R_{B1} + R_{B2}} U_{CC}$	$U_B、I_C、I_B$ 同左 $U_{CE} = U_{CC} - I_C R_E$	同共发射极电路
$\dot{A}_u$	$-\beta \dfrac{R'_L}{r_{be}}$ 其中：$R'_L = R_C /\!/ R_L$ $r_{be} = 300 + (1+\beta)\dfrac{26\text{mV}}{I_E(\text{mA})}$	$\beta \dfrac{R'_L}{r_{be} + \beta R'_L} \approx 1$ 其中：$R'_L = R_E /\!/ R_L$ $r_{be} = 300 + (1+\beta)\dfrac{26\text{mV}}{I_E(\text{mA})}$	$\beta \dfrac{R'_L}{r_{be}}$ 其中：$R'_L = R_C /\!/ R_L$ $r_{be} = 300 + (1+\beta)\dfrac{26\text{mV}}{I_E(\text{mA})}$
R_i	$R_{B1} /\!/ R_{B2} /\!/ r_{be}$	$R_{B1} /\!/ R_{B2} /\!/ [r_{be} + (1+\beta)R'_L]$	$r_{be}/(1+\beta)$
R_o	R_C	$\dfrac{R_{B1} /\!/ R_{B2} /\!/ R_S + r_{be}}{1 + \beta} /\!/ R_E$	R_C
特点	属于反相放大电路，电压放大倍数较大，输入电阻和输出电阻较为适中	属于同相放大电路，具有电压跟随特性，电压放大倍数小于并接近于1，输入电阻较大，输出电阻较小	属于同相放大电路，电压放大倍数与共射极电路基本相同，输入电阻较小
应用场合	多级低频电压放大器的输入级、中间级和输出级	多级低频电压放大器的输入级和输出级	宽频带放大器

（3）放大电路中的交流负反馈　　放大电路引入交流负反馈，虽然会降低放大电路的放大倍数，但却能够显著改善电路的其他性能，如稳定放大电路的放大倍数、减小非线性失真、扩展频带以及改变放大电路的输入电阻及输出电阻等。

由于负反馈的反馈网络对输出回路的采样，有电压和电流之分（分别用于稳定输出电压或输出电流），而反馈量与输入量在输入回路中的连接方式，又有串联和并联之分（分别适用于输入信号源为低内阻或高内阻），故负反馈共有 4 种类型，即电压串联负反馈、电压并联负反馈、电流串联负反馈、电流并联负反馈。

2. 多级放大器

实际应用中的放大器，大多是由若干个单级放大器组成的多级放大器。各级放大器之间的耦合形式主要有阻容耦合、变压器耦合和直接耦合 3 种。

（1）电压放大倍数　　多级（n 级）放大器的电压放大倍数为各级放大器的电压放大倍数之积，即 $\dot{A}_u = \dot{A}_{u1} \dot{A}_{u2} \cdots \dot{A}_{un}$。其中，$\dot{A}_{u1}$、$\dot{A}_{u2}$、$\dot{A}_{un}$ 分别为第一级、第二级、第 n 级放大器的电压放大倍数。

（2）输入电阻和输出电阻　　多级放大器的输入电阻就是考虑了后级影响后的第一级的输入电阻，即 $R_i = R_{i1}$。多级放大器的输出电阻就是考虑了所有前级影响后的末级的输出电阻，即 $R_o = R_{on}$。

例 1-1　　如图 1-1b 所示，$R_{B1} = 33\text{k}\Omega$，$R_{B2} = 10\text{k}\Omega$，$R_E = 1.5\text{k}\Omega$，$R_C = 3.3\text{k}\Omega$，$R_L = 5.1\text{k}\Omega$，$+U_{CC} = +12\text{V}$，晶体管 $\beta = 50$，试确定晶体管的静态工作点，并估算放大器的电压放大倍数 $\dot{A}_u$、输入电阻 R_i、输出电阻 R_o。

解　　晶体管的静态工作点

$$U_B = \frac{R_{B2}}{R_{B1} + R_{B2}} U_{CC} = \frac{10\text{k}\Omega}{33\text{k}\Omega + 10\text{k}\Omega} \times 12\text{V} = 2.79\text{V}$$

$$I_C \approx I_E = \frac{U_B - U_{BE}}{R_E} = \frac{2.79\text{V} - 0.7\text{V}}{1.5\text{k}\Omega} = 1.39\text{mA}$$

$$I_B = \frac{I_C}{\beta} = \frac{1.39\text{mA}}{50} = 27.8\mu\text{A}$$

$$U_{CE} = U_{CC} - I_C(R_C + R_E) = 12\text{V} - 1.39\text{mA} \times (3.3\text{k}\Omega + 1.5\text{k}\Omega) = 5.33\text{V}$$

放大器的微变等效电路如图 1-2 所示。

$$r_{\mathrm{be}} = 300\Omega + (1 + \beta)\frac{26\mathrm{mV}}{I_{\mathrm{E}}(\mathrm{mA})} = 300\Omega + (1 + 50) \times \frac{26\mathrm{mV}}{1.39\mathrm{mA}} \approx 1.25\mathrm{k}\Omega$$

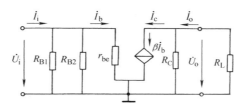

图 1-2　微变等效电路

电压放大倍数 $\dot{A}_{\mathrm{u}} = \dfrac{\dot{U}_{\mathrm{o}}}{\dot{U}_{\mathrm{i}}} = -\beta\dfrac{R_{\mathrm{C}}\ /\!/\ R_{\mathrm{L}}}{r_{\mathrm{be}}} = -50 \times \dfrac{3.3\mathrm{k}\Omega\ /\!/\ 5.1\mathrm{k}\Omega}{1.25\mathrm{k}\Omega} \approx -80$

输入电阻 $R_{\mathrm{i}} = R_{\mathrm{B1}}\ /\!/\ R_{\mathrm{B2}}\ /\!/\ r_{\mathrm{be}} = 33\mathrm{k}\Omega\ /\!/\ 10\mathrm{k}\Omega\ /\!/\ 1.25\mathrm{k}\Omega \approx 1.25\mathrm{k}\Omega$

输出电阻 $R_{\mathrm{o}} = R_{\mathrm{C}} = 3.3\mathrm{k}\Omega$

3. 差动放大电路

为了放大缓慢变化的信号及直流信号，放大电路一般采用直接耦合的方式。为减小直接耦合放大电路的零点漂移，通常应选用高稳定度的电源和温度稳定性好的元器件，而在电路结构上最为有效的抑制零漂的方法，则是采用差动放大电路。差动放大电路有 4 种接法，即双端输入双端输出、双端输入单端输出、单端输入双端输出和单端输入单端输出。差动放大电路 4 种接法的工作情况见表 1-2。

表 1-2　差动放大电路 4 种接法的工作情况

电路名称	双端输入双端输出	双端输入单端输出
电路形式		

（续）

电路名称	双端输入双端输出	双端输入单端输出
$\dot{A}_{ud}$	$-\beta\dfrac{R_C//\dfrac{R_L}{2}}{R_S+r_{be}}$	$-\beta\dfrac{R_C//R_L}{2(R_S+r_{be})}$
R_i	$2(R_S+r_{be})$	$2(R_S+r_{be})$
R_o	$2R_G$	R_C

电路名称	单端输入双端输出	单端输入单端输出
电路形式	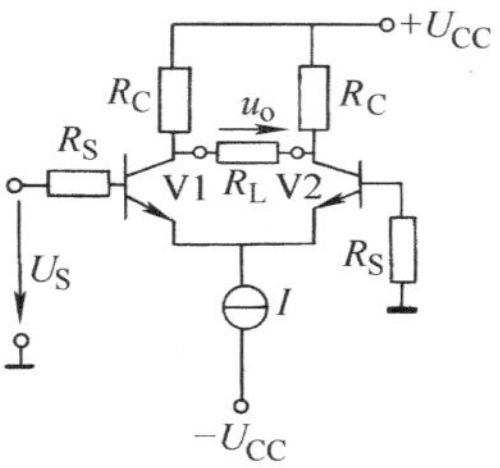	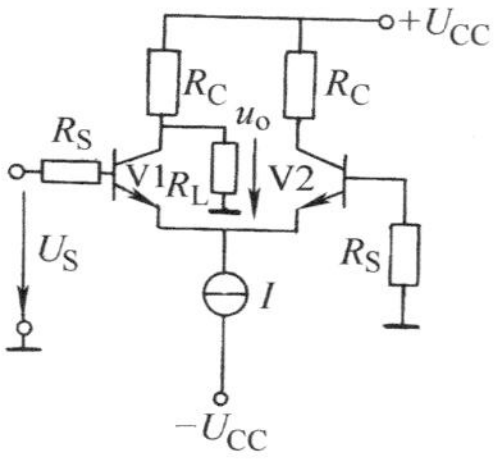
$\dot{A}_{ud}$	$-\beta\dfrac{R_C//\dfrac{R_L}{2}}{R_S+r_{be}}$	$-\beta\dfrac{R_C//R_L}{2(R_S+r_{be})}$
R_i	$2(R_S+r_{be})$	$2(R_S+r_{be})$
R_o	$2R_C$	R_C

4. 功率放大电路

功率放大电路（简称功放）是用来获得足够的输出信号功率，以驱动实际负载或执行元件。在功率放大电路中，功放管处于大信号工作状态，甚至是接近于极限状态，其电压和电流在较大范围内变化，输出信号容易产生非线性失真，功放管也较易损坏。对功率放大电路的主要要求是具有较大的输出功率、较高的效率、较小的信号失真以及电路工作稳定。功率放大电路主要有甲类和乙类等几种功放类型。乙类功率放大器的效率高于甲类功率放大器，理论上其效率最大值为 78.5%。常见的无变压器互补型乙类功率放大器主要有 OTL、OCL 和 BTL 功率放大电路等，如图 1-3 所示。

在理想情况下 3 种功率放大电路的最大输出功率分别为

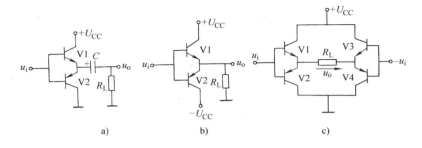

图 1-3 功率放大电路的工作原理

a）OTL 功放 b）OCL 功放 c）BTL 功放

OTL 功放（U_{CC} 单工作电源）： $P_{OM} = \dfrac{U_{CC}^2}{8R}$ （1-1）

OCL 功放（$\pm U_{CC}$ 双工作电源）： $P_{OM} = \dfrac{U_{CC}^2}{2R}$ （1-2）

BTL 功放（U_{CC} 单工作电源）： $P_{OM} = \dfrac{U_{CC}^2}{2R}$ （1-3）

由式（1-1）~式（1-3）可知，BTL 功放的电源利用率较高。从理论上讲，在同样的电源下，BTL 功放的输出功率是 OTL 功放的 4 倍。

在实际的功率放大电路中，应设置适当的静态工作点，使功放管工作在甲乙类状态，这样既可以保证较高的能量转换效率，又可以解决交越失真问题。

二、正弦波振荡器

正弦波振荡器的功能是将直流电变换为具有一定频率和幅值的正弦交流电，它在测量、控制、通信等许多领域中都得到了广泛应用。按振荡器中选频网络的不同，正弦波振荡器可分为 LC 正弦波振荡器、RC 正弦波振荡器和石英晶体振荡器。LC 正弦波振荡器可以产生高频正弦波信号，其输出正弦波信号的频率可达 1000MHz 以上；RC 正弦波振荡器可产生较低频率范围（如 1Hz ~ 1MHz）的正弦波信号；石英晶体正弦波振荡器，利用石英晶体谐振器的品质因数很高、且谐振频率很精确和很稳定的特性，可获得很高的频率稳定度。

1. 正弦波振荡器的组成和振荡条件

正弦波振荡器原理框图如图 1-4 所

示，$\dot{A}$ 为放大器，$\dot{F}$ 为具有选频特性的

正反馈网络。

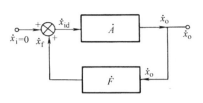

正弦波振荡器维持等幅正弦波振荡

图 1-4　正弦波振荡器原理框图

的条件为：$\dot{A}\dot{F} = 1$。该条件包含了相位

平衡条件和振幅平衡条件，即

1）相位平衡条件：$\varphi_A + \varphi_F = 2n\pi\,(n = 1,2,3,\cdots)$。即从输出端反馈到输入端的信号必须与输入信号同相位，亦即反馈必须是正反馈。

2）振幅平衡条件：$|\dot{A}\dot{F}| = 1$，即从输出端反馈到输入端的信号幅值必须与输入信号幅值相同。

实际上，正弦波输出信号是由正弦波振荡电路自激振荡产生的，没有真正的输入信号，而只有最初的扰动信号，因此正弦波振荡器有一个建立振荡（即起振）的过程。在此过程中，除了应满足上述的相位条件外，还应满足起振的幅值条件，即 $|\dot{A}\dot{F}| > 1$。在起振过程中，微弱的初始扰动信号经过放大、选频、正反馈、再放大……，逐渐由小到大，而正弦波振荡器最终便建立起单一频率的稳幅正弦波振荡输出。

一个完整的正弦波振荡器通常由放大器、选频网络、正反馈和稳幅环节 4 部分组成。

2. LC 正弦波振荡器

LC 正弦波振荡器，采用 LC 并联谐振回路作为晶体管的负载，并作为选频网络，再由反馈电路将输出信号反馈到放大器输入端，给放大器引入正反馈，从而产生自激正弦波振荡，形成正弦波输出。根据选频网络和反馈电路的结构不同，LC 正弦波振荡器有变压器反馈式、电感三点式和电容三点式 3 种基本形式，如图 1-5 所示。

LC 振荡器的正弦波振荡频率（即其输出正弦波的频率）f_0 为

$$f_0 = \frac{1}{2\pi\sqrt{LC}} \tag{1-4}$$

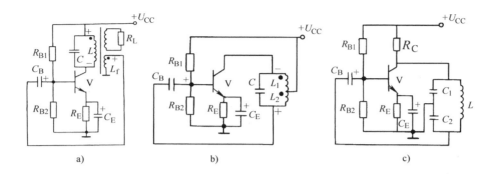

图 1-5 *LC* 正弦波振荡器

a）变压器反馈式 b）电感三点式 c）电容三点式

式中 *L*——*LC* 并联谐振回路的等效电感；

C——*LC* 并联谐振回路的等效电容。

品质因数 *Q* 是反映 *LC* 并联谐振回路损耗大小的一个重要参数，$Q = \dfrac{\omega_0 L}{R} = \dfrac{1}{\omega_0 CR} = \dfrac{1}{R}\sqrt{\dfrac{L}{C}}$，*Q* 值越大，*LC* 回路总损耗的等效电阻越小，损耗越小，*LC* 谐振回路的选频特性也越好。

三、集成运算放大器

集成运算放大器（简称运放）是一种高放大倍数（$10^4 \sim 10^7$）的直接耦合放大器，也是目前一种常见的集成电路。所谓集成电路，是将半导体器件、电阻、电容及连接线等，用集成工艺制作在同一块半导体基片上，使其具有一定的电路功能，再封装成的一个整体。集成电路按其电路功能主要分为模拟和数字两大类，运放属于模拟集成电路。国产集成电路器件的型号由 5 部分组成，各部分符号的意义见表 1-3。

国产运放的型号为 CF×××系列，如 CF702、CF747、CF4741 等。运放的主要技术指标有：开环差模电压放大倍数 A_{od}、共模抑制比 K_{CMR}、差模输入电阻 R_{id}、输入失调电压 U_{IO}、输入失调电压的温漂 dU_{IO}/dT、输入失调电流 I_{IO}、输入失调电流的温漂 dI_{IO}/dT、最大共模输入电压 U_{ICM}、最大共模输入电压 U_{IDM} 等。运放按其性能指标，分为通用型和专用型两大类，专用型是为了能更好地满足某些使用要求，而主要侧重于某项或某

表1-3　国产集成电路器件型号各部分符号的意义

第一部分	第二部分	第三部分	第四部分	第五部分
用字母 C 表示符合国家标准的器件	器件的类型（用字母表示）	器件系列和产品代号（用数字和字母表示）	器件工作温度范围（用字母表示）	器件的封装形式（用字母表示）
C	T：TTL 电路 H：HTTL 电路 E：ECL 电路 C：CMOS 电路 M：存储器 μ：微型机电路 F：线性放大器 W：稳压器 D：音响、电视电路 B：非线性电路 J：接口电路 AD：A/D 转换器 DA：D/A 转换器	TTL 系列有 54/74××× 54/74H××× 54/74L××× CMOS 系列有 54/74HC××× 54/74HCT×××	C：0~70℃ G：−25~70℃ L：−25~85℃ E：−40~85℃ R：−55~85℃ M：−55~125℃	P：塑料双列直插 B：塑料扁平 S：塑料单列直插 T：金属圆壳 J：黑瓷双列直插

些技术指标，如专用型有高精度型、高阻型、高速型、高压型、低功耗型、低温漂型、大功率型等，一般情况下可采用通用型。目前，运放作为一种基本的功能器件，已广泛用于各类线性、非线性电子电路中。

1. 线性应用

在线性应用电路中，运放带有深度负反馈，可近似为理想器件，具有"虚短"和"虚断"的特点，其本身处于线性工作状态，外加的反馈网络决定了电路输出量与输入量之间的具体关系。图1-6 所示为常见的集成运放线性应用电路。

反相放大器的输出电压 U_o 为

$$U_o = -\frac{R_F}{R_1}U_i \qquad (1-5)$$

同相放大器的输出电压 U_o 为

$$U_o = \left(1 + \frac{R_F}{R_1}\right)U_i \qquad (1-6)$$

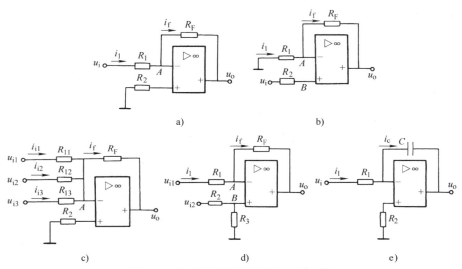

图 1-6 集成运放常见的线性应用电路

a）反相放大器 b）同相放大器 c）反相加法运算电路 d）差动输入运算放大器 e）积分器

反相加法运算电路的输出电压 U_o 为

$$U_o = -\left(\frac{R_F}{R_{11}}U_{i1} + \frac{R_F}{R_{12}}U_{i2} + \frac{R_F}{R_{13}}U_{i3} \right) \tag{1-7}$$

差动输入运算放大器的输出电压 U_o 为

$$U_o = \frac{R_3}{R_2 + R_3}\left(1 + \frac{R_F}{R_1} \right)U_{i2} - \frac{R_F}{R_1}U_{i1} \tag{1-8}$$

积分器的输出电压 U_o 为

$$U_o = -\frac{1}{C}\int_0^t i_c \mathrm{d}t = -\frac{1}{C}\int_0^t \frac{U_i}{R_1}\mathrm{d}t = -\frac{U_i}{R_1 C}t \tag{1-9}$$

式中　t——输入信号电压 U_i 在积分器输入端的持续作用时间。

由式（1-9）可知，在稳定的直流电压信号 U_i 的作用下，积分器的输出电压 U_o 将随 U_i 作用时间 t 的增加而线性增大（即 U_o 为 U_i 对时间线性积分关系）。但是，如果 U_i 在积分器输入端作用的持续时间过长，运放将进入饱和状态，在电源电压的限制下，其输出电压 U_o 将无法随 U_i 作用时间 t 的增加而继续增大，而只能是负向饱和值 $-U_{om}$（$U_i > 0$ 时）或正

向饱和值 $+U_{om}$（$U_i < 0$ 时），此时积分器输出电压 U_o 与输入电压 U_i 之间的线性积分关系也就不再存在了。

2. 非线性应用

在非线性应用电路中，运放处于无反馈（开环）或带正反馈的工作状态，运放的输出电压不是正向饱和值 $+U_{om}$ 就是负向饱和值 $-U_{om}$，即其输出电压 U_o 与输入电压 U_i 之间为非线性关系。

（1）反相输入滞回电压比较器 由于运放开环增益很大，因此其两个输入端只要有极小的电压差，其输出就为运放的正向饱和值 $+U_{om}$ 或负向饱和值 $-U_{om}$。显然，开环工作的运放就是一个简单的电压比较器，它将接在运放一个输入端的信号电压与另一个输入端的参考电压进行比较，而运放的输出端电压的正负则反映了两个电压比较的结果。这种由开环运放组成的电压比较器，具有电路简单、灵敏度高的优点，但其抗干扰能力较差，当输入信号电压受到干扰而在比较器的阈值电压（这种简单电压比较器的阈值电压等于参考电压值）左右变动时，比较器的输出电压就会随之发生来回跳变。

为提高电压比较器的抗干扰能力，可采用由带正反馈的运放组成的滞回电压比较器（又称为施密特触发器），其输出电压高电平和低电平两者之间的相互转换，对应于输入电压两个不同的阈值电压，因而具有滞回控制特性。

图 1-7a 所示为反相输入滞回电压比较器。图中的 u_i 为输入信号，U_R 为参考电压，稳压管 VZ 起限幅作用，使输出电压的正、负最大值为 $\pm U_Z$。

比较器输出电压发生跳变的临界条件是，运放反相输入端的电压 $u_\ominus$ 与运放同相输入端的电压 $u_\oplus$ 相等，即 $u_\ominus = u_\oplus$。运用叠加定理，可得运放同相输入端的电压为

$$u_\oplus = U_R R_3 / (R_2 + R_3) + u_o R_2 / (R_2 + R_3) = (R_3 U_R + R_2 u_o) / (R_2 + R_3)$$

$$(1\text{-}10)$$

由于 $u_\ominus = u_i$，而满足 $u_\ominus = u_\oplus$ 这个临界条件时所对应的 u_i 值就是阈值电压，故此电压比较器的阈值电压 U_{TH} 为

$$U_{TH} = (R_3 U_R + R_2 u_o) / (R_2 + R_3) \qquad (1\text{-}11)$$

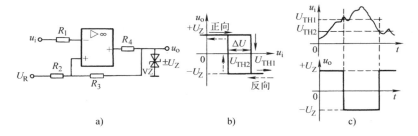

图 1-7　反相输入滞回电压比较器

a）电路　b）电压传输特性　c）工作波形

式中　u_o——输出电压的高电平 $+U_Z$ 或低电平 $-U_Z$。

将 $u_o = +U_Z$ 和 $u_o = -U_Z$ 分别代入上式，即可得到两个不同的阈值，即

$$U_{TH1} = (R_3 U_R + R_2 U_Z)/(R_2 + R_3) \tag{1-12}$$

$$U_{TH2} = (R_3 U_R - R_2 U_Z)/(R_2 + R_3) \tag{1-13}$$

这两个阀值电压之差称为回差电压 ΔU，即

$$\Delta U = U_{TH1} - U_{TH2} = \frac{2R_2 U_Z}{R_2 + R_3} \tag{1-14}$$

反相输入滞回电压比较器的电压传输特性如图 1-7b 所示。当 $u_i < U_{TH2}$ 时，$u_o = +U_Z$；若 u_i 逐渐上升，直到 $u_i = U_{TH1}$ 时，u_o 才发生跳变，$u_o = -U_Z$；若 u_i 继续上升，则 u_o 将保持不变，仍为 $-U_Z$。当 $u_i > U_{TH1}$ 时，$u_o = -U_Z$；若 u_i 逐渐降低，直到 $u_i = U_{TH2}$ 时，u_o 才发生跳变，$u_o = +U_Z$；若 u_i 继续降低，则 u_o 仍为 $+U_Z$。

当输入信号电压因受干扰而发生异常变动时，只要其不超过相应的阈值电压，这种滞回电压比较器的输出就能保持稳定不变，如图 1-7c 所示。因此，滞回电压比较器具有一定的抗干扰能力，通常可用于环境干扰较大的场合和信号波形整形等。

滞回电压比较器还可作为电子双位调节器用于自动控制。例如，当输入信号为反映被控温度的电压时，用滞回电压比较器的输出，来驱动继电器，控制加热器的通断，便可组成简单的双位自动温控系统。改变参考电压 U_R，可改变温度的设定值；改变回差电压 ΔU，可改变被控温度的上、

下限，从而确定温控的精度。

（2）锯齿波发生器　图 1-8a 所示为锯齿波发生器基本电路。图中运放 A1 组成同相输入滞回电压比较器，运放 A2 组成积分器。该电路利用二极管的单向导电性，使积分器电容的充电回路与放电回路有所不同，从而得到锯齿波输出。

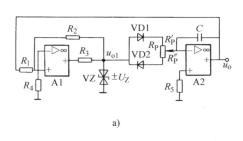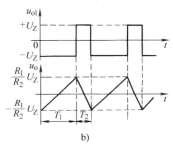

a)

b)

图 1-8　锯齿波发生器
a）基本电路　b）工作波形

设 $t=0$ 时，$u_{o1} = -U_Z$，则二极管 VD2 导通，VD1 截止，电容 C 被充电，在忽略二极管导通电阻的情况下，充电时间常数约为 $R_P''C$，积分器输出 u_o 按线性规律逐渐上升，形成锯齿波的正程。随着 u_o 上升，A1 的同相输入端的电位 $u_{\oplus 1}$ 也逐渐上升，当 $u_{\oplus 1}$ 上升并由负值过零时，u_{o1} 从 $-U_Z$ 跳变到 $+U_Z$，同时 $u_{\oplus 1}$ 也跳变到比零更高的值。在 u_{o1} 变为 $+U_Z$ 后，二极管 VD1 导通，VD2 截止，电容 C 放电，在忽略二极管导通电阻的情况下，放电的时间常数约为 $R_P'C$，积分器输出 u_o 开始按线性规律逐渐下降，形成锯齿波的回程。$u_{\oplus 1}$ 也随 u_o 逐渐下降，当 $u_{\oplus 1}$ 下降过零时，u_{o1} 从 $+U_Z$ 又跳变到 $-U_Z$。如此周而复始，电路便产生振荡，形成了相应的振荡波形。当 $R_P''C > R_P'C$ 时，充电时间常数大于放电时间常数，积分器 A2 输出电压 u_o 的正程时间大于回程时间，u_o 的波形为锯齿波，而比较器 A1 输出 u_{o1} 则为矩形波，如图 1-8b 所示。如果使 $R_P''C = R_P'C$，则 u_o 的波形为三角波，而 u_{o1} 为方波。

从上面的分析可知，当 u_{o1} 发生跳变时 u_o 的值就是输出电压的峰值，而 u_{o1} 发生跳变的临界条件是运放 A1 的两个输入端电位相等，即 $u_\oplus = u_\ominus = 0$，此时流过电阻 R_1 的电流等于流过 R_2 的电流，即 $I_1 = I_2 = U_Z/R_2$。

因此，锯齿波发生器输出电压的峰值 U_{om} 为

$$U_{om} = I_1 R_1 = \frac{R_1}{R_2} U_Z \qquad (1\text{-}15)$$

锯齿波的振荡周期 T 为锯齿波发生器的正程时间 T_1 与回程时间 T_2 之和，即

$$T = T_1 + T_2 = 2R''_P CR_1/R_2 + 2R'_P CR_1/R_2 = 2R_P CR_1/R_2 \quad (1\text{-}16)$$

锯齿波的回程时间 T_2 与周期 T 之比（即矩形波的占空比）为

$$T_2/T = R'_P/R_P \qquad (1\text{-}17)$$

因此，当调节电位器时，可以改变矩形波的占空比，由于 R_P 不变，故可以在保持锯齿波的振荡周期 T 不变的情况下，改变锯齿波的正程时间 T_1 与回程时间 T_2，从而可以改变锯齿波的波形。

四、直流稳压电路

直流稳压电路一般由电源变压器、整流电路、滤波电路和稳压电路四部分组成。稳压电路根据调整元件与负载的连接关系，分为并联型和串联型两种。常用的串联型稳压电路主要由基准电压、取样、比较放大电路和调整元件等组成，如图 1-9a 所示。串联型稳压电路的调整管与负载串联，通过自动调节 C、E 极间的等效电阻来保持输出电压稳定，其稳压原理可以从负反馈的自动调节作用得到说明。图 1-9b 所示的稳压电路的输出电压 U_o 为

$$U_o = (U_Z + U_{BE2})(R_3 + R_P + R_4)/(R''_P + R_4)$$

调节 RP 即可改变输出电压 U_o，则 U_o 的调节范围为

$$\frac{R_3 + R_P + R_4}{R_P + R_4}(U_Z + U_{BE2}) \leqslant U_o \leqslant \frac{R_3 + R_P + R_4}{R_4}(U_Z + U_{BE2})$$

集成稳压器件特别是三端集成稳压器，是目前广为应用的一种模拟集成电路。它具有体积小、重量轻、使用方便、可靠性高等优点。三端集成稳压器是将串联型稳压电源中的调整管、基准电压、取样放大、启动、保护电路等全部集成于一块半导体芯片上，其外部有 3 个引脚，故称为三端集成稳压器。三端集成稳压器可以分为三端固定输出稳压器和三端可调输出稳压器两大类。

常用的三端固定输出稳压器有正电压输出的 CW78××系列和负电压

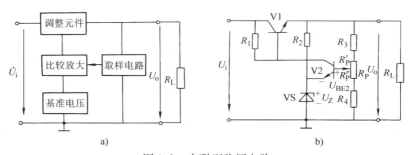

图 1-9 串联型稳压电路

a) 原理框图 b) 输出电压可调的串联型稳压电路

输出的 CW79×× 系列，每个系列均有 9 种输出电压：5V、6V、8V、9V、10V、12V、15V、18V、24V。稳压器的输出电压是由其型号的后两位数字表示的，如 CW7805、CW7912 分别表示输出为 +5V 和 -12V 的三端固定输出集成稳压器。此外，根据最大输出电流，稳压器又可分为 CW78L×× (100mA)，CW78M×× (500mA) 和 CW78×× (1.5A) 三个分系列。

可调式三端稳压器，通过调节外接电阻能够在很大范围内连续调节其输出电压，如 CW117/CW217/CW317 和 CW137/CW237/CW337 系列可调式三端稳压器的输出电压可分别在 1.25~37V 和 -37~-1.25V 范围内连续调节。

三端集成稳压器及其典型应用电路如图 1-10 所示。图中，U_i 为整流滤波电路的输出电压，U_o 为稳压器输出电压，U_i 与 U_o 之差应不小于 2V，一般应在 5V 左右。C_1 和 C_2 用于改善纹波，C_2 还可以改善稳压电路的瞬态响应。CW317 可调稳压器的输出电压 U_o 为

$$U_o \approx 1.25 \times \left(1 + \frac{R_P}{R_1}\right) \tag{1-18}$$

显然，通过调节电位器，改变其电阻值 R_P，就可得到一定范围内不同的稳定输出电压。

串联型稳压电路的优点是输出电压稳定，纹波小，但由于其调整管始终工作于线性放大区，因而功耗一般较大，电源变换效率较低，而且调整管所需的散热器的尺寸也较大。

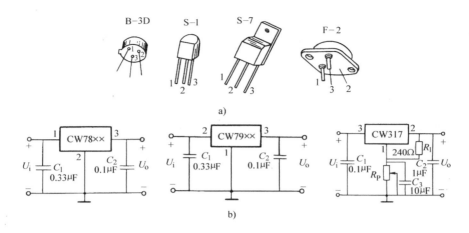

图 1-10　三端集成稳压器

a）外形　b）典型应用电路

　　为提高电源变换效率，可采用开关型稳压电路，其调整元器件工作在开关状态，通过改变调整管导通时间与截止时间的比值，来保证输出电压的稳定。开关型稳压电路具有体积小、功耗低、效率高的优点，但其输出电压的纹波较大。

第二节　数字电子电路

　　数字电子电路是现代电子计算机、数控装置、数字式仪表等数字系统的基础。数字电路中的工作信号为脉冲信号，其输入信号或输出信号只有两种对立的状态，即电平的高和低、脉冲的有和无。为了便于研究数字电路，可用逻辑"1"表示高电平，用逻辑"0"表示低电平，这种表示法为正逻辑。反之，若用逻辑"0"表示高电平，用逻辑"1"表示低电平，就称为负逻辑表示法。通常采用的是正逻辑表示法。

　　数字电路，包括脉冲的形成、放大、整形、控制、记忆、计数、显示等电路，通常由数字集成电路等元器件组成。常用的数字集成电路有双极型的 TTL 集成电路（CT54/74 系列）和单极型的 CMOS 集成电路（CC4000系列），其功能、型号较多，读者可查阅有关手册。TTL 集成电路具有负载能力强、转换速度快等特点；CMOS 集成电路具有静态功耗低、电源电压范围宽（3～18V）、输入阻抗高、扇出能力强、抗干扰能力强、逻辑摆幅大、温度稳定性好等特点，但其工作速度低于 TTL 电路，其功耗随工作频率的升高而显著增大。

一、逻辑函数的化简

逻辑代数又称为布尔代数，是分析和设计逻辑电路的重要基础。逻辑变量的取值，只有"0"和"1"两种。如果输入逻辑变量 A、B、$C\cdots$ 的值确定后，输出逻辑变量 F 的值也按一定的逻辑关系被唯一地确定，那么 F 就是 A、B、$C\cdots$ 的逻辑函数。逻辑函数可以用逻辑表达式、真值表、逻辑图和卡诺图等多种方法来表示。通常，由分析实际逻辑问题所得到的逻辑函数，需要进行化简。逻辑函数的化简方法，主要有公式化简法和卡诺图化简法两种。其中，卡诺图化简法，具有比较直观、简便和易于掌握的优点，常用来化简输入逻辑变量数为 5 个以下的逻辑函数。

1. 卡诺图

卡诺图是逻辑函数一种表示方法。它是将逻辑函数的最小项表达式中各最小项相应地填入一个特定的方格图内而构成的，这样的方格图就称为卡诺图。

（1）逻辑函数的最小项及最小项表达式　在逻辑表达式中，如果一个乘积项包含了所有的输入变量，每个变量以原变量或反变量的形式作为一个因子，在乘积项中仅出现一次，这样的乘积项称为逻辑函数的最小项。任何一个逻辑函数都可以表示成若干个最小项之和的形式，这种逻辑表达式称为逻辑函数的最小项表达式。一个逻辑函数的逻辑表达式不是唯一的，但其最小项表达式却是唯一的。最小项具有如下性质：

1）每一个最小项都对应着变量唯一的一组取值，使得该最小项的值为"1"。而在变量其他任何取值时，这个最小项的值都是"0"。

2）任意两个最小项之积恒为"0"。

3）全部最小项之和恒为"1"。

通常，最小项可以按其对应变量取值的等值十进制数进行编号。如最小项 $\overline{A}\,\overline{B}CD$（0011）记作 m_3，最小项 $\overline{A}BCD$（0111）记作 m_7，其他可依此类推。

（2）卡诺图　常用的二变量、三变量和四变量卡诺图如图 1-11

所示。

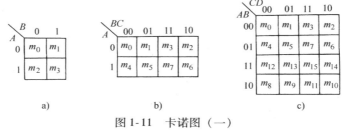

图 1-11　卡诺图 （一）

a）二变量　b）三变量　c）四变量

卡诺图有以下两个特点：

1）卡诺图中方格的总数和逻辑函数的全部最小项数相一致。

2）在卡诺图中，任何两个相邻方格所代表的两个最小项只有一个因子不同。

2. 用卡诺图表示逻辑函数

首先，将逻辑函数变换为最小项表达式，然后在卡诺图上把各最小项所对应的方格内填入"1"，其余方格填入"0"，就可得到该逻辑函数的卡诺图。

3. 用卡诺图化简逻辑函数

（1）卡诺图化简的基本步骤

1）将逻辑函数变换为最小项表达式，画出其卡诺图。

2）合并最小项。即在卡诺图上将 2^n 个为"1"的相邻方格分别圈出，组成各自的方格群，并整理每个方格群的公因子作为乘积项。

3）把整理后的乘积项相加，就得到该逻辑函数经化简后的与或表达式。

（2）卡诺图化简的注意事项

1）圈到的相邻方格要尽可能多，但圈内方格数只能是 2^n（$n = 0$，1，2，…）。圈内的方格数越多，消去的变量越多，公因子越少，化简的结果就越简单。

2）圈的个数应尽可能少。这样化简后的乘积项就少，得到的表达式也就越简单。

3）已圈过的最小项可以被重复使用，但每个圈内至少要有一个新的最小项与其他圈不重复。

4）必须将逻辑函数的全部最小项都圈完。没有相邻为"1"方格的独立方格，应作为最小圈处理，即将其最小项作为化简结果的一个乘积项。

例 1-2 化简逻辑函数 $F = A\overline{C}\overline{D} + \overline{A}B\overline{C} + AB\overline{D} + \overline{A}BC + BCD$

解 1）该逻辑函数的最小项表达式为

$$F = \overline{A}B\overline{C}\,\overline{D} + \overline{A}BCD + \overline{A}B\overline{C}D + \overline{A}BC\overline{D} + AB\,\overline{C}D + ABC\,\overline{D} + AB\overline{C}D + ABC\overline{D} + ABCD$$

$$= \sum m(4,5,6,7,9,12,13,14,15)$$

其卡诺图如图 1-12 所示。

2）合并最小项。即在卡诺图中，将 2^n 个为"1"的相邻方格分别圈出，并把独立方格作为最小圈处理。

3）由卡诺图写出逻辑函数的表达式。将卡诺图中所有圈的乘积项相加，得出化简后的逻辑函数的表达式为

$$F = A\overline{C}\overline{D} + B$$

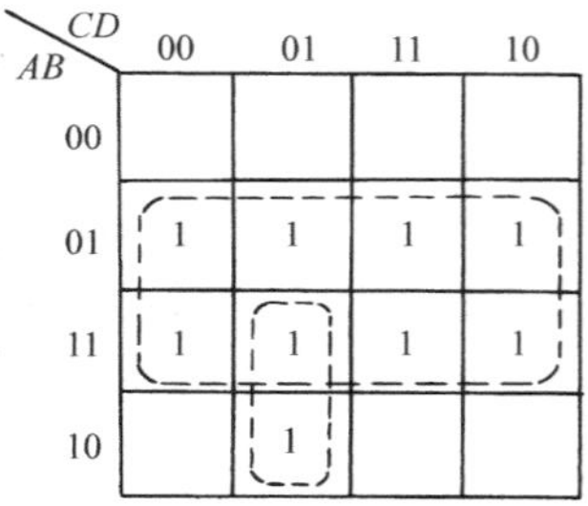

图 1-12　卡诺图（二）

二、集成逻辑门电路

在数字电路中，任何复杂的数字电路都可以由与门、或门和非门等基本逻辑门电路组成的，逻辑门电路是组成数字电路的基础。

1. TTL 与非门电路

TTL 门电路是晶体管-晶体管逻辑门电路的简称。CT54/74 系列典型 TTL 与非门电路如图 1-13a 所示。由图可见，它是由输入级、中间级和输出级组成的。其中，输入级由多发射极晶体管 V1 和电阻 R_1 组成，完成逻辑与的功能；中间级由晶体管 V2 和电阻 R_2、R_3 组成，在 V2 的集电极和发射极可同时得到一对相位相反的信号，作为 V3 和 V5 的驱动信号；输出级由晶体管 V3、V4、V5 和电阻 R_4、R_5 组成，输出级采用推拉式结构，以提高电路的带负载能力。

TTL 与非门电路输入端全为"1"时，输出端为"0"；在输入端有

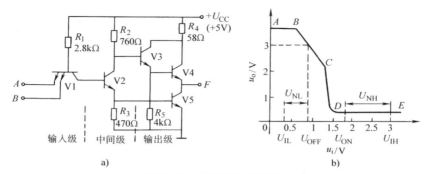

图 1-13 典型 TTL 与非门

a）基本电路 b）电压传输特性

"0"时，输出端为"1"。其逻辑功能可表示为

$$F = \overline{AB}$$

典型 TTL 与非门电路的输出电压与输入电压之间的关系，即其电压传输特性如图 1-13b 所示。

2. CMOS 集成逻辑门电路

MOS 集成电路制造工艺简单、体积小、集成度高、输入阻抗高，已得到广泛的应用。MOS 集成电路按其型式有 NMOS、PMOS 和 CMOS 三种。常用的 CMOS 电路，又称为互补型 MOS 电路，是兼有增强型 NMOS 管和增强型 PMOS 管的集成电路。这里仅简单介绍几种 CMOS 门电路。

（1）CMOS 非门电路　图 1-14a 所示为 CMOS 非门电路。NMOS 管 V1 作为驱动管，PMOS 管 V2 作为负载管。V1 和 V2 的栅极连接在一起作为反相器的输入端，V1 和 V2 的漏极连接在一起作为输出端，V2 的源极接电源 $+U_{DD}$，V1 的源极接地，两个场效应晶体管可互补工作。

当输入端为"1"时，V1 导通，V2 截止，输出端为"0"；当输入端为"0"时，V1 截止，V2 导通，输出端为"1"。该电路实现的逻辑功能为

$$F = \overline{A}$$

（2）CMOS 与非门电路　图 1-14b 所示为 CMOS 与非门电路，其中 NMOS 管 V1、V2 作为驱动管，PMOS 管 V3、V4 作为负载管。

当两个输入端全为"1"时，V1、V2 导通，V3、V4 截止，输出端为

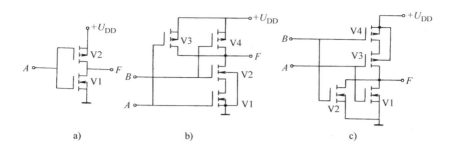

图 1-14   CMOS 非门电路

a）非门   b）与非门   c）或非门

"0"；当两个输入端中至少有一个为"0"时，输入端为"0"的驱动管截止，而相应的负载管导通，使输出端为"1"。该电路实现的逻辑功能为

$$F = \overline{AB}$$

（3）CMOS 或非门电路   图 1-14c 所示为 CMOS 或非门电路，其中 NMOS 管 V1、V2 作为驱动管，PMOS 管 V3、V4 作为负载管。

当两个输入端全为"0"时，V1、V2 截止，V3、V4 导通，输出端为"1"；当两个输入端至少有一个为"1"时，输入端为"1"的驱动管导通，而相应的负载管截止，使输出端为"0"。该电路实现的逻辑功能为

$$F = \overline{A + B}$$

三、组合逻辑电路

逻辑电路可分为组合逻辑电路和时序逻辑电路两大类。组合逻辑电路在任意时刻的输出信号，只取决于该时刻的输入信号，而与信号作用之前电路的状态无关。组合逻辑电路都是由基本的逻辑门电路构成的，且各个门电路之间没有反馈环路。常见的组合逻辑电路，有编码器、译码器、数字分配器、数字选择器、半加器、全加器、数码比较器、奇偶检验器等。

1. 组合逻辑电路的分析

组合逻辑电路的分析，是指已知逻辑电路，对其逻辑功能进行判断的过程。组合逻辑电路的分析步骤如下：

1）根据已知的逻辑电路，写出各输出端的逻辑函数表达式。

2）将逻辑函数表达式进行化简和变换。

3）列出真值表。

4）判断逻辑电路的逻辑功能。

2. 组合逻辑电路的设计

组合逻辑电路的设计，是指对给定的实际逻辑问题构成逻辑电路的过程。组合逻辑电路的设计步骤如下：

1）根据实际的逻辑功能要求，列出真值表。

2）由真值表写出逻辑函数表达式。

3）画出逻辑电路。

例 1-3　设计一个供三人对提案表决用的逻辑电路，如果提案得到多数人的同意，则提案通过，否则提案不通过。

解　1）按设计要求列出真值表，如图 1-15a 所示。

A	B	C	F
0	0	0	0
0	0	1	0
0	1	0	0
0	1	1	1
1	0	0	0
1	0	1	1
1	1	0	1
1	1	1	1

a)　　　　　　　　　　b)　　　　　　　　　　c)

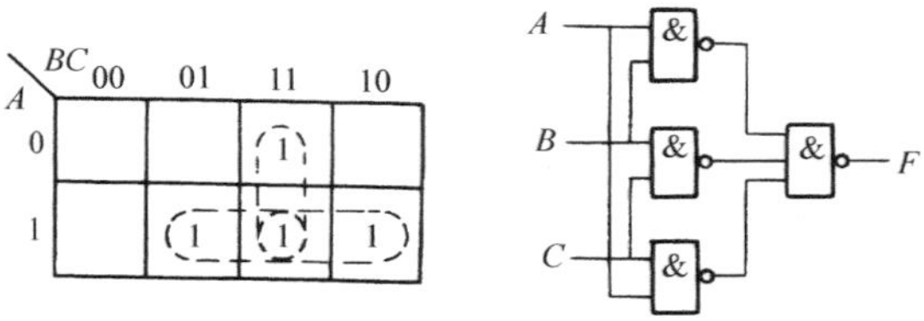

图 1-15　三人表决组合逻辑电路的设计

a）真值表　b）卡诺图　c）逻辑电路

2）根据此真值表，写出逻辑函数表达式

$$F = \overline{A}BC + A\overline{B}C + AB\overline{C} + ABC$$

3）用卡诺图化简逻辑函数 F，如图 1-15b 所示。化简后的逻辑函数表达式为

$$F = AB + BC + AC = \overline{\overline{AB}\ \overline{BC}\ \overline{AC}}$$

4）根据化简后的逻辑函数表达式，可画出三人表决用逻辑电路，如图 1-15c 所示。

四、集成触发器

集成数字触发器简称触发器，它具有 "0" 或 "1" 两种稳定工作状态，在适当的输入信号作用下，两种状态可以互相转换，当输入信号消失后，触发器的状态保持不变。触发器具有记忆和存贮的功能，它在某一时刻的输出状态不仅和当时的输入状态有关，而且还和在此之前的电路状态有关。双稳态触发器通常由逻辑门电路组成，但其逻辑功能与普通逻辑门电路完全不同。双稳态触发器按其结构形式可分为：基本触发器、同步触发器、主从触发器、维持阻塞触发器；按其逻辑功能可分为：RS 触发器、JK 触发器、D 触发器、T 触发器和 T′触发器。

各种逻辑功能触发器的特性见表 1-4。

表 1-4　各种逻辑功能触发器的特性

名称	基本 RS 触发器	边沿 JK 触发器	边沿 D 触发器	T 触发器	T′触发器
特性方程	$Q^{n+1} = S + \bar{R}Q^n$ $RS = 0$（约束条件）	$Q^{n+1} = J\bar{Q^n} + \bar{K}Q^n$	$Q^{n+1} = D$	$Q^{n+1} = T \oplus Q^n$	$Q^{n+1} = \bar{Q^n}$

真值表：

$\bar{R}$ $\bar{S}$	Q^{n+1}	J K	Q^{n+1}	D	Q^{n+1}	T Q^n	Q^{n+1}	Q^n	Q^{n+1}
0 0	不定	0 0	Q^n	0	0	0 0	0	0	1
0 1	0	0 1	0	1	1	0 1	1	1	0
1 0	1	1 0	1			1 0	1		
1 1	Q^n	1 1	$\bar{Q^n}$			1 1	0		

（逻辑符号略）

五、时序逻辑电路

时序逻辑电路在任何时刻的输出信号不仅取决于该时刻的输入信号，而且还取决于电路原来的状态。双稳态触发器是时序逻辑电路中的核心器件，有时还需加上起控制作用的门电路等，才能构成一个完整的时序逻辑电路。在电路结构上，时序逻辑电路中往往存在反馈环路。时序逻辑电路工作时，需要使用时钟脉冲（CP）信号，在输入时钟脉冲 CP 到来之前的电路状态称为初态，而在输入时钟脉冲 CP 到来之后的电路状态称为次态。

按照输入时钟脉冲 CP 与各个触发器的连接方式不同，时序逻辑电路可分为同步和异步两种。在同步时序逻辑电路中，所有触发器的 CP 端均由输入时钟脉冲控制，各触发器的状态转换与输入时钟脉冲保持在时间上的同步。在异步时序逻辑电路中，最低位及某些位触发器的 CP 端由输入时钟脉冲控制，而其他位触发器的 CP 端由低位触发器的输出脉冲控制，因此各触发器的状态转换，在时间上是有先有后而异步进行。

典型的时序逻辑电路，有计数器、寄存器和顺序脉冲分配器等。在分析和设计时序逻辑电路时，通常要使用触发器的特性方程和反映电路状态变化顺序的状态转换真值表（或状态转换图）。

1. 时序逻辑电路的分析

时序逻辑电路的分析，是指已知逻辑电路，得到电路工作的波形图或状态转换图，并对其逻辑功能进行判断的过程。通常，时序逻辑电路的分析步骤如下：

1）根据已知的时序逻辑电路，写出各触发器输入端驱动信号的逻辑表达式（即驱动方程）及时序电路的输出方程。

2）列出各触发器的特性方程，并将各触发器输入端的驱动方程代入相应触发器的特性方程，从而得到各触发器的状态方程。

3）将各触发器所有可能的组合状态，依次假设为初态，代入触发器的状态方程和电路的输出方程，计算出相应的次态和输出，列出完整的状态转换真值表，并画出时序逻辑电路的状态转换图或时序图。

4）检查电路自启动能力，确定时序电路的逻辑功能。

2. 时序逻辑电路的设计

时序逻辑电路的设计，是指对于给定的实际逻辑问题，构成相应逻辑功能的时序逻辑电路的过程。时序逻辑电路设计的一般步骤如下：

1）根据设计要求和给定的条件，画出状态转换图或列出状态转换真值表。

2）状态化简，即对状态转换图中的完全重复状态进行合并，以得到最简的状态转换图。

3）状态分配，即由最简状态转换图，确定所需触发器的数量，并对状态进行编码。

4）选定触发器类型，求出输出方程、状态方程和驱动方程。

5）根据输出方程和驱动方程，画出相应的逻辑电路。

6）检查设计的逻辑电路是否具有自启动能力。

通常，时序逻辑电路的设计可以采用小规模集成触发器和门电路，通过上述的一般设计步骤，得到符合要求的时序逻辑电路，也可以采用中、大规模的数字集成电路或可编程逻辑器件来完成时序逻辑设计。

3. 计数器

计数器是用于累计并寄存输入脉冲个数的时序逻辑电路。按照计数过程中数字增减来分，计数器可分为加法计数器、减法计数器和可逆计数器；按照计数器中数字的进位制来分，计数器可分为二进制计数器、十进制计数器和 N 进制计数器；按照各触发器状态转换方式来分，计数器可分为同步计数器和异步计数器，异步计数器的工作速度通常低于同步计数器。

图 1-16 所示为 8421BCD 码同步十进制加法计数器的逻辑电路和工作波形。

4. 寄存器

寄存器用来暂存数据和信息。寄存器按功能的不同，分为数码寄存器和移位寄存器两种。数码寄存器的功能有：清除数码、接收数码、存储数码和输出数码。数码寄存器按照接收数码方式，可分为单拍接收方式和双拍接收方式两种。移位寄存器除具有存储数码的功能外，还具有移位的功能，即在移位控制脉冲的作用下，所存储的数码能逐位左移或右移。移位寄存器按其移位方式，可分为单向移位寄存器和双向移位寄存器两种。

图 1-17 所示为单向移位（右移）寄存器的逻辑电路和工作波形。

六、数字显示电路

数字显示电路通常由译码器和数字显示器件组成，其功能是将数字电路输出的二进制代码信息用十进制数字显示出来。

数字显示器件是用来显示数字、文字和符号的器件。常用的显示器件有辉光数码管、荧光数码管、发光半导体（LED）数码管和液晶显示器（LCD）等。目前广泛应用的 LED 数码管，具有数字显示清晰醒目、工作电压低（1.5 ~ 3V）、体积小、寿命长（> 1000h）、响应速度快（< 100ns）、色彩丰富（有红、绿、黄等颜色）、运行可靠等特点。BS202

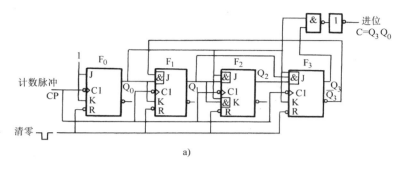

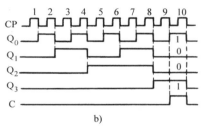

图 1-16　8421BCD 码同步十进制加法计数器

a）逻辑电路　b）工作波形

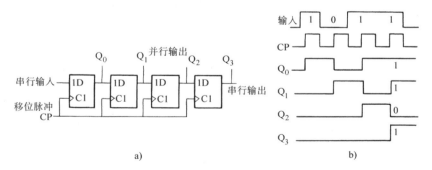

图 1-17　单向移位（右移）寄存器

a）逻辑电路　b）工作波形

型（共阴极）LED 数码管如图 1-18a 所示。LED 数码管根据其内部发光二极管连接方式的不同，可分为共阴极和共阳极两种 LED 数码管，其内部电路如图 1-18b、c 所示。

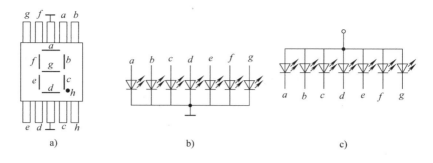

图 1-18　LED 数码管

a）BS202 型数码管（共阴极）　　b）共阴极 LED 数码管　c）共阳极 LED 数码管

图 1-19 所示为 LED 数字显示电路，其输入的是 A、B、C、D 四位 8421BCD 码，经过七段译码器/驱动器（如 CC4511 等）的译码和驱动后，可以在 LED 数码管上直接显示出相应的十进制数字。

七、555 集成定时器

555 集成定时器，是将模拟电路和数字电路相结合的一种集成电路，因其内部的分压网络是由 3 个 5 kΩ 电阻所组成而得名。它采用直流单电源工作，只需外接少量的电阻、电容等元件，就能方便地构成单稳态触发器、多谐振荡器或施密特触发器

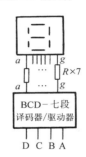

图 1-19　LED 数字
显示电路

等多种应用电路，可以实现较为精确的延时、振荡或波形变换等电路功能，因而在工业测量与控制、民用电子产品等许多领域得到广泛应用。

555 集成定时器，主要有双极型（电源电压在 4.5～15V）和 CMOS 型（电源电压在 4.5～18V）两大类，其内部电路的原理、引脚的排列和功能等是完全一致的，但双极型集成定时器输出电流更大，驱动实际负载能力更强。555 集成定时器内部是由电阻分压网络（由 3 个 5kΩ 电阻依次连接而成）、两个电压比较器（C_1 和 C_2）、一个基本 RS 触发器（由与非门 G1 和 G2 构成）、一个缓冲器和推挽输出级（由与非门 G3 及非门驱动器 G4 构成）以及一个放电晶体管 VT 组成的，如图 1-20a 所示。

555 集成定时器的引脚排列如图 1-20b 所示。各个引脚的功能如下：

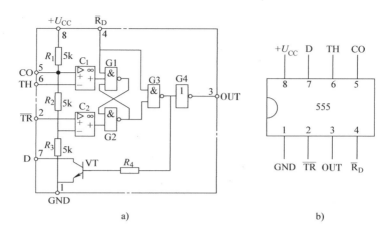

图 1-20　555 集成定时器

a）内部电路　b）引脚排列

第 1 脚（GND）为接地端，通常接电源的负极。

第 2 脚（$\overline{\text{TR}}$）为低电位触发端。当此端的输入电压低于 $U_{CC}/3$ 时，比较器 C2 输出为 "0"；当输入电压高于 $U_{CC}/3$ 时，比较器 C2 输出为 "1"。

第 3 脚（OUT）为输出端。由于 555 集成定时器推挽输出级的驱动能力较强，此端最大输出电流（双极型）可达 200mA，能直接驱动继电器、扬声器、小型电动机及指示灯等负载。

第 4 脚（$\overline{\text{R}}_D$）为低电位复位端。若此端为低电平，在任何情形下可将 555 集成定时器的输出直接置 "0"。因此，需 555 集成定时器正常工作时，应将此端接高电位（如接 $+U_{CC}$）。

第 5 脚（CO）为控制电压端。此端主要是用来调控比较器的触发阈值电压值（参考电压值）。此端在没有其他外部连接时，其静态电位为 $2U_{CC}/3$。若在此端外加一个直流电压控制电压 U_{CO}，可将 555 集成定时器内两个比较器 C_1 和 C_2 的参考电位值分别设定为 U_{CO} 和 $U_{CO}/2$。通常，为了防止外部干扰信号引入到 555 集成定时器内比较器 C_1 的同相端，在此端与地之间应接入 $0.01\,\mu\text{F}$ 的电容。

第 6 脚（TH）为高电位触发端。当该输入端电压高于 $2U_{CC}/3$ 时，比

较器 C_1 输出为"0";当输入电压低于 $2U_{CC}/3$ 时,比较器 C_1 输出为"1"。

第 7 脚(D)为放电端。当输出 U_o = "0" 时,555 集成定时器内部放电晶体管 VT 导通,相当于将此端对地短接;当 U_o = "1" 时,放电晶体管 VT 截止,此端与地隔离。

第 8 脚(U_{CC})为电源端,通常接电源正极。

从图 1-20a 所示的 555 集成定时器内部逻辑电路可以看出,当⑤脚无外加控制电压时,555 集成定时器内两个比较器 C_1 和 C_2 的参考电压值,分别为 3 个串联的 5kΩ 电阻所构成分压网络的设定电压值 $2U_{CC}/3$ 和 $U_{CC}/3$,两个比较器的输出控制了基本 RS 触发器的工作状态,从而控制 555 集成定时器输出状态为高电平或低电平。因此,555 集成定时器在正常工作($\overline{R_D}$ = "1")时,其输出状态是由两个比较器的输入端 TH 和 $\overline{TR}$ 的外加输入电压值确定的。555 集成定时器的功能见表 1-5。

表 1-5 555 集成定时器的功能

$\overline{R_D}$	TH	$\overline{TR}$	OUT	放电晶体管 VT
0	×	×	0	导通
1	$>2U_{CC}/3$	$>U_{CC}/3$	0	导通
1	$<2U_{CC}/3$	$>U_{CC}/3$	保持	保持
1	$<2U_{CC}/3$	$<U_{CC}/3$	1	截止

根据表 1-5,可以分析 555 集成定时器各种应用电路的工作原理。由 555 集成定时器构成的单稳态触发器、多谐振荡器和施密特触发器等典型应用电路及其有关计算公式,见表 1-6。

表 1-6 555 集成定时器的典型应用电路

电路名称	单稳态触发器	多谐振荡器	施密特触发器
电路形式			

（续）

电路名称	单稳态触发器	多谐振荡器	施密特触发器
工作波形			
计算公式	$T_W \approx 1.1RC$	$T \approx 0.7(R_1 + 2R_2)C$	$U_{TH1} = \dfrac{2U_{CC}}{3}; U_{TH2} = \dfrac{U_{CC}}{3};$ $\Delta U = U_{TH1} - U_{TH2}$
应用场合	用于精确地延时、信号波形变换等，以及产生脉宽固定的矩形脉冲	用于矩形脉冲发生器、产生时钟脉冲等	用于信号波形的鉴幅及整形，但输出脉冲的宽度由输入信号确定

八、A–D与D–A转换器

为了能够用数字系统（如电子计算机等）处理模拟信号，必须把模拟信号转换成数字信号，才能送入数字系统中进行处理，而处理后得到的数字信号通常还必须再转换成模拟信号，才能作为最终的输出信号。从模拟信号到数字信号的转换称为模–数转换（A–D转换），而从数字信号到模拟信号的转换则称为数–模转换（D–A转换），用于进行相应转换的电路分别称为A–D转换器（即ADC）和D–A转换器（即DAC）。

1. D–A转换器

D–A转换器通常由译码网络、模拟开关、求和运算放大器和基准电压源等部分组成。根据译码网络的不同，可以构成多种D–A转换电路，如权电阻网络型、T形电阻网络型、倒T形电阻网络型和权电流型等。

图1-21所示为4位倒T形电阻网络D–A转换器的原理图，它由R、$2R$两种阻值的电阻构成的倒T形网络、模拟开关（S_3、S_2、S_1、S_0）、求和运算放大器A及基准电压源U_{ref}组成。由于运放的同相输入端直接接地，根据运放的虚地概念可知，反相输入端也为地电位，因此输入数字信号$d_3d_2d_1d_0$中任意一位不论是"0"还是"1"，其对应支路的电流大小

均不变，即每个支路的电流保持恒定。从参考电压端输入的总电流为 $I = U_{ref}/R$，故输出电压 U_o 为

$$U_o = -I_i R = -(d_3 \times 2^3 + d_2 \times 2^2 + d_1 \times 2^1 + d_0 \times 2^0)U_{ref}/2^4 \quad (1\text{-}19)$$

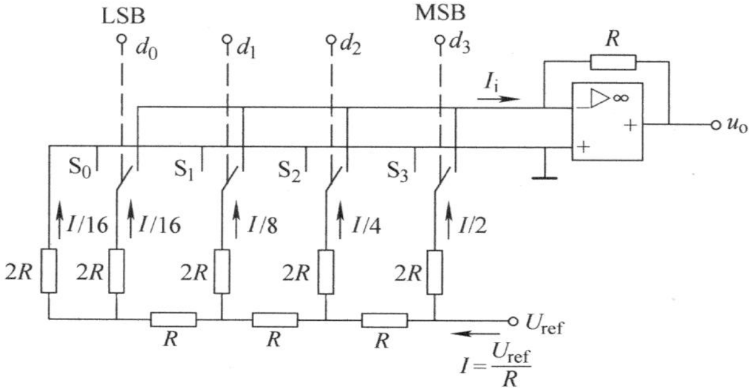

图 1-21　4 位倒 T 形电阻网络 D – A 转换器

因此，该 D – A 转换器输出的模拟电压正比于输入的数字量，从而实现了 D – A 转换。

倒 T 形电阻网络 D – A 转换器的主要特点是转换速度快，而且动态过程中输出电压的尖峰脉冲很小。此外，不论开关状态如何变化，各支路的电流始终不变，不需要电流的建立或消失时间，这就进一步提高了电路的转换速度。倒 T 形电阻网络 D – A 转换器是目前 D – A 转换器中速度最快的一种，也是应用最多的一种 D – A 转换器。

2. A – D 转换器

（1）A – D 转换过程　在 A – D 转换器中，因为输入的模拟信号在时间上是连续的，而输出的数字信号代码是在时间上离散的，所以在进行转换时只能在一系列选定的瞬间（即时间坐标轴上的一些规定点）对输入的模拟信号采样，然后再把这些采样值转换为数字量输出。因此，A – D 转换一般需经过采样和保持、量化和编码这两大步骤来完成。

1）采样和保持。采样就是把一个在时间上连续的信号变换成在时间上离散的信号，如图 1-22 所示。

为了准确无误地用采样信号 u_s 表示输入模拟信号 u_i，必须根据采样定理确定采样频率，即

$$f_s \geq 2f_{imax} \qquad (1\text{-}20)$$

式中　f_s——采样频率；

f_{imax}——输入模拟信号的频率上限值。

由于把采样电压转换成相应的数字量需要一定的时间，所以在每次采样以后，必须把采样电压保持一段时间。

2）量化和编码。在用数字量表示采样电压时，必须把采样电压的幅值化成一个最小数量单位的整数倍，这个转化过程称为量化。其中所规定的最小数量单位，

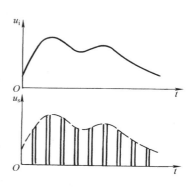

图 1-22　对输入信号的采样

叫作量化单位，用 Δ 表示。因此，Δ 实质上就是数字信号最低有效位中的"1"所表示的数量大小。把量化的结果用二进制代码表示，称为编码，而这个二进制代码就是 A－D 转换的输出信号。显然，量化单位 Δ 越小，则 A－D 转换输出的二进制代码的位数就越多，A－D 转换的精度也越高。

量化的方法有两种，分别如图 1-23a、b 所示。设 U_{im} 为模拟电压幅值，n 为二进制代码位数，现欲将 0～1V 模拟电压用三位（$n=3$）二进

模拟电平	二进制代码	代表的模拟电平	模拟电平	二进制代码	代表的模拟电平
1V			1V		
	111	$7\Delta = 7/8$ V		111	$7\Delta = 14/15$ V
7/8			13/15		
	110	$6\Delta = 6/8$		110	$6\Delta = 12/15$
6/8			11/15		
	101	$5\Delta = 5/8$		101	$5\Delta = 10/15$
5/8			9/15		
	100	$4\Delta = 4/8$		100	$4\Delta = 8/15$
4/8			7/15		
	011	$3\Delta = 3/8$		011	$3\Delta = 6/15$
3/8			5/15		
	010	$2\Delta = 2/8$		010	$2\Delta = 4/15$
2/8			3/15		
	001	$1\Delta = 1/8$		001	$1\Delta = 2/15$
1/8			1/15		
	000	$0\Delta = 0$	0	000	$0\Delta = 0$
0					
a)			b)		

图 1-23　划分量化电平的两种方法

a）方法一　b）方法二

制代码表示，若采用图 1-23a 所示的方法进行量化时，其最小量化单位 Δ = $U_{im}/2^n$ = 1/8V，这种方法产生的最大量化误差为 Δ = 1/8V；若采用图 1-23b 所示的方法进行量化时，其 $\Delta = 2U_{im}/(2^{n+1} - 1)$ = 2/15V，这种方法产生的最大量化误差为 $\Delta/2$ = 1/15V。因此，采用第二种量化方法可以减小量化误差。

（2）逐次渐近型 A－D 转换器　逐次渐近型 A－D 转换器的转换过程类似天平称物体重量的过程，只不过所使用砝码的重量一个比一个小 1/2。逐次渐近型 A－D 转换器一般由寄存器、D－A 转换器、电压比较器、顺序脉冲发生器及相应的控制电路等组成。图 1-24 所示为三位逐次渐近型 A－D 转换器的逻辑电路。图中，三个同步 RS 触发器 F_A、F_B、F_C 作为寄存器，$F_1 \sim F_5$ 构成的环形计数器作为顺序脉冲发生器，控制电路由门电路组成。

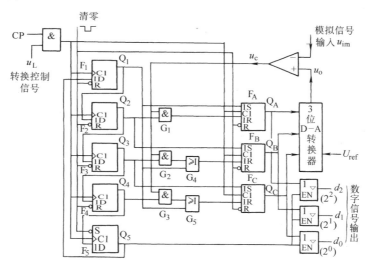

图 1-24　三位逐次渐近型 A－D 转换器

设参考电压 U_{ref} = 5V，待转换的电压 u_{im} = 3.8V。转换开始前，首先将寄存器 F_A、F_B、F_C 清零，并将环形计数器置成 $Q_1Q_2Q_3Q_4Q_5$ = "00001" 状态。当转换控制信号 u_L 变为高电平时，转换开始。

1）当第一个 CP 脉冲的上升沿到来时，环形计数器的状态变为 $Q_1Q_2Q_3Q_4Q_5$ = "10000"。在 CP = "1" 期间，因为 Q_1 = "1"，所以 F_A 置 "1"，因此寄存器的状态变成 $Q_AQ_BQ_C$ = "100"，经 D – A 转换后，得到相应的模拟电压 $u_o = 5 \times 2^{-1} V = 2.5V$。因为 $u_o < u_{im}$，故比较器输出 u_C 为低电平。

2）当第二个 CP 脉冲到来后，$Q_1Q_2Q_3Q_4Q_5$ = "01000"，因为 Q_2 = "1"，所以 Q_B = "1"；由于 u_C 为低电平，与门 G_1 被封锁，Q_2 不能通过与门 G_1 使 F_A 复 "0"，故 Q_A 保持 "1" 状态，因此 $Q_AQ_BQ_C$ = "110"，经 D – A 转换后，得到相应的模拟电压 u_o = $(5 \times 2^{-1} + 5 \times 2^{-2})$ V = 3.75V，因为 $u_o < u_{im}$，所以比较器输出 u_C 仍为低电平。

3）当第三个 CP 脉冲到来后，$Q_1Q_2Q_3Q_4Q_5$ = "00100"。因为 Q_3 = "1"，所以 Q_C = "1"；由于 u_C 为低电平，与门 G_2 被封锁，Q_3 不能通过与门 G_2 使 F_B 复 "0"，故 Q_B 保持 "1" 状态；由于 $Q_1 = Q_2$ = "0"，故 Q_A 保持 "1" 状态，因此 $Q_AQ_BQ_C$ = "111"，经 D – A 转换后，得到相应的模拟电压 u_o = $(5 \times 2^{-1} + 5 \times 2^{-2} + 5 \times 2^{-3})$ V = 4.375V，因为 $u_o > u_{im}$，所以比较器输出 u_C 为高电平。

4）当第四个 CP 脉冲到来后，$Q_1Q_2Q_3Q_4Q_5$ = "00010"。由于 u_C 为高电平，与门 G3 被打开，Q_4 通过与门 G3 使 F_C 复 "0"，故 Q_C = "0"；由于 $Q_1 = Q_2 = Q_3$ = "0"，故 F_A 和 F_B 仍保持 "1" 状态，因此 $Q_AQ_BQ_C$ = "110"。

5）当第五个 CP 脉冲到来后，$Q_1Q_2Q_3Q_4Q_5$ = "00001"。Q_5 = "1"，打开三态门，输出 A – D 转换的结果：$d_2d_1d_0$ = "110"。

从上述分析可知，三位逐次渐近型 A – D 转换器完成一次转换需要经过 5 个 CP 周期的时间。如果位数增加，则转换时间也相应地加长。

逐次渐近型 A – D 转换器的优点是转换精度高，转换速度快，因而获得了较为广泛的应用。由于它的转换时间固定，简化了与计算机的同步，所以常常用于微机的接口电路。除了逐次渐近型 A – D 转换器外，常用的 A – D 转换器还有双积分型等 A – D 转换器。

（3）双积分型 A – D 转换器 双积分型 A – D 转换器通常是由输入选择开关 S1、积分器 A1、比较器 A2、时钟脉冲发生器、计数器和逻辑控制等电路组成的，如图 1-25a 所示。双积分型 A – D 转换器完成一次 A – D 转换的工作过程主要分为两个阶段：第一个阶段是对被转换电压的定时积分阶段（即采样阶段）；第二个阶段是对参考电压的定值积分阶段（即比较阶段）。双积分型 A – D 转换器的工作过程示意图如图 1-25b 所示。

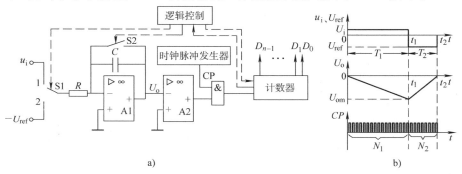

图 1-25　双积分型 A – D 转换器

a) 组成示意图　b) 工作过程示意图

1）采样阶段（对被转换电压的定时积分阶段）：在 $t = 0$ 时，逻辑控制电路发出采样指令，使 S2 断开，A – D 转换的一个周期开始。S1 被置于"1"位，把被转换电压 u_i 接到积分器 A1 的输入端，积分器 A1 开始对 u_i 积分，其输出电压 u_o 从 0 开始下降，与此同时，比较器 A2 的输出也随之从低电平跳变到高电平，与门打开，计数器开始对时钟脉冲 CP 计数。积分器的输出电压 U_o 为

$$U_o = \frac{1}{C}\int_0^t \left(-\frac{u_i}{R} \right) \mathrm{d}t$$

经过预定时间 T_1，即在 t_1 时刻，计数（计时）器溢出。溢出脉冲使逻辑控制电路输出一个比较指令，使计数器复位为零，同时使 S1 置于"2"位，采样阶段结束，比较阶段便开始。

采样阶段结束时，积分器 A1 的输出电压为

$$U_{om} = \frac{1}{C}\int_0^{T_1} \left(-\frac{u_i}{R} \right) \mathrm{d}t = -\frac{1}{RC}\int_0^{T_1} u_i \mathrm{d}t = -\frac{U_i T_1}{RC} \tag{1-21}$$

式中　U_i——被转换电压 u_i 在采样阶段的平均电压值。

2）比较阶段（对基准电压的定值积分阶段）：比较阶段从 t_1 时刻开始，这时基准电压 $-U_{ref}$ 被接到积分器输入端，积分器开始反向积分。积分器的电压从 U_{om} 开始回升，同时计数器从零开始计数。积分器的输出电压 U_o 为

$$U_o = U_{om} + \frac{1}{C}\int_0^t \frac{U_{ref}}{R}dt = U_{om} + \frac{tU_{ref}}{RC} \qquad (1-22)$$

经过时间 T_2，即在 t_2 时刻，U_o 回升到 0，比较器的输出从高电平跳变为低电平，与门关闭，计数器停止计数。此时，有

$$U_o = U_{om} + \frac{1}{C}\int_0^{T_2} \frac{U_{ref}}{R}dt = U_{om} + \frac{T_2 U_{ref}}{RC} = 0$$

将 $U_{om} = -\dfrac{U_i T_1}{RC}$ 代入上式，得

$$-\frac{U_i T_1}{RC} + \frac{T_2 U_{ref}}{RC} = 0$$

即 $U_i = \dfrac{T_2}{T_1}U_{ref}$

设时钟脉冲 CP 的频率为 f，则在 T_1 时间间隔内计数器的计数值为 $N_1 = T_1 f$；而在 T_2 时间间隔内计数器的计数值为 $N_2 = T_2 f$。因此可得

$$U_i = \frac{N_2}{N_1}U_{ref} \text{ 或 } N_2 = \frac{N_1}{U_{ref}}U_i \qquad (1-23)$$

由于 U_{ref} 和 N_1 为定值，因此 N_2 与被转换电压 U_i 成正比，A - D 转换器完成了模拟电压转换为数字量。

在一次 A - D 转换结束后，计数器的输出被存放在寄存器中。同时，控制电路发出一个控制信号使 S_2 闭合，积分器恢复到零状态，为下一次 A - D 转换做好准备。

双积分型 A - D 转换器的转换精度主要取决于参考电压和时钟脉冲周期的精度，由于这种 A - D 转换本质上是对采样时间 T_1 内被转换电压的平均值 U_i 转换，故它能够有效地抑制周期为 T_1 或 T_1/n（$n = 1$，2，3，…）的交流噪声干扰。

双积分型 A - D 转换器，具有较强的抑制交流噪声干扰能力、结构简

单和精度高的特点，其不足之处是转换速度较低且转换所用的时间不固定，只适用于直流电压或缓慢变化的模拟电压进行 A – D 转换，因而广泛应用在转换速度要求不高的场合，如普通数字式仪器和仪表等。

第三节 电力电子器件

电力电子器件是电力电子技术的基础，其性能的优劣在很大程度上决定了电力电子设备的技术经济指标。电力电子器件一般均工作在较为理想的开关状态，其显著的特点是导通时压降很低，关断时漏电流很小，消耗能量很少或几乎不消耗能量，因此电力电子技术（又称为功率电子技术）具有高效率和节能的特点。

目前，常用的电力电子器件有：大功率二极管、普通晶闸管（SCR）、门极关断（GTO）晶闸管、电力晶体管（GTR）、电力场效应晶体管（电力 MOSFET）、绝缘栅双极型晶体管（IGBT）、MOS 栅控晶闸管（MCT）和功率集成电路（PIC）等。大功率二极管具有不可控的单向导电性，属于不可控型电力电子器件。普通晶闸管在门极加触发脉冲时，仅能使其导通而不能使其关断，属于无自关断能力的半控型功率开关器件。门极关断（GTO）晶闸管的基本结构和伏安特性与普通晶闸管基本相同，但由于采用了特殊工艺，可以使晶闸管导通工作时处于临界饱和状态，因此当门极加正触发脉冲时可使晶闸管导通，而当门极加上足够的负触发脉冲时又可使导通的晶闸管关断，所以门极关断（GTO）晶闸管属于有自关断能力的全控型功率开关器件。电力晶体管、电力场效应晶体管、绝缘栅双极型晶体管等电力电子器件与门极关断晶闸管一样都具有自关断能力，可以用基极（或栅极、门极）的电流（或电压）信号控制其导通与关断，它们都属于全控型功率开关器件。

一、电力晶体管

1. 基本结构和工作原理

电力晶体管（简称 GTR）属于电流控制型器件，是一种耐压高、电流容量大的双极型大功率晶体管。其基本结构和工作原理与小功率晶体管类似，也有 PNP 型和 NPN 型两种。NPN 型电力晶体管的基本结构和图形符号分别如图 1-26a、b 所示。

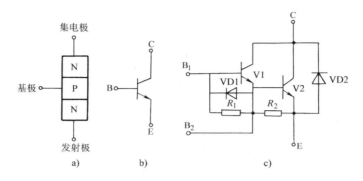

图 1-26　NPN 型电力晶体管及达林顿结构

a）基本结构　b）图形符号　c）GTR 达林顿结构

为了简化 GTR 的驱动电路，减小控制电路的功率，常常将图1-26c所示的达林顿结构（复合管）电力晶体管、续流二极管、加速二极管等集成在同一芯片上，做成电力晶体管模块。这种模块具有大电流、高增益的晶体管特性，更便于在各种电力电子设备中应用。

电力晶体管和小功率晶体管一样，也有截止、放大和饱和 3 种工作状态。在电力电子技术中，电力晶体管作为大功率的开关器件，主要工作于截止和饱和两种状态。为了确保晶体管能安全可靠地长期工作，晶体管在开关过程中必须工作在如图 1-27 所示的安全工作区（SOA）内。

2. GTR 的主要参数

GTR 的参数较多，这里仅简单介绍 GTR 的几个主要参数。

（1）开路阻断电压　开路阻断电压主要反映 GTR 的耐压能力。

1）U_{CBO}：发射极开路时，集电极-基极间的反向击穿电压。

2）U_{CEO}：基极开路时，集电极-发射极间的反向击穿电压。

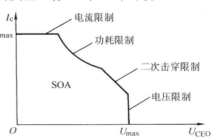

图 1-27　晶体管的安全工作区

3）$U_{CEO(SUS)}$：基极开路时，集电极-发射极间能承受的持续电压。

一般情况下，$U_{\text{CEO(SUS)}} < U_{\text{CEO}}$。

（2）集电极最大允许电流 I_{CM}　发射结正向偏置时，集电极允许的最大电流。

（3）电流放大倍数 h_{FE}　集电极电流与基极电流的比值，即 $h_{\text{FE}} = I_{\text{C}}/I_{\text{B}}$。

（4）开关频率　GTR 作为开关器件的最高工作频率，取决于 GTR 的开关时间。

此外，GTR 的参数还有最高工作结温 T_{jM}、热阻 R_{jc} 等。

通常情况下，用开路阻断电压和集电极最大允许电流可以大致反映 GTR 的容量。如 1200V/300A 的 GTR，是指其 U_{CEO} 为 1200V、I_{CM} 为 300A。选用 GTR 时，必须根据实际应用条件，确定所用管子的参数，以保证器件的正确使用。例如，电力电子设备用 380V 交流电供电时，大多选用 1200V 电压等级的 GTR。此外，由于 GTR 的结温直接影响到其工作寿命，因此还必须重视 GTR 的热参数，尤其是散热器的质量以及散热器与管壳之间的接触电阻。

3. GTR 的基极驱动

为了降低 GTR 在开关状态转换过程中的功率损耗，提高系统的安全可靠性，必须采用合理的基极驱动电路。图 1-28 所示为一种基极驱动电路的工作原理和工作波形。由图可见，GTR 对基极驱动的一般要求是：开通时要过驱动（$I_{\text{B}} = I_{\text{B1}}$），以缩短晶体管的导通时间；正常导通时要浅饱和（$I_{\text{B}} = I_{\text{B2}}$），以利于晶体管的关断；关断时要反偏（$I_{\text{B}} = I_{\text{B3}}$），以缩短晶体管的关断时间。基极驱动对 GTR 的正常运行起着极其重要的作用，较好的基极驱动是采用具有智能控制功能的电路，如 UAA4002 专用集成电路，可以对晶体管实现较理想的基极电流优化驱动，并可以提供多种保护功能。

GTR 具有控制方便，开关时间短，高频特性好，通态压降较低等优点，其主要缺点是存在局部过热引起的二次击穿现象。目前，GTR 的最大容量为 1200V/400A，最佳工作频率为 1～10kHz，适用于 500kW 以下的应用场合。

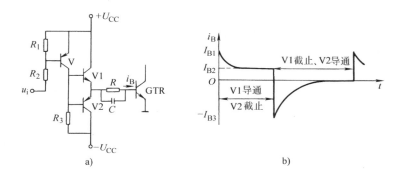

图 1-28　基极驱动电路

a）工作原理　b）工作波形

二、电力场效应晶体管

1. 结构与工作原理

场效应晶体管（FET）是利用电场来控制固体材料导电能力的单极型有源器件。所谓单极型器件是指内部只有多数载流子参与导电的半导体器件。金属-氧化物-半导体场效应晶体管简称为 MOSFET。电力场效应晶体管与小功率 MOSFET 一样，是绝缘栅场效应晶体管。它是通过改变栅极与源极间的电压，使其内部沟道反型及恢复，来控制漏极电流的，因此电力 MOSFET 属于电压控制型器件。目前，电力 MOSFET 一般采用如图 1-29a 所示的垂直导电双扩散 MOS 结构。实际的电力 MOSFET 是由几千个到几十万个这样结构的单元并联组成的一种功率集成器件。

由图 1-29a 可见，栅极 G 与基片之间隔着氧化硅薄层，故它与其他两个极之间是绝缘的，因此电力 MOSFET 栅-源极之间的阻抗非常高。该器件在使用时，源极 S 接低电位，漏极 D 接高电位，即 $U_{DS} > 0$。当栅极与源极之间为零偏压（即 $U_{GS} = 0$）时，由于 U_{DS} 使 PN 结承受反向电压，故漏极到源极之间无电流，整个器件处于阻断状态；当栅极-源极之间的正偏压超过某一临界值（栅极阈值电压 U_T）时，即 $U_{GS} > U_T$ 时，靠近氧化硅附近的 P 区表面层形成与 P 型半导体导电性相反的一层，即 N 反型层，该反型层称为 N 沟道。N 沟道将漏极与源极连接起来，成为导电的通道，使整个器件处于导通状态，电流 I_D 从漏极出发，经过 N 沟道，流入 N$^+$

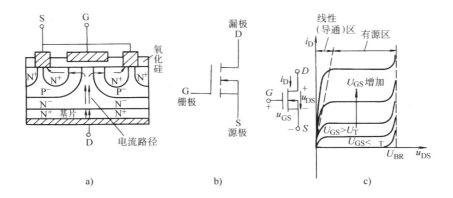

图 1-29　N 沟道电力 MOSFET

a）内部结构　b）图形符号　c）输出特性

区，最后从源极流出。由于这种电力 MOSFET 靠 N 型沟道来导电，故称为 N 沟道 MOSFET 管，其图形符号如图 1-29b 所示。

2. 特性及参数

电力 MOSFET 的输出特性如图 1-29c 所示。电力 MOSFET 的主要参数有：最大漏极电流 I_{Dmax}、漏极-源极间击穿电压 U_{DS}、导通电阻 R_{on}、阈值电压 U_{T} 和开关频率等。

电力 MOSFET 的特点是驱动简单，驱动功率小，而且开关时间很短，一般为纳秒数量级，工作频率高（可达 50 ~ 100kHz），其控制较为方便，热稳定性好且没有二次击穿现象，耐过电流和抗干扰能力强，安全工作区（SOA）宽，但其容量较小，耐压较低。目前，电力 MOSFET 的耐压等级为 1000V，电流等级为 200A，因此电力 MOSFET 现在主要用于各种小容量电力电子装置中。

三、绝缘栅双极型晶体管

1. 基本结构和工作原理

绝缘栅双极型晶体管（简称 IGBT）是由单极型 MOS 管和双极型 GTR 管复合而成的新型功率器件。它既具有单极型 MOS 管的输入阻抗高、开关速度快的优点，又具有双极型电力晶体管的电流密度高、导通压降低的优点，如图 1-30a 所示。

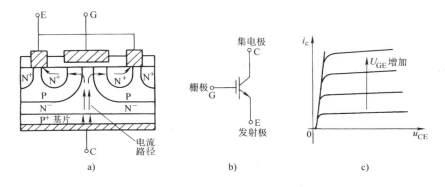

图 1-30　绝缘栅双极型晶体管
a）内部结构　b）图形符号　c）输出特性

由图 1-30 可见，IGBT 是在 N 沟道电力 MOSFET 结构的基础上再增加一个 P^+ 层构成的。IGBT 共有 3 个电极，分别为栅极 G、发射极 E 和集电极 C。IGBT 应用时，C 接高电位，E 接低电位。IGBT 的导通原理与电力 MOSFET 基本相同，因此 IGBT 也属于电压控制型功率器件。

2. 输出特性和主要参数

IGBT 的输出特性如图 1-30c 所示。IGBT 的主要参数有：

1）集电极-发射极额定电压 U_{CES}：栅极-发射极之间外部短路时，IGBT 的耐压值。

2）栅极-发射极额定电压 U_{GES}：IGBT 是由栅极-发射极之间电压信号 U_{GE} 控制其导通和关断的，而 U_{GES} 为该控制信号电压的额定值。IGBT 工作时，其控制信号电压不能超过 U_{GES}。目前，IGBT 的 U_{GES} 大多为 ±20V 左右。

3）额定集电极电流 I_C：IGBT 导通时，允许流过管子的最大持续电流。

4）集电极-发射极饱和电压 $U_{CE(sat)}$　IGBT 正常饱和导通时，集电极-发射极之间的电压降。$U_{CE(sat)}$ 越小，管子的功率损耗越小。

5）开关频率：IGBT 的开关频率是由其导通时间 t_{on}、下降时间 t_f 和关断时间 t_{off} 来决定的。IGBT 的开关频率还与集电极电流 I_C、运行温度及

栅极电阻 R_G 有关。当 R_G 增大、运行温度升高时，开关时间增大，管子允许的开关频率有所降低。IGBT 的实际工作频率比 GTR 高，一般可达 30 ~ 40kHz。

3. 驱动模块和发展趋势

随着 IGBT 的广泛应用，针对 IGBT 的优点而开发出了各种专用驱动模块，如日本富士公司的 EXB841 专用驱动模块，该模块内部装有光耦合器，并且有过电流保护电路和过电流保护信号端子，还可以用单电源供电。各种高性能的专用驱动模块，为 IGBT 的广泛应用提供了极大的方便。

IGBT 是发展最快且已走入实用化的一种复合型功率器件。目前，IGBT 的容量已经达到 GTR 的水平，系列化产品的电流容量为 10 ~ 400A，电压等级为 500 ~ 1400V，工作频率为10 ~ 50kHz。由于 IGBT 集 MOSFET 和 GTR 的优点于一身，因此它广泛应用于各种电力电子装置，有取代电力 MOSFET 和 GTR 的趋势。

四、电力电子器件的选用和保护

目前，电力电子器件的应用越来越广泛，尤其是各种新型有自关断能力的全控型功率器件的应用范围不断扩大。为了确保电力电子装置安全可靠地运行，必须正确选用和保护电力电子器件。

1. 电力电子器件的选择

（1）电力电子器件种类的选择　在电力电子装置中，采用全控型器件省去了线路复杂、体积较大的强迫换流电路，既减小了装置体积，又降低了开关损耗，提高了效率。同时，由于这些器件开关频率的提高，电力电子装置可以采用 PWM 控制，既可以降低了谐波损耗，又可以提高快速性，甚至还可以改善功率因数。因此，现代电力电子装置大量使用各种新型电力电子器件。

现在，容量为 600kV·A 以下的装置一般采用 GTR 或 IGBT；容量为 600 ~ 4000kV·A 的装置一般采用 GTO；而容量为 4000kV·A 以上的装置才采用普通晶闸管。

（2）电力电子器件参数的选择　恰当地选择电力电子器件的参数，可以使电力电子装置功能良好、可靠、经济、维护方便。

1）电力电子器件电压的选择：选择电力电子器件的重复峰值电压（额定电压）的依据是：额定电压必须大于电力电子器件在电路中实际承受的最大电压并有 2~3 倍的裕量。

2）电力电子器件电流的选择：选择电力电子器件的额定电流时，必须考虑到不同电力电子器件额定电流的表示方法有所不同，如普通晶闸管、快速晶闸管的额定电流用工频正弦半波电流（波形系数 $K_f = 1.57$）平均值来表示，而双向晶闸管用电流的有效值表示，GTO、GTR、MOSFET 和 IGBT 等则用电流的峰值表示，因此必须根据实际使用的器件来选择器件的额定电流。例如，选择普通晶闸管额定电流的依据是：晶闸管的额定电流 $I_{T(AV)}$ 必须使管子的额定有效值（$1.57 \times I_{T(AV)}$）不小于实际流过管子电流的最大有效值 I_T（即 $1.57 \times I_{T(AV)} \geqslant I_T$），才能保证晶闸管的发热与结温不超过额定值，而且通常选用管子的额定电流时也应考虑（1.5~2）倍的裕量。即 $I_{T(AV)} \geqslant$（1.5~2）$I_T/1.57$（I_T 为工作时流过晶闸管的最大电流有效值）。

当单个电力电子器件额定电压不能满足电路电压要求时，可将多个电力电子器件串联使用，但电力电子器件串联时要保证各个串联电力电子器件所承受的电压基本相等（即均压）；当单个电力电子器件额定电流不够大时，可将多个电力电子器件并联使用，但电力电子器件并联使用时要保证每个并联电力电子器件中流过的电流基本相等（即均流）。

2. 电力电子器件的保护

由于电力电子器件承受过电压和过电流的能力较差，因此必须采用相应的保护措施。过电压和过电流保护是提高电力电子装置运行可靠性所不可缺少的重要环节。

常用的保护措施是用若干电路元件组成的保护部件，如阻容吸收、非线性元件（硒堆、压敏电阻）等，分散设置在所需要的部位，来限制瞬时过电压；用快速熔断器、过电流继电器、快速开关等，快速切断故障过电流，实现过电流保护。此外，还可以通过检测电路中某点的电压或电流值，利用调节系统进行快速反馈控制，将电压、电流抑制在允许值以下，而当有严重故障时自动快速切断装置的电源，实现电压、电流保护。

为了确保装置安全可靠地运行，一般还在晶闸管电路中串入进线电感配合阻容吸收电路以及在晶闸管桥臂串入小电感，来限制加到晶闸管上的电压上升率 du/dt；在晶闸管桥臂串入小电感配合整流式阻容吸收电路，来限制晶闸管电流上升率 di/dt。

对于 GTR、GTO、电力 MOSFET 和 IGBT 等自关断器件，除了采用上述保护措施外，还应尽量选用有自保护功能的驱动电路。应当注意的是，由于这些自关断器件的工作频率比晶闸管高得多，因此其缓冲电路与晶闸管也不尽相同，图 1-31 所示为一种常见的 GTR 缓冲电路，该缓冲电路也可用于 GTO、MOSFET 及 IGBT 的保护。

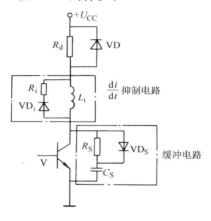

图 1-31　GTR 缓冲电路

第二章　电　　机

培训目标　掌握直流电机和交流电机的基本构造、工作原理、机械特性、各种运转状态及其特点；掌握常见控制电机的构造、工作原理、特性及应用知识。

电机是用于能量转换或信号变换的一种机电装置。电机按用途可分为普通旋转电机和控制电机两大类，它们大多是根据电磁感应原理进行工作的，因而两者并无本质上的区别。普通旋转电机主要有交流电机和直流电机两大类，由于其主要用于机电能量转换，故对其主要要求是有较高的力能指标。控制电机的任务是完成机电信号变换，用于机电信号检测、放大和执行，对其主要要求是运行可靠、响应迅速和精确度高等。控制电机按其功能和用途，可分为信号元件和功率（执行）元件两大类。其中，作为信号元件的控制电机有测速发电机、旋转变压器、自整角机等；而作为执行元件的控制电机有伺服电动机、步进电动机等。

第一节　直 流 电 机

直流电机是直流发电机和直流电动机的总称。直流电机作为一种电能和机械能相互转换装置，它具有可逆性，即一台直流电机既可作发电机运行，也可以作直流电动机运行。

直流电机与交流电机相比，虽然其结构比较复杂，使用维护较麻烦，但由于直流发电机能够直接作为稳定的直流电源，而直流电动机具有调速性能好，起动转矩大等优点，因而直流电机在工业生产中仍获得了广泛应用。

一、直流电机的结构与工作原理

1. 直流电机的结构

直流电机由定子和转子（又称为电枢）两大部分组成，其结构如图 2-1 所示。

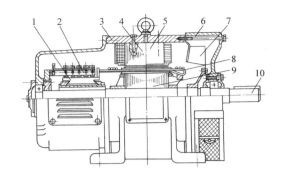

图2-1 直流电机的结构
1—换向器 2—电刷装置 3—机座 4—主磁极 5—换向极
6—端盖 7—风扇 8—电枢绕组 9—电枢铁心 10—转轴

直流电机的定子部分由主磁极、换向极、电刷装置、机座和端盖等组成。主磁极简称主极，由主极铁心和主极绕组组成，其作用是通入直流励磁电流产生主磁场。换向极又称为附加极，由换向极铁心和换向极绕组组成，其作用是产生换向磁场，以改善电机的换向。电刷装置由电刷、刷握、刷辫、弹簧机构、刷杆和刷杆座等组成。它有两个作用：其一是将旋转电枢与外电路相接而构成电流通路，其二是与换向器配合，起整流作用。机座一方面用于作为电机磁路的一部分（定子磁轭），另一方面起机械支撑作用，用于固定主磁极、换向极，并通过前、后端盖支承转子部分，而机座的底脚则用于把电机固定在基础上。

电枢部分由电枢铁心、电枢绕组、换向器、转轴、风扇等组成。电枢铁心用于嵌放电枢绕组，并用于作为电机磁路的一部分。电枢绕组的作用是产生感应电动势，并形成感应电流，使电枢得到电磁转矩作用而旋转，从而使电机实现机电能量转换。换向器作为直流电机中重要组成部分之一，其作用是将电枢绕组中的交流电动势和电流转换成电刷间的直流电动势和电流。转轴是电枢主要支撑件，用于传递转矩。风扇用于降低电机运行中的温升。

2. 直流电机基本工作原理

（1）直流电机的磁场 直流电机的磁路由定子磁轭、主极铁心、电枢铁心和气隙构成。励磁绕组和电枢绕组的合成磁势在电机的气隙内形成气隙磁场。

（2）直流发电机基本工作原理　当原动机拖动直流发电机旋转时，电枢上的导体切割磁力线，产生交变的感应电动势，换向器使电枢绕组内产生的交变电动势变为电刷间的脉动直流电动势。直流发电机，通过换向片将处于磁极下不同位置的电枢导体串联起来，使它们的感应电动势互相叠加，从而输出基本稳定的直流电压，实现了将机械能转换为直流电能。

（3）直流电动机基本工作原理　直流电动机在外加直流电压的作用下，在电枢导体中形成电流，载流电枢导体在磁场中受到电磁力作用，使电枢获得电磁转矩而转动，换向器适时改变电枢绕组中的电流方向，使电枢受到单方向的电磁转矩作用而不停旋转。直流电动机，通过换向片将处于磁极中不同位置的电枢导体串联起来，使它们的电磁转矩相叠加，从而输出基本恒定的机械转矩，实现了把直流电能转换为机械能输出。

3. 直流电机的分类

直流电机按励磁方式不同，可分为他励、并励、串励和复励 4 种直流电机，如图 2-2 所示。

二、直流电机的电枢绕组

电枢绕组是直流电机的主要组成部分，也是实现机电能量转换的关键部件之一。电枢绕组是由许多分布在电枢表面槽中的绕组元件按一定规律相连接的闭合绕组。绕组元件是指由一匝或多匝线圈组成的基本单元，其两端分别与两个换向片相连接。电枢绕组按绕组元件连接规律的不同，可分为叠绕组、波绕组和蛙形绕组等 3 大类。其中，应用较多的是单叠绕组和单波绕组。

直流电机的电枢绕组均采用双层绕组，即将电枢铁心槽（称为实槽）分成上下两层，分别嵌放不同绕组的两个边。在实际的电机中，由于电枢绕组元件较多，电枢铁心的实槽数往往小于理论上绕组元件所要求的槽数，因此在同一个实槽内放置若干绕组元件边，并把同一实槽中的一个元件上层边和另一个元件的下层边共称为一个虚槽。一般情况下，实槽数 Z 与虚槽数 Z_v 的关系为：$Z_v = uZ$。其中，u 为槽内单层元件数，即一个实槽内的虚槽数。实槽中的虚槽如图 2-3 所示。

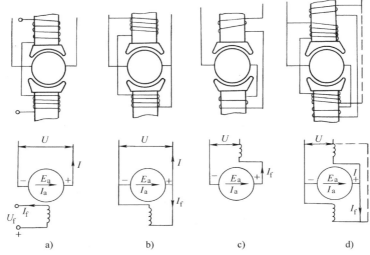

图 2-2　直流电机按励磁方式分类

a）他励　b）并励　c）串励　d）复励

在直流电机中，换向片数 K 与绕组元件数 S、虚槽数 Z_v 三者相等，即 $K = S = Z_\mathrm{v} = uZ$。

通常，我们把沿电枢表面相邻两个主极轴线间的弧长，称为极距 τ。极距也可用对应的

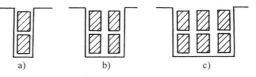

图 2-3　实槽中的虚槽

a）$u = 1$　b）$u = 2$　c）$u = 3$

虚槽数来表示，即 $\tau = \dfrac{Z_\mathrm{v}}{2p} = \dfrac{uZ}{2p}$，式中的 p 为磁极对数。同一绕组元件两

有效边之间在电枢表面所跨的虚槽数，称为第一节距 y_1，即 $y_1 = \dfrac{Z_\mathrm{v}}{2p} \pm \varepsilon$。

式中的 ε 是用来把 y_1 凑成整数的一个小数，$\varepsilon = 0$ 为整矩绕组，ε 前取"$-$"号为短矩绕组，ε 前取"$+$"号为长矩绕组，长矩绕组一般不用。相互串联的两个绕组元件中，前一元件的下层边与后一元件上层边之间所跨的虚槽数，称为第二节距 y_2。互相串联的两个元件对应边之间所跨的虚槽数，称为合成节距 y。一个元件的两个端头所连接的两个换向片之间

所跨的换向片数，称为换向器节距 y_k。

在叠绕组中，绕组元件的端部是依次重叠排列的。单叠绕组是将 $y = y_k = \pm 1$ 的相邻元件相互串联而组成的绕组，$y_k = +1$ 为右行绕组，$y_k = -1$ 为左行绕组。图 2-4 所示为单叠右行绕组。单叠绕组的支路对数 a、磁极对数 p 和电刷对数 b 三者相等，即 $a = p = b$。为改善电机磁场不对称，单叠绕组需要采用均压连接，即把电枢绕组中理论上的等电位点用导线短接。

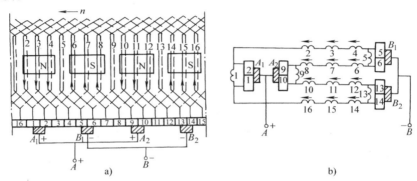

图 2-4 单叠右行绕组 ($Z_v = K = S = 16$ $2p = 4$)

a）绕组展开图 b）绕组并联支路图

在波绕组中，绕组元件的两个端头向两边分开，连接到相距约为两个极距的两个换向片上，即 $y = y_k \approx 2\tau$。单波绕组沿电枢绕一周后正好回到起始换向片相邻的换向片上，即 $y = y_k = (K \pm 1)/p$，式中如取 "−"号为左行绕组，如取 "＋"号为右行绕组。图 2-5 所示为单波左行绕组。在单波绕组中，无论磁极对数有多少，它只有两条并联支路，故支路对数总为 1，即 $a = 1$。单波绕组不需要连接均压线。

三、直流电机的电枢反应

当主极绕组中通入励磁电流后，电机中便建立起主磁场；当电机运行时，电枢绕组中有电流通过，就会产生电枢磁场。电枢磁场对主磁场的影响叫电枢反应。电枢反应有两个方面的影响，其一是使主磁场发生扭转畸变，使合成磁场的物理中性线 $m-m$ 与几何中性线 $n-n$ 不相重合，在发

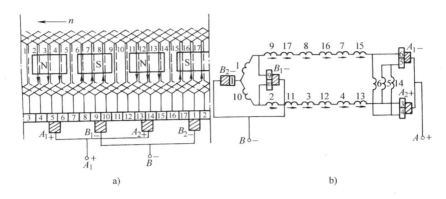

图 2-5　单波左行绕组（$Z_v = K = S = 17$　$2p = 4$）

a）绕组展开图　b）绕组并联支路图

电机中，物理中性线沿电机旋转方向偏移角 β，而在电动机中则与此相反，如图 2-6 所示；其二是使主磁场被削弱。这两方面的影响将使电机的换向火花增大，使发电机输出的电压降低，使电动机输出的转矩减小。

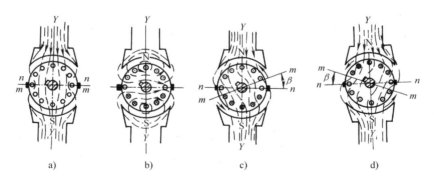

图 2-6　直流电机的电枢反应

a）主磁场分布　b）电枢磁场分布　c）发电机合成磁场　d）电动机合成磁场

四、直流电机的换向

1. 换向过程

当直流电机旋转时，电枢绕组元件从一条支路经电刷进入另一条支路时，元件中电流的方向发生改变，这种电流方向的改变称为换向。正在换向的元件，称为换向元件。元件中电流方向的改变过程，称为换向过程。由于换向过程引起直流电机的其他现象，反过来又会影响换向，因此换向过程十分复杂。换向不良将产生火花，而火花严重时则会使换向器表面损坏，使电机不能工作。

2. 换向时产生火花的原因

产生换向火花的原因十分复杂，有电磁方面的原因，也有机械和电化学等方面的原因。电磁方面的原因是指在换向过程中，换向元件中的电抗电动势 e_x（包括自感电动势和互感电动势）和旋转电动势 e_a（电枢反应电动势）两者的合成电动势 $e_x + e_a$，将在换向元件回路中产生附加电流，而引起换向火花。对有换向极（换向极电动势 e_k）的直流电机而言，该合成电动势为 $e_x + e_a - e_k$，故采用换向极可以改善直流电机的换向。机械方面的原因主要有换向器偏心、换向片凸出、电刷压力不合适和电刷跳动等。

3. 改善换向的方法

直流电机改善换向的方法，主要有加装换向极（对无换向极的直流电机而言）、合理选用电刷和移动电刷位置等。

五、直流电动机的基本特性

1. 基本公式

（1）电枢电动势　当直流电动机电枢旋转时，电枢绕组中存在感应电动势，此即电枢电动势 E_a。电枢电动势 E_a 大小与电动机的转速和磁通成正比，即

$$E_a = \frac{pN}{60a}\varPhi n = C_e \varPhi n \qquad (2\text{-}1)$$

式中　C_e——电动势常数，$C_e = pN/(60a)$；

　　　p——磁极对数；

　　　N——电枢绕组总的有效导体根数；

　　　a——电枢绕组并联支路对数；

　　　$\varPhi$——每极气隙磁通（Wb）；

　　　n——电动机转速（r/min）。

在直流电动机中，E_a 的方向与电枢电流 I_a 的方向相反，而 E_a 的作用是抵制 I_a 的流入，故 E_a 又称为电枢反电动势。

（2）电磁转矩　当电枢绕组受到电磁力作用时，将产生电磁转矩 T，使电枢旋转。该电磁转矩为

$$T = \frac{pN}{2\pi a}\Phi I_a = C_T \Phi I_a \tag{2-2}$$

或

$$T = 9.55 P_M / n \tag{2-3}$$

式中　C_T——转矩常数，$C_T = pN/(2\pi a)$；

P_M——电动机的电磁功率（W），$P_M = E_a I_a$。

（3）效率　直流电动机的效率 η 为其输出的机械功率 P_2 与输入的电功率 P_1 之比，即

$$\eta = \frac{P_2}{P_1} \times 100\% \tag{2-4}$$

2. 基本方程式

电动机稳态运行时，存在电动势、转矩、电功率和机械功率平衡方程式。

（1）电动势平衡方程式

$$U = E_a + I_a R_a \tag{2-5}$$

式（2-5）表明，在电枢电路中，加在电枢绕组两端的电压 U 可分成两部分，一部分用于抵消反电动势 E_a，另一部分就是电枢绕组电阻的压降 $I_a R_a$（R_a 为电枢电阻）。

（2）转矩平衡方程式

$$T = T_2 + T_0 \tag{2-6}$$

式（2-6）表明，电动机电磁转矩 T 的一部分成为电动机轴上输出的机械转矩 T_2，而其余部分则用来抵消电动机的空载损耗转矩 T_0。

（3）电功率平衡方程式

$$P_1 = P_M + p_{Cu} \tag{2-7}$$

式（2-7）表明，电源供给电动机的电功率 P_1 中的一部分成为电动机的电磁功率 P_M，而其余部分则用来抵消电动机内部损耗的电功率 p_{Cu}。

（4）机械功率平衡方程式

$$P_M = P_2 + p_0 \qquad (2\text{-}8)$$

式（2-8）表明，电动机电磁功率 P_M 的一部分用于转换成输出的机械功率 P_2，而其余部分则用来抵消电动机的空载损耗 p_0。

上述的4个平衡方程式反映了电动机在进行能量转换时，其电气系统的电势、机械系统的转矩及电动机内部的机电能量均存在一定平衡关系，其中的两个功率平衡方程式还可以用于描述电动机内部的机电能量的转换过程。

3. 基本特性

（1）工作特性　直流电动机的工作特性是其运行特性之一，是选用直流电动机的一个重要依据。直流电动机的工作特性，是指在 $U = U_N$、$I_f = I_{fN}$、电枢电路中不串入外加电阻时，电动机转速 n，电磁转矩 T，效率 η 与输出功率 P_2 之间的关系，如图 2-7 所示。

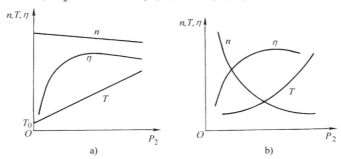

图 2-7　直流电动机的工作特性

a）并励电动机　b）串励电动机

（2）机械特性　直流电动机的机械特性，是指在电源电压 U、励磁电流 I_f、电枢电路总电阻 R 均为常数时，转速 n 与转矩 T 之间的关系，即 $n = f(T)$。

1）并励电动机的机械特性：并励电动机的机械特性方程为

$$n = \frac{U}{C_e \Phi} - \frac{RT}{C_e C_T \Phi^2} = n_0 - \alpha T \qquad (2\text{-}9)$$

式中　R——电枢电路总电阻；

n_0——理想空载转速；

α——机械特性的斜率。

由式（2-9）可知，并励电动机 n 与 T 之间为线性关系。直流电动机的机械特性如图 2-8 中的曲线 1 所示。由图可见，并励电动机的额定负载转速 n_N 与其空载转速 n_0 相差不大，这种机械特性称为硬特性。该特性表明，当负载转矩增加时，并励电动机的转速仅略有下降。通常，我们用转速调整率 Δn 来表示电动机转速的这种变化，即 $\Delta n = \dfrac{n_0 - n_N}{n_N} \times 100\%$ 。

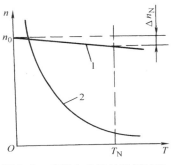

图 2-8　直流电动机的机械特性
1—并励电动机　2—串励电动机

一般并励电动机的 $\Delta n = 3\% \sim 8\%$ 。因此，并励电动机适用于要求转速比较稳定的场合，如金属切削机床、造纸机械等。

2）串励电动机的机械特性：串励电动机的机械特性方程为

$$n = C_1 \frac{U}{\sqrt{T}} - C_2 R$$

式中的 C_1 、 C_2 均为常数。串励电动机的机械特性如图 2-8 中曲线 2 所示。由图可见，串励电动机的转速随转矩的增加而急剧下降，这种机械特性称为软特性。因此，串励电动机适用于负载转矩变化较大、要求起动转矩大而不可能空载运行的场合，如城市电车、蓄电池车辆、挖掘机和起重机等。

六、直流电动机的起动、制动及调速

1. 起动

电动机从静止到稳定运行的过程，称为起动。直流电动机起动瞬间，由于 $n = 0$ ， $E_a = C_e \Phi n = 0$ ，故其起动电流 $I_{st} = (U - E_a)/R_a = U/R_a$ ，式中的 R_a 为电枢电阻。一般， I_{st} 可达额定电流 I_N 的 10～20 倍。过大的起动电流会损坏电动机的换向器，造成换向困难，同时还会引起电源电压波动，故必须限制起动电流。直流电动机常用的限流起动方法有电枢串接电阻起动和减压起动两种。电枢串接电阻二级起动的机械特性如图 2-9a 所示，电动机从 a 点开始起动，先后在 b 、 d 点将电枢电路的总电阻从 R_2 逐级切换为 R_1 、 R_a ，到达 f 点时起动结束，从而将整个起动过程中的电枢电流限制在一定范围内。减压起动的机械特性如图 2-9b 所示，电动机从 a 点开始起动，先后在 b、d、f 点将电枢电压从 U_3 逐级切换为 U_2、U_1、U_N，以限制起动过程的电枢电流，到达 h 点时起动结束，电动机稳定运行。

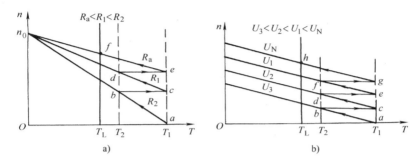

图 2-9　直流电动机的起动机械特性

a）变电阻起动　b）减压起动

2. 制动

直流电动机的制动方法有机械制动和电气制动两大类。电气制动就是人为地用电气的方法使电动机产生一个与旋转方向相反的电磁转矩，以实现制动。直流电动机常用的电气制动方法有能耗制动、反接制动和回馈制动。能耗制动的机械特性如图 2-10a 所示，电动机从 a 点开始制动，将电枢两端从电源改接到制动电阻 R_L 上，由 $I_a = -E_a/(R_a + R_L)$，使电动机立即从 a 点到 b 点，并沿 bO 线迅速减速，电动机的动能消耗在 R_L 上，到达 O 点时制动结束。电枢反接制动的机械特性如图 2-10b 所示，电动机从 a 点开始制动，将电枢串入 R_L 后反接到电源上，由 $I_a = -(U + E_a)/(R_a + R_L)$，使电动机立即从 a 点到 b 点，并沿 be 线迅速制动，到达 c 点时电动机转速接近于零，应及时切断电源，结束反接制动，以避免电动机发生反转。

3. 调速

调速是指在电力拖动系统中，人为地或自动地改变电动机的转速。直流电动机的调速方法有 3 种，即改变电枢电压调速（即调压调速）、改变电枢回路电阻调速（即串电阻调速）和改变主磁通调速（即弱磁调速），其机械特性分别如图 2-11 所示。

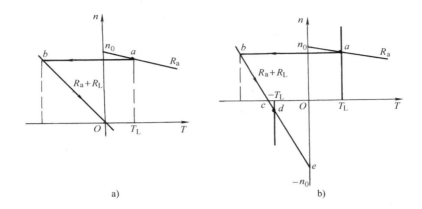

图 2-10　直流电动机的制动机械特性

a）能耗制动　b）反接制动

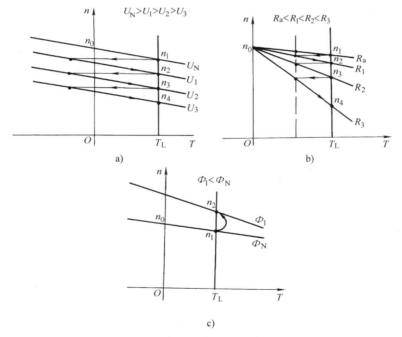

图 2-11　直流电动机的调速机械特性

a）调压调速　b）串电阻调速　c）弱磁调速

直流电动机的 3 种调速方法及其性能见表 2-1。

表 2-1 直流电动机的 3 种调速方法及其性能

机械特性方程	调速方式		电动机类型	控制装置	调速范围	转速变化率	平滑性	特点	效率
$n = \dfrac{U}{C_e\Phi} - \dfrac{R}{C_eC_T\Phi^2}$	改变电枢串联电阻		他励、复励、串励	多级或平滑晶体管放大器	2:1 ~ 3:1	较小（低速差）	平滑或不平滑	恒转矩、简单	低
	改变电枢电压 U	电动机—发电机机组供电	他励	交流电动机—直流发电机组及调控装置	0 ~ 全速	小	好	恒转矩、无级调速噪声大	60% ~ 70%
		晶闸管整流装置供电	他励	晶闸管变流及触发、调节、控制装置	0 ~ 全速	小	好	恒转矩、无级调速、对电网冲击大	80% ~ 90%
		直流脉冲调宽斩波器供电	他励、串励	直流恒压电源斩波器及其调节装置	0 ~ 全速	小	好	恒转矩、无级调速	80% ~ 90%
	改变励磁磁通 Φ	电动机或机组	并励、他励	直流电源、励磁变阻器	3:1 ~ 5:1	较大		恒功率	80% ~ 90%
		晶闸管整流装置供电	并励、他励	晶闸管整流电源	3:1 ~ 5:1	较大	好		

由于电动机的负载有不同类型，因此直流电动机调速方法的类型应与之匹配，才能合理使用电机。如恒转距负载用恒转距调速方式相配合，可以充分利用电动机的功率，任何转速下均等载运行，而恒功率负载则可以与恒功率调速方式配合得很好。

第二节 交 流 电 机

交流电机主要有同步电机和异步电机两种，同步电机主要用作发电机，异步电机主要用作电动机。这里仅介绍三相异步电动机。

一、三相异步电动机的定子绕组及变极原理

1. 三相异步电动机的定子绕组

三相异步电动机的定子绕组是由许多嵌放在定子铁心槽内的线圈按照

一定的规律分布、排列并连接而成的。定子绕组的构成原则是：

1）在一定的导体数下，力求获得较大的基波磁动势和基波电动势，磁动势和电动势的波形要力求接近正弦波，使电动势和磁动势中谐波分量尽可能小。

2）各相定子绕组的磁动势及电动势必须对称。三相电动势应幅值相等、相位互差120°电角度，为此必须保证各相绕组的阻抗要相等且在空间分布应彼此相差120°电角度。

3）用铜量少，绝缘性能和机械强度可靠，散热条件好。

4）制造工艺简单，检修方便。

三相异步电动机定子绕组有多种分类方法，如按槽内线圈边层数来分，可分为单层绕组、双层绕组和单双层混合绕组。如按绕组端接部的形状来分，单层绕组可分为同心式绕组、链式绕组和交叉式绕组，而双层绕组则可分为叠绕组和波绕组。如按每极每相所占槽数来分，可分为整数槽绕组和分数槽绕组。

单层绕组的每个定子槽内只放一个线圈的有效边，整个绕组的线圈数等于定子槽数的1/2，线圈数少，便于绕制和嵌线。不需层间绝缘，不易发生相间短路，槽的利用率高，但绕组端部交叠变形较大，电磁性能较差，电机的铁损和噪音都较大，起动性能不良，故多用于小功率（10kW以下）电动机。

双层绕组每槽内嵌放上层、下层两个线圈边，整个绕组的线圈数等于槽数，所有线圈具有相同的形状和尺寸，绕组的形状排列整齐，能够灵活地选择适合的短距，以改善电磁性能。通常，功率较大的三相异步电动机的定子绕组均采用双层绕组。图2-12所示为三相36槽4极双层叠绕组展开图。

单双层混合绕组是由双层短距绕组演变而来的，它把同一槽中属于同一相绕组的上层和下层线圈边合并在一起，用单层线圈边代替，而把同一槽中不属于同一相的上、下线圈边，仍保留原来的双层结构，就可以组成单双层混合绕组。单双层混合绕组兼有单层绕组和双层绕组的优点，它既能改善电动势和磁动势的波形，改进电动机的性能，又在工艺上嵌线较双层方便，端部短，节省铜材。

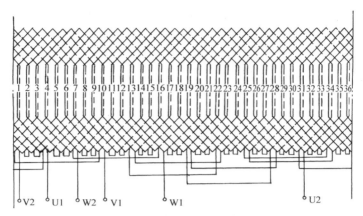

图 2-12　三相 36 槽 4 极双层叠绕组展开图

在工厂实际接线中，常采用圆形接线参考图（简称接线图）来指导接线。图 2-12 所示电动机的三相四极绕组接线图如图 2-13 所示。

2. 变极原理

三相变极多速异步电动机有双速、三速、四速等多种。定子绕组极数的改变，有倍极比（如 2/4、4/8 极）和非倍极比（如 4/6、6/8 极）两类。为使定、转子极数能对应，多速电动机大多为笼型转子电动机。

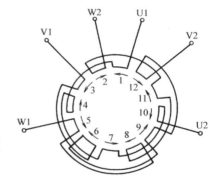

图 2-13　三相四极绕组接线图

单绕组多速电动机的变极方法有反向法、换相法、变跨距法等。在工业生产中，采用反向法变极的单绕组双速电动机使用较为广泛。现以此种电动机为例，简要介绍反向法变极原理及绕组的连接方法。

反向法是在不改变各槽线圈相号的条件下，将各相绕组的一部分反接，来实现变极。此方法绕组出线端少，但其分布系数有所降低。单绕组双速电动机通过改变定子绕组的接线，使其中一半绕组中的电流反向，实现了极对数改变 1 倍，其变极原理如图 2-14 所示。

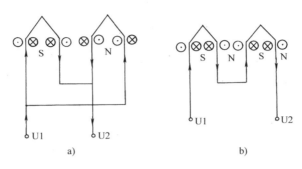

图 2-14　反向变极原理

a）一对极　b）两对极

单绕组双速电动机的接线方法主要有丫丫/△联结和丫丫/丫联结两种。丫丫/△联结的单绕组双速电动机的接线方法如图 2-15 所示。

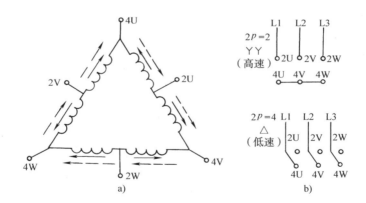

图 2-15　单绕组双速电动机丫丫/△接线方法

a）2/4 极的绕组联结　b）2/4 极的出线端联结

采用丫丫/△联结的单绕组双速电动机，可获得近似恒功率调速特性，适用于拖动恒功率性质的机械负载，故可用于金属切削机床主轴驱动。而丫丫/丫联结的单绕组双速电动机则可获得近似恒转矩调速特性。

二、三相异步电动机的基本特性

根据异步电动机运行时的电磁关系，经频率、绕组等折算后，得到异步电动机的等效电路，如图 2-16 所示。通过对异步电动机运行时能量转换过程的分析，可得异步电动机的功率流程图，如图 2-17 所示。

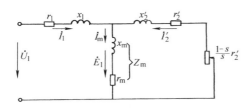
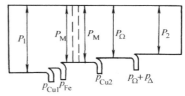

图 2-16　电动机一相等效电路　　　图 2-17　异步电动机的功率流程图

异步电动机的等效电路及功率流程图，有助于我们对异步电动机的定量分析。

1. 三相异步电动机的基本公式

（1）同步转速　异步电动机的同步转速 n_1，就是其旋转磁场的转速，即

$$n_1 = 60f_1/p \tag{2-10}$$

式中　f_1——三相交流电源的频率（Hz）；

p——电动机磁极对数。

（2）转差率　异步电动机的转速差 Δn 为同步转速 n_1 与转子转速 n 之差，即 $\Delta n = n_1 - n$。而转差率 s 是指转速差 Δn 与同步转速 n_1 的比值，即

$$s = \Delta n/n_1 = (n_1 - n)/n_1 \tag{2-11}$$

（3）电动机的输入电功率　电源供给异步电动机的功率 P_1 就是电动机的输入电功率，即

$$P_1 = 3U_1 I_1 \cos\varphi_1 \tag{2-12}$$

式中　U_1——定子相电压（V）；

I_1——定子相电流（A）；

$\cos\varphi_1$——电动机功率因数。

（4）电动机的输出功率　异步电动机的输出功率 P_2 为电动机的电磁功率 P_M 与转子铜损耗 p_{Cu2}（又称为转差功率，$p_{Cu2} = sP_M$）、机械损耗 p_Ω 和附加损耗 p_Δ 之差，即

$$P_2 = P_M - p_{Cu2} - p_\Omega - p_\Delta = P_\Omega - p_\Omega - p_\Delta \qquad (2\text{-}13)$$

式中　P_M——电动机的电磁功率，$P_M = P_1 - p_{Cu1} - p_{Fe}$（$p_{Cu1}$ 为定子铜损耗，p_{Fe} 为电动机的铁损耗）；

　　　P_Ω——电动机的全部机械功率，$P_\Omega = P_M - p_{Cu2} = (1 - s)P_M$。

（5）电动机的转矩平衡方程　电动机稳态运行时，其转矩满足平衡方程式

$$T = T_2 + T_\Omega + T_\Delta = T_2 + T_0 \qquad (2\text{-}14)$$

式中　T——电动机的电磁转矩；

　　　T_2——电动机轴上输出的转矩；

　　　T_Ω——阻摩擦转矩；

　　　T_Δ——附加损耗转矩；

　　　T_0——空载转矩，$T_0 = T_\Omega + T_\Delta$。

2. 三相异步电动机的特性

（1）工作特性　三相异步电动机的工作特性是输入功率 P_1、定子电流 I_1、效率 η、功率因数 $\cos\varphi$ 和转差率 s，与输出功率 P_2 之间关系的曲线，如图 2-18 所示。

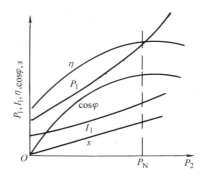

图 2-18　三相异步电动机的工作特性

（2）机械特性　三相异步电动机的机械特性是指其转速与转矩之间的关系，即 $n = f(T)$。通常，这种关系也可以用转矩特性，即转矩与转差率之间的关系 $T = f(s)$ 来表示，如图 2-19 所示。

三相异步电动机的机械特性有 3 种表达式，即物理表达式、参数表达式和实用表达式。这 3 种表达式的应用场合各有不同。

1）物理表达式：

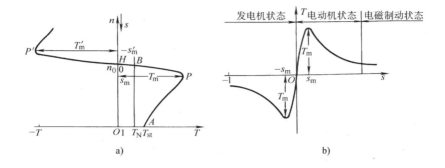

图 2-19　三相异步电动机的机械特性与转矩特性

a）机械特性　b）T – s 曲线

$$T = C_T \Phi_m I_2' \cos\varphi_2 \tag{2-15}$$

式中　$\cos\varphi_2$——转子电路的功率因数。

　　物理表达式表明，电磁转矩 T 与气隙磁通 Φ_m 和转子电流的有功分量 $I_2'\cos\varphi_2$ 成正比。因此，物理表达式适用于定性分析 T 与 Φ_m 及 $I_2'\cos\varphi_2$ 之间的关系。

　　2）参数表达式：

$$T = \frac{3}{\Omega_0} \frac{U_1^2 \dfrac{r_2'}{s}}{\left(r_1 + \dfrac{r_2'}{s}\right)^2 + (x_1 + x_2')^2} \tag{2-16}$$

式中　r_1、x_1——定子绕组的电阻和电抗；

　　　r_2'、x_2'——转子电阻和电抗的折算值；

　　　Ω_0——电动机的同步角速度$\left(\Omega_0 = \dfrac{2\pi f_1}{p}\right)$。

　　参数表达式表明，电磁转矩 T 与定子相电压 U_1 的二次方成正比，因而电源电压的波动对电动机转矩的影响很大。参数表达式可用于分析各参数变化对电动机运行性能的影响。由参数表达式可得到

临界转差率 $\qquad s_m = \dfrac{r'_2}{\sqrt{r_1^2 + (x_1 + x'_2)^2}}$ (2-17)

最大转矩 $\qquad T_m = \dfrac{3}{\Omega_0} \dfrac{U_1^2}{2[r_1 + \sqrt{r_1^2 + (x_1 + x'_2)^2}]}$ (2-18)

起动转矩 $\qquad T_{st} = \dfrac{3}{\Omega_0} \dfrac{U_1^2 r'_2}{(r_1 + r'_2)^2 + (x_1 + x'_2)^2}$ (2-19)

起动电流 $\qquad I_{st} = \dfrac{U_1}{\sqrt{(r_1 + r'_2)^2 + (x_1 + x'_2)^2}}$ (2-20)

由式（2-17）~式（2-20）可知，在转子回路串入适当的电阻，可以减小起动电流，并能调整起动转矩；降低定子绕组的相电压，可以限制起动电流，但同时也将使起动转矩大大下降。

3）实用表达式：

$$T = \dfrac{2T_m}{\dfrac{s}{s_m} + \dfrac{s_m}{s}}$$ (2-21)

实用表达式最适合于机械特性的工程计算。式（2-21）中的 T_m 和 s_m 可从电机产品目录中查得的过载倍数 λ_m、额定功率 P_N、额定转速 n_N 来求得。因为在电动机中存在下述关系：$\lambda_m = \dfrac{T_m}{T_N}$；$T_N = 9.55 \dfrac{P_N}{n_N}$；$s_N = \dfrac{n_1 - n_N}{n_1}$。所以可得

$$T_m = \lambda_m T_N$$ (2-22)

$$s_m = s_N(\lambda_m + \sqrt{\lambda_m^2 - 1})$$ (2-23)

把上述计算结果代入实用表达式，即可得到 $T = f(s)$ 关系式，从而绘出电动机的机械特性。

4）异步电动机运行状态的四象限特性：电动机的运行状态有电动状态和制动状态，这些运行状态处在机械特性的不同象限内，如图 2-20 中，在正转方向，特性 1 与 1′的第二象限为回馈制动特性，第四象限为反接制动特性。在反转方向，特性 2 与 2′的第二象限为反接制动特性，第四象限

为回馈制动特性。特性 3 与 3′为能耗制动特性，第二象限对应于电动机正转，而第四象限对应于电动机反转。在图 2-20 中，特性 1、2、3 为电机的正常特性，特性 1′、2′、3′为电动机转子串接电阻时的特性。

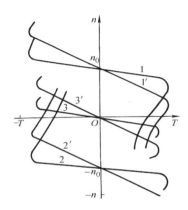

图 2-20　异步电动机运行状态的四象限特性

三、三相异步电动机的起动、制动及调速

（1）起动　三相异步电动机的起动方法有直接起动和减压起动。减压起动可以减小起动电流，但同时也降低了起动转矩。减压起动的方法有：在定子电路中串接电阻或电抗、Y-△起动、用自耦变压器减压起动和延边三角形起动等。

绕线转子异步电动机一般采用转子回路串接电阻或串接频敏变阻器的起动方法。前者具有限制 I_{st} 和增大 T_{st} 的特点，起动性能比笼型电动机好，适用于功率较大的重载起动场合；而后者则具有转子回路等效电阻值随转速上升而自动减小的优点，可使电动机平滑起动。

（2）制动　三相异步电动机的制动方法有回馈制动、反接制动和能耗制动等。

（3）调速　三相异步电动机的调速方法有改变定子绕组极对数调速（即变极调速）、改变电源频率调速（即变频调速）、改变转子转差率调速（即变转差率调速）3 种。三相异步电动机的调速方法见表 2-2。

表 2-2　三相异步电动机的调速方法

转速公式	调速方法		适用场合
$n = (1 - s)\dfrac{60f_1}{p}$	变极调速	变极电动机	简单、有级，用于机床、木工、化工机械
	变频调速	交-直-交变频	频率调节范围广，适用范围广、多种场合
		交-交变频	最高输出频率为 $1/3 \sim 1/2$ 电源频率，低速大功率传动
	变转差率调速 能耗转差调速	调定子电压	笼型或绕线转子电动机，要求平滑起动，短时低速运行的场合
		调转子电阻	绕线转子异步电动机。起、制动多，短时低速运行，冶金机械、起重机等
		电磁转差离合器	中小功率，平滑、无级调速，纺织印染、化工、造纸等
	串级调速	电机串级 电气串级	均适用于绕线转子电动机。无级调速，调速比不大，风机、泵、中大功率的压缩机等

第三节　测速发电机

测速发电机是一种用于将输入的机械转速转变为电压信号输出的信号元件。测速发电机，在自动控制系统中用于测量或自动调节电动机转速，在随动系统中用来产生电压信号以提高系统的稳定性和精度，在计算解答装置中作为微分和积分元件。测速发电机可分为交流测速发电机和直流测速发电机两大类。交流测速发电机与直流测速发电机相比，具有结构简单、工作可靠等优点。交流测速发电机有异步测速发电机和同步测速发电机两种；直流测速发电机按其的励磁方式，可分为永磁式直流测速发电机和电磁式直流测速发电机两种。

一、交流测速发电机

交流测速发电机按其结构，可分为笼型转子和空心杯形转子两种。目前，在自动控制系统中应用较多的是空心杯形转子的异步测速发电机。空心杯形转子异步测速发电机输出特性具有较高的精度，而且其转子转动惯量较小，可满足快速性要求，其基本结构如图 2-21 所示。

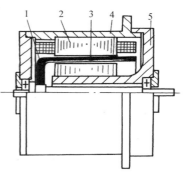

图 2-21　空心杯形转子异步
测速发电机的基本结构
1—空心杯形转子　2—外定子
3—内定子　4—机壳　5—端盖

交流测速发电机的杯形转子是用高电阻率和低温度系数的硅锰青铜或锡锌青铜制成的，臂厚为 0.2 ～ 0.3mm，故转子电阻较大。其定子上嵌有在空间相差 90° 电角度的两组绕组，其中一个为励磁绕组 f，另一个是输出绕组 o。交流测速发电机运行时，在励磁绕组上施加恒频恒压的单相交流电压，而输出绕组则可输出与转速大小成正比的电压信号。

交流异步测速发电机的工作原理如图 2-22 所示。

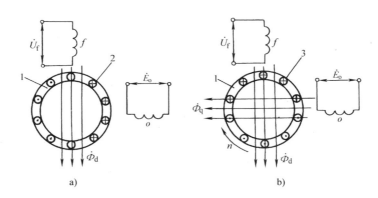

图 2-22　空心杯形转子异步测速发电机的工作原理
a）转子静止时　b）转子转动时

当励磁绕组外加恒频恒压交流电压 $\dot{U}_f$ 时，在电机中便产生沿直轴方向（即励磁绕组轴线方向）的脉振磁通 $\dot{\Phi}_d$。当转子静止（$n=0$）时，$\dot{\Phi}_d$ 在转子绕组（杯形转子可认为是无数根导条构成的笼型转子）中感应出变压器电动势（又称为脉振电动势），并产生相应的转子电流，而转子电流要产生对 $\dot{\Phi}_d$ 有去磁作用的磁通，但由于 $\dot{U}_f$ 恒定，故合成磁通仍为 $\dot{\Phi}_d$。由于输出绕组的轴线与直轴互相垂直，故输出绕组中无感应电动势产生。因此，当测速发电机的转速为零时，输出绕组的输出电压也为零。

当转子转动（$n \neq 0$）时，转子切割直轴磁通 $\dot{\Phi}_d$ 又产生切割电动势（又称为旋转电动势）$\dot{E}_r$，且 $E_r \propto \Phi_d n$。$\dot{E}_r$ 在转子中产生电流 $\dot{I}_r$，由于转子电阻远大于转子电抗，故 $\dot{I}_r$ 与 $\dot{E}_r$ 同相，且 $I_r \propto \Phi_d n$。由 $\dot{I}_r$ 产生交轴磁通 $\dot{\Phi}_q$，有 $\Phi_q \propto I_r$。由于输出绕组的轴线与 $\dot{\Phi}_q$ 的轴线重合，故在输出绕组中感应产生变压器电动势 $\dot{E}_o$，且 $E_o \propto \Phi_q$，所以 $E_o \propto \Phi_q \propto n$，而 $\dot{E}_o$ 就是交流测速发电机的输出电动势。

因此，在励磁电压为恒频恒压的交流电且输出绕组负载很小时，交流测速发电机的输出电压的大小与转速成正比，其频率等于励磁电源的频率而与转速无关。若被测机械的转向改变，则交流测速发电机输出电压的相位将发生180°的变化。

理想情况下，交流测速发电机的输出电压与其转速之间保持严格的正比例线性关系，其输出电压的相位与励磁电压相同，且在转速为零时其输出电压也为零，即所谓的剩余电压为零。但实际上，由于加工、材料、温度变化和负载性质等原因，交流测速发电机工作时存在着线性误差、相位误差和剩余电压。

在使用交流异步测速发电机时，应当考虑负载的大小和性质、温度、频率等对测速发电机的影响，还应当注意电机的工作转速不应超过规定的最大转速范围。

二、直流测速发电机

1. 直流测速发电机的结构和工作原理

直流测速发电机是一种微型直流发电机，其基本结构与普通的直流发电机相似。直流测速发电机的电枢结构有：普通有槽电枢、无槽电枢、空心杯电枢和圆盘式印制绕组电枢等。

直流测速发电机的工作原理与普通直流发电机的工作原理基本相同，如图 2-23 所示。直流测速发电机运行时，其内部气隙里存在一个恒定的磁场，旋转的电枢绕组切割磁通，在电枢绕组中产生感应电动势，通过电刷和换向器的作用，将电枢导体中的

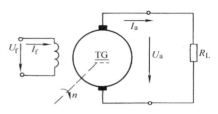

图 2-23　直流测速发电机的工作原理

交流电用机械方法整流为直流后输出。由电刷两端（正、负极）引出的电枢感应电动势为

$$E_a = C_e \Phi n \tag{2-24}$$

直流测速发电机在空载时，其电枢电流 $I_a = 0$，其输出电压和电枢感应电动势相等，即 $U_a = E_a$。因此，直流测速发电机在空载时的输出电压与转速呈正比。

直流测速发电机带负载时，其电枢电流 $I_a \neq 0$，输出电压 U_a 为

$$U_a = E_a - I_a R_a \tag{2-25}$$

显然，由于电枢电阻 R_a 上电压降的影响，测速发电机接上负载 R_L 后的输出电压比空载时小。测速发电机的电枢电流为

$$I_a = U_a / R_L \tag{2-26}$$

将式（2-26）代入式（2-25），可得

$$U_a = E_a - \frac{R_a}{R_L} U_a$$

再将式（2-24）代入后，可得

$$U_a = C_e \Phi n - \frac{R_a}{R_L} U_a$$

经整理后，可得到直流测速发电机带负载时的输出电压为

$$U_a = \frac{C_e \Phi}{1 + \dfrac{R_a}{R_L}} n \qquad (2\text{-}27)$$

2. 直流测速发电机的输出特性

在 Φ、R_a、R_L 均为常数时，直流测速发电机的输出电压为

$$U_a = Cn \qquad (2\text{-}28)$$

式中　C——常数，$C = \dfrac{C_e \Phi}{1 + \dfrac{R_a}{R_L}}$。

由式（2-28）可知，在理想情况下（Φ、R_a、R_L 均为常数），直流测速发电机输出电压 U_a 与转速 n 之间呈线性关系，这种输出特性如图 2-24a 中虚线所示。由图可见，当负载 R_L 不同时，直流测速发电机的输出特性的斜率也有所不同，它将随 R_L 电阻值的减小而降低。

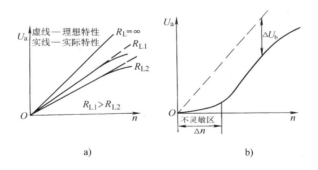

图 2-24　直流测速发电机
a）输出特性　b）电刷的接触压降对输出特性的影响

然而，在实际运行中，直流测速发电机的输出电压与转速之间并不能保持确定的线性关系，这是由于以下几个原因造成的：

1）直流测速发电机带负载后，由于直流测速发电机电枢反应的去磁作用，磁通 Φ 不再是常数，而是随负载大小的改变而变化，这使得直流测速发电机的输出电压与转速之间不再是正比例的线性关系，如图 2-24a 中实线所示。

2）直流测速发电机带负载后，电刷有接触压降 ΔU_b。当电机低速旋转时，电刷的接触压降使测速发电机的输出特性出现一个不灵敏区（无信号区），在这个区域内，直流测速发电机的输出电压很小而近似为零。当电机转速较高时，电刷的接触压降也使其输出特性向下移动，如图 2-24b 所示。

此外，温度的变化、涡流及磁滞等因素都影响了测速发电机输出特性的线性关系。

3. 直流测速发电机的主要性能指标

（1）线性误差 $\Delta U\%$　线性误差是指测速发电机在工作转速范围内，其实际输出特性与理想输出特性之间的最大绝对误差 ΔU_m 与理想直线输出特性的最大输出电压 U_m 之比，即

$$\Delta U\% = \frac{\Delta U_m}{U_m} \times 100\% \qquad (2\text{-}29)$$

式（2-29）中的最大绝对误差 ΔU_m 和最大输出电压 U_m，如图 2-25 所示。

（2）最大线性工作转速 n_m 最大线性工作转速是指在允许的线性范围内，测速发电机的最高电枢转速。它也就是测速发电机的额定转速 n_N。

（3）负载电阻 R_L　负载电阻是指保证测速发电机输出特性在线性范围内的最小电阻值。

（4）不灵敏区 Δn　不灵敏区是测速发电机在低速下的一段区

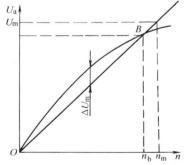

图 2-25　线性误差的确定

域，当测速发电机的转速小于 Δn 时，测速发电机的输出电压近似为零，即 $U_a \approx 0$。

（5）输出特性的不对称度 K_a　输出特性的不对称度是指直流测速发电机顺时针和逆时针方向旋转时，在相同的转子速度下，输出电压的绝对值之差与二者平均值之比的百分数，即

$$K_a = \frac{|U_{a_2}| - |U_{a_1}|}{\frac{1}{2}(|U_{a_1}| + |U_{a_2}|)} \times 100\% \tag{2-30}$$

式中 U_{a_1}、U_{a_2}——电枢顺时针和逆时针方向旋转时的电枢电压。

（6）静态放大系数 K_b 静态放大系数是指直流测速发电机的输出特性的斜率，即

$$K_b = dU_a/dn \tag{2-31}$$

测速发电机的静态放大系数 K_b 值越大，其灵敏度越高。

4. 直流测速发电机的使用

（1）直流测速发电机的选用 在选用测速发电机时，应根据系统的电压、工作转速范围和测速发电机的在系统中所起的作用来选取。当永磁式和电磁式测速发电机都能满足系统要求时，应分析对比两者的优缺点，再合理选用。

永磁式直流测速发电机与电磁式相比，具有结构简单、重量轻、体积小、磁通受温度影响小、无励磁损耗，效率高，造价低等优点，应用较为广泛。在低速伺服系统中，应选用永磁式低速直流测速发电机作为速度检测反馈元件，它具有耦合刚度好、灵敏度高、反应快和低速精度高等优点。

（2）直流测速发电机的使用 使用直流测速发电机时应注意以下几点：

1）为了保证其线性误差在规定范围以内，直流测速发电机的工作转速应不超过其最大线性工作转速，其负载电阻也应不小于规定的最小负载电阻。

2）为了减小温度变化所引起的输出电压误差，可以在电磁式直流测速发电机的励磁电路中，串联一个比励磁绕组电阻大几倍而温度系数小的电阻，该电阻可用锰镍铜合金或镍铜合金制成。

3）当电刷与换向器间产生的火花对系统带来干扰时，可以在直流测速发电机的输出端并联一个电容器或接一个滤波电路。

第四节　旋转变压器

旋转变压器是一种用于将机械转角转换为电压信号输出的信号元件。旋转变压器在自动控制系统中可以作为解算元件，以及用于坐标变换和三角运算等，在随动系统中可用于传输与转角相应的电信号等。旋转变压器，按其极对数的多少，可分为单极对和多极对旋转变压器；按其输出电压与转角之间的函数关系，又可分为正余弦旋转变压器和线性旋转变压器等。正余弦旋转变压器的输出电压与转子转角之间为正弦和余弦关系；线性旋转变压器的输出电压在一定的转角范围内与转角呈线性关系。

一、旋转变压器的结构与工作原理

1. 旋转变压器的结构

旋转变压器的结构与普通绕线转子异步电动机的结构相似，也可分为定子和转子两大部分。定子、转子的铁心由高导磁率的硅钢片冲制而成的槽状心片叠成。为了获得在磁耦合和电气上的对称性，旋转变压器通常采用两极隐极式定子、转子结构和定子、转子对称的两套绕组。旋转变压器的定子、转子绕组均为两个匝数相等、且在空间上互差90°电角度的高精度正弦绕组。定子绕组通过固定在壳体上的接线柱直接引出，而转子绕组则有两种不同的引出方式。根据转子绕组的引出方式不同，旋转变压器有无刷式和有刷式两种结构形式。无刷式旋转变压器，由于没有集电环和电刷，因而可靠性高，寿命长。常用的有刷式正余弦旋转变压器的结构如图2-26所示。

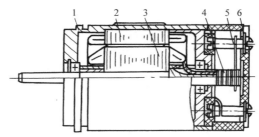

图 2-26　常用的有刷式正余弦旋转变压器的结构

1—机壳　2—定子　3—转子　4—集电环　5—刷架　6—接线板

2. 正余弦旋转变压器的工作原理

旋转变压器是一个可以旋转的变压器，其工作原理与普通变压器相似，其定子绕组相当于普通变压器的一次绕组（励磁绕组），而其转子绕组则相当于普通变压器的二次绕组（输出绕组）。但是，旋转变压器又与普通变压器有区别，其区别在于，普通变压器的一次、二次绕组是相对固定的，故其输出电压与输入电压之比是常数，而旋转变压器的定子、转子之间有气隙，其转子绕组可随转子的转动，而改变与定子绕组的相对位置，这就改变了两者之间的耦合关系，因此旋转变压器输出电压的大小也将随之而变化。

正余弦旋转变压器的工作原理如图 2-27 所示。

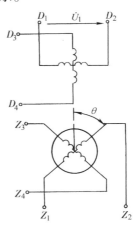

图 2-27 中，D_1D_2、D_3D_4 为定子上两个互差 90° 电角度的正弦绕组，Z_1Z_2、Z_3Z_4 为转子上两个互差 90°电角度的正弦绕组。由于定子（或转子）上两个绕组的轴线分别互相垂直，因此它们互相之间无感应作用。若 Z_3Z_4 绕组的轴线与 D_1D_2 绕组的轴线的夹角为 θ，则 Z_1Z_2 绕组的轴线与 D_1D_2 绕组的轴线的夹角为 $90° - \theta$。

（1）空载时的工作情况　正余弦旋转变压器不带负载时，Z_1Z_2、Z_3Z_4 均为开路。当给定子绕组 D_1D_2 加上交流励磁电压 $u_1 = U_{1m}\sin\omega t$ 时，正余弦旋转变压器的结构保证了励磁电流在气隙中产生一个与

图 2-27　正余弦旋转变压器的工作原理

转子位置无关的、且在空间按正弦规律分布的脉动磁场。

当转子转到 Z_1Z_2 输出绕组的轴线与 D_1D_2 励磁绕组的轴线重合时，即 $\theta = 90°$时，Z_3Z_4 绕组的感应电动势为零，而 D_1D_2 和 Z_1Z_2 两个绕组就相当于普通变压器的一次、二次绕组，此时 Z_1Z_2 绕组的感应电动势最大，D_1D_2、Z_1Z_2 绕组的感应电动势 E_1、E_{2sm} 分别为

$$E_1 = 4.44fN_1k_1\Phi_m \approx U_1$$

$$E_{2sm} = 4.44fN_2k_2\Phi_m = kE_1 \approx kU_1$$

式中　$N_1 k_1$——定子绕组的有效匝数;

　　　$N_2 k_2$——转子绕组的有效匝数;

　　　k——转子绕组与定子绕组的有效匝数之比,$k = N_2 k_2 / (N_1 k_1)$。

当转子转到任一位置时,即 θ 为任意值时,由于磁通在气隙中按正弦规律分布,故转子 $Z_1 Z_2$ 绕组所匝链的磁通的幅值为 $\Phi_m \sin\theta$。根据变压器原理,此时 $Z_1 Z_2$ 绕组的感应电动势有效值 E_{2s} 为

$$E_{2s} = 4.44 f N_2 k_2 \Phi_m \sin\theta \approx k U_1 \sin\theta \tag{2-32}$$

同理,此时转子 $Z_3 Z_4$ 绕组的感应电动势有效值 E_{2c} 为

$$E_{2c} \approx k U_1 \sin(90° - \theta) \approx k U_1 \cos\theta \tag{2-33}$$

由式(2-32)和式(2-33)可见,当正余弦旋转变压器的定子绕组 $D_1 D_2$ 加上交流励磁电压后,可在两个互差 90° 电角度的转子绕组 $Z_1 Z_2$ 和 $Z_3 Z_4$ 中,分别得到与转子转角 θ 的正弦值和余弦值成正比例的感应电动势。因此,$Z_1 Z_2$ 和 $Z_3 Z_4$ 绕组分别称为正弦输出绕组和余弦输出绕组。

(2)负载时的工作情况　实际运行时,正余弦旋转变压器要接一定的负载,$Z_1 Z_2$ 和 $Z_3 Z_4$ 均可带上负载而形成闭合回路。当转子绕组带负载运行时,就有电流流过输出绕组,并产生相应的磁通,使气隙磁场发生畸变,以致旋转变压器的输出电压不再是转角 θ 的正弦或余弦函数,而是有一定的偏差,这种现象称为输出特性畸变。图 2-28 所示为旋转变压器正弦输出绕组带负载时的工作情况。由图 2-28b 可见,旋转变压器带负载时,其输出特性将发生畸变。应当注意,旋转变压器的负载电流越大,输出特性的畸变也将越严重。

为了减少正余弦旋转变压器负载时输出特性的畸变,必须采用补偿措施来消除气隙磁场的畸变。常用的补偿措施有一次侧补偿、二次侧补偿和一、二次侧同时补偿。正余弦旋转变压器的一次侧补偿如图 2-29 所示。

二、正余弦旋转变压器的工作方式

在数控机床等生产设备中,正余弦旋转变压器常用于机械转角的检测,其接线方法如图 2-30 所示。为得到较高测量精度,转子的 $Z_3 Z_4$ 绕组接有阻抗 Z_e,作为二次侧补偿。根据励磁供电方式不同,旋转变压器有鉴相式和鉴幅式两种工作方式。

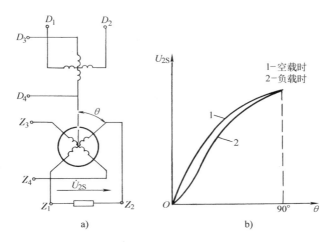

图 2-28　正弦输出绕组带负载时的工作情况

a）带负载时电路　b）负载时输出特性

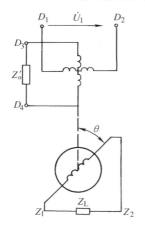
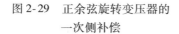

图 2-29　正余弦旋转变压器的
一次侧补偿

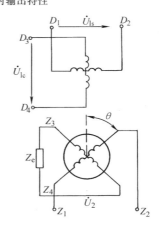

图 2-30　正余弦旋转变压器
的接线方法

（1）鉴相式工作方式　给定子的两个绕组分别加上同幅、同频但相位相差 90°的两个交流励磁电压，即

D_1D_2 绕组： $u_{1s} = U_{1m}\sin\omega t$

D_3D_4 绕组： $u_{1c} = U_{1m}\cos\omega t$

此时，在转子绕组中将产生感应电动势。根据叠加原理，转子 Z_1Z_2 绕组的输出电压为

$$u_2 = ku_{1s}\sin\theta + ku_{1c}\cos\theta = kU_{1m}\sin\omega t\sin\theta + kU_{1m}\cos\omega t\cos\theta = kU_{1m}\cos(\omega t - \theta)$$

因此，转子绕组的输出电压 $\dot{U}_2$ 与定子绕组的励磁电压 $\dot{U}_{1c}$，两者的频率相同，而相位不同，其相位差为 θ。由于转子与定子之间的机械转角正是 θ，因此通过比较转子绕组输出电压 $\dot{U}_2$ 与定子励磁电压 $\dot{U}_{1c}$ 的相位，便可测得相应的机械转角 θ。

（2）鉴幅式工作方式　给定子的两个绕组分别加上同频率、同相位但幅值不同的两个交流励磁电压，即

D_1D_2 绕组： $u_{1s} = U_{1m}\sin\alpha\sin\omega t$

D_3D_4 绕组： $u_{1c} = U_{1m}\cos\alpha\sin\omega t$

式中的 α 为旋转变压器励磁信号的电气角，α 是可以调节的。由于励磁电压 $\dot{U}_{1s}$ 和 $\dot{U}_{1c}$ 的幅值分别为 $U_{1m}\sin\alpha$ 和 $U_{1m}\cos\alpha$，因此它们也是随 α 的改变而变化的。

在定子绕组的励磁电压作用下，经电磁耦合，转子 Z_1Z_2 绕组中的输出电压为

$$u_2 = ku_{1s}\sin\theta + ku_{1c}\cos\theta = kU_{1m}\sin\alpha\sin\omega t\sin\theta + kU_{1m}\cos\alpha\sin\omega t\cos\theta$$
$$= kU_{1m}\cos(\alpha - \theta)\sin\omega t$$

由上面的式子可知，转子绕组的输出电压 $\dot{U}_2$ 的幅值为 $U_{2m} = kU_{1m}\cos(\alpha - \theta)$。当 α 不变时，U_{2m} 将随定、转子之间转角 θ 的改变而变化，因此测量出 $\dot{U}_2$ 的幅值即可得到机械转角 θ。

三、线性旋转变压器

由于当 θ 很小时，$\sin\theta \approx \theta$，因此在转角 θ 很小的场合，正余弦旋转变压器可以作为线性旋转变压器使用。例如，当转角 θ 在 $\pm4.5°$ 范围内变化时，正余弦旋转变压器的输出相对于线性函数的误差小于 0.1%；当转

角 θ 在 $\pm 14°$ 范围内变化时，这种误差小于 1%。

当要求在更大范围内得到与转角 θ 成正比的输出电压时，将正余弦旋转变压器的定子、转子绕组作适当改接，就可成为线性旋转变压器，其工作原理和输出特性如图 2-31 所示。

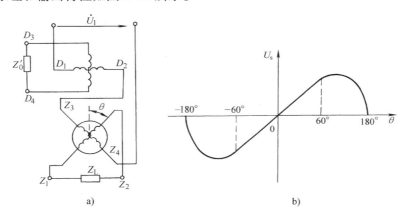

图 2-31　线性旋转变压器

a）工作原理　b）输出特性

线性旋转变压器的输出电压 U_s 为

$$U_s = \frac{k\sin\theta}{1 + k\cos\theta}U_1 \qquad (2\text{-}34)$$

如果转子绕组与定子绕组的有效匝数比 k 取为 0.52，则在 $\theta = \pm 60°$ 范围内，旋转变压器的输出电压 U_s 随转角 θ 作线性变化，其线性误差小于 0.1%，如图 2-31b 所示。因此，旋转变压器输出电压与其转角之间的线性关系，是在一定条件下的近似特性。

四、正余弦旋转变压器的技术指标

（1）正余弦函数误差 δ_D　正余弦函数误差是指，当正余弦旋转变压器的一相励磁绕组以额定电压、频率励磁，而另一相励磁短接时，在不同转角位置下，两相输出绕组的感应电动势与理论正弦（或余弦）函数值之差与最大理论输出电压之比。此误差的范围一般规定为 0.02% ~ 0.1%。

（2）电气误差 $\Delta\theta_d$　电气误差是指正余弦旋转变压器实际电气位置与理论电气位置角度之差。该误差范围一般规定为 $2' \sim 10'$。

（3）零位误差 $\Delta\theta_0$　在正余弦旋转变压器一相励磁绕组短接、而另一相励磁绕组在额定励磁状态下，两个输出绕组的电压为最小值时的转子位置，称为电气零位。零位误差是指实际电气零位与理论电气零位（0°、90°、180°、270°）之差。该误差范围一般规定为 $2' \sim 10'$。

（4）零位电压 U_0　零位电压是指正余弦旋转变压器转子处于电气零位时的输出电压。零位电压误差范围一般规定为额定电压的 0.05% ~ 0.2%。

第五节　伺服电动机

伺服电动机是一种执行元件（功率元件），它用于把输入的电压信号变换成电动机转轴的角位移或者转速输出。常用的伺服电动机有交流伺服电动机和直流伺服电动机两大类。

一、交流伺服电动机

1. 交流伺服电动机的基本结构与工作原理

交流伺服电动机实质上就是一种微型交流异步电动机，其基本结构与异步电动机相似。交流伺服电动机的定子铁心由冲有齿和槽的硅钢片叠压而成，定子上装有在空间相差90°电角度的两相分布绕组，一个是励磁绕组 f，另一个是控制绕组 c，所以交流伺服电动机又称为两相伺服电动机。交流伺服电动机转子具有较大的电阻，其结构形式主要有两种：一种是非磁性空心杯形转子，另一种是细长的笼型转子。杯形转子交流伺服电动机运转平稳、转动惯性小，摩擦转矩小，响应好，无抖动，但体积大，输出转矩较小，主要用于要求低噪声和转速平稳的场合。在工业生产机械中，大多采用输出转矩较大的笼型转子交流伺服电动机，其结构和工作原理如图 2-32 所示。

交流伺服电动机的工作原理与单相异步电动机相似。工作时，励磁绕组 f 接单相交流电源 $\dot{U}_f$，控制绕组 c 接控制电压 $\dot{U}_c$，且 $\dot{U}_f$ 与 $\dot{U}_c$ 两者的频率必须相同，如图 2-32b 所示。

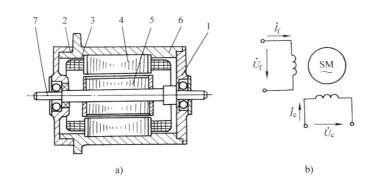

图 2-32 交流伺服电动机的结构和工作原理

a) 结构　b) 工作原理

1—后端盖　2—前端盖　3—定子绕组　4—定子铁心　5—转子铁心　6—外壳　7—转轴

当控制绕组上未加控制电压 $\dot{U}_c$ 时，电动机气隙内只有励磁电压 $\dot{U}_f$ 产生的脉动磁场，转子上没有起动转矩作用，因而电动机静止不动。

当给控制绕组加上控制电压 $\dot{U}_c$、且控制绕组的电流与励磁绕组的电流不同相时，则在电动机气隙内产生旋转磁场，并在转子上产生电磁转矩，使转子沿旋转磁场的转向旋转。显然，当控制绕组上的控制电压 $\dot{U}_c$ 反相时，交流伺服电动机便可实现反转。

当控制电压 $\dot{U}_c$ 取消后，正常运转的伺服电动机便立即停止旋转。如果伺服电动机的结构与参数与单相异步电动机差不多，那么伺服电动机在失去控制电压后，便处于单相运行状态，在单相励磁下还会继续转动，产生自转现象，从而造成伺服电动机失控。但实际上，由于伺服电动机转子的电阻很大，使得伺服电动机的临界转差率 $s_m > 1$，其 $T\text{-}s$ 特性曲线如图 2-33 所示，由图可见，当失去控制电压后，对于处于单相运行状态的交流伺服电动机来说，其合成的电磁转矩为制动性质，它将使电动机迅速停转。因此，当交流伺服电动机的转子电阻足够大时，能够消除自转现象。

2. 交流伺服电动机的控制方法

交流伺服电动机的控制方法有以下三种：

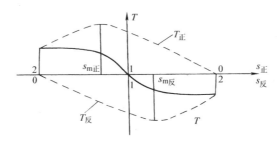

图 2-33　交流伺服电动机单相运行的

T-s 特性曲线 $(s_m > 1)$

（1）幅值控制　即保持控制电压 $\dot{U}_c$ 的相位不变，使 $\dot{U}_c$ 与 $\dot{U}_f$ 之间的相位差始终保持 90°电角度，仅仅改变其幅值来改变电动机的转速。

（2）相位控制　即保持控制电压 $\dot{U}_c$ 的幅值不变，仅仅改变其相位来改变电动机的转速，这种方式一般很少采用。

（3）幅-相控制　即同时改变 $\dot{U}_c$ 的幅值和相位来进行控制。在这种方式中，控制电压 $\dot{U}_c$ 与电源电压 $\dot{U}_1$ 始终保持同相，而励磁绕组则是在串接电容 C 后，再接到电源 $\dot{U}_1$ 上，故励磁绕组上的励磁电压 $\dot{U}_f = \dot{U}_1 - \dot{U}_{ca}$（$\dot{U}_{ca}$ 为电容 C 上的电压）。当改变 $\dot{U}_c$ 的幅值来改变电动机的转速时，由于转子绕组的耦合作用，励磁绕组的电流 $\dot{I}_f$ 及电压 $\dot{U}_f$ 也随之发生变化，这样 $\dot{U}_c$ 和 $\dot{U}_f$ 的大小及它们之间的相位关系均随之改变，所以这种控制方式是幅值-相位的复合控制方式。

3. 机械特性

机械特性是指当控制信号电压一定时，转矩随转速变化的关系，即 $T = f(n)$。通常，由于 $\dot{U}_c$、$\dot{U}_f$ 一般不能满足有效值相等且相位上相差 90°电角度的条件，故电机气隙合成磁场不是一个圆形旋转磁场，而是一个椭圆形旋转磁场，因此伺服电动机常常是在不对称状态下运行。椭圆形旋转磁场，可以分解为两个转向相反、转速相同而幅值不等的两个圆形旋转磁场。其中，转向与转子转动方向相同的一个旋转磁场称为正向旋转磁场，而转向与此相反的另一个旋转磁场则称为反向旋转磁场。一般情况下，正向磁场大于反向磁场。在椭圆形旋转磁场中，由于反向旋转磁场的存在，产生了附加的制动转矩，因而使电动机的输出转矩减小，同时使理想空载转速降低。

图 2-34 所示为交流伺服电动机的机械特性。图中，m 为输出转矩对起动转矩的相对值，v 为转速对同步转速的相对值，α_e 为有效信号系数。交流伺服电动机幅值控制的机械特性如图 2-34a 所示。

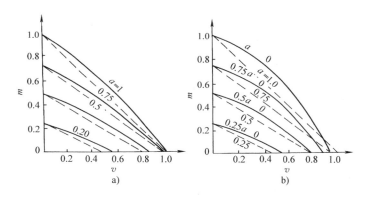

图 2-34 交流伺服电动机的机械特性

a）幅值控制 b）幅-相控制

当 $\alpha_e = 0$ 时，气隙磁场为脉振磁场，电动机工作在单相运行状态，转子不转；当 $\alpha_e = 1$ 时，气隙磁场为圆形旋转磁场，电动机工作在对称运行状态，转子转速最高；当 $0 < \alpha_e < 1$ 时，气隙磁场为椭圆旋转磁场，电动机工作在不对称运行状态，转子转速较低。

图 2-34b 为幅-相控制的机械特性。由图可见，幅-相控制比幅值控制时机械特性的线性度要差一些。

4. 调节特性

调节特性是指电磁转矩一定时，转速随控制信号电压变化的关系。调节特性可表示为 $v = f(\alpha_e)$，并可根据机械特性用作图法得出。图 2-35 所示为交流伺服电动机的调节特性。

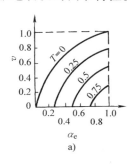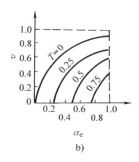

图 2-35 交流伺服电动机的调节特性

a）幅值控制 b）幅-相控制

二、直流伺服电动机

1. 直流伺服电动机的基本结构和工作原理

直流伺服电动机的结构与普通直流电动机基本相同，其实质上就是一台他励直流电动机。与直流电动机相比，直流伺服电动机具有的特点是：气隙小，磁路不饱和，磁通和励磁电流与励磁电压成正比；电枢电阻较大，机械特性为软特性；电枢细长，转动惯量小。近年来，为了满足自动控制系统的要求，又出现了低惯量型直流伺服电动机。为了减小转子的转动惯量，低惯量型直流伺服电动机的电枢结构常用型式有无槽电枢、盘形电枢、空心杯电枢等。

直流伺服电动机有永磁式和电磁式两种。空心杯电枢永磁式直流伺服电动机由内、外定子和空心杯电枢等组成，其结构如图 2-36 所示。其内、外定子通常是用软磁材料和永久磁铁制成。空心杯电枢上的电枢绕组可采用印制绕组，也可采用成形线圈排列成空心杯形，再用环氧树脂固化成形。空心杯电枢直接安装在电机轴上，可在内、外定子间的气隙中旋转，

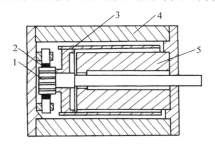

图 2-36 空心杯电枢永磁式
直流伺服电动机的结构

1—换向器 2—电刷 3—空心杯电枢
4—外定子 5—内定子

电枢绕组接到换向器上，由电刷引出。

直流伺服电动机的工作原理与直流电动机基本相似，但直流伺服电动机没有"自转"现象。只要励磁绕组和电枢绕组两者中有一个断电时，电动机便立即停转。

2. 控制方式及其特性

直流伺服电动机的控制方式有两种：即电枢控制方式和磁极控制方式。

（1）电枢控制方式　电枢控制时，直流伺服电动机的工作电路如图2-37a 所示。图中 U_f 为恒定直流电压，对励磁绕组进行励磁；电枢绕组为控制绕组，控制电压 U_c 加在电枢绕组两端，改变控制电压 U_c，即改变电枢电压 U_a，便可对电动机进行控制。

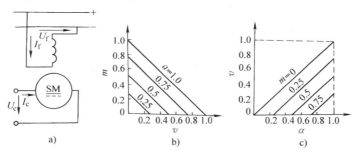

图 2-37　直流伺服电动机的电枢控制

a）工作电路　b）机械特性　c）调节特性

由于直流伺服电动机的磁路不饱和，在忽略电枢反应时，磁通与励磁电压 U_f 呈正比例，即 $\Phi = C_\Phi U_f$。设信号系数 $\alpha = U_c/U_f$，则电枢控制时直流电动机的机械特性为

$$T = \frac{C_T \Phi U_c}{R_a} - \frac{C_e C_T \Phi^2}{R_a}n = \frac{C_T C_\Phi U_f^2}{R_a}\alpha - \frac{C_e C_T C_\Phi^2 U_f^2}{R_a}n \quad (2\text{-}35)$$

在 $U_c = U_f$（即 $\alpha = 1$）且 $n = 0$（电枢不动）时，电动机的转矩为

$$T_{B0} = \frac{C_T C_\Phi U_f^2}{R_a} \quad (2\text{-}36)$$

在 $U_c = U_f$（即 $\alpha = 1$）时，电动机的理想空载（即 $T = 0$ 时）转速为

$$n_{B0} = \frac{1}{C_e C_\Phi} \qquad (2-37)$$

取 T_{B0} 为基值，则转矩 T 与 T_{B0} 的相对值 m 为

$$m = \frac{T}{T_{B0}} = \alpha - \frac{n}{n_{B0}} = \alpha - v \qquad (2-38)$$

式中　v——转速 n 对理想空载转速 n_{B0} 的相对值，即 $v = n/n_{B0}$。

由式（2-38）可得到，电枢控制时电动机的机械特性和调节特性，如图 2-37b、c 所示。

由图 2-37b、c 可见，电枢控制时，直流伺服电动机的机械特性和调节特性都是线性的，而且特性的线性关系与电枢电阻无关，这是电枢控制的一大优点。此外，由于电枢回路电感较小，因而时间常数较小，故其响应速度比磁极控制方式快，因此直流伺服电动机一般都采用电枢控制方式。

（2）磁极控制方式　磁极控制时，直流伺服电动机的控制电路如图 2-38a 所示。此时，电枢绕组接于恒定的直流电压 U_f；而励磁绕组作为控制绕组，接于控制电压 U_c。改变控制电压 U_c，即可改变磁通 Φ，从而实现对电动机进行控制。磁极控制时，直流伺服电动机的机械特性和调节特性，如图 2-38b、c 所示。

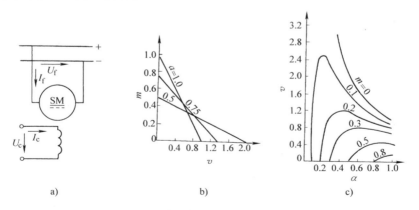

图 2-38　直流伺服电动机的磁极控制

a）控制电路　b）机械特性　c）调节特性

由图 2-38c 可见，在磁极控制时，电动机的调节特性是非线性的，而且不完全为单值函数，因此直流伺服电动机实际上很少采用磁极控制方式。

第六节　步进电动机

步进电动机是一种把电脉冲控制信号转换成角位移或直线位移的执行元件。它由专用电源供给电脉冲，每输入一个脉冲信号，电动机就前进一步，故称为步进电动机，也称为脉冲电动机。步进电动机的角位移量或直线位移量与电脉冲的数量成正比，其转速或线速度与电脉冲的频率成正比，而且其步距角不受电源电压、负载、环境等变化的影响。在正常情况下，其误差也不会长期积累。

步进电动机有很多种类，如按运动方式来分，有旋转式和直线式两类；而按工作原理来分，又有反应式、永磁式和永磁感应子式 3 种。其中，反应式（磁阻式）步进电动机具有步距小、响应速度快、结构简单等特点，广泛应用于数控机床、自动记录仪、计算机外围设备等数控设备。

一、反应式步进电动机的结构与工作原理

1. 反应式步进电动机的结构

反应式步进电动机根据结构的不同，可分单段式和多段式两种。单段式为径向分相式，其各相绕组按圆周依次排列，如图 2-39a 所示；多段式为轴向分相式，有轴向磁路多段式和径向磁路多段式两种。其中，径向磁路多段式步进电动机的结构如图 2-39b 所示，其定、转子铁心沿电机轴向按相数 m 分成 m 段，每一段定子铁心的磁极上均放置一相控制绕组，定子（或转子）铁心与相邻段铁心错开 $1/m$ 齿距，一段铁心上每个极的定、转子齿相对位置相同。

目前，单段式步进电动机应用较多。单段式步进电动机的定子部分，主要有定子铁心和定子绕组两部分。其中，定子铁心是由硅钢片叠装而成，定子上装有凸出的磁极大齿，每个磁极上又有许多小齿。通常，定子磁极数为相数的两倍，即 $2p = 2m$（p 为极对数，m 为相数）。步进电动机的转子，是由硅钢片叠成或由软磁铁材料制成的，转子上没有绕组，只是

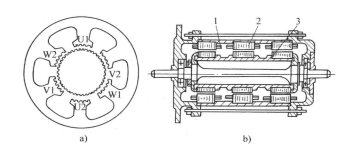

图 2-39　反应式步进电动机的结构

a）单段式步进电动机的径向截面图　b）径向磁路多段式步进电动机的结构
1—定子绕组　2—定子铁心　3—转子

沿圆周均匀开成小齿，转子上小齿的齿距与定子磁极上小齿的齿距必须相等，而且转子的齿数也有一定的限制。

2. 反应式步进电动机的工作原理

下面以图 2-40 所示的三相反应式步进电动机为例，说明步进电动机的工作原理。该电动机定子上有六个磁极，分成 U、V、W 三相，每个磁极上绕有励磁绕组，相对的两个极的绕组按一定方式连接，组成一相控制绕组。转子上有 4 个齿，其齿宽与定子的极靴宽相等，转子上相邻两齿间的夹角称为齿距角。显然，齿距角 θ_t 与转子的齿数 Z_R 之间的关系为 $\theta_t = 360°/Z_R$。对于图 2-40 所示的步进电动机，其 $Z_R = 4$，故 $\theta_t = 90°$。

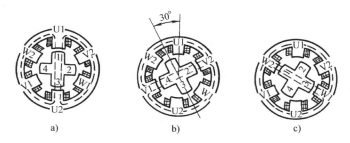

图 2-40　三相步进电动机的三相单三拍运行方式

三相步进电动机最简单的运行方式为三相单三拍。所谓"三相"是指三相步进电动机，具有三相定子绕组；"单"是指每次只有一相绕组通电;"三拍"是指经过三次换接控制绕组的通电状态为一个循环,第四次换接将重复第一次的通电状态。

当步进电动机控制绕组的通电顺序为 U→V→W→U…时,即为三相单三拍的运行方式。当 U 相控制绕组通电时,V 相和 W 相的控制绕组都不通电,故只有 U 相两个磁极被励磁而产生磁场,电机气隙磁场的轴线与 U 相绕组轴线相重合。由于磁通总是要沿着磁阻最小的路径闭合,故对转子产生磁拉力,在磁拉力作用下,转子转动到转子 1、3 齿与 U 相磁极对齐位置,如图 2-40a 所示。此时,转子齿轴线与 U 相磁极轴线重合,气隙和磁阻均最小,磁拉力也最大,而且只有径向力而无切向力,故转子因转矩为零而自锁。同理,当 U 相断电而 V 相通电时,建立以 V 相绕组为轴线的磁场,转子在磁拉力的作用下前进一步,即按逆时针方向转过30°,使转子 2、4 齿与 V 相磁极对齐,如图 2-40b 所示。然后,V 相断电而 W 相通电,转子再前进一步,即按逆时针方向再转过 30°,使转子 1、3 齿与 W 相磁极对齐,如图 2-40c 所示。继续如此按 U→V→W→U…的顺序,给三相绕组轮流通电,则转子便按逆时针方向一步一步转动。

显然,如果把通电顺序改为 U→W→V→U…,则步进电动机将按顺时针方向旋转。

在上述的三相单三拍运行方式中,由于每次只有一相绕组通电吸引转子,容易使转子在平衡位置附近产生振荡,因而运行稳定性不好。因此,实用中很少采用这种运行方式,而采用三相双三拍或三相六拍的工作方式。

当步进电动机控制绕组的通电顺序为 UV→VW→WU→UV…,即每拍都有两相绕组通电时,步进电动机的运行方式称为三相双三拍。当 UV 两相通电时,UV 两相磁极的磁拉力均作用于转子,使转子处于 UV 两相的磁拉力得到平衡的位置,如图 2-41a 所示。当 VW 两相通电时,VW 两相的磁拉力,使转子逆时针旋转 30°处于图 2-41b 所示位置。当 WU 两相通电时,转子将再逆时针旋转 30°,处于图 2-41c 所示位置。继续如此按 UV→VW→WU→UV…的顺序给绕组通电,步进电动机将按逆时针方向旋转。若把通电顺序改为 UW→WV→VU→UW…,则电动机将按顺时针方向旋转。

在双三拍运行方式中，由于总有一相持续通电，对转子具有电磁阻尼作用，故电动机运转比较平稳。

如果将通电顺序改为 U→UV→V→VW→W→WU→U… 或 U→UW→W→WV→V→VU→U…，即一相通电与两相通电间隔轮流运行，这样三相绕组的六种不同的通电状态组成一个循环，步进电动机的这种运行方式称为三相六拍。以通电顺序为 U→UV→V→VW→W→WU→U… 为例，其6 种通电状态时的电动机的工作情况分别如图 2-40a，图 2-41a，图2-40b，图 2-41b，图 2-40c，图 2-41c 所示。由图可见，步进电动机将沿逆时针方向一步步转动，每步转过 15°，恰好为单、双三拍运行方式的 1/2。

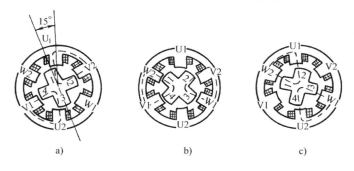

图 2-41 三相步进电动机的三相双三拍运行方式

步进电动机从一种通电状态依次转换到另一种状态时，转子所转过的角度，称为步距角 θ_s。从上面的分析可知，步进电动机需经过一次完整的通电状态循环，才转过一个齿距角。由此得出步距角 θ_s 为

$$\theta_s = \frac{\theta_t}{N} = \frac{360°}{NZ_R} = \frac{360°}{mKZ_R} \tag{2-39}$$

式中　N——运行拍数；

　　　m——定子绕组相数；

　　　K——与通电方式有关的系数，$K = N/m$。

例如，上述的步进电动机（$Z_R = 4$，$m = 3$）在单三拍或双三拍运行方式时，$K = 1$，步距角 $\theta_s = 360°/(3 \times 1 \times 4) = 30°$；在三相六拍运行时，$K = 2$，步距角 $\theta_s = 360°/(3 \times 2 \times 4) = 15°$。

步进电动机的步距角越小，其位置控制精度就越高。由式 2-39 可知，

增加相数（磁极数）或增加转子齿数，可以减小步距角。由于增加磁极数要受到电动机尺寸和结构的限制，因此应尽量增加转子的齿数。

图 2-42 所示的三相反应式步进电动机，其转子上均匀分布了 40 个小齿，定子每个极上有 5 个小齿，转子齿距角为 9°，V 相绕组的轴线与 U 相绕组轴线的夹角为 120°，其间包含的齿数为 120°/9° = 13 + 1/3，这表明当 U 相磁极上定子齿与转子齿对齐时，V 相磁极上定子齿的轴线超前转子齿的轴线 1/3 齿距角，W 相定子齿的轴线则超前转子齿的轴线 2/3 齿距角。因此在三相单三拍、双三拍运行时，电机步距角等于 1/3 齿距角，即 $\theta_s = 3°$；在三相六拍运行时，步距角等于 1/6 齿距角，即 $\theta_s = 1.5°$。

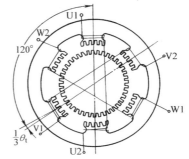

图 2-42　小步距角的三相反应式步进电动机

当外加一个控制脉冲，即改变一次通电状态时，步进电动机的转子转过 $1/(NZ_R)$ 转。因此，步进电动机的转速 n 为

$$n = \frac{60f}{NZ_R} \tag{2-40}$$

式中　f——控制脉冲的频率（Hz）；

　　　n——步进电动机的转速（r/min）。

由式（2-40）可知，当步进电动机的转子齿数和拍数一定时，电动机的转速与控制脉冲的频率成正比。因此，通常采用调节控制脉冲频率的高低，来改变步进电动机的转速。

此外，当控制脉冲停止输入、而最后一个脉冲控制的绕组继续通入直流电时，转子由于受到径向磁拉力的作用而固定在某个位置上，即停在最后一个脉冲应使转子角位移的终点位置上。步进电动机的这种自锁能力，可使转子正确定位。

二、步进电动机的技术指标

（1）步距角和静态步距误差　步进电动机的步距角与其结构和运行

方式有关。同一相数的步进电动机，通常有两种步距角，如 3°/1.5°、1.5°/0.75° 等。$K = 2$ 时（如三相六拍）比 $K = 1$ 时（如三相单三拍、三相双三拍）的步距角减小 1/2。

静态步距误差是指实际步距角与理论步距角之间的偏差，通常用偏差的角度或理论步距的百分数来衡量。静态步距误差越小，电动机精度越高。

（2）静态距角特性　当步进电动机不改变通电状态时，其一相或几相控制绕组处于通电状态，转子在磁场的作用下，可靠地固定在一定的稳定平衡位置，步进电动机的这种状态称为静态。假设电动机为理想空载，以一相控制绕组通电为例，静态时转子齿应与通电相定子齿对准，这个位置称为零位或初始平衡位置，转子在磁场作用下的电磁转矩为零。如果在电动机轴上外加一个负载转矩，转子齿将偏离这个初始平衡位置，这时定、转子之间产生的电磁转矩用以克服负载转矩，直到两者相互平衡，

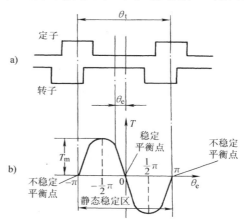

图 2-43　步进电动机的失调角与矩角特性
a）失调角　b）矩角特性

转子便停在一个新的平衡位置，此时转子齿所偏离的角度称为失调角 θ_e（见图 2-43a），而转子所受到的电磁转矩称为静态转矩 T。静态转矩 T 与失调角 θ_e 之间的关系，称之为矩角特性。

如果将转子相邻两齿之间的齿距角 θ_t 用电角度表示为 2π，并将失调角 θ_e 也用电角度表示，则电动机的静态转矩 T 与失调角 θ_e 之间的关系为近似的正弦变化规律，如图 2-43b 所示。

因此，矩角特性表达式为

$$T = -T_m \sin\theta_e \tag{2-41}$$

式（2-41）中的 T_m 为 $\theta_e = \pm\pi/2$ 时，定、转子之间产生的最大静转

矩，它也表示步进电动机所能承受的最大静转矩。

在图 2-43 中，$\theta_e = 0$ 为理想的稳定平衡点。若步进电动机的 θ_e 在静态平衡区内（即 $-\pi < \theta_e < \pi$），当外加转矩除去时，转子在电磁转矩作用下，仍能回到稳定平衡点。

（3）起动频率　起动频率是指步进电动机不失步起动所能施加的最高控制脉冲的频率。步进电动机负载时的起动频率要低于其空载起动频率。

（4）连续运行频率　步进电动机起动后，其运行速度能够跟随控制脉冲频率连续上升而不失步的最高工作频率，称为连续运行频率。由于步进电动机的连续运行频率远大于起动频率，因此步进电动机常采用升降速控制，即起、停时频率降低，而正常运行时则频率升高。

（5）矩频特性　步进电动机连续稳定运行时，其输出转矩 T 与连续运行频率 f 之间的关系 $T = F(f)$，称为矩频特性，如图 2-44 所示。由图可见，步进电动机的输出转矩随连续运行频率的上升而有所下降。

（6）起动转矩 T_{st}　对步进电动机而言，其相邻的两个通电励磁状态的矩角特性的交点所对应的电磁转矩，就是其起动转矩 T_{st}。三相步进电动机在三相单三拍运行方式时，其起动转矩如图 2-45 所示。起动转矩也表示步进电动机进行正常步进运行时所能带动的最大负载转矩。

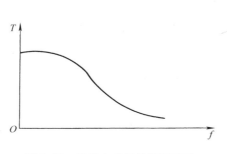

图 2-44　步进电动机的矩频特性

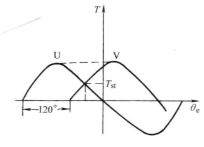

图 2-45　步进电动机的起动转矩

第三章　晶闸管变流技术

培训目标　掌握晶闸管可控整流、斩波、调压、逆变等典型电路的结构、工作原理、换相方法和基本数量关系，以及晶闸管变流装置的一般调试方法。

晶闸管是一种大功率的可控半导体器件。普通型晶闸管具有反向阻断特性，故又称为逆阻型晶闸管。近年来，晶闸管技术发展很快，出现了许多派生型晶闸管，如快速型、双向型、门极关断型和逆导型等晶闸管。各种晶闸管具有体积小、重量轻、效率高、寿命长、控制灵敏等优点，广泛应用于可控整流、逆变、斩波、调压及无触点开关等大功率的电能转换和自动控制领域。

第一节　可控整流电路

可控整流电路按相数分，有单相、两相、三相、六相等多种；按控制方式分，有半控、全控两种；按电路型式分，则有多种多样。这里仅介绍三相桥式全控整流电路和具有平衡电抗器三相双反星形可控整流电路。

一、三相桥式全控整流电路

1. 电阻负载

图 3-1 为三相桥式全控整流电阻负载电路。它是由三相半波晶闸管共阴极整流电路和三相半波晶闸管共阳极整流电路串联组成的。为使 6 个晶闸管按 VT1→VT2→VT3→VT4→VT5→VT6→VT1⋯的顺序触发导通，晶闸管的编号顺序为：VT1 和 VT4 接 U 相，VT3 和 VT6 接 V 相，VT5 和 VT2 接 W 相。其中，VT1、VT3、VT5 组成共阴极组，VT2、VT4、VT6 组成共阳极组。

图 3-2 所示为三相桥式全控电阻负载整流电路在触发延迟角 $\alpha = 0°$ 时的输出电压波形和触发脉冲顺序。触发延迟角 $\alpha = 0°$，表示共阴极组和共阳极组的每个晶闸管在各自的自然换相点触发换相。在 $\alpha = 0°$ 的情况下，

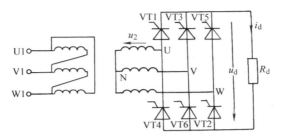

图 3-1　三相桥式全控整流电阻负载电路

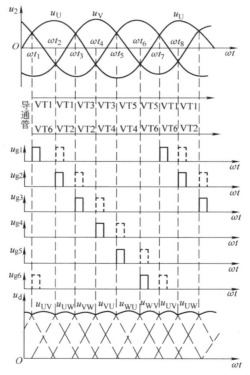

图 3-2　三相桥式全控整流电阻负载电路的输出电压波形和触发脉冲顺序（α = 0°）

对共阴极组晶闸管而言，只有阳极电位最高一相的晶闸管在有触发脉冲时才能导通；对共阳极组晶闸管而言，只有阴极电位最低一相的晶闸管在有触发脉冲时才能导通。

分析三相桥式全控整流电路时，应根据晶闸管的换相情况，把一个交流电周期分成 6 个相等的期间（即 $\omega t_1 \sim \omega t_2$，$\omega t_2 \sim \omega t_3$，$\omega t_3 \sim \omega t_4$，$\omega t_4 \sim \omega t_5$，$\omega t_5 \sim \omega t_6$，$\omega t_6 \sim \omega t_7$）来讨论。

当触发延迟角 $\alpha = 0°$ 时，整流电路的 6 个相等的期间如图 3-2 所示。电路的工作过程如下：

在 $\omega t_1 \sim \omega t_2$ 期间，U 相电压最高，V 相电压最低，若在 VT1、VT6 门极上加上触发脉冲，则 VT1、VT6 同时导通，电流的流向为 U 相→VT1→R_d→ VT6→V 相，负载 R_d 上得到 U、V 相线电压，即 $u_d = u_{UV}$。

在 $\omega t_2 \sim \omega t_3$ 期间，U 相电压仍保持最高，所以 VT1 继续导通。由于此时 W 相电压较 V 相电压更低，故触发 VT2，则 VT2 导通。VT2 导通后，使 VT6 承受反向电压而关断，电流从 VT6 换到 VT2。电流从 U 相→VT1→R_d→ VT2→W 相，负载 R_d 上得到 U、W 相线电压，即 $u_d = u_{UW}$。

在 $\omega t_3 \sim \omega t_4$ 期间，由于 W 相电压仍为最低，故 VT2 继续导通。但 V 相电压较 U 相电压更高，此时触发 VT3，则 VT3 导通，并迫使 VT1 承受反压而关断。电流从 V 相→VT3→R_d→VT2→W 相，负载 R_d 上得到 V、W 相线电压，即 $u_d = u_{VW}$。

依此类推，可分析出电路在 $\omega t_4 \sim \omega t_5$（VT3、VT4 导通）、$\omega t_5 \sim \omega t_6$（VT4、VT5 导通）、$\omega t_6 \sim \omega t_7$（VT5、VT6 导通）期间的工作情况，如图 3-2 所示。电路在 ωt_7 以后的工作情况将重复上述过程。

因此，三相桥式全控整流电路中，晶闸管循环导通的顺序是：VT6、VT1 → VT1、VT2 → VT2、VT3 → VT3、VT4 → VT4、VT5 → VT5、VT6 → VT6、VT1⋯。

当触发延迟角 $\alpha > 0°$ 时，每个晶闸管的换相（或称换流）都不在自然换相点进行，而是从各自然换相点向后移一个 α 开始，故整流输出电压 u_d 的波形与 $\alpha = 0°$ 时有所不同。当改变 α 时，输出电压的波形随之发生变化，其平均值的大小因此跟着改变，从而达到可控整流的目的，如图 3-3 所示。当 $\alpha \leqslant 60°$ 时，u_d 波形是连续的；当 $\alpha > 60°$ 时，u_d 波形断续；触发延迟角 α 的允许变化范围（即移相范围）为 $0° \sim 120°$。

三相桥式全控整流电路在纯电阻性质负载时，负载中流过的电流波形与负载上的电压波形相同。电路中，有关电压、电流的数量关系如下：

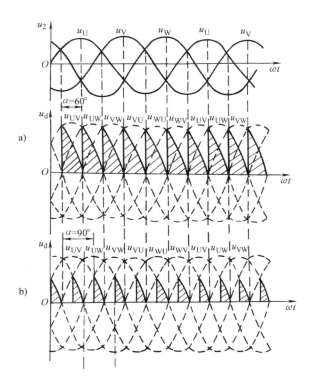

图 3-3　电阻性负载时输出电压波形

a) $\alpha = 60°$　b) $\alpha = 90°$

1）负载两端的整流输出电压平均值 U_d 为

$$U_d = 2.34 U_{2\varphi}\cos\alpha \quad （当 0° \leqslant \alpha \leqslant 60° 时,即当电压和电流波形连续时）$$

(3-1)

$$U_d = 2.34 U_{2\varphi}[1 + \cos(60° + \alpha)]$$

（当 $60° < \alpha \leqslant 120°$ 时,即当电压和电流波形断续时）　(3-2)

式中　$U_{2\varphi}$——变压器二次侧三相交流电的相电压（有效值）。

2）流过电阻负载的直流电流平均值 I_d 为

$$I_d = 2.34 \frac{U_{2\varphi}}{R_d}\cos\alpha \quad （0° \leqslant \alpha \leqslant 60°）$$

(3-3)

$$I_d = 2.34 \frac{U_{2\varphi}}{R_d}[1 + \cos(60° + \alpha)] \quad (60° < \alpha \leqslant 120°) \quad (3\text{-}4)$$

3）流过每个晶闸管的平均电流 I_{TAV} 为负载电流 I_d 的 1/3，即

$$I_{TAV} = I_d/3 \quad (3\text{-}5)$$

4）每个晶闸管可能承受的最高正、反向电压 U_{Tm} 为三相交流电线电压的峰值，即

$$U_{Tm} = \sqrt{2} \times (\sqrt{3}U_{2\varphi}) = \sqrt{6}U_{2\varphi} \quad (3\text{-}6)$$

2. 电感性负载

在工业生产中，三相桥式全控整流电路的负载多数是电感性负载如电动机的励磁绕组、电感线圈、滤波电抗器等。三相桥式全控整流电感性负载电路如图 3-4 所示。

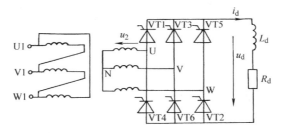

图 3-4　三相桥式全控整流电感性负载电路

实际感性负载一般满足 $\omega L_d \gg R_d$，为大电感负载。图 3-5 所示为三相桥式全控整流电路大电感负载在 $\alpha = 30°$、$60°$、$90°$ 时的输出电压波形。由图 3-5 可见，当 $0° \leqslant \alpha \leqslant 60°$ 时，其工作情况和输出电压 u_d 的波形与电阻负载时相同，u_d 的波形均为正值；当 $60° < \alpha < 90°$ 时，由于电感的自感电动势的作用，输出电压 u_d 的波形出现负值，但 u_d 波形的正面积大于负面积，故平均电压 U_d 较电阻负载时要小，但 U_d 仍为正值；当 $\alpha = 90°$ 时，u_d 波形的正、负面积相等，故平均电压 $U_d = 0$。因此，三相桥式全控整流大电感负载电路工作于整流状态下，α 最大的移相范围为 $0° \sim 90°$。

大电感负载时，整流电路的输出电流 I_d 的波形与电阻性负载时不同，当 $\alpha \leqslant 90°$ 时，I_d 的波形近似为一条水平直线。

三相桥式全控整流电路在大电感负载时，电压、电流的数量关系如

下：

1）整流输出电压平均值 U_d 为

$$U_d = 2.34 U_{2\varphi}\cos\alpha \quad (0° \leqslant \alpha \leqslant 90°)$$

$$(3\text{-}7)$$

2）负载中直流电流平均值 I_d 为

$$I_d = 2.34 \frac{U_{2\varphi}}{R_d}\cos\alpha \quad (0° \leqslant \alpha \leqslant 90°)$$

$$(3\text{-}8)$$

3）流过晶闸管的平均电流 I_{TAV} 为

$$I_{TAV} = I_d/3 \qquad (3\text{-}9)$$

4）流过晶闸管电流的有效值 I_T 为

$$I_T = \sqrt{\frac{1}{3}}I_d \qquad (3\text{-}10)$$

应当注意，若大电感负载并接了续流二极管，由于此续流二极管的作用，使电路中的晶闸管能够得到及时关断，从而使整流输出电压 u_d 的波形不再出现负值，因此这种电路输出电压平均值 U_d 的计算公式将与电阻负载时相同。

3. 三相桥式全控整流电路对触发脉冲的要求

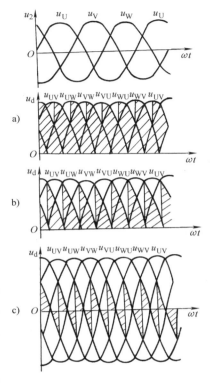

图 3-5　三相桥式全控整流电路的
输出电压波形（大电感性负载）

a）$\alpha = 30°$　　b）$\alpha = 60°$　　c）$\alpha = 90°$

1）三相全控桥电路在任何时刻，共阴极组和共阳极组中必须各有一个晶闸管同时被触发导通，才能形成电流通路。

2）共阴极组晶闸管和共阳极组晶闸管的组内换相间隔为 120°，即每组中各晶闸管的触发脉冲之间相位差为 120°。

3）接在同一相上的两个晶闸管的触发脉冲的相位差为 180°。

4）共阴极组晶闸管和共阳极组晶闸管的换相点之间相隔 60°，即三相全控桥每隔 60°就要进行一次换相，因此每隔 60°要触发一个晶闸管。触发脉冲顺序是：1→2→3→4→5→6→1…依次下去，而相邻两个脉冲之间相位差为 60°。

5）为了保证整流装置能合闸起动工作及在电流断续后能使晶闸管再次导通，必须对共阴极组和共阳极组中应导通的一对晶闸管同时加上触发脉冲。

为此，一般采用宽触发脉冲或双窄触发脉冲作为三相全控桥的触发脉冲，如图 3-6 所示。

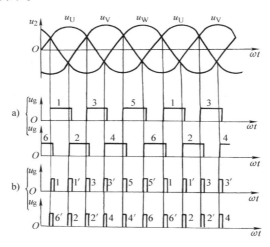

图 3-6　三相全控桥的触发脉冲
a）宽触发脉冲　b）双窄触发脉冲

三相桥式全控整流电路输出电压脉动小、脉动频率（$6f = 300\,\mathrm{Hz}$）高，在输出相同的直流电压下，晶闸管承受的最大正、反向电压较小，变压器的容量要求也较小，同时三相电流平衡，适用于大功率、高电压的负载。但电路中要用六只晶闸管，触发电路也较复杂。因此，三相桥式全控整流电路一般用于有源逆变负载或要求可逆调速的中大容量直流电动机负载。对于一般负载，可以采用三相桥式半控整流电路。

二、带平衡电抗器的双反星形可控整流电路

在需要直流低压大电流电气设备中，常采用带平衡电抗器的双反星形可控整流电路，如图 3-7a 所示。整流变压器二次侧有两个三相绕组，都接成了星形，但两个三相绕组的接线极性（同名端）相反，由于这两个

三相绕组的电压相量图为两个相反的星形（见图 3-7b），故称为双反星形电路。变压器二次侧两个三相绕组的中性点 N_1 和 N_2 通过平衡电抗器 L_P 连接在一起，平衡电抗器 L_P 的中心抽头 N 与负载 R_d 相连，作为输出电压负极，使两组三相半波整流电路以 180° 相位差并联。这使得电路不再是六相轮流单独向负载供电（不带平衡电抗器的双反星形可控整流电路的工作情况），而是两组可控整流电路中各有一只晶闸管导通而并联工作，同时向负载供电。

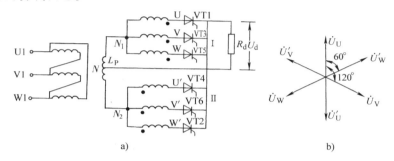

图 3-7　带平衡电抗器的双反星形可控整流电路

a）电路　b）变压器二次绕组电压相量图

图 3-8 所示为带平衡电抗器的双反星形可控整流电路在触发延迟角 $\alpha = 0°$ 时的工作波形。

$\alpha = 0°$ 时，整流电路的工作过程分析如下：

在 ωt_1 时，触发脉冲同时加到 VT1 和 VT6，由于 $u_v' > u_u$，若没有平衡电抗器 L_P，则只有 VT6 能触发导通，而 VT1 会由于 VT6 导通而承受反向电压被关断。加入平衡电抗器 L_P 后，当 VT6 触发导通时，其电流 i_{T6} 逐渐增大，在平衡电抗器 L_P 中就要产生感应电动势，以 N 点为参考点，其极性是 N_1 为正、N_2 为负。若平衡电抗器 L_P 的感应电压为 u_P，则 VT6 阳极电位为 $u_v' - u_P/2$，而 VT1 阳极电位为 $u_u + u_P/2$，只要 $u_P = u_v' - u_u$，则有 $u_v' - u_P/2 = u_u + u_P/2$，即 VT6 和 VT1 两管的阳极电位相等，因此晶闸管 VT1 和 VT6 就能同时导通。这时，流过每只管子的电流是负载电流的 1/2，即为 $i_d/2$。

在 $\omega t_1 \sim \omega t_2$ 期间，u_v' 逐渐降低，而 u_u 逐渐升高，因而 u_P 也随之变

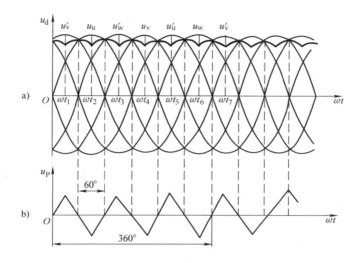

图 3-8 带平衡电抗器双反星形可控整流电路的工作波形（$\alpha = 0°$）

a）u_d 的波形 b）平衡电抗器的电压波形

化。在 $u'_v = u_u$ 时刻，$u_P = u'_v - u_u = 0$，VT1、VT6 能够继续导通。在 $u'_v < u_u$ 后，平衡电抗器 L_P 的感应电动势的极性与前面所述方向相反，即 N_1 为负、N_2 为正。加在 VT1 阳极上的电位为 $u_u - u_P/2$，而 VT6 阳极上的电位为 $u'_v + u_P/2$，两者大小相等，晶闸管 VT1、VT6 仍然同时导通。

在 ωt_2 时，触发脉冲同时加到 VT1 和 VT2。VT2 导通，使 VT6 承受反向电压而关断，电路变为 VT1 和 VT2 同时导通，每管继续承担 $i_d/2$。

在 $\omega t_2 \sim \omega t_3$ 期间，VT1、VT2 继续导通。

在 ωt_3 时，触发脉冲同时加到 VT2 和 VT3。VT3 导通使得 VT1 关断。在 $\omega t_3 \sim \omega t_4$ 期间，VT2、VT3 继续导通。

在 ωt_4 时及以后期间的分析可依此类推，其原理同上。

由上述分析可知，带平衡电抗器双反星形可控整流电路，在各个时间间隔中都有两个晶闸管导通，每隔 60°，就进行一次晶闸管换相，6 个晶闸管的循环导通顺序为 VT6、VT1→VT1、VT2→VT2、VT3→VT3、VT4→VT4、VT5→VT5、VT6→VT6、VT1…。每只晶闸管的导通角为 120°。

在电阻负载情况下，带平衡电抗器的双反星形可控整流电路中电压、电流的数量关系如下：

1）当 $0° \leqslant \alpha \leqslant 60°$ 时，u_d 的波形是连续的，输出电压的平均值 U_d 为

$$U_d = 1.17 U_{2\varphi} \cos\alpha \tag{3-11}$$

2）当 $60° < \alpha \leqslant 120°$ 时，u_d 的波形断续，输出电压的平均值 U_d 为

$$U_d = 1.17 U_{2\varphi} [1 + \cos(60° + \alpha)] \tag{3-12}$$

3）每只晶闸管可能承受的最高正、反向电压 U_{Tm} 为

$$U_{Tm} = \sqrt{6} U_{2\varphi} \tag{3-13}$$

4）流过每只晶闸管的平均电流 I_{TAV} 为

$$I_{TAV} = I_d / 6 \tag{3-14}$$

在大电感负载情况下，带平衡电抗器的双反星形可控整流电路中，晶闸管的触发延迟角 α 的移相范围为 $0° \leqslant \alpha \leqslant 90°$。输出电压的平均值 U_d 为

$$U_d = 1.17 U_{2\varphi} \cos\alpha \tag{3-15}$$

流过晶闸管电流的有效值 I_T 为

$$I_T = \sqrt{\frac{1}{12}} I_d = 0.289 I_d \tag{3-16}$$

带平衡电抗器的双反星形可控整流电路，其优点是输出电压脉动较小且变压器无直流磁化问题，与不带平衡电抗器的双反星形可控整流电路（六相半波整流电路）相比，变压器的利用率可提高一倍，对晶闸管电流定额的要求也较低。

例 3-1 某电镀整流装置采用带平衡电抗器的双反星形可控整流电路，其输出直流电压为 18V，输出直流电流为 3000A。主回路串接有电抗器，故可视为大电感负载情况来考虑。整流变压器的绕组是一次侧接成三角形，二次侧接成双反星形，一次侧线电压为 380V。若 $\alpha_{min} = 30°$，试求变压器二次侧的相电压、晶闸管电流的平均值，估算整流变压器的容量，并选择晶闸管。

解 因为 $U_d = 1.17 U_{2\varphi} \cos\alpha$

所以 $U_{2\varphi} = U_d / (1.17\cos\alpha) = 18V/(1.17\cos30°) = 17.8V$，可取 $U_{2\varphi} = 18V$。

$I_{TAV} = I_d / 6 = 3000A/6 = 500A$

$I_2 = I_T = 0.289 I_d = 0.289 \times 3000A = 867A$

$$S_2 = 6U_2I_2 = 6 \times 18\text{V} \times 867\text{A} = 93.6\text{kV} \cdot \text{A}$$

变压器的电压比 $k = U_1/U_2 = 380\text{V}/18\text{V} = 21.1$

$$I_1 = \sqrt{2}I_2/k = \sqrt{2} \times 867\text{A}/21.1 = 58.1\text{A}$$

$$S_1 = 3U_1I_1 = 3 \times 380\text{V} \times 58.1\text{A} = 66.2\text{kV} \cdot \text{A}$$

$$S = (S_1 + S_2)/2 = (66.2\text{kV} \cdot \text{A} + 93.6\text{kV} \cdot \text{A})/2 = 79.9\text{kV} \cdot \text{A}$$

晶闸管额定值选择如下：

因为 $U_{\text{RM}} \geqslant (2 \sim 3) \times \sqrt{6} \times 18\text{V} = (2 \sim 3) \times 44.1\text{V} = 88.2 \sim 132.3\text{V}$

而 $I_{\text{T(AV)}} \geqslant (1.5 \sim 2)\dfrac{I_\text{T}}{1.57} = (1.5 \sim 2) \times \dfrac{867\text{A}}{1.57} = (1.5 \sim 2) \times 552\text{A} = 828 \sim 1104\text{A}$

因此，可选 KP1000—1 型晶闸管，或选两只 KP500—1 型晶闸管并联使用。

从上述计算可知，变压器一次侧容量小于二次侧容量。这是由于二次电流中存在直流分量的缘故。在这种情况下，变压器的容量可以用一次侧和二次侧容量的平均值 S 来衡量。

第二节　斩波器与交流调压器

一、斩波器

1. 斩波器的基本工作原理

斩波器是接在直流电源与负载电路之间，用以改变加到负载电路上的直流平均电压的一种装置。有时，也称之为直流－直流变换器。在晶闸管斩波器中，把晶闸管作为直流开关，通过控制其通断时间的比值，在负载上便可获得大小可调的直流平均电压 U_d，如图 3-9 所示。

斩波器的输出电压平均值 U_d 为

$$U_\text{d} = \frac{\tau}{T}E \tag{3-17}$$

式中　E——直流电源电压；

　　　　T——斩波器的通断周期；

　　　　τ——斩波器的导通时间。

由式（3-17）可知，改变电路的导通比 τ/T，就可以改变斩波器输出

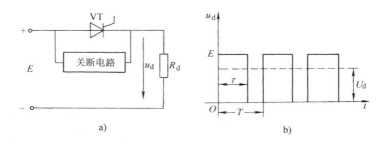

图 3-9　晶闸管直流斩波器

的直流平均电压。因此，调节斩波器输出电压平均值的方法有以下 3 种：

（1）定频调宽法　这种方法又称为脉冲宽度调制（PWM）方式，其特点是保持晶闸管触发频率 f 不变（即 T 不变），通过改变晶闸管的导通时间 τ 来改变直流平均电压，如图 3-10a 所示。

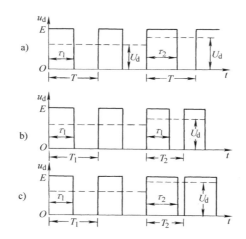

图 3-10　直流斩波器输出电压波形

a）定频调宽　b）定宽调频　c）调频调宽

（2）定宽调频法　这种方法又称为脉冲频率调制（PFM）方式，其特点是保持晶闸管导通的时间 τ 不变，通过改变晶闸管触发频率 f 来改变输出直流平均电压，如图 3-10b 所示。

（3）调频调宽法　这种方法又称为混合调制，其特点是同时改变晶闸管的触发频率 f 和导通时间 τ，来改变直流平均电压，如图 3-10c 所示。

晶闸管斩波器作为一种直流调压装置，常用于直流电动机的调压调速。目前，斩波器已广泛应用于电力牵引方面，如地铁、电力机车、城市电车和蓄电池电动车等。

晶闸管斩波器，主要有采用普通晶闸管的逆阻型斩波器和采用逆导型晶闸管的逆导型斩波器两种。下面仅介绍逆阻型斩波器。

2. 逆阻型斩波器

图 3-11 所示为用于蓄电池电动车辆的逆阻型斩波器的主电路及其工作过程。斩波器的主电路是由 VT1 主晶闸管、VT2 副晶闸管、VT3 换相晶闸管、换相电容 C 和电感 L_1、L_2 组成。M 为串励直流电动机，L_3 为电动机串励绕组，VD 为续流二极管。

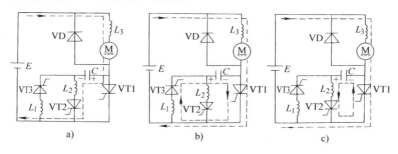

图 3-11　逆阻型斩波器主电路及其工作过程

a）电源充电　b）振荡回路充电　c）负载电流充电

斩波器的工作过程如下：

1）主电路接通蓄电池后，给副晶闸管 VT2 加上触发脉冲 U_{g2}，使之导通，电源对换相电容 C 充电，U_C 逐渐上升，其极性如图 3-11a 所示。当 U_C 上升到接近电源电压 E 而充电电流小于 VT2 的维持电流时，VT2 便自行关断。

2）由触发电路按一定的周期 T 同时输出 u_{g1}、u_{g3}，分别触发导通 VT1、VT3，并启动内部延时电路（其延时时间 τ 可调节）。VT1、VT3 导通后，电动机 M 得电，起动运转。同时，电容 C 通过导通的 VT1、VT3 与 L_1 组成振荡回路，电容 C 便通过此回路释放其储能，形成振荡电流。

振荡电流使电容 C 在放电结束后又被反向充电。经过约半个振荡周期，此振荡电流趋于零时，VT3 便自行关断，而 VT1 依然继续导通。此时，电容电压 U_C 的极性如图 3-11b 所示。

3）触发电路在输出 u_{g1}、u_{g3} 后，经过一段时间 τ 的延时，又输出 u_{g2}，使 VT2 触发导通。电容电压 U_C 通过 VT2 使 VT1 承受反向电压而关断，如图 3-11c 所示。负载电流通过 VT2 对电容 C 重新充电，充电完毕时，VT2 又关断。VT2 关断后，电动机 M 由二极管 VD 续流。此时，电容电压 U_C 的极性如图 3-11a 所示，为下一个工作周期做好了准备。然后，再重复上述 2）、3）的过程。

由上述分析可知，VT1 是按一定的周期 T 进行通断工作的，即斩波器输出电压的周期是固定的。而从 VT1 触发导通到 VT2 触发导通（VT1 关断）这段时间，就是斩波器输出电压的脉宽 τ，它是由触发电路中的延时电路来决定的，因此调节触发延时时间 τ，即可改变脉宽。脉宽越大，电动机的工作电压越高，转速也越高；反之，脉宽越小，电压就越低，转速也就越低。为使电动机升到最高速，可将 VT2 的触发脉冲 u_{g2} 短接，使 VT2 无法导通而 VT1 始终导通，则电动机在全电压下以最高速运转。因此，该逆阻型斩波器为定频调宽式斩波器。

二、交流调压电路

交流调压器是接在交流电源与负载之间的调压装置。晶闸管交流调压器，可以通过控制晶闸管的通断，方便地调节输出电压的有效值。在交流调压器中，晶闸管器件一般为反并联的两只普通晶闸管或双向晶闸管，并常采用以下两种控制方式：

（1）通断控制 所谓通断控制，就是把晶闸管作为开关，在设定的周期内，将负载与交流电源接通几个周波，然后再断开几个周波，通过改变晶闸管在设定周期内通断时间的比值，来实现交流调压或调功率。在设定周期内晶闸管导通的周波数越多，输出电压有效值越大，反之则越小。

这种控制方式一般采用过零触发，即在交流电源电压为零时触发晶闸管导通，因此输出电压为间断的数个完整的正弦波，这种调压器也称为调功器或周波控制器。它突出的优点是克服了通常移相触发产生的谐波干扰，缺点是输出电压或功率调节不平滑，故适用于有较大时间常数的负载，如电热负载等。但这种控制方式不适用于调光电路，调光时会出现光照闪烁现象；这种控制方式也不适用于电动机调速电路，调速时会使电动机上电压剧烈变化，致使转速脉动较大。

（2）相位控制　晶闸管在交流调压器中的相位控制，类似于在可控整流电路中的相位控制。在电源电压的每一个周期中（包括正、负半周），控制晶闸管的触发相位，实现交流调压或调功率。这种控制方式的优点是电路简单、使用方便，而且输出电压调节较为精确，用于电动机减压调速时调速精度较高，快速性好，低速时转速脉动小；其缺点是输出电压波形为缺角正弦波形，存在高次谐波，造成电源污染，易对其他电气设备产生干扰。

实用交流调压器较多采用相位控制方式。图 3-12 所示为相位控制的双向晶闸管单相交流调压电路。图中，R_2、C_2 阻容电路，用来给 C_1 增加了一个充电电路，以保证在触发延迟角 α 较大时，双向触发二极管能被 C_1 上的充电电压击穿，使双向晶闸管可靠导通，从而增大调压范围。

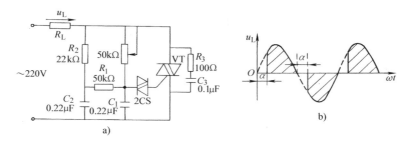

图 3-12　单相交流调压电路
a）电路　b）负载电压 u_L 波形

当晶闸管交流调压电路接电感负载或通过变压器接电阻负载时，必须防止由于调压电路正、负半周工作不对称，造成输出交流电压中出现直流分量所引起的过电流，而损坏设备。在对电感负载进行交流调压时，当触发延迟角 α 调小到等于负载功率因数角 φ 时，晶闸管就工作于全导通，若触发脉冲采用的是窄脉冲，当进一步减小 α 时，就会造成晶闸管工作不对称，这是必须避免的。因此，交流调压电路通常都采用宽脉冲触发。

在功率较大的场合，一般采用三相交流调压。三相交流调压电路常用的接线方式如图 3-13 所示。图 3-13a 所示为有中性线的星形三相交流调压电路，由于中性线上有较大的三次谐波电流通过，对线路和电网都带来不利影响，故在应用上受到一定的限制；图 3-13b 所示为晶闸管与负载接成内三角形的三相交流调压电路，由于晶闸管串接在三角形内部，在同样的线电流情况下晶闸管的电流定额可降低，并且只在三角形内部存在三次谐波环流，而线电流中则不存在三次谐波分量，故对电网的影响较小，因而适用于大电流场合；图 3-13c 所示为三相三线交流调压电路，负载可接成星形也可以接成三角形，输出电流中谐波分量较小，由于没有中性线，每相电流必须和另一相构成回路，因此这种电路与三相桥式全控整流电路一样，晶闸管的触发脉冲应采用宽脉冲或双窄脉冲。

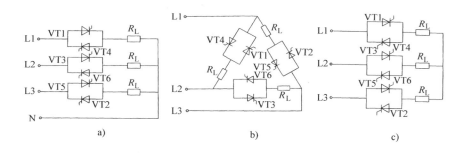

图 3-13　三相交流调压电路常用的接线方式

a）星形带中性线　b）晶闸管与负载接成内三角形　c）三相三线交流调压电路

第三节　逆　变　电　路

逆变是整流的逆向过程，即把直流电转变为交流电。晶闸管逆变电路可以分为二大类：第一类称为有源逆变，它将直流电逆变为与电网同频率的交流电并反送到交流电网去，其工作过程为直流电→逆变器→交流电→交流电网；第二类称为无源逆变，它将直流电逆变为某一频率或可变频率的交流电供给负载使用，其工作过程为直流电→逆变器→交流电→用电器。

一、有源逆变电路

在某些场合，同一套晶闸管电路在一定条件下，既可工作于整流状态，又可工作于逆变状态，这种装置称为变流装置或变流器。若变流器逆变出的交流电被反送回交流电网，即为有源逆变。有源逆变可用于直流可逆调速系统、交流绕线转子异步电动机串级调速系统和高压直流输电等方面。

1. 有源逆变的工作原理

下面以直流拖动的起重机为例，说明有源逆变的工作原理。

晶闸管变流装置如图 3-14 所示，用于为起重机的直流电动机供电。图 3-14 中，平波电抗器 L_d 用于使负载电流连续并减小谐波的影响。现以起重机提升和下放重物两种工作状态来分析变流器的工作情况。

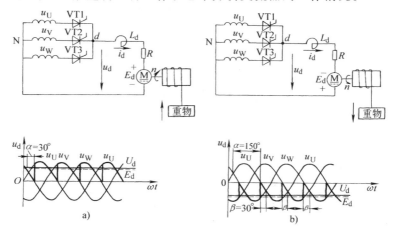

图 3-14　三相半波变流器的整流和逆变

a）整流状态（$0° < \alpha < 90°$）　b）逆变状态（$0° < \beta < 90°$）

1）提升重物时，变流器工作在整流状态，如图 3-14a 所示。触发延迟角 α 的移相范围为 $0° \sim 90°$，三相半波可控整流器的输出电压 U_d 为 $U_d = 1.17\, U_{2\phi}\cos\alpha$。电动机工作在电动运行时，变流器必须输出直流功率，故其输出电压 U_d 大于负载的直流电动势 E_d（即电枢电动势 E_a），即 $U_d > E_d$，此时电流 $I_d = (U_d - E_d)/R$，因回路电阻 R 很小，故 $U_d \approx E_d$。

设 T 为电动机的电磁转矩，T_L 为负载转矩，电动机的调速过程如下：

升速时，应减小触发延迟角 α，其升速过程为：$\alpha\downarrow \rightarrow U_d\uparrow \rightarrow I_d\uparrow \rightarrow T\uparrow \rightarrow n\uparrow \rightarrow E_d(E_a)\uparrow \rightarrow I_d\downarrow \rightarrow T\downarrow$，直到 $T = T_L$，电机便以较高转速稳定运行。反之，若增大触发延迟角 α，即可进行降速过程。

2）下放重物时，变流器工作在逆变状态，如图3-14b所示。为了使重物能匀速下降，电动机必须作发电制动运行。由于下放重物时，电动机反转，故 E_d 的极性改变。若变流器仍处于整流状态（$0° < \alpha < 90°$），则 E_d 和 U_d 为顺向串联，两者都输出功率，电流 $I_d = (U_d + E_d)/R$，由于回路电阻 R 很小，故电流 I_d 很大，相当于短路。因此 U_d 的极性必须改变，即 U_d 应为负值。

由于 $U_d = 1.17 U_{2\phi}\cos\alpha$，因此为使 U_d 为负值，应增大触发延迟角 α，使 $\alpha > 90°$。在下降重物带动下，电动机反转并逐渐加速，其反电动势 $E_a(E_d)$ 也随之增大。当 $|E_d| > |U_d|$ 时，在 E_d 的作用下，变流器中的晶闸管，在其阳极电位处于交流电压负半周期间的导通时间能够大于正半周期间的导通时间，使得 u_d 波形的负面积大于正面积，故平均电压 $U_d < 0$，此时 U_d 的实际极性与整流状态时的极性相反，为上负下正。而回路电流 $I_d = (E_d - U_d)/R$，且其方向仍然保持原来整流状态时的方向。因此，E_d 是产生 I_d 的电源，即电动机作发电机运行，向外部输出电功率，而 U_d 却起着反电动势的作用，这说明电网通过变流器吸收电功率，所以变流器工作于有源逆变状态。由于电动机处于发电制动状态，故当制动力矩增大到与重物产生的机械力矩相等时，重物便保持匀速下降。因此，当 α 在 $90°\sim180°$ 范围内变化时，可以方便地改变下放重物的速度。

为便于分析逆变电路，通常用触发超前角 β 来代替触发延迟角 α，并规定 $\alpha + \beta = 180°$ 或 $\beta = 180° - \alpha$。这样，变流器逆变工作时，α 为 $90°\sim180°$，即 β 为 $90°\sim0°$。在逆变电流 I_d 连续的情况下，上述变流器直流侧输出电压 U_d 为

$$U_d = 1.17U_{2\phi}\cos\alpha = 1.17U_{2\phi}\cos(180° - \beta) = -1.17U_{2\phi}\cos\beta$$

$$(3-18)$$

当 $\beta = 90°$ 时，$U_d = 0$；当 $\beta < 90°$ 时，U_d 为负值，且随 β 的减小，U_d 的绝对值逐渐增大；当 $\beta = 0°$ 时，U_d 的绝对值最大。

通过以上分析可知，实现有源逆变的条件是：

1）变流器直流侧的负载，不仅要有大电感而且还要有直流电源 E_d，并要求电源电动势 E_d 的极性必须与晶闸管导电电流方向一致且其值要稍大于变流器直流侧的输出平均电压 U_d，即 $|E_d| > |U_d|$。

2）变流器必须工作在 $\beta < 90°$（即 $\alpha > 90°$）区域，使变流器直流侧输出的直流平均电压 U_d 为负值。

上述两个条件必须同时具备才能实现有源逆变。半控桥式晶闸管电路或有续流二极管的电路，因它们不能输出负电压，也不允许直流侧接上反极性的直流电源，故不能实现有源逆变。

2. 逆变失败与逆变角的限制

（1）逆变失败　变流器在整流或逆变运行时，如果换相过程不能按正常规律进行，称为换相失败。在晶闸管变流器工作于整流状态时，换相失败造成的后果不太严重。但在逆变状态时，如果出现换相失败，将使电源瞬时电压与负载的直流电动势 E_d 顺向串联，在晶闸管与负载的回路中产生很大的电流，造成管子的损坏，这种情况称为逆变失败或逆变颠覆，如图 3-15 所示。

造成逆变失败的原因有：

1）触发电路工作不可靠，造成脉冲丢失、脉冲延迟等，如图 3-15a、b 所示。

2）晶闸管发生故障，失去正常的通断能力，如图 3-15c 所示。

3）交流电源发生异常现象，如断电、断相或电压过低。

4）换相的裕量角不足，晶闸管不能可靠关断。在电流换相时，由于电路电感的影响，电流不能突变，而是有一个变化过程。如电流从 U 相转换到 V 相时，U 相电流从 I_d 逐渐减小到零，而 V 相电流则从零逐渐增大到 I_d，这个过程称为换相过程。换相过程中存在一段两只晶闸管共同导通的时间，这段时间如用电角度表示，称为换相重叠角 γ。如果触发超前角 β 小于换相重叠角 γ，则会造成逆变失败。

（2）触发超前角的限制　为了保证逆变电路能正常工作，除了要求交流电源、触发电路必须可靠工作外，同时对触发脉冲的最小触发超前角 $\beta_{\min}$，必须要有严格的限制。最小触发超前角可由下式确定：

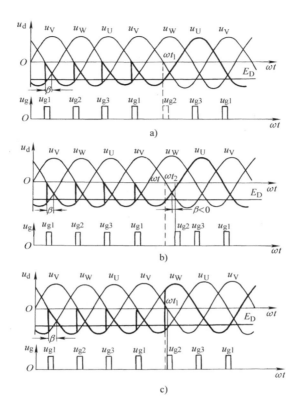

图 3-15 三相半波电路逆变失败的波形

$$\beta_{\min} = \delta + \gamma + \theta' \tag{3-19}$$

式中 δ——晶闸管的关断时间 t_q 折合的电角度；

θ'——安全裕量角。

通常，可取 $\beta_{\min} = 30°$。变流器在逆变运行时，必须保证 $\beta \geqslant \beta_{\min}$，因此在触发电路中，常常附加一套保护电路，使触发脉冲移相时，触发超前角 β 不进入 $\beta_{\min}$ 区内。

二、无源逆变电路

在工业生产中，常要求把直流电或某一固定频率的交流电变换成另一频率可变的交流电，供给某些负载使用，这种变流技术称为变频技术。早期采用旋转变频机组或离子器件组成的静止变频器来实现变频，但它们存在体积大、效率低、噪声大、响应时间长等缺点。晶闸管作为较理想的无触点开关器件，具有体积小、管压降小、响应时间短的优点，晶闸管或其他新型电力电子器件组成的静止变频器已取代了旧式变频装置，在各种工业领域获得广泛应用，如感应加热的中频电源、交流电动机的变频调速电源、不间断电源（UPS）等。

变频电路按其能量变换的情况，可分为交－交变频器和交－直－交变频器两种。前者是直接将工频交流电源变为所需频率的交流电源，故也称为直接变频；后者则是先把工频交流电整流为直流电，然后再由直流电逆变为所需频率的交流电。在交－直－交变频器中，用于把直流电逆变成交流电的装置称为逆变器，由于逆变的交流电不反送到交流电网，而是直接供给负载使用，因此也称为无源逆变。显然，无源逆变是交－直－交变频器的一个重要环节。

1. 无源逆变的工作原理

（1）逆变器的工作原理　逆变器的工作原理如图 3-16 所示。当 VT1 和 VT4 触发导通（VT2、VT3 关断）时，直流电源通过 VT1 和 VT4 向负载供电，负载上电流的方向如图 3-16a 所示。当 VT2、VT3 触发导通（VT1、VT4 关断）时，直流电源通过 VT2 和 VT3 向负载供电，电流反向流过负载，如图 3-16b 所示。按一定的频率，不断地轮流切换两组晶闸管，便将电源的直流电逆变成负载上的交流电，负载上的电压波形如图 3-16c 所示。若改变两组晶闸管的切换频率，便可改变交流电的频率。

（2）逆变器的换相方法　由逆变器的工作原理可知，逆变器正常工作的关键在于换相，即按时把导通的晶闸管关断，并使电流换到规定的晶闸管上去。由于逆变器中的晶闸管工作在直流电中，不会自行关断，因此通常采用在阳极与阴极之间施加一定时间反向电压的方法，以使晶闸管由导通转为关断。晶闸管逆变器常用的换相方法有以下两种。

1）负载谐振式换相：即利用负载回路的谐振特性来实现晶闸管换相。当负载电路中的电阻、电感和电容形成振荡时，其振荡电流具有自动过零的特性，只要负载电流超前电压的时间大于晶闸管的关断时间，就能使晶闸管自然关断，从而实现电流换相。目前，我国生产的晶闸管中频电

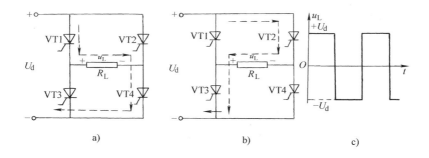

图 3-16　无源逆变的工作原理

a）VT1 和 VT4 导通　b）VT2 和 VT3 导通　c）电压波形

源等装置常采用这种换相方法。

2）强迫换相（脉冲换相）：即在电路中设置电感、电容等元件，构成换相回路。换相前换相电容预先储存一定的电能，换相时触发另一只晶闸管导通，形成一个电容放电回路。利用换相电容的放电，使换相回路产生一个脉冲，迫使原先导通的晶闸管承受反向脉冲电压而关断。

（3）电压型和电流型逆变器　逆变器根据其直流电源的滤波方式可分为电压型和电流型两种。

1）电压型逆变器，其直流电源由电容滤波，可近似看成恒压源；其输出的交流电压为矩形波，输出的交流电流在电动机负载时近似为正弦波；其抑制浪涌电压能力强，频率可向上或向下调节，效率高，适用于不经常起动、制动和反转的拖动装置。

2）电流型逆变器，其直流电源由电感滤波，可近似看成恒流源；其输出的交流电流近似为矩形波，输出的交流电压在电动机负载时近似为正弦波；其抑制过电流能力强，适用于要求频繁起动、制动与反转的拖动装置。

2. 并联谐振式逆变器

这种逆变器较多地用于中频感应加热炉的电源。其换相电容与负载并联，其换相方式是基于并联谐振的原理。

（1）主电路组成　图 3-17 所示为电流型并联谐振式逆变器的主电路。其直流电源是由三相工频交流电经可控整流后获得，故 U_d 为连续可调。滤波电抗器 L_d 可使输出的直流电流保持连续与稳定，并可限制中频电流进入工频电网，起到交流隔离作用。逆变桥的每一个桥臂由一个晶闸管和一个限流电抗串联组成，晶闸管 VT1～VT4 为快速型晶闸管，限流电抗器 L_1～L_4 用于限制电流上升率 $\mathrm{d}i/\mathrm{d}t$ 不超过晶闸管允许的数值。负载回路由感应线圈（L、r）和补偿电容 C 并联组成。感应线圈是中频感应加热炉的主要部件，通入中频大电流时可产生中频交变磁场，利用涡流和磁滞效应来使加热炉中的金属加热或熔化。补偿电容 C 用于补偿负载的功率因数，同时用于逆变器的换相。

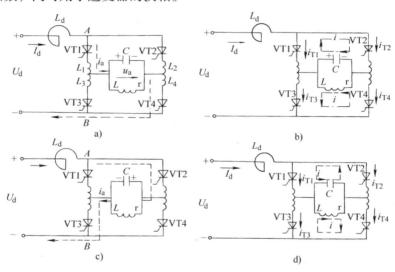

图 3-17　并联谐振式逆变器及其工作过程

（2）逆变器的工作原理　当 VT1、VT4 稳定导通时，电流 i_a 的路径如图 3-17a 所示。当触发 VT2、VT3 时，经过短暂的换相阶段，VT2、VT3 稳定导通，而 VT1、VT4 关断，电流 i_a 的路径如图 3-17c 所示。一段时间后，再触发 VT1、VT4，经过短暂的换相阶段，VT1、VT4 稳定导通，而 VT2、VT3 关断，电流 i_a 的路径又如图 3-17a 所示。因此，流过负载的电流 i_a 为交流电流。在输出交流电的一个周期内，逆变器有两个稳定的导通阶段和两个短暂的换相阶段。

在大电感 L_d 的恒流作用下，负载电流 i_a 近似为交流矩形波。为获得较高的功率因数和效率，晶闸管交替触发的频率与负载回路的谐振频率接近，故负载电路工作在谐振状态，对外加交流矩形波电流的基波分量呈现高阻抗，而对其他的高次谐波分量呈现低阻抗，因此负载上的电压主要为基波正弦电压。

并联逆变器的电压、电流波形如图 3-18 所示。

（3）逆变器的换相过程分析　在输出交流电的一个周期内，逆变器有两次换相过程。下面根据图 3-18 所示的电压、电流波形，分析逆变器的换相过程。

在 t_1 时刻，VT1、VT4 已稳定导通，负载电流 $i_a = I_d$，近似为恒流。在 t_2 时刻，负载两端电压 u_a（即电容 C 上的电压）的极性已为左正右负，如图 3-17a 所示。此刻，触发 VT2、VT3 导通，换相阶段开始，换相阶段的电流路径如图 3-17b 所示。负载两端电压 u_a 经 VT2、VT3 分别反向加到 VT1、VT4 上，经过短暂的换相时间 t_γ（$t_2 \sim t_4$），使得 i_{T1}、i_{T4} 迅速减到零而关断，同时

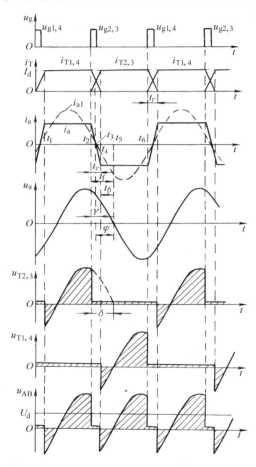

图 3-18　并联逆变器的电压、电流波形

i_{T2}、i_{T3} 从零迅速增大到 I_d。在换相时间内，4 个晶闸管都导通，由于大电感 L_d 的恒流作用，电源不会短路。在换相结束时，即 t_4 时刻，VT2、VT3 已稳定导通，虽然 VT1、VT4 的电流刚降至零，但两管还需要承受一段时

间 $t_\beta(t_\beta > t_q)$ 的反向电压才能恢复正向阻断能力，因此 u_a 作为 VT1、VT4 上的反压必须在换相结束后继续作用一段时间 $t_\beta(t_4 \sim t_5)$ 后才能降至零。由于负载电流基波分量 i_{a1} 在换相期间已过零点，这样 u_a 就必然滞后负载电流 i_{a1} 一个角度 φ（即负载回路的功率因数角），这说明负载回路在逆变器的工作频率上应呈容性，才能保证可靠换相。

在 t_6 时刻，VT2、VT3 仍然稳定导通，负载两端电压 u_a 的极性已为左负右正，如图 3-17c 所示。此刻，触发 VT1、VT4 导通，另一个换相阶段开始，换相阶段的电流路径如图 3-17d 所示。经过与上述相似的换相过程，VT1、VT4 稳定导通，VT2、VT3 关断。

从图 3-18 可以看出，为了保证 VT1、VT4 向 VT2、VT3 可靠换相，在 VT1、VT4 稳定导通时，逆变器的触发电路必须在电压 u_a 过零前 t_f 时刻发出 VT2、VT3 的触发脉冲。t_f 称为触发引前时间（$t_f = t_\gamma + t_\beta$），相应的相位角 $\delta(\delta = \gamma/2 + \varphi)$ 称为触发引前角，为了保证逆变器正常工作，t_f 必须满足

$$t_f = t_\gamma + K t_q \tag{3-20}$$

式中　K——大于 1 的安全系数；

$\quad\quad t_q$——晶闸管的关断时间。

通常，由于负载的阻抗和相角及其谐振频率会随时间而变化的（如中频炉负载因炉中被加热金属工件的电磁参数在中频加热和熔炼过程中发生变化对负载的影响），若采用固定频率的触发脉冲就会造成逆变失败，因此逆变电路的触发必须采用自动调频控制，使逆变器触发频率受负载回路控制，以适应负载的剧烈变化，从而保证逆变器在工作过程中，始终满足 $t_f > t_q$ 自动调频原则。

常用自动调频控制原则有定时（t_f 为恒值）调频、定角（δ 为恒值）调频和变角（δ 随工作频率而变化）调频等。

（4）逆变器的电压、电流的基本数量关系

逆变器输出中频电压的有效值　$U_a = 1.11 \dfrac{U_d}{\cos\varphi}$ $\tag{3-21}$

基波电流的有效值　$I_{a1} = 0.9 I_d$ $\tag{3-22}$

逆变器输出中频功率　$P_a = U_a I_{a1} \cos\varphi = U_d I_d$ $\tag{3-23}$

由式（3-23）可知，调节直流电压 U_d，可以改变逆变器输出中频功率的大小。

3. 三相串联电感式电压型逆变器

电压型逆变器的换相电路有串联电感式、串联二极管式、采用辅助晶闸管换相等多种形式，这里只对典型的串联电感式逆变器进行分析。串联电感式电压型逆变电路常用于交流电动机变频调速系统中。

（1）主电路组成　三相串联电感式电压型逆变器的主电路如图3-19所示。VT1～VT6 为主晶闸管。L_1～L_6 为换相电感，$L_1 = L_4$、$L_3 = L_6$、$L_5 = L_2$，且均为全耦合。C_1～C_6 为换相电容。VD1～VD6 为反馈二极管。R_U、R_V、R_W 为衰减电阻。$Z_U = Z_V = Z_W = Z$ 为电动机定子绕组的阻抗。该电路是三相桥式逆变电路，可看成是由 3 个结构和参数相同的单相半桥逆变电路组成。

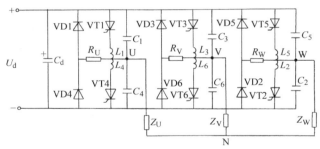

图 3-19　三相串联电感式电压型逆变器的主电路

（2）工作原理　串联电感式电压型逆变器中 6 个晶闸管的导通顺序为 VT1→VT2→VT3→VT4→VT5→VT6→VT1→…，触发间隔均匀，即每个周期内各晶闸管的触发间隔为 60°电角度。这种电压型逆变器为 180°导电型，即每个晶闸管导通之后，经过 180°电角度被关断。由于每个晶闸管导通 180°，这样除换相点外的任何时刻，每一相桥臂都有一个晶闸管导通，因此逆变器始终有三个晶闸管同时导通。串联电感式电压型逆变器晶闸管的导通规律和输出电压波形如图 3-20 所示。

在 0°～60°区间，VT1、VT5、VT6 共同导通，如图 3-20a 所示。VT5、VT1 导通，使 W、U 两端接至电源正端；VT6 导通，使 V 端接到电源负

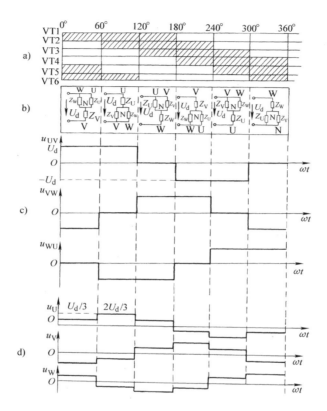

图 3-20　串联电感式电压型逆变器晶闸管的导通规律和输出电压波形

a) 晶闸管导通顺序　b) 各区间等效电阻　c) 输出相电压波形　d) 输出线电压波形

端。因此，该区间的等效电路如图3-20b所示。由此可得

负载端线电压为

$$U_{UV} = + U_d \qquad U_{VW} = - U_d \qquad U_{WU} = 0$$

负载的相电压为

$$U_{UN} = U_d \left| \frac{Z_W /\!/ Z_U}{Z_W /\!/ Z_U + Z_V} \right| = \frac{1}{3} U_d$$

$$U_{VN} = - U_d \left| \frac{Z_V}{Z_W /\!/ Z_U + Z_V} \right| = - \frac{2}{3} U_d$$

$$U_{WN} = U_{UN} = \frac{1}{3}U_d$$

在 60° ~ 120°区间，VT6、VT1、VT2 同时导通，根据其等效电路，可以求出该区间的负载端线电压、相电压分别为

$$U_{UV} = + U_d \quad U_{VW} = 0 \quad U_{WU} = - U_d$$
$$U_{UN} = 2U_d/3 \quad U_{VN} = - U_d/3 \quad U_{WN} = - U_d/3$$

同理，可求出其他区间的线电压、相电压值。由此画出逆变器输出电压的波形，如图3-20c、d所示。

从图3-20c、d可以看出，串联电感式电压型逆变器输出电压的各线电压均为120°矩形波对称交变电压，各相电压均为180°阶梯波对称交变电压。三相交变电压的波形相同，相位互差120°，因此逆变器输出电压是对称三相交变电压。改变晶闸管的触发频率，即可调节三相交变电压的频率，从而实现电动机的变频无级调速；将晶闸管的触发顺序反向，便可使电动机反转。

（3）换相过程分析　由于逆变器为180°导电型，故每次晶闸管换相都是在同一相桥路的两只晶闸管中进行的。逆变器采用强迫换相方式，即触发一个晶闸管导通时，必须对同一相的另一个晶闸管施加反压而使其关断。由于每一相的换相原理相同，下面以 U 相桥路 VT1 换相到 VT4 的过程为例，分析换相过程。

1）换相前的初始状态：这时逆变器工作在 $\omega t = 120° \sim 180°$ 区间，VT1、VT2 和 VT3 共同导通，U 相负载电流已将 C_4 充电至 $U_{c4} = U_d$。稳态时，VT1、L_1 上无压降，C_1 被 VT1、L_1 短接，VT4 承受正压，负载电流 i_U 的路径如图 3-21a 所示。

2）触发 VT4 后的 C_4 放电阶段：在 $\omega t = 180°$ 时，VT4 触发导通，VT2、VT3 仍导通。VT4 导通时，C_4 通过 VT4、L_4 放电。C_4 放电电流 i_4 使 L_4 产生感应电动势 e_{L4}，由于 L_1 和 L_4 的耦合作用使 L_1 也产生相同感应电动势 e_{L1}，e_{L1} 和 e_{L4} 的极性均为上正下负；由于 C_4 电压不能突变，故在 C_4 开始放电瞬间，$u_{C4} = e_{L1} = e_{L4} = U_d$，因此 A 点相对于直流电源 U_d 负端的电位就突升到 $2U_d$，这使得 VT1 因承受反压而关断。

在通过 VT4、L_4 放电的同时，C_4 也通过负载放电，u_{C4} 随着 C_4 的放

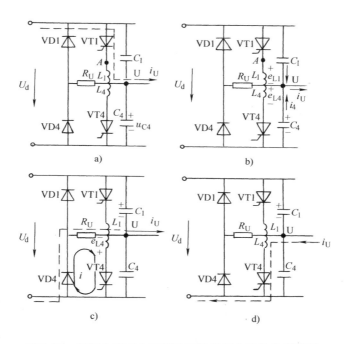

图 3-21　串联电感式电压型逆变器 U 相电路的换相过程

a) 换相前的初始状态　b) C_4 放电阶段　c) 电感释放储能　d) 换相后状态

电而逐步降低，直流电源对 C_1 充电，u_{C1} 逐步上升，为下一次的 VT4 到 VT1 换相做好准备。

C_1、C_4 的充、放电电流维持了 U 相负载电流 i_U。这一换相阶段如图 3-21b 所示。

3）电感释放能量阶段：当 C_4 放电结束时，$u_{C4} = 0$，故 U 点对直流电源负端 U_d 的电位为 0，而此时 C_4 向 L_4 的振荡放电电流 i_4 也达到了最大值，电感 L_4 的储能开始释放，流过 L_4 的电流开始下降，L_4 的自感电动势的极性变为上负下正，故二极管 VD4 导通，L_4 通过 VT4、VD4、R_U 放电，L_4 的储能被 R_U 消耗掉。当 L_4 放电结束时，VT4 因 L_4 的放电电流为 0 而关断。

当 VD4 导通、U 相电压过零后反向时，由于电动机为感性负载，故

U 相负载电流 i_U 滞后反向。此时，由于 U 相负载电压的极性和电流方向相反，因此 U 相感性负载释放其储能，电流从电源负端经 VD4、R_U 流向负载，此即负载向直流电源 U_d 回馈能量。这一换相阶段如图 3-21c 所示。

4）负载电流反向阶段：当感性负载中的能量释放完毕后，U 相负载电流 i_U 为 0，VD4 关断。此时已关断的 VT4 又触发导通，负载电流 i_U 便开始反向。反向的 U 相负载电流经 VT4 流向电源负端，并逐渐增大，如图 3-21d 所示。为了保证在换相过程中曾一度关断的 VT4 能再次导通，晶闸管的触发脉冲必须采用宽脉冲。

至此，逆变器 U 相桥路 VT1 到 VT4 的整个换相过程结束。

4. 三相串联二极管式电流型逆变器

三相串联二极管式电流型逆变器是应用较多的电流型逆变器。

（1）主电路组成　串联二极管式电流型逆变器的主电路如图 3-22 所示。直流平波电抗器 L_d 为整流与逆变两部分的中间储能元件，其作用是保证整流器向逆变器提供平稳的直流电流，使逆变器的直流电源相当于一个实际电流源。VT1 ~ VT6 组成三相桥式逆变器。C_1 ~ C_6 为换相电容，其作用是利用电容储能给欲关断的晶闸管施加反压，强迫其关断。VD1 ~ VD6 为串入主回路的隔离二极管，其作用是把换相电路与负载隔离，防止换相电容对负载放电。$Z_U = Z_V = Z_W = Z$ 为三相定子绕组的阻抗。

（2）工作原理　串联二极管式电流型逆变器是 120° 导电型，六只晶闸管的依次触发间隔为 60°，每只晶闸管持续导通 120° 后换相，故除换相点外的任何时刻，共阴极组和共阳极组晶闸管中各有一只晶闸管导通。因此，对三相星形对称负载而言，在晶闸管的各导通区间内，只有两相负载有近似稳恒的电流通过。

例如，在 0° ~ 60° 区间，VT1、VT6 导通，则主电路电流 I_d 流向为 VT1→VD1→U 相负载→N→V 相负载→VD6→VT6。因此，流过三相星形对称负载的电流分别为：$i_U = + I_d$；$i_V = - I_d$；$i_W = 0$。同理，可以得出其他区间的三相负载的电流。

串联二极管式电流型逆变器晶闸管的导通规律及输出电流波形如图 3-23 所示。

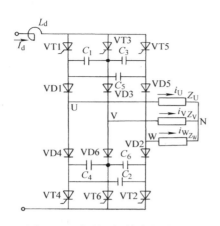

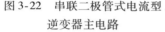

图 3-22　串联二极管式电流型
逆变器主电路

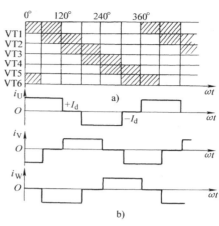

图 3-23　三相串联二极管式电流型逆变器
晶闸管的导通规律及输出电流波形
a) 晶闸管的导通规律　b) 输出电流波形

由图 3-23 可见，电流型逆变器向负载输出的电流为三相 120° 矩形波交变电流。

（3）换相过程分析　由于逆变器为 120° 导电型，故换相是在相邻两相桥臂上同组的两个晶闸管中进行，而且采用强迫换相方式。下面以共阳极组的 U 相 VT1 向 V 相 VT3 换相为例，说明其换相过程。

1）换相前的初始状态：在 $\omega t = 60°$ ~ 120° 区间，VT1、VT2 已导通，与 VT1 直接相连接的 C_1、C_5 均已充有左正右负的电压 U_{CO}，与 VT1 不相连接的 C_3 上电压为零，如图 3-24a 所示。

2）电容器恒流充电阶段：在 $\omega t = 120°$ 时，VT3 触发导通，C_1 通过 VT3 对 VT1 施加反压使其关断。此时，直流电流 I_d 从 VT1 换相到 VT3，通过等效电容（C_3、C_5 串联再与 C_1 并联）流向负载。由于电动机感性负载的电流不能突变，因此 U、W 相负载电流维持不变仍为 I_d，电流 I_d 的流向如图 3-24b 所示。由于流过 C_1 的电流较大，C_1 迅速放电后立即转为反向充电，其电压极性也转变为左负右正，其电压值随之反向增大，当 C_1 上的电压达到 e_{vu}（电动机的 V、U 相绕组总的电动势）时，VD3 将导通，进入二极管换相阶段。由于在本阶段中，等效电容器的充电电流恒为

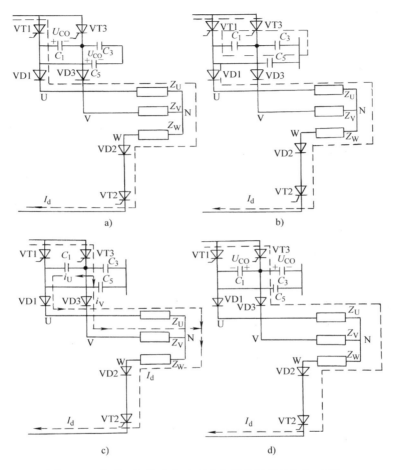

图3-24　串联二极管式电流型逆变器晶闸管的换相过程

a）换相前的初始状态　b）电容器恒流充电阶段　c）二极管换相阶段　d）换相后状态

I_d，故称为恒流充电阶段。

3）二极管换相阶段：当 VD3 导通后，开始流过电流 i_v，而流过 VD1 的电容充电电流为 $i_u = I_d - i_v$，此时两个二极管同时导通，如图3-24c 所示。随着充电电流 i_u 的减小，i_v 逐渐增大。当 i_u 减小到零时，$i_v = I_d$，VD1 截止，二极管换相阶段结束。

4）换相后的状态：二极管换相阶段结束时，进入 VT2、VT3 稳定导通阶段，C_5 上电压为零，C_1、C_3 已充有电压 U_{CO}，其极性如图 3-24d 所示，这些电压为以后的 VT3 向 VT5 换相做好准备。

第四节　晶闸管中频电源装置及其调试

晶闸管变流装置的种类和型式很多，本节仅以 KGPS—100—1.0 型晶闸管中频装置为例，介绍实际晶闸管变流装置的原理和调试方法。

晶闸管中频电源装置是一种利用晶闸管把 50Hz 工频交流电变换成中频交流电的设备，主要用于感应加热及熔炼，可取代中频发电机组，是一种较先进的静止变频设备。晶闸管中频装置的基本工作原理是通过三相桥式全控整流电路，直接将三相交流电整流为可调直流电，经直流电抗器滤波，供给单相桥式并联逆变器，由逆变器将直流电逆变为中频交流电供给负载。因此，它是一种交－直－交变频系统。

一、KGPS—100—1.0 型晶闸管中频装置

KGPS—100—1.0 型晶闸管中频装置的中频频率为 1000Hz，额定输出功率为 100kW。它主要由整流器、滤波器、逆变器、控制电路和负载等组成，其主电路的基本原理如图3-25所示。

1. 整流电路

（1）主电路　该装置直接将 380V 的三相交流电，经过三相桥式全控整流电路，整流为可调直流电。采用全控桥可以在过电流故障时，自动使触发脉冲快速后移至逆变区，而进入有源逆变状态，对主电路进行过电流保护。整流桥路 6 只晶闸管均为 KP 型普通晶闸管，其参数由下式确定：

$$U_{RM} \geqslant (2 \sim 3) \times \sqrt{2} \times 380V = 1074 \sim 1612V$$

$$I_{T(AV)} \geqslant (1.5 \sim 2) \frac{I_T}{1.57} = (1.5 \sim 2)kI_d$$

$$= (1.5 \sim 2) \times 0.367 \times 250A = 137.6 \sim 183.5A$$

式中　k——与整流电路的型式、触发延迟角、负载性质有关的计算系数，本装置整流电路 $k = 0.367$；

I_d——考虑了功率余量和各种损耗等情况后，整流桥的最大输出电流，本装置 $I_d = 250A$。

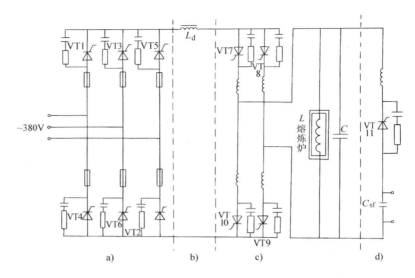

图 3-25　晶闸管中频装置主电路的基本原理

a）三相全控桥　b）直流滤波环节　c）单相桥式逆变器　d）逆变器起动环节

根据上面的计算结果，可选用 KP200—12 型或更高耐压的普通晶闸管。

（2）触发电路　全控桥的触发电路采用 6 套在电路结构和原理上相同、而输入的同步电压不同的锯齿波同步宽脉冲触发电路，每个晶闸管有各自对应的触发电路。下面以共阴极组 U 相晶闸管 VT1 的触发电路为例，介绍可控整流电路的触发电路。

锯齿波同步宽脉冲触发电路是由同步锯齿波形成、移相控制、脉冲形成与放大输出 3 个部分组成。共阴极组 U 相晶闸管 VT1 的触发电路如图 3-26 所示。

1）同步锯齿波形成：锯齿波是利用电容 C_1 的慢速恒流充电和快速放电而获得的。由 VZ、V1、R_1 和 RP1 组成的晶体管恒流源对 C_1 恒流充电，在 C_1 恒流充电过程中，u_{c1} 线性增长。调节 RP1 可以改变该恒流值，从而改变锯齿波的斜率。

C_1 的充、放电的起始和结束，由同步信号电压 $-u_u$ 和 $+u_W$ 控制。$-u_u$ 和 $+u_W$ 是由图 3-27 所示的同步变压器获得的。

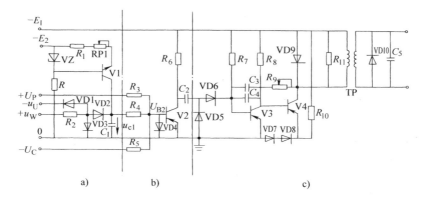

图 3-26　整流全控桥锯齿波触发电路

a）同步锯齿波形成　b）移相控制　c）脉冲形成与放大输出

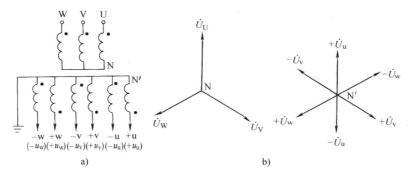

图 3-27　同步变压器

全控桥晶闸管与同步变压器的分组连接方法见表 3-1。

表 3-1　全控桥晶闸管与同步变压器的分组连接方法

晶闸管	共阴极组			共阳极组		
	U 相	V 相	W 相	U 相	V 相	W 相
	VT1	VT3	VT5	VT4	VT6	VT2
同步信号	$-u\,(-u_u)$	$-v\,(-u_v)$	$-w\,(-u_w)$	$+u\,(+u_u)$	$+v\,(+u_v)$	$+w\,(+u_w)$
	$+w\,(+u_w)$	$+u\,(+u_u)$	$+v\,(+u_v)$	$-w\,(-u_w)$	$-u\,(-u_u)$	$-v\,(-u_v)$

同步锯齿波的形成如图 3-28 所示。当 $-u_u$ 进入负半周（ωt_0 时刻后），VD2 截止，C_1 开始恒流充电，u_{c1} 由零向负值方向线性增长，形成负向锯齿波的正程；直到 $+u_W$ 上升到高于 u_{C1} 时（ωt_2 时刻），VD2 导通，C_1 通过 VD2、R_2 及同步变压器 $+w$ 相的线圈，开始放电，由于放电时间常数小，放电速度很快，u_{C1} 下降到零（ωt_3 时刻）时，C_1 放电结束，形成锯齿波的回程；ωt_3 时刻后，$-u_u$ 和 $+u_W$ 均为正半周，VD3 导通，使 C_1 不能充、放电，u_{C1} 保持零电压；直到下一次 $-u_u$ 和 $+u_W$ 负半周到来时（ωt_4 时刻）再重复上述过程。由此可见，锯齿波是与主电源同步的。

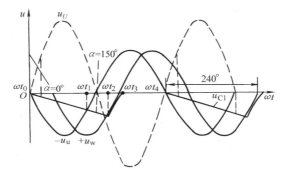

图 3-28　锯齿波的形成

由于 $+u_W$ 在相位上滞后 $-u_u$ 60°，因此增加 $+u_W$ 作为同步信号电压，可以将 C_1 的起始放电点从 ωt_1 时刻后移到 ωt_2 时刻，使锯齿波的底宽增加到约 240°，从而加大了触发脉冲移相范围。

2）移相控制：V2 由截止转为导通的时刻就是产生触发脉冲的时刻。V2 基极的电位 U_{B2} 决定 V2 导通和截止。U_{B2} 是由正的直流偏移电压 U_P、负向锯齿波的电压 u_{C1} 和负的可调直流控制电压 U_C 分别通过 R_3、R_4 和 R_5 进行并联的合成电压。当 U_{B2} 为正时，V2 截止；当 U_{B2} 为负时，V2 导通。

从图 3-29 可以看出，偏移电压 U_P 和控制电压 U_C 两者的合成电压 U_h 与锯齿波的交点，即为发出脉冲的时刻。通常，偏移电压 U_P 为固定值，它应使 $U_C = 0$ 时的 α 为 150°。因此，当偏移电压 U_P 一定时，调节控制电压 U_C 能使触发脉冲在 $\alpha = 0° \sim 150°$ 之间移相。

3）脉冲形成与输出：脉冲形成与输出电路是一个以 V3、V4 为核心

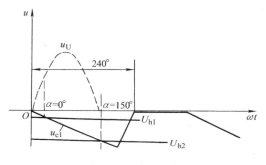

图 3-29 移相控制

的单稳态电路。单稳态电路在未受触发时处于稳态,即 V3 饱和、V4 截止;当 V2 从截止转为导通时,经 C_2 输出一个正尖脉冲,触发单稳态电路翻转,使单稳态电路进入暂态,即 V3 截止、V4 饱和。V4 导通后,由脉冲变压器 *TP* 输出晶闸管 VT1 的触发脉冲 U_{g1}。

触发脉冲 U_{g1} 的宽度由单稳态电路的暂态时间决定。调节 R_9 可以改变暂态时间,即可以改变 U_{g1} 的脉宽,通常宽触发脉冲的脉宽调整为 90° 左右。

2. 逆变电路

(1) 主电路 逆变主电路采用本章第三节已介绍过的单相桥式并联逆变电路。逆变晶闸管为 KK 型(即快速晶闸管)。考虑电网电压有 +5% 波动,整流电路的最大输出电压 $U_d = 1.05 \times 2.34 U_\phi = 1.05 \times 2.34 \times 220V = 540V$,取中频负载的功率因数 $\cos\varphi = 0.81(\varphi = 36°)$,则中频电压 $U_a = 1.1U_d/\cos\varphi = 1.1 \times 540V/0.81 = 735V$。可取 $U_a = 750V$,故逆变晶闸管的电压参数为

$$U_{RM} \geqslant (1.5 \sim 2) \times \sqrt{2} \times U_a \approx 1600 \sim 2120V$$

由于流过逆变晶闸管的电流近似为 I_d(250A)的单向方半波,其有效值 I_T 为 $I_d/\sqrt{2}$,故逆变晶闸管的通态平均电流为

$$I_{TAV} \geqslant (1.5 \sim 2) \frac{I_d}{1.57 \times \sqrt{2}} = (1.5 \sim 2) \times \frac{250A}{1.57 \times \sqrt{2}} = 168.9 \sim 225.2A$$

因此,逆变晶闸管可选用型号规格为 KK200—18 的晶闸管,或选择型号规格为 KK200—10 的两只晶闸管串联使用,晶闸管串联时必须采取

均压措施。

（2）触发电路　我们知道，要使逆变电路正常工作，其触发电路必须在电压 u_a 过零前一段时间 t_f 发出触发脉冲，保证导通的晶闸管受反压关断。为适应中频炉负载运行时剧烈的变化，应保证在逆变器工作过程中始终满足 $t_f > t_q$ 的自动调频原则。本装置采用自激控制方式，使触发频率受负载回路控制，并按定时调频原则在逆变电压、频率变化时，能保证脉冲触发引前时间 t_f 基本不变。

本装置的逆变触发电路由信号检测、脉冲形成和逆变触发输出等部分组成。

1）信号检测：如图 3-30 所示，由中频电压互感器 TV2 和中频电流互感器 TA5 分别检得 u_a 和 $-i_c$ 信号，在电阻 R_{U2} 和电位器 RP12 等串联电阻上分别取得其相应信号电压 u_u 和 u_i，而在 a_1、a_2 两端就可得到这两个信号电压叠加后的合成信号 u_S，即 $u_S = u_u - u_i$。由于 u_u 超前 u_i 90°，因此 u_S 过零点（当 $u_u = u_i$ 时）将比 $u_u(u_a)$ 过零点提前 t_f。当负载电压、频率变化时，u_u 和 u_i 能随之按比例变化，故可保证触发引前时间 t_f 不变。当 RP12 的阻值增大时，u_i 幅值增大，t_f 随之增大；反之，则 t_f 减少。因此，改变 RP12 的阻值可以调节 t_f 的值。

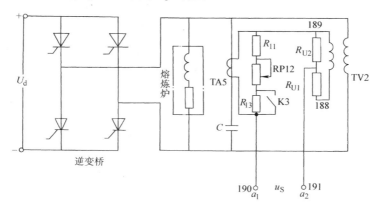

图 3-30　信号检测电路

2）脉冲形成：如图 3-31 所示，合成信号电压 u_S 加在脉冲形成电路的输入端，稳压二极管 VS5、VS6 起正、负限幅作用，把输入信号 u_S 的正弦波削成梯形波，以保护 V3、V4。在 u_S 作用下，V3、V4 工作在开关状态。

当 u_S 进入正半周时，V3 饱和导通，在 V3 导通瞬间及导通后，由于 VD1 截止，脉冲变压器 TP1 均无法输出信号；当 u_S 正半周结束而过零时，在 V3 由饱和退为截止的瞬间，TP1 经 VD1 送出正尖脉冲到双稳态触发器 V1 的基极，使双稳态触发器翻转为 V1 导通、V2 截止的状态，双稳态触发器输出端的上跳电压，控制脉冲放大电路发出触发脉冲，触发逆变器对角桥的晶闸管进行换相。这种脉冲形成电路，在合成信号 u_S 过零时，使双稳态触发器状态翻转，形成了两组互差 180° 的正向脉冲。

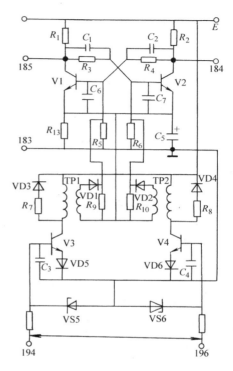

图 3-31　脉冲形成电路

为便于调试和维修，本装置设有 1kHz 振荡源。把开关拨向"检查"，1kHz 的他励信号送入脉冲形成电路，可检查逆变触发电路工作是否正常。

3. 逆变起动环节

由于逆变电路采用自励控制，逆变触发信号受负载回路电压、电流的控制，故必须设置逆变起动环节。本装置逆变起动，采用直流辅助电源对起动电容 C_{sf} 预先充电，然后给逆变桥路加上直流电压 U_d，经延时后，使与 C_{sf} 串联的晶闸管 VT11 触发导通，已充电的 C_{sf} 对感性负载放电，产生衰减的正弦波振荡。信号检测电路据此衰减的电压、电流，检出合成信号 u_S，使逆变触发电路发出触发脉冲，去触发逆变桥的晶闸管，从而使本装置由他励转为自励工作。为便于逆变起动，信号检测电路在起动时，

RP12 和 R_{11} 串接了 R_{13}，使触发引前时间 t_f 较大。逆变成功后，由 K3 的触点短接 R_{13}，使 t_f 恢复到正常值。

4. 保护措施及继电电气控制电路

本装置中设有多种保护措施，如整流电路交流侧与直流侧过电压保护、交流相间短路保护、逆变电路过电流与过电压保护及电压、电流截止环节等。本装置的继电-接触式电气控制电路主要包括交流电源、逆变器起动两部分。限于篇幅，这些就不作详细介绍。

二、KGPS—100—1.0 型晶闸管中频装置的调试

晶闸管变流装置一般由主电路、触发电路、控制电路、保护和显示等部分组成。晶闸管变流装置调试的一般原则为：先单元电路调试，后整机调试；先静态调试，后动态调试；先轻载调试，后满载调试。在通电调试前，应先对整机（包括各接线、指示、绝缘、冷却等方面）进行全面的检查。

KGPS—100—1.0 型晶闸管中频电源调试的主要内容和步骤如下：

（1）继电控制电路的检查　晶闸管中频电源的调试，首先对继电控制电路进行通电检查。在主电路不带电的情况下，短接水压继电器触点，给继电控制电路通电，按规定程序操作面板上的操作按钮，检查继电器的工作状态和控制顺序等是否正常。

（2）校对电源相序　用示波器或相序指示器检查电源相序。用双踪示波器校对主电源与同步变压器的相序相位是否对应。

使用示波器时，应特别注意安全保护。由于示波器垂直信号输入端的接地端是与机壳相联接的，而且机壳通过电源插头接地线（或中性线），为了防止测量主电路时可能造成被测点对地（或中性线）短路，一般将示波器电源插头的接地端暂时断开，但这样使用示波器时仪器机壳带电，因此必须注意对地绝缘，以防止人身触电。当被测电压较高时，示波器的交流电源应经隔离变压器再接入。若用双踪示波器同时测量两个信号时，由于双踪示波器的两个垂直信号输入端 Y_A、Y_B 是共接地端的，因此两个被测信号必须具有同电位参考点，而且示波器探头的信号输入端与接地端也不能接错，以防止造成短路。

（3）整流触发电路的调试　整流触发电路的调试内容，主要包括检查脉冲宽度、移相范围、同步性等。接入整流触发电源板、偏移电源板、整流触发板和保护板，检查稳压电源电压和其他相应指示。用示波器观察加在晶闸管上的触发脉冲，脉冲信号应为正极性，脉冲宽度应为 $60° \sim 120°$（脉宽一般取 $90°$ 左右，此时脉宽约为三相交流电周期的 $1/4$），脉冲幅度（包括脉冲前、后沿）应大于 4V，6 路触发脉冲在相位上应依次互差 $60°$。调节给定电位器，以改变控制电压 U_C，观察脉冲移相及移相范围，α 的正常移相范围为 $0° \sim 90°$。过电压或过电流保护时，α 应大于 $120°$，但要小于 $150°$。

若脉冲宽度不能满足要求，可调节脉宽电位器，使其达到要求；若脉冲移相范围不能满足要求，可调节偏移电压 $+U_P$，使其达到要求。

（4）主电路整流小电流试验　将整流桥与逆变桥连接线断开，用 3 个 220V、200W 的电炉串联作为临时直流负载，按正常操作程序开机，调节给定电压电位器，逐步减小 α，使主电路直流电压 U_d 逐步升高，用示波器检查 u_d 的波形应为 6 个波头，且波形的幅度、宽度一致并随 α 的减小而逐步增大。

（5）主电路整流大电流试验　接上冷却水，以保证晶闸管的可靠冷却。改接大功率的临时直流负载，调节给定电压电位器，增大整流电路的输出电流，以检验晶闸管的性能，并整定好过电流保护动作值。

（6）逆变触发电路试验　接通逆变触发稳压电源板、逆变脉冲形成和逆变触发板、逆变触发检查振荡源板。检查逆变触发稳压电源的稳压值，输入 1kHz 的他励信号，用示波器观察晶闸管上逆变触发脉冲，要求脉冲幅值应大于 4V，脉冲前沿应小于 $2\mu s$，脉宽在 $100 \sim 500\mu s$ 之间，相邻两组脉冲相位差为 $180°$。

（7）整机起动试验　将自动调频置于自励，将给定电位器置于适当位置，按正常操作程序开机起动。听到中频啸叫，说明起动成功。调节给定电位器，使中频输出电压提高到额定值的 $1/2$，用示波器检查中频电压及各晶闸管的波形。按要求整定过电流保护值与过电压保护值后，再将功率升高至额定值，进一步检查晶闸管的电压波形，并整定电流、电压的截止值。至此，装置调试完毕。

第四章　自动控制系统的基本知识

培训目标　本章应重点掌握自动控制系统的基本概念，自动调速系统的性能指标，各种调节器的基本控制规律、特点和应用知识。

在现代工业生产中，自动控制技术起着越来越重要的作用。所谓自动控制，是指在人不直接参与的情况下，利用控制装置使被控对象（如机器、设备或生产过程）自动地按照预定的规律运行或变化。自动控制系统，是指能够对被控对象的工作状态进行自动控制的系统，它一般是由控制装置和被控对象组成。各种自动控制系统都有衡量其性能优劣的具体性能指标。控制装置在自动控制系统中起着十分重要的作用，自动调节系统中的调节器决定了系统的控制规律，对系统的控制质量有着很大影响。

本章将介绍自动控制系统的有关基本知识。

第一节　自动控制系统的基本概念

自动控制系统的功能及组成是多种多样的，结构上也有简有繁。它可以是一个具体的工程系统，也可以是一个抽象的社会系统、生态系统和经济系统等。这里主要介绍工业机电自动控制系统的一些基本概念。

一、自动控制理论简介

自动控制理论是研究自动控制共同规律的技术科学。自动控制理论按其发展过程，可分为经典控制理论和现代控制理论两大部分。它的发展初期，是以反馈理论为基础的自动调节原理，到 20 世纪 50 年代末期，自动控制理论已经形成比较完整的体系，通常把这个时期以前所应用的自动控制理论，称为经典控制理论。经典控制理论，以传递函数为基础，主要研究单输入、单输出的反馈控制系统，采用的主要研究方法有时域分析法、根轨迹和频率法。自 20 世纪 60 年代以来，随着自动控制技术的发展，出现了新的控制理论，即现代控制理论。现代控制理论以状态空间法为基础，主要研究多变量、变参数、非线性、高精度及高效能等各种复杂控制系统。现代控制理论已成功应用在航天、航空、航海及工业生产等方面。目前，现代控制理论正在大系统工程、人工智能控制等方面向纵深发展。经典控制理论和现代控制理论，两者相辅相成，各有其应用场合。

二、自动控制常用术语

（1）被控对象　被控对象是一个设备，由一些机械或电器零件组成，其功能是完成某些特定的动作，这些动作通常是系统最终输出的目标。

（2）系统　系统是由一些部件所组成的，用以完成一定的任务。

（3）环节　环节是系统的一个组成部分，它由控制系统中的一个或多个部件组成，其任务是完成系统工作过程中的局部过程。

（4）扰动　扰动是一种对系统的输出量产生反作用的信号或因素。若扰动产生于系统内部，则称为内扰；若其来自于系统外部，则称为外扰。

（5）反馈控制　在有扰动的情况下，反馈控制有减小系统输出量与给定输入量之间偏差的作用，而这种控制作用正是基于这一偏差来实现的。反馈控制仅仅是针对无法预料的扰动而设计的，可以预料的或者已知的扰动，可以用补偿的方法解决。

三、自动控制系统的分类

1. 按系统的结构特点分类

（1）开环控制系统　这类系统的特点是系统的输出量对系统的控制作用没有直接影响。在开环控制系统中，由于不存在输出对输入的反馈，因此对系统的输出量没有任何闭合回路。

（2）闭环控制系统　这类系统的特点是输出量对系统的控制作用有直接影响。在闭环控制系统中，由于系统的输出量，经测量后反馈到输入端，故对系统的输出量形成了闭合回路。

（3）复合控制系统　复合控制是开环控制与闭环控制相结合的一种控制方式。复合控制系统是兼有开环结构和闭环结构的控制系统。

2. 按输入量的特点分类

（1）恒值控制系统　这类系统的输入量是恒值，要求系统的输出量也保持相应恒值。如电动机自动调速、恒温、恒压、恒流等自动控制系统均属此类系统。

（2）随动系统　这类系统的输入量是随意变化着的，要求系统的输出量，能以一定的精度跟随输入量的变化作相应的变化，因此也称之为自动跟踪系统。如机床的仿形控制、雷达的自动跟踪等自动控制系统均属随动系统。

（3）程序控制系统　这类系统的特点是系统的控制作用按预先制定的规律（程序）变化。如按预先制定的程序控制加热炉炉温的温度控制系统。

3. 按系统输出量与输入量间的关系分类

（1）线性控制系统　这类系统的输出量和输入量之间为线性关系。系统和各环节均可用线性微分方程来描述。线性系统的特点是可以运用叠加原理。

（2）非线性控制系统　这类系统中具有非线性性质的环节，因此系统只能用非线性微分方程来描述。

此外，还可按其他分类方式，将自动控制系统分成连续系统和离散系统、确定系统和不确定系统、单输入单输出系统和多输入多输出系统、有静差系统和无静差系统等。

四、开环和闭环控制系统

自动控制系统按输出量对系统的输入量有无直接影响，分为开环控制系统和闭环控制系统。下面以直流电动机转速控制系统为例，对其进行说明。在直流电动机转速控制系统中，系统的输入量为放大器的输入电压，系统的输出量为直流电动机的转速 n。

1. 开环控制系统

开环控制系统，其控制装置与被控对象之间，只有顺向作用而没有反向联系，系统既不需要对输出量进行测量，也不需要将它反馈到输入端与给定输入量进行比较，故系统的输入量就是系统的给定值。图 4-1a 所示为直流电动机转速的开环控制系统的工作原理。

该系统的目的在于控制直流电动机的转速。其转速控制原理是：当给定电压 U_g 一定时，经放大器放大后，放大器的输出电压 U_d 也为某一定值，电动机以确定的转速 n 运行。若改变给定电压 U_g，就能改变电动机的转速 n。

图 4-1　直流电动机转速的开环控制系统

a）工作原理　b）结构框图

图 4-1b 所示为此开环控制系统的结构框图。由图可见，开环控制系统的特征是：系统中没有反馈环节，作用信号从输入到输出是单一方向传递的。

开环控制系统中，每一个给定的输入量，就有一个相应的固定输出量（期望值）。但是，当系统中出现扰动时，这种输入与输出之间的一一对应关系将被破坏，系统的输出量（如电动机的实际转速）将不再是其期望值，两者之间就有一定的误差。开环系统自身不能减小此误差，一旦此误差超出了允许范围，系统将不能满足实际控制要求。因此，开环速度控制系统不能实现自动调速。

开环控制系统的特点有：

1）系统中无反馈环节，不需要反馈测量元件，故结构简单、成本较低。

2）系统工作在开环状态下，稳定性较好。

3）系统不能实现自动调节，对干扰引起的误差不能自行修正，即控制精度不够高。

因此，开环控制系统适用于输入量与输出量之间关系固定且内扰和外扰较小的场合。为保证具有一定的控制精度，开环控制系统必须采用高精度元件。

2. 闭环控制系统

闭环控制系统是反馈控制系统，其控制装置与被控对象之间既有顺向作用，又有反向联系，它将被控对象输出量送回到输入端，与给定输入量比较，而形成偏差信号（系统的输入量），将偏差信号作用到控制器上，使系统的输出量趋向其期望值。

图 4-2a 所示为直流电动机转速闭环控制系统的工作原理。

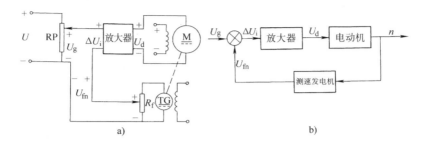

图 4-2　直流电动机转速闭环控制系统

a）工作原理　b）结构框图

在正常情况下，当给定电压 U_g 一定时，电动机便以某一确定的转速稳定运行。此时，电动机的电磁转矩 T 与负载转矩 T_L 相平衡（忽略电动机的空载损耗转矩），即 $T = T_L$。改变给定电压 U_g，即可调节电动机的转速。

当系统中出现扰动时（以负载转矩 T_L 增大为例），该系统转速的自动调节过程如下：

在负载转矩 T_L 增大时，若 $T < T_L$，则电动机转速将降低，测速发电机的转速也随之下降，其输出电压（即反馈电压）U_{fn} 减小。由于给定电压 U_g 一定，而偏差电压 $\Delta U_i = U_g - U_{fn}$，因此 ΔU_i 增加，于是放大器的输出电压 U_d 增加，电动机的电磁转矩 T 增大，电动机转速随之升高，从而使由于负载增大而丢失的转速得到补偿。

图 4-2b 所示为系统的结构框图。由图可见，闭环控制系统的特征是：系统中存在反馈环节，作用信号按闭环传递，系统的输出量对控制作用有着直接影响。

闭环控制系统与开环控制系统相比，具有如下特点：

1）系统中具有负反馈环节，可自动对输出量进行调节补偿，对系统中参数变化所引起的扰动和系统外部的扰动，均有一定的抗干扰能力。

2）系统采用负反馈，除了降低系统误差、提高控制精度外，还能加速系统的过渡过程，但系统的控制质量与反馈元件的精度有关。

3）系统工作在闭环状态下，有可能产生不稳定现象，因此存在稳定性问题。

闭环控制系统在受到干扰后，利用负反馈的自动调节作用，能够有效地抑制一切被包在负反馈环内前向通道上的扰动作用对被控量的影响，而且能够紧紧跟随给定作用，使被控量按照给定信号的变化而变化，从而实现复杂而准确的控制。因此，闭环控制系统又常称为自动调节系统，系统中的控制器也常称为调节器。

五、自动控制系统的组成

一个自动控制系统是由若干个环节组成的，每个环节有其特定的功能。自动控制系统的组成和信号的传递情况常用框图来表示。在框图中，系统的各环节用方框表示，而环节间作用信号的传递情况用箭头表示，这样依次将各方框联接起来，便构成控制系统的框图。对于具体系统，框图可以不尽相同。

一般闭环自动控制系统的结构框图如图 4-3 所示。

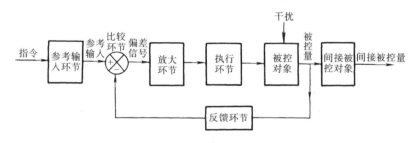

图 4-3　一般闭环控制系统的结构框图

框图中各个环节和参量的功能说明如下：

（1）指令　来自系统外部的输入量，和系统本身无关。

（2）参考输入环节　用来产生与指令成正比的参考输入信号。

（3）参考输入　正比于指令的信号，简称输入量。

（4）放大环节　由于偏差信号一般比较微弱，必须经过放大环节的放大以后，才能得到足够大的幅值和功率，来驱动后面的环节。

（5）执行环节　根据放大后的信号，对被控对象进行控制，使被控量趋于其期望值。有时，也将放大环节与执行环节合并为一个环节，统称为控制环节。

（6）反馈环节　将被控量变换成与输入量相同性质的物理量，并送回到输入端，用以与输入信号相加。

（7）比较环节　将输入信号和反馈信号在此处相加，故又称为相加点。其符号为"⊗"，并注明"＋"或"－"，以表示该信号进入相加点时所具备的符号。

（8）被控量　被控对象的输出量，通常就是被调节量。

（9）间接被控对象　处在反馈回路之外的设备。它不是直接被控制的设备，将由被控量去影响其工作。

（10）间接被控量　反馈回路以外的被控量，它没有被反馈环节检测到。

框图中，信号从输入端沿箭头方向，到达输出端的传输通路，称为前向通路；系统输出量通过测量装置反馈到输入端的传输通路，称为主反馈通路；前向通路与主反馈通路一起构成主回路（主环）。此外，某些自动控制系统，还有局部反馈通路以及它所组成的内回路（内环）。只有一个反馈通路的系统，称为单回路（单环）系统；而具有两个及以上反馈通路的系统，则称为多回路（多环）系统。

第二节　自动控制系统的性能要求与指标

一、自动控制系统的性能要求

对自动控制系统的性能要求，主要从系统的稳定性、准确性和快速性这3个方面来考虑。

1. 稳定性

稳定性是决定一个自动控制系统能否实际应用的首要条件。稳定性是就动态过程的振荡倾向和系统重新恢复平衡工作状态的能力而言的。

系统的工作过程通常包括稳态和动态两种过程。系统在输入量和被控量均为固定值时的平衡状态，称为稳态，也称为静态。系统在受到外加信号（给定或干扰）作用后，被控量随时间 t 变化的全过程，称为系统的动态过程或过渡过程，动态过程常用 $c(t)$ 来表示。

在外加信号的作用下，任何系统都会偏离原来的平衡状态，产生初始偏差。所谓稳定性，就是指系统由初始偏差状态达到或恢复平衡状态的性

能。在阶跃输入信号作用下，系统动
态过程的几种基本形式如图4-4所示。

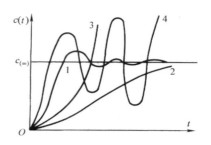

通常情况下，对于稳定系统，在
外加信号作用后，由于系统中存在的
电磁惯性及机械惯性的影响，必须经
过一定的过渡时间，被控量才能达到
新的平衡值（即系统才能进入新的稳
态）。图4-4 中的曲线 1 和曲线 2 所

图4-4　系统动态过程的几种基本形式

示为稳定系统的动态过程，其被控量的暂态成分随时间衰减，最终能以一
定的精度趋于平衡值（这种情况称为收敛）。而对于不稳定系统，其被控量
的暂态成分随时间而单调发散或振荡发散，如图4-4的曲线 3 和曲线 4。

显然，不稳定系统是无法完成控制任务的，而对于稳定系统，也要求
系统动态过程的振荡要小。为此，对被控量的振幅和振荡次数应有所限制。

2. 快速性

快速性是对稳定系统过渡时间的长短而言的。过渡过程持续时间长，
说明系统的快速性差、响应迟钝，将使系统受控量长久地出现偏差，如图
4-4 中曲线 2 所示。

通常情况下，要求自动控制系统的过渡时间要尽可能短一些，以便能够有
效地完成控制任务。

3. 准确性

准确性是指系统过渡到新的平衡状态后，其最终保持的精度。它反映
了系统在动态过程后期的性能。一般自动控制系统要求被控量与其期望值
的偏差是很小的。

对于一个具体系统来说，稳定性、快速性和准确性常常是互相矛盾、
互相制约的。如提高了系统的快速性，则有可能引起系统强烈振荡；又如
改善了系统的稳定性，而控制过程则又可能变得迟缓，甚至使最终精度也
很差。因此，不能片面追求自动控制系统的某一方面性能，而应根据具体
控制要求，进行综合考虑。

二、自动控制系统的性能指标

自动控制系统的性能指标，是衡量系统性能优劣的准则。各种自动控

制系统的具体性能指标有所不同，但一般都包括静态指标、动态指标和经济指标。自动调速系统的静态指标反映系统静态运行中的性能，主要有调速范围 D、静差率 s、调速平滑性 φ 及稳态误差等；动态指标反映系统动态过程的性能，主要有最大超调量 σ、上升时间 t_r、调整时间 t_s 及振荡次数 N 等；经济指标反映系统的经济性，主要有调速设备投资费用、电能消耗费用和维护费用等。

1. 静态性能指标

（1）调速范围 D　调速范围是指电动机在额定负载下，用某一方法调速时所能达到的最高转速 $n_{\max}$ 与最低转速 $n_{\min}$ 之比，即

$$D = \frac{n_{\max}}{n_{\min}} \tag{4-1}$$

一般希望调速系统的调速范围大一些好，但不同的生产机械所要求的调速范围也有所不同。

（2）静差率 s　调速系统静差率是指当电动机工作在某一条机械特性上、其负载转矩由理想空载增加到额定负载（额定转速为 n_N）时，对应的转速降 Δn_N 与该特性上的理想空载转速 n_0 的比值，即

$$s = \frac{\Delta n_N}{n_0} \times 100\% = \frac{n_0 - n_N}{n_0} \times 100\% \tag{4-2}$$

静差率主要用来衡量负载转矩变化时调速系统转速变化的程度，因此它反映了转速的相对稳定性。

静差率与机械特性的硬度有关。在 n_0 相同情况下，特性越硬（Δn_N 越小），则 s 越小，转速的相对稳定性就越好。

静差率与机械特性的硬度又有所不同。在 n_0 不同的情况下，硬度相同（Δn_N 相等）的机械特性，理想空载转速 n_0 越低，则 s 就越大，转速的相对稳定性就越差，图4-5中，$n_{02} < n_{01}$，故 $s_2 > s_1$。

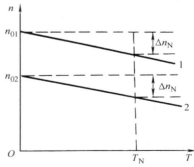

图4-5　不同转速对静差率的影响

因此，对调速系统的静差率要求，实际上就是对系统最低速的静差率要求。

对于一个调速系统来说，调速范围 D、静差率 s 和额定转速降 Δn_N 三者之间存在一定的关系。例如，直流电动机的调压调速系统（其各机械特性硬度相同，$n_{max} = n_N$，$n_{min} = n_{0min} - \Delta n_N$）的调速范围 D 为

$$D = \frac{n_{max}}{n_{min}} = \frac{n_N}{n_{0min} - \Delta n_N} = \frac{n_N}{\Delta n_N \left(\dfrac{n_{0min}}{\Delta n_N} - 1 \right)} = \frac{n_N}{\Delta n_N \left(\dfrac{1}{s} - 1 \right)} = \frac{n_N s}{\Delta n_N (1 - s)}$$

$$(4\text{-}3)$$

由式（4-3）可见，在机械特性硬度（Δn_N）一定的情况下，如果对静差率要求越高（s 越小，即对调速系统转速的相对稳定性要求越高），则相应的调速范围 D 就越小；如果对调速范围要求越高（D 越大），则相应的静差率 s 就越大（即必须降低转速的相对稳定性）。可见，静差率 s 与调速范围 D，这两项指标是互相关联的、互相制约的。若要同时满足调速范围 D 和静差率 s 的较高要求，则必须设法使 Δn_N 减小，即必须提高机械特性的硬度。

（3）调速的平滑性 φ　电动机在调速范围内所获得的调速级数越多，则调速的平滑性越好。调速平滑性 φ，用两个相邻速度级的转速之比来表示，即

$$\varphi = \frac{n_i}{n_{i+1}} \tag{4-4}$$

式中　n_i——电动机在 i 级时的转速；

　　　n_{i+1}——电动机在 $i+1$ 级时的转速。

φ 值越接近 1，则调速的平滑性越好。$\varphi \approx 1$ 时的调速称为无级调速，其平滑性最好。

（4）稳态误差（静差）　稳态误差是指当系统由一个稳定状态过渡到另一个稳定状态后（如系统受扰动作用后又重新平衡时），系统输出量的期望值与稳定时的实际值之间的偏差。稳态误差是系统控制精度或抗扰动能力的一种度量。稳态误差反映了系统的准确程度，由其可将系统分为有静差系统和无静差系统。

2. 动态性能指标

动态性能指标是指一个稳定的自动调速系统在动态过程时的指标。它通常以系统在阶跃信号作用下的响应特性来衡量，如图 4-6 所示。

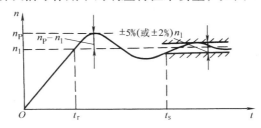

图 4-6　自动调速系统的动态性能指标

（1）最大超调量 σ　最大超调量是调速系统转速超过其稳定值 n_1 的最大偏差 $(n_P - n_1)$ 与稳定值 n_1 之比，即

$$\sigma = \frac{n_P - n_1}{n_1} \times 100\% \tag{4-5}$$

式中　n_P——调速系统达到的最高转速；

　　　n_1——转速的稳定值。

不同的自动调速系统对 σ 值有不同的要求。一般机械加工中，σ 值应限制在 10% ~ 15%。σ 值越大，系统过渡过程越不平稳，往往不能满足生产机械工艺要求；σ 值越小，说明系统过渡过程越平稳，但也反映过渡过程越缓慢。

（2）上升时间 t_r　上升时间是指系统在输入量作用下，系统的转速从零上升到第一次到达稳定值 n_1 所经过的时间。

（3）调节时间 t_s　调节时间是指从系统受到输入量作用开始到系统的转速进入偏离稳定值 n_1 的 ± （2 ~ 5）% 区域所需要的时间，如图 4-6 所示。它反映了自动调速系统的快速性，t_s 越短，系统快速性越好。

（4）振荡次数 N　振荡次数 N 是指在调节时间内，输出量在稳定值上下摆动的次数。图 4-6 中的振荡次数 $N = 1$。N 越小，系统的稳定性越好。不同的生产机械对振荡次数的要求不同，如龙门刨床和轧钢机允许有一次振荡，而造纸机械则不允许有振荡。

第三节　自动控制的基本规律与调节器

　　自动控制系统中的控制装置，对系统的性能有着极其重要的影响。为满足各种自动调节系统的不同性能要求，系统中的控制器（即调节器）也有很多种类。每种调节器的输出与输入之间都具有一个确定关系（即控制规律）。这种控制规律主要有双位控制、比例控制、积分控制、微分控制、比例积分控制、比例微分控制和比例积分微分控制等。

　　自动调节系统中常采用集成运放构成调节器，其主要优点是：开环电压放大倍数高，加入电压深度负反馈后，可获得高稳定度的电压放大倍数；运放输入端的各种信号采用并联输入且进行电流叠加，调整方便，易于组成各种类型的调节器；运放输入阻抗高，故其外部输入电路的电阻对运放工作影响小；运放输入端各输入信号共地，干扰小；运放输出端可采用钳位限幅或接地保护，使系统工作安全可靠。

　　本节介绍几种常见的控制规律及其用运放实现的调节器的原理。

一、比例控制与比例调节器

　　所谓比例控制，是指系统的输出量与输入量（即偏差量）成比例的控制，简称 P 控制。

　　1. 比例（P）调节器

　　P 调节器的输出信号 U_o 与输入信号 ΔU_i 之间关系的一般表达式为

$$U_o = K_P \Delta U_i \tag{4-6}$$

式中　　K_P——P 调节器的比例系数。

　　式（4-6）表明了 P 调节器的比例调节规律，即输出信号 U_o 与输入信号 ΔU_i 之间存在一一对应的比例关系。因此，比例系数 K_P 是 P 调节器的一个重要参数。

　　图 4-7 所示为由运放组成的一种 P 调节器的原理图及其在阶跃输入时的输出特性。

　　由图可见，该 P 调节器实际上就是一个反相放大器，其放大倍数为

$$A_U = \frac{U_o}{\Delta U_i} = -\frac{R_1}{R_0} \tag{4-7}$$

　　式中的负号是由于运放为反相输入方式，其输出电压 U_o 的极性与输

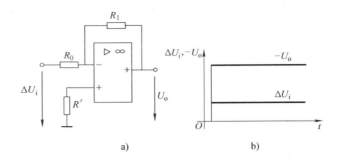

图 4-7　比例调节器

a）原理图　　b）阶跃输入时的输出特性

入电压 ΔU_i 的极性是相反的，即 U_o 的实际极性与其在图 4-7 中的参考极性相反。为便于分析，P 调节器的比例系数 K_P 可用正值表示，而其极性在分析具体电路时再加以考虑。故该 P 调节器的比例系数 K_P 为

$$K_P = R_1 / R_0 \tag{4-8}$$

　　显然，改变反馈电阻 R_1，可以改变 P 调节器的比例系数 K_P。为得到满意的控制效果，P 调节器的实际比例系数 K_P 常常是可以调节的。

　　在自动控制系统中，调节器往往有给定信号 U_g 和反馈信号 U_f 等多个输入信号，通常可以在调节器的输入端采用并联输入的方法，来实现信号的比较叠加，如图 4-8 所示。

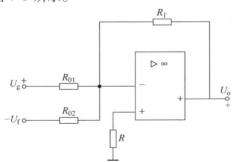

图 4-8　多个输入信号的比例调节器

由图可见，该电路实际上是一个反相加法运算电路。由于自动控制系

统中常用负反馈方式，故 $-U_f$ 表示 U_f 与 U_g 极性相反。调节器的输出电压 U_o 为

$$U_o = -(\frac{R_1}{R_{01}}U_g - \frac{R_1}{R_{02}}U_f) \tag{4-9}$$

若令 $K_P = R_1 / R_{01}$，则

$$U_o = -K_P(U_g - \frac{R_{01}}{R_{02}}U_f) = -K_P\Delta U_i \tag{4-10}$$

式（4-10）说明，当反馈电阻 R_1 一定时，比例系数 K_P 由给定信号输入回路的电阻 R_{01} 确定，反馈信号及其他信号则可按其各自输入回路的电阻倍比值（如 R_{01} / R_{02} 等）与给定信号叠加，共同作为比例调节器的输入信号即偏差信号 ΔU_i。在运放的并联输入方式中，由于每个信号输入回路电阻的倍比值相互独立，故调整十分方便。

当取 $R_{01} = R_{02}$ 时，则有

$$U_o = -K_P(U_g - U_f) = -K_P\Delta U_i \tag{4-11}$$

显然，这表明了当各输入回路的电阻均相等时，调节器的输入偏差信号 ΔU_i 便是这些输入信号的直接叠加。

在采用 P 调节器（放大器）进行比例控制的自动控制系统中，一旦被控量因扰动而发生变化，反馈信号 U_f 就会变化，P 调节器的输入偏差信号 ΔU_i 随之变化，其输出信号 U_o 将发生与偏差信号 ΔU_i 成比例的变化，从而形成很大的纠正偏差的作用，使系统的被控量基本稳定。

2. 比例控制的特点

在比例控制的自动控制系统中，系统的控制和调节作用几乎与被控量的变化同步进行，在时间上没有任何延迟，这说明比例控制作用及时、快速、控制作用强，而且 K_P 值越大，系统的静特性越好、静差越小。但是，K_P 值过大将有可能造成系统的不稳定，故实际系统只能选择适当的 K_P 值，因此比例控制存在静差。

实际上，比例控制正是依据输入偏差来进行控制的。若输入偏差为零，P 调节器的输出将为零，这说明系统没有比例控制作用，故系统便不能正常运行。因此，当系统中出现扰动时，通过适当的比例控制，系统被控量虽然能达到新的稳定，但是永远回不到原值。

二、积分控制与积分调节器

当自动控制系统不允许静差存在时，比例控制的 P 调节器就不能满足使用的需要，这就必须引入积分控制。所谓积分控制，是指系统的输出量与输入量对时间的积分成正比例的控制，简称 I 控制。

1. 积分（I）调节器

I 调节器积分调节规律的一般表达式为

$$U_o = K_I \int \Delta U_i dt = \frac{1}{T'_I} \int \Delta U_i dt \qquad (4\text{-}12)$$

式中　K_I——I 调节器的积分常数；

$\quad\;\; T'_I$——I 调节器的积分时间，$T'_I = 1 / K_I$。

由式（4-12）可见，I 调节器的输出电压 U_o 正比于输入电压 ΔU_i 对时间的积分。

图 4-9 所示为一种由运放组成的 I 调节器的原理图及其在阶跃输入时的输出特性。

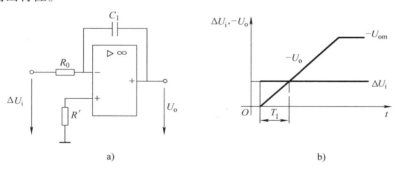

a)　　　　　　　　　　　　b)

图 4-9　积分调节器

a）原理图　　b）阶跃输入时的输出特性

这种 I 调节器实际上是一个运放积分电路。当突加输入信号 ΔU_i 时，由于电容 C_1 两端的电压不能突变，故电容 C_1 被充电，输出电压 U_o 随之线性增大，U_o 的大小正比于 ΔU_i 对作用时间的积累，即 U_o 与 ΔU_i 为时间积分关系。如果 $\Delta U_i = 0$，积分过程就会终止；只要 $\Delta U_i \neq 0$，积分过程将持续到积分器饱和为止。电容 C_1 完成了积分过程后，其两端的电压等于积分终值电压而保持不变，由于 $\Delta U_i = 0$，故可认为此时运放的电压放大倍数极大，I 调节器便利用运放这种极大开环电压放大能力使系统实现了稳态无静差。

该 I 调节器的输出电压 U_o 为

$$U_o = -\frac{1}{R_0 C_1}\int \Delta U_i dt \tag{4-13}$$

因此，该 I 调节器的积分时间为 $T'_1 = R_0 C_1$。若改变 R_0 或改变 C_1，均可改变 T'_1。T'_1 越小，图 4-9b 中 $-U_o$ 的斜线越陡，表明 $-U_o$ 上升得越快，积分作用就越强；反之，T'_1 越大，则积分作用越弱。

2. 积分控制的特点

在采用 I 调节器进行积分控制的自动控制系统中，由于系统的输出量不仅与输入量有关，而且与其作用时间有关，因此只要输入量存在，系统的输出量就不断地随时间积累，调节器的积分控制就起作用。正是这种积分控制作用，使系统输出量逐渐趋向期望值，而输入偏差逐渐减小，直到输入量为零（即给定信号与反馈信号相等）时，系统进入稳态为止。稳态时，I 调节器保持积分终值电压不变，系统输出量就等于其期望值。因此，积分控制可以消除输出量的稳态误差，能实现无静差控制，这是积分控制的最大优点。

但是，由于积分作用是随时间积累而逐渐增强的，故积分控制的调节过程是缓慢的；由于积分作用在时间上总是落后于输入偏差信号的变化，故积分调节作用又是不及时的。因此，积分作用通常作为一种辅助的调节作用，而系统也不单独使用 I 调节器。

三、比例积分控制与比例积分调节器

比例控制速度快，但有静差；积分控制虽能消除静差，但调节时间比较长。因此，在实际应用中总是把这两种控制作用结合起来，形成比例积分控制规律。比例积分控制简称为 PI 控制，它既具有稳态精度高的优点，又具有动态响应快的优点，因此它可以满足大多数自动控制系统的对控制性能的要求。

1. 比例积分（PI）调节器

PI 调节器是以比例控制为主，积分控制为辅的调节器，其积分作用

主要用来最终消除静差，故 PI 调节器又称为再调调节器。比例积分调节规律的一般表达式为

$$U_o = U_{oP} + U_{oI} = K_P\Delta U_i + K_I\int\Delta U_i \mathrm{d}t = K_P\Big(\Delta U_i + \frac{1}{T_I}\int\Delta U_i \mathrm{d}t\Big)$$

$$(4\text{-}14)$$

式中　U_{oP}——比例控制的输出；

　　　U_{oI}——积分控制的输出；

　　　T_I——比例积分调节器的积分时间，$T_I = K_P / K_I$。

式（4-14）说明，PI 调节器的输出实际上是由比例和积分两个部分相加而成的。

图 4-10 所示为一种由运放组成的 PI 调节器的原理图及其在阶跃输入时的输出特性。

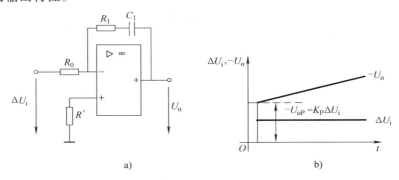

图 4-10　PI 调节器

a）原理图　b）阶跃输入时的输出特性

当突加输入信号 ΔU_i 时，由于电容 C_1 两端的电压不能突变，故电容 C_1 在此瞬间相当于短路，而运放的反馈回路中只存在电阻 R_1，PI 调节器相当于比例系数 $K_P = R_1/R_0$（此 K_P 值一般较小）的 P 调节器，调节器的输出为 $-K_P\Delta U_i$，因此 PI 调节器立即发挥比例控制作用。紧接着，电容 C_1 被充电，输出电压 U_o 随之线性增大，PI 调节器的积分控制也发挥作用，直到 $\Delta U_i = 0$ 时进入稳态为止。稳态时，电容 C_1 两端的电压等于积分终值电压而保持不变。因此，PI 调节器与 I 调节器一样，利用稳态时运放极大

的电压放大能力，使系统实现了稳态无静差。

由上述分析可知，PI 调节器也是利用时间积累、保持特性，才消除了静差。

该 PI 调节器的输出电压 U_o 为

$$U_o = -\frac{R_1}{R_0}\Delta U_i - \frac{1}{R_0 C_1}\int \Delta U_i dt = -\frac{R_1}{R_0}\left(\Delta U_i + \frac{1}{R_1 C_1}\int \Delta U_i dt\right) \quad (4\text{-}15)$$

该 PI 调节器的积分时间（又称再调时间）$T_I = R_1 C_1$。T_I 可以反映积分控制作用的强弱，T_I 越小，积分作用就越强，消除静差的速度越快，但也越容易产生振荡。

2. 比例积分控制的特点

1）比例积分控制的比例作用使系统动态响应速度加快；而积分作用又使系统基本上无静差。

2）PI 调节器的两个可供调整的参数为 K_P 和 T_I。减小 K_P 或增大 T_I，都会减小超调量，有利于系统的稳定，但同时也将降低系统的动态响应速度。

四、比例积分微分控制与比例积分微分调节器

一般情况下，采用 PI 调节器已能满足基本的控制要求。但对于某些大延迟对象，为满足各项控制性能指标要求，还需加入微分控制。所谓微分控制，是指系统的输出量与输入量的变化速度成正比例的控制，简称 D 控制。采用微分控制后，系统就可根据输入偏差的变化速度来提前进行控制，而不需等到输入偏差已经较大以后才进行控制，因此它的作用比比例控制还要快。但是，当输出量已稳定而输入偏差没有变化时，即使存在较大的偏差，微分控制也不能起作用。此外，由于微分控制对输入信号的变化速度极其敏感，故其抗干扰性能较差。因此，通常把比例、积分、微分三种控制规律结合起来，形成比例积分微分控制，以得到更为满意的控制效果。比例积分微分控制，通常简称为 PID 控制。

1. 比例积分微分（PID）调节器

理想 PID 调节器的比例积分微分调节规律的一般表达式为

$$U_o = U_{oP} + U_{oI} + U_{oD} = K_P \Delta U_i + K_I \int \Delta U_i dt + K_D \frac{d\Delta U_i}{dt}$$

$$= K_{\mathrm{P}}(\Delta U_{\mathrm{i}} + \frac{1}{T_{\mathrm{I}}}\int\Delta U_{\mathrm{i}}\mathrm{d}t + T_{\mathrm{D}}\frac{\mathrm{d}\Delta U_{\mathrm{i}}}{\mathrm{d}t}) \tag{4-16}$$

式中　　U_{oD}——微分控制的输出；

$\dfrac{\mathrm{d}\Delta U_{\mathrm{i}}}{\mathrm{d}t}$——输入量的变化速度；

K_{D}——微分控制的比例常数；

T_{D}——微分控制的微分时间，$T_{\mathrm{D}} = K_{\mathrm{D}}/K_{\mathrm{P}}$。

图 4-11 所示为由运放组成的一种 PID 调节器的原理图及其在阶跃输入时的输出特性。

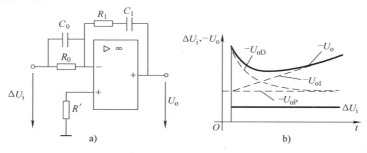

图 4-11　PID 调节器

a）原理图　b）阶跃输入时的输出特性

在 PID 调节器输入端出现突变扰动信号的瞬间，调节器的比例控制和微分控制同时发挥作用，在比例作用基础上的微分作用，使调节器产生很强的调节作用，调节器的输出立即产生大幅度的突变。此后，PID 调节器的微分作用逐渐减弱，而比例控制一直发挥作用。与此同时，积分作用随时间的累积而逐渐增强，直到消除系统静差为止。

由图 4-11b 可见，PID 调节器的输出信号为 P、I、D 三部分的输出信号之和。由于该调节器不是理想 PID 调节器，故其输出信号 U_{o} 的表达式与式（4-16）略有不同。

该 PID 调节器的积分时间 $T_{\mathrm{I}} = R_1 C_1$，调节器的微分时间 $T_{\mathrm{D}} = R_0 C_0$。微分时间 T_{D} 越大，表明微分控制作用越强；反之，T_{D} 越小，则微分作用越弱。PID 调节器在用于大惯性被控对象时，可以明显改善控制质量。

2. 比例积分微分控制的特点

1）PID 控制不但可以实现控制系统无静差，而且具有比 PI 控制更快的动态响应速度。

2）PID 调节器是一种较为完善的调节器，其参数主要有比例系数 K_P、积分时间 T_1 和微分时间 T_D，三者必须根据被控对象的特性正确配合，才能充分发挥各自优点，满足控制系统的要求。

五、调节器的应用

1. 调节器实用电路

集成运放用于实际调节器时，为保证运放的线性并保护自动控制系统的各个部件，运放的输出电压应进行限幅。常用的限幅电路有外限幅和内限幅两种，如图 4-12 所示。

在图 4-12a 所示的采用二极管钳位的外限幅电路中，R_2 为限流电阻，RP1 和 RP2 为限幅调整电位器。设电位器 RP1 的滑动端 M 点和 RP2 的滑动端 N 点的电位分别为 U_M 和 U_N，则 $U_M > 0$ 而 $U_N < 0$。当运放输出电压 $U_o \geq U_M + \Delta U_D$（$\Delta U_D$ 为二极管正向压降）时，VD_1 导通，输出电压 U_o 被钳位在正输出电压限幅值 $U_M + \Delta U_D$；当 $U_o \leq U_N - \Delta U_D$ 时，VD_2 导通，输出电压 U_o 被钳位在负输出电压限幅值 $U_N - \Delta U_D$。显然，调节 RP1 和 RP2 可以改变正负限幅值。由于外限幅电路只能对运放的外输出电压 U_o 限幅，而对运放本身输出 U'_o 不能限幅，因此运放本身仍存在饱和问题。

在图 4-12b 所示的采用稳压二极管钳位的内限幅电路中，运放的反馈回路中并联接入两个反向串联的稳压二极管 VS_1 和 VS_2，其稳压值分别为 U_{Z1} 和 U_{Z2}。在忽略稳压二极管正向压降情况下，当运放输出 $U_O \geq U_{Z1}$ 时，VS_1 被击穿，运放在强烈负反馈作用下，其输出电压被限制在正向限幅值 U_{Z1}；同理，该电路的反向限幅值为 $-U_{Z2}$。

运放用于实际调节器时，除了运放输出应限幅外，还要考虑输入限幅、调零、消振和功率放大等问题。

图 4-13 所示为采用运放组成的 P 调节器实用电路。图中，VD_1、VD_2 用于输入限幅，RP1 用于静态调零，R_F、C_F 用于消振，防止运放自激振荡，RP2、VD_3 和 RP3、VD_4 组成输出限幅电路，V_1、V_2、VD_5、R_3、R_4、R_5、R_6 组成互补推挽功率放大。

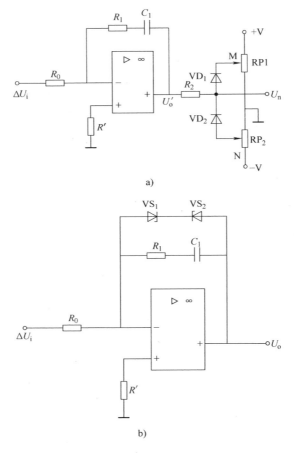

图 4-12　限幅电路

a）外限幅　b）内限幅

2．调节器的调试

（1）检查电源电压　用万用表检查电源电压值和极性，调节器的供电电源一般为直流稳压电源，其输出电压要稳定、误差要小。

（2）调零与消振　为调整方便，可以将调节器的全部输入端接地。除比例调节器外，其他各类调节器应将调节器内的转换开关置于调试位置，如果调节器内部没有转换开关，则可在运放的输入端与输出端之间临时并

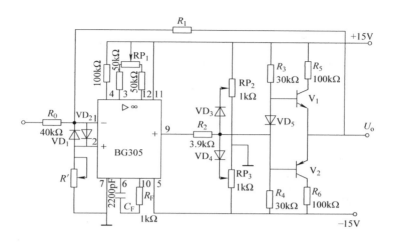

图 4-13　比例调节器实用电路

联一个适当的电阻，使调节器变为 $K_P \approx 1$ 的反相器，调节调零电位器，使调节器的输出电压 $U_o = 0$。若调节器没有调零电位器，则可以用改变运放的输入端平衡电阻 R' 的阻值的方法，进行调零。

若调零困难，则应当用示波器观察输出电压的波形，看是否有振荡。如果有振荡，则应调整消振环节，消除振荡后再调零。

（3）调整对称性及输出限幅　调零完成后，调节器仍保持为反相器，使输入端不再接地，接上一个 $\pm 15\text{V}$ 可调的直流输入电压作为 ΔU_i，将 ΔU_i 由零逐渐增大，用万用表逐点测量 ΔU_i 及与之对应的输出电压 U_o 的值，直至 U_o 达到所要求的最大值为止，便得到 ΔU_i 为正值时的电压传输特性。然后，用同样的方法测出 ΔU_i 为负值时的电压传输特性。将这两个方向的特性综合起来，应构成一条经过零点的正反向完全对称的直线。

当控制系统要求对调节器的输出限幅时，还应将 ΔU_i 调到输入的最大值，调整调节器的输出限幅环节，使输出电压的最大值被限制在所要求的规定值（$\pm U_{omax}$）内。

（4）观察调节器的输出波形　完成上述调试后，将调节器恢复成原来的工作电路，即将转换开关置于工作位置或将临时短接的电阻拆除。在调节器的输入端加入一个适当幅度的阶跃信号，调节器输出的幅值应不超过其限幅值，用示波器观察调节器输出电压的波形应符合该调节器所要求的形状。

通常，在进行系统调试时，还需要对调节器的参数作适当调整，以满足系统的动态与静态性能指标要求。

3. 调节器的选用

调节器对系统的控制质量有很大的影响，在自动控制系统中处于极其重要的地位。通常，可以根据被控对象的特性及生产过程对控制系统的要求来选用调节器。

一般情况下，当系统性能要求不高且允许有静差存在时，可选用 P 调节器；当被控对象的时间常数与负荷变化均较小时，为了消除静差，可选用 PI 调节器；当被控对象的时间常数较大且容量延迟也较大时，微分作用可以取得良好的效果，积分作用可以消除静差，因此，当工艺要求较高时，应选用 PID 调节器。

例如，一般自动调速系统要求以稳和准为主，而对快速性要求不太高，所以常常采用 PI 调节器即可。

4. 调节器的校正作用

在反馈控制系统中，由于存在很多惯性及滞后环节，而为了得到较硬的静特性，系统的放大倍数又往往很大，因此系统很容易产生不稳定现象。当一个原始自动控制系统不稳定或动态性能不好时，就需要在原始系统不可变部分的基础上，再增加必要的元件或装置，使系统稳定并改善系统动态品质，使重新组合起来的系统能够全面满足性能指标，这种用增加新的环节去改善系统性能的方法叫作系统的校正。为改善系统性能而增加的元件或装置叫作校正装置。校正装置根据其所使用的器件可分为无源和有源两种。校正装置与系统中原有部分的连接方式，有串联校正和并联校正两种。串联校正又分为相位超前校正、相位滞后校正、相位滞后－超前校正。

一般来说，被控对象的动态特性（如惯性、自平衡和传递迟延等特性）是难以改变的，但为了得到满意的控制效果，根据被控对象的要求选择具有合适控制规律的调节器则是可行的。对于动态性能要求不是很高的自动控制系统，通常可以利用集成运算放大器构成的有源校正调节器来实现系统的校正。

一般情况下，由 PD 调节器构成的超前校正，可提高稳定裕度并获得足够的快速性，但稳态精度易受到影响；由 PI 调节器构成的滞后校正，可以保证稳态精度，但这是以对快速性的限制来换取系统的稳定的；用 PID 调节器实现的滞后－超前校正则兼有两者的优点，可以全面提高系统的性能，但电路及调试过程则比较复杂。

例如，电动机自动调速系统，若采用 P 调节器作为速度调节器，对电动机的转速进行自动调节，为了得到较硬的静特性，减小系统的静差，则要求系统的放大倍数很大，系统因此而不易稳定。若系统采用 PI 调节器，作为速度调节器，则可以通过选择适当的 PI 调节器积分时间常数 T_1，对系统进行动态校正。它可以使系统在静态时具有很大的放大倍数，而在动态时，又能使系统的放大倍数自动地减小，从而使系统满足了响应速度较快而且转速基本上无静差的性能要求。

第五章　直流调速系统

培训目标　掌握电动机调速系统的基本知识，各种有静差、无静差、单闭环、双闭环、不可逆、可逆直流自动调速系统。

为了提高产品质量和劳动生产率，大量生产机械要求电动机能根据生产工艺要求，以不同的转速进行工作，即能调速；在许多情况下，还要求电动机的转速保持相对稳定，即能稳速；有时，还要求电动机的加、减速过程应快速或平稳。电动机自动调速系统是满足上述要求的自动控制系统。在生产机械的各种电力拖动自动控制系统中，调速系统是最基本的拖动控制系统。随着现代科技进步，各种高效、高性能的调速系统正逐步进入工业生产的各个领域，工厂电气维修人员应该很好地掌握电动机调速系统。

第一节　电动机调速系统概述

电动机的调速系统有直流调速系统和交流调速系统两大类。

直流电动机具有优良的调速特性。在工业生产中，需要高性能速度控制的电气驱动场合，直流调速系统发挥着极为重要的作用。但直流电动机的机械换向以及随之引起的安全可靠问题，也限制了它在某些场合的使用。

直流电动机的调速有 3 种方法，即电枢回路串电阻调速、弱磁调速和调压调速。其中，弱磁调速和调压调速，均可实现无级平滑调速。前者为恒功率调速，调速范围较小；后者为恒转距调速，调速范围大。因此，在有一定调速范围要求的情况下，调压调速是性能最好、应用最为广泛的自动调速方法。一般而言，直流自动调速系统，在低于额定转速的调速时采用调压调速；而在高于额定转速的调速时才采用弱磁调速。

采用调压调速的直流调速系统需要一个可控直流电源为直流电动机电枢供电。常见的可控直流电源有 3 种：旋转变流机组、静止可控整流器和直流斩波器。相应的直流调速系统也有 3 种，即发电机-电动机（G-M）调速系统、晶闸管相位控制直流调速系统和直流斩波调速系统。其共同优点是调速范围宽、可获得硬的机械特性。晶闸管相位控制直流调速系统与发电机-电动机调速系统相比，具有放大倍数大、快速性好、效率高、经济性好、体积小、控制方便、运行噪声小等优点；而直流斩波调速系统与晶闸管相控直流调速系统相比，又具有功率器件少、线路简单、调速范围宽、快速响应好、效率和功率因数高等优点，但因受器件容量等因素的限制，现在还主要用于中小功率范围的系统。

在工业生产上，早期应用的是发电机-电动机调速系统。随着电子技术的发展，晶闸管相位控制直流调速系统和直流斩波调速系统获得了越来越广泛的应用。目前，应用较多是晶闸管相控直流调速系统。

晶闸管直流调速系统，晶闸管管耗极小，采用相位控制的晶闸管变流器的效率很高，但功率因数较低且随触发延迟角 α 的增大及转速的下降而变得更低。在容量较大或容量虽较小但性能要求较高的电气拖动场合，通常采用三相调速系统。为了避免电源电流中出现较大直流分量，一般不采用三相半波变流器。三相桥式半控型调速系统比全控型系统简便，但控制性能不及全控型，故仅适用于一般要求的不可逆调速系统。因此，工业生产上应用最广泛的是三相桥式全控型调速系统。

图 5-1 所示为晶闸管直流开环调速系统。图中，平波电抗器 L_d 起滤波作用，以减少晶闸管整流电流的波动，并使电动机电枢回路电流波形连续，从而避免因电流断续而造成的很软且为非线性的电动机机械特性。该系统调速原理是：调节给定电压 U_g（即改变触发电路的控制电压 U_C），就可改变触发脉冲的触发延迟角 α 及晶闸管整流装置的输出电压 U_d，从而实现调压调速。

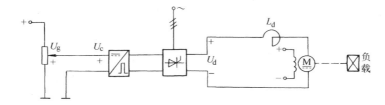

图 5-1　晶闸管直流开环调速系统

例如，增大给定电压 U_g，系统的升速过程如下：

$$U_g \uparrow (U_c \uparrow) \longrightarrow \alpha \downarrow \longrightarrow U_d \uparrow \longrightarrow n \uparrow$$

该系统由于没有反馈环节，故不能自动调速，而且速度的稳定性差，调速范围小，仅适用于调速性能要求较低的场合。为满足大量生产机械对调速精度和响应速度的要求，必须采用闭环速度控制方式，即采用具有反馈环节的自动调速系统。

晶闸管直流自动调速系统种类很多。通常，根据系统运行时是否存在稳态偏差，可以将其分为有静差和无静差直流调速系统；根据系统中负反馈环节的数量，可以将其分为单闭环、双闭环和多闭环直流调速系统；根据系统中电动机是否正、反转运行，又可以将其分为不可逆和可逆直流调速系统。

第二节　有静差直流自动调速系统

晶闸管直流自动调速系统常采用各种反馈环节，如转速负反馈、电压负反馈和电流正反馈等，以提高调速精度和系统的机械特性硬度、扩大调速范围，达到自动调速的目的。有静差自动调速系统中的调节器只是一个具有比例放大作用的 P 调节器，它必须依靠实际转速与给定转速两者之间的偏差才能实现转速控制作用，因此这种系统不能消除转速的稳态误差。

一、转速负反馈有静差直流调速系统

转速负反馈有静差直流调速系统的工作原理如图 5-2 所示。反馈信号 U_{fn} 是由测速发电机取自电动机实际转速的输出电压，即 $U_{fn} = \alpha_n n$。输入偏差信号 $\Delta U_i = U_g - U_{fn}$，为使转速偏差小，$\Delta U_i$ 就必须很小，所以系统中必须设置放大器（放大倍数为 K_P），才能获得足够的触发电路控制电压 U_c。

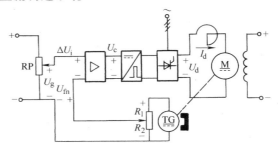

图 5-2　转速负反馈有静差直流调速系统的工作原理

1. 工作原理

由电位器 RP 给出一个给定电压 U_g，与由转速负反馈环节反馈回来的电压 $-U_{fn}$（两者极性不同），两者的偏差信号 $\Delta U_i = U_g - U_{fn}$，经放大后

作为触发电路的控制电压 U_c，使触发电路产生触发延迟角为 α 的触发脉冲，触发晶闸管，晶闸管整流器便输出一定的直流电压 U_d，加在电动机电枢上，在电动机电磁转矩 T 与负载转矩 T_L 平衡（即 $T = T_L$）情况下，电动机便以一定的转速 n_1 运转。若调节给定电压 U_g，则可以改变电动机的转速 n_1。

当负载突然发生变动时，电动机转速会随之发生变化，系统就将进行自动调速。例如，当 T_L 增大时，转矩的不平衡将引起转速降落，该系统的自动调速过程如下：

$$T_L \uparrow \longrightarrow n \downarrow \xrightarrow{U_{fn} = \alpha_n n} U_{fn} \downarrow \xrightarrow{\Delta U_i = U_g - U_{fn}} \Delta U_i \uparrow \xrightarrow{U_c = K_P \Delta U_i} U_c \uparrow$$

$$n \uparrow \longleftarrow U_d \uparrow \longleftarrow \alpha \downarrow \longleftarrow$$

上述转速负反馈的调节过程能使转速回升。反之，当 T_L 减小时引起的转速上升，经过转速负反馈的调节过程也能使转速回降。

因此，转速负反馈直流调速系统，能将这种由扰动引起的转速变化减小到一定的允许范围内，通过系统的调节过程，使得转矩重新达到平衡，电动机便以接近于原来值的转速稳定运行。

由于该系统的自动调速是按与被控量转速有关的偏差 ΔU_i 进行调节的，所以它只能使转速的变化减小，而不能使转速完全恢复到原来转速值，因此这种系统是有静差的自动调速系统。

下面从调速原理上，分析这种系统必然是有静差的。

在电动机以转速 n_1 稳定运行情况下，当负载增加时，由于 T_L 增大，电动机自身的调节作用使 I_d 增大，电枢回路上的电压降 $I_d R_d$（R_d 为电枢回路总电阻）也增大。假设电动机转速能保持原转速不变，则晶闸管整流电压 U_d 就必须相应增大，来补偿这个电压降。该系晶闸管整流电压 U_d 是由 ΔU_i 控制的，只有 ΔU_i 增大，放大器的输出电压 U_c 才能成比例增大，使触发延迟角 α 随之减小，晶闸管整流输出 U_d 才能增大。而 $\Delta U_i = U_g - U_{fn}$，由于给定电压 U_g 不变，所以只有转速反馈电压 U_{fn} 减小，才能使 ΔU_i 增大，但 U_{fn} 减小就说明电动机转速必然比原来转速 n_1 低。因此，假设的电动机转速能保持原转速不变，与该假设成立的条件即电动机转速必须低于原转速，两者是互相矛盾的，故假设不能成立，也就是说，这种调速系统在抗扰动调节后的电动机转速必定不等于扰动前的原转速。

从上述分析可知，凡是依靠实际转速（被控量）与给定转速（给定量）两者之间的偏差，才能来调节转速的调速系统都是有静差的自动调速系统。

2. 系统静特性分析

假设系统为线性系统。系统中各环节的静态关系方程式如下：

1）放大器的输出电压 U_c 为

$$U_c = K_p \Delta U_i = K_p(U_g - U_{fn}) \tag{5-1}$$

式中　K_p——放大器的电压放大倍数。

2）晶闸管整流装置输出电压 U_d 为

$$U_d = K_{tr} U_c \tag{5-2}$$

式中　K_{tr}——晶闸管整流装置（包括触发电路和晶闸管整流器在内）的放大倍数。

3）电动机电枢回路的电势平衡方程式为

$$U_d = C_e \Phi n + I_d R_d + \Delta U_T \tag{5-3}$$

式中　R_d——电枢回路总电阻（包括电枢电阻、平波电抗器电阻等）；

　　ΔU_T——晶闸管正向管压降（一般 $\Delta U_T < 1.2V$）。

4）转速负反馈回路的反馈电压 U_{fn} 为

$$U_{fn} = \frac{R_2}{R_1 + R_2} C_{eTG} \Phi_{eTG} n = \alpha_n n \tag{5-4}$$

式中　C_{eTG}——常数，其值取决于测速发电机的结构；

　　Φ_{eTG}——测速发电机的气隙磁通；

　　α_n——转速反馈系数，$\alpha_n = \dfrac{R_2}{R_1 + R_2} C_{eTG} \Phi_{eTG}$。

根据上述各环节方程式，可得系统的静特性方程式为

$$n = \frac{K_p K_{tr} U_g - \Delta U_T - I_d R_d}{C_e \Phi + K_p K_{tr} \alpha_n} = \frac{K_p K_{tr} U_g - \Delta U_T - I_d R_d}{C_e \Phi \left(1 + \dfrac{K_p K_{tr} \alpha_n}{C_e \Phi}\right)}$$

$$= \frac{K_G U_g - \Delta U_T}{C_e \Phi (1 + K)} - \frac{R_d}{C_e \Phi (1 + K)} I_d$$

$$= n_{0f} - \Delta n_f \tag{5-5}$$

式中　K_G——从给定电压到晶闸管整流电压的放大倍数，$K_G = K_p K_{tr}$；

　　　　K——系统开环的总放大倍数，$K = K_p K_{tr} \alpha_n /(C_e \Phi)$；

　　　　n_{0f}——闭环系统的理想空载转速，$n_{0f} = (K_G U_g - \Delta U_T)/(C_e \Phi + C_e \Phi K)$；

　　　　Δn_f——闭环系统的转速降落，$\Delta n_f = R_d I_d /(C_e \Phi + C_e \Phi K)$。

5）系统开环时机械特性为

$$n = \frac{K_G U_g - \Delta U_T}{C_e \Phi} - \frac{R_d}{C_e \Phi} I_d = n_0 - \Delta n_N \tag{5-6}$$

式中　n_0——系统开环时的理想空载转速，$n_0 = (K_G U_g - \Delta U_T)/ C_e \Phi$；

　　　　Δn_N——系统开环时的转速降落，$\Delta n_N = R_d I_d / C_e \Phi$。

如果使系统开环和闭环的理想空载转速相等（即 $n_0 = n_{0f}$），则开环转速降 Δn_N 与闭环转速降 Δn_f 之间的关系为

$$\Delta n_f = \frac{\Delta n_N}{1 + K} \tag{5-7}$$

而闭环系统的调速范围 D_f 为

$$D_f = \frac{n_N s}{\Delta n_f (1 - s)} = \frac{n_N s}{(1 - s) \dfrac{\Delta n_N}{1 + K}} = (1 + K) \frac{n_N s}{\Delta n_N (1 - s)} = (1 + K) D \tag{5-8}$$

式（5-7）和式（5-8）表明，在同样负载下，系统由转速负反馈构成闭环后，稳态转速降减小为开环时稳态转速降的 $1/(1 + K)$ 倍，而调速范围则增大到开环时的 $(1 + K)$ 倍。闭环系统的静特性与开环系统的机械特性如图 5-3 所示。从图中可以看出，当电动机的负载转距从 T_{L1} 增大到 T_{L4} 时，开环

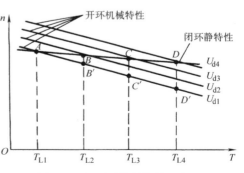

图 5-3　闭环系统的静特性与
开环系统的机械特性

系统转速从 A 点降到 D' 点，而闭环系统则由于系统的调节作用，转速从 A 点降到 D 点，因此闭环系统的特性比开环系统硬得多。

3. 转速负反馈有静差直流调速系统的特点

1）系统是根据给定量 U_g 与反馈量 U_{fn} 之差 ΔU_i 来进行转速调节的，因此它是一个有静差调速系统。

2）提高系统的开环放大倍数 K，可以减小静态误差，扩大调速范围。但放大倍数 K 要受到系统稳定性的限制，不能无限制增大，因而系统的静态误差也不能彻底消除。

二、电压负反馈直流调速系统

电压负反馈直流调速系统的原理如图 5-4 所示。该系统的反馈信号 U_{fu} 取自电动机电枢两端的电压，$U_{fu} = \gamma U_d$（γ 为电压反馈系数）。由于系统中采用了具有反相放大作用的 P 调节器，其输出电压的极性与输入电压相反，而上述转速负反馈直流调速系统中触发电路的移相控制电压 U_c 为正电压（α 随 U_c 的增大而减小），从统一本章的触发电路的移相控制特性起见，故本系统的给定电压 U_g 为负极性，而负反馈电压 U_{fu} 则为正极性。图 5-4 给出了系统中各电压的实际极性。

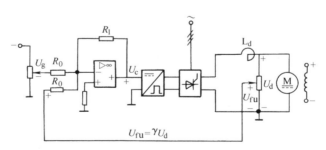

图 5-4 电压负反馈直流调速系统

在给定电压 U_g 为负极性的情况下，由于 U_g 与 U_{fu} 的极性相反，故系统的输入偏差电压为 $\Delta U_i = -U_g + U_{fu}$，$P$ 调节器的输出电压为 $U_c = -K_P \Delta U_i = K_P(U_g - U_{fu})$，其输入与输出之间的关系为 $\Delta U_i \downarrow \longrightarrow U_c \uparrow$。

该系统的自动调速过程如下：

$$\begin{array}{c} \overset{\longrightarrow n\downarrow}{\uparrow} \\ T_L\uparrow \longrightarrow I_d\uparrow \longrightarrow U_d\downarrow \longrightarrow U_{fu}\downarrow \longrightarrow \Delta U_i\downarrow \longrightarrow U_c\uparrow \longrightarrow \alpha\downarrow \longrightarrow U_d\uparrow \longrightarrow n\uparrow \end{array}$$

由于系统的被控量是电动机电枢两端的电压 U_d，因此该系统实际上是一个电压调节系统。这种系统只能维持电枢电压 U_d 不变，可以补偿电枢回路中除电枢电阻 R_a 之外的其他电阻上电压变化而引起的转速变化，而无法补偿电动机电枢电阻 R_a 上电压变化所引起的转速变化。因此，该系统的调速性能不如转速负反馈调速系统，但由于省略了测速发电机，故系统结构简单，维修方便。

该系统适用于静态性能要求不高的生产机械，常用于调速范围 $D \le 10$，静差率 $s = 15\% \sim 30\%$ 的场合。

三、带电流正反馈环节的电压负反馈直流调速系统

为了补偿电枢电阻压降 $I_d R_a$ 引起的转速降，在电压负反馈的基础上，增加一个电流正反馈环节，就组成了带电流正反馈环节的电压负反馈直流调速系统，如图 5-5 所示。反馈信号 U_{fi} 取自串联在电枢回路中电阻 R_c 两端的电压，$U_{fi} = \beta I_d$（β 为电流反馈系数），因其极性与给定电压 U_g 的极性相同，故称为电流正反馈。系统的输入偏差电压 $\Delta U_i = -U_g + U_{fu} - U_{fi}$。

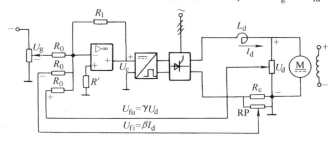

图 5-5　带电流正反馈环节的电压负反馈直流调速系统

该系统电流正反馈的工作原理如下：

$$\begin{array}{c} \overset{\longrightarrow n\downarrow}{\uparrow} \\ T_L\uparrow \longrightarrow I_d\uparrow \overset{U_{fi}=\beta I_d}{\longrightarrow} U_{fi}\uparrow \longrightarrow \Delta U_i\downarrow \longrightarrow U_d\uparrow \longrightarrow n\uparrow \end{array}$$

可见，电流正反馈的作用在于给系统的输入偏差电压 ΔU_i 增加了一

个与给定电压同极性的 U_{fi} 分量，这个输入增量使系统的输出也产生一个增量，可以有效地补偿电压负反馈调速系统因电枢电阻压降 $I_d R_a$ 引起的转速降，从而减小了系统的静差，扩大了调速范围。

应当注意，该系统是一个电压反馈控制系统，系统中的电压负反馈与电流正反馈是两种不同性质的控制作用，电压负反馈属于被控量的负反馈作用，用来维持电动机电枢电压 U_d 近似不变；而电流正反馈却是利用电枢电流来补偿电枢电阻的压降，由于电枢电流不是被控量，而是系统中的扰动量，因此严格来讲这属于补偿控制，实质上是一种负载转矩扰动前馈补偿校正，而不是反馈控制。

从理论上讲，适当调整电流反馈系数 β，能使该系统中负载变化所引起的转速降 Δn 为零，系统可以实现静态无差调节，但实际上这无法做到。这是由于系统中各元件并不是线性元件，也不能保证其性能绝对稳定，因而难以实现 $\Delta n = 0$，而且若电流正反馈过强，还将引起系统的不稳定。因此，一般仅把电流正反馈的补偿作用，作为闭环调速系统进一步减小静差的补充措施。为了保证系统的稳定性，通常将电流正反馈作用选得弱一点，使系统的静特性曲线略低于转速负反馈系统的静特性曲线，如图 5-6 所示。

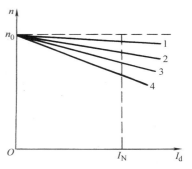

图 5-6　调速系统的静特性曲线
1—转速负反馈
2—电流正反馈与电压负反馈
3—电压负反馈　4—开环系统

这种系统的调速范围没有转速负反馈系统那样宽，适用于调速范围 $D \leqslant 20$，静差率 $s > 10\%$ 的场合。

四、带电流截止负反馈环节的转速负反馈直流调速系统

电流截止负反馈是一种自动限制电流的环节，它能有效解决闭环反馈调速系统的起动和堵转电流过大问题。图 5-7 所示为带电流截止负反馈环节的转速负反馈直流调速系统。在忽略二极管 VD 的导通压降的情况下，电流截止负反馈环节的导通条件是：$I_d R_c > U_{CP}$（U_{CP} 为比较电压），系统的转折电流 $I_B = U_{CP}/R_c$。

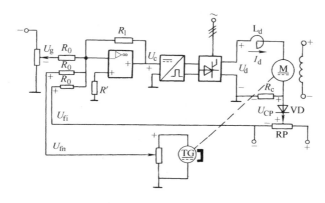

图 5-7　带电流截止负反馈环节的转速负反馈直流调速系统

当 $I_d < I_B$ 时，即 $I_d R_c < U_{CP}$ 时，二极管 VD 因承受反向电压而截止，电流负反馈不起作用。系统输入偏差 $\Delta U_i = -U_g + U_{fn}$，即系统具有转速负反馈特性，故系统的静特性很硬，如图 5-8 中的 *AB* 段所示。

当 $I_d > I_B$ 时，即 $I_d R_c > U_{CP}$ 时，二极管 VD 导通，电流负反馈起作用。系统输入偏差电压 $\Delta U_i = -U_g + U_{fn} + U_{fi} = -U_g + U_{fn} + (I_d R_c - U_{CP})$，随着 I_d 的增加，电流负反馈作用越来越强，使晶闸管整流电压 U_d 迅速减少，电动机转速随之迅速下降，直到电动机堵转为止，故系统的静特性很软，如图 5-8 中的 *BC* 段所示。堵转（$n = 0$）时，电枢电流等于系统的堵转电流，即 $I_d = I_D$。

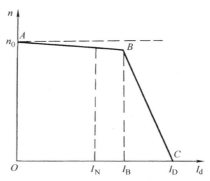

图 5-8　带电流截止负反馈
环节的闭环调速系统的静特性

一般取 $I_B = (1 \sim 1.4) I_N$，$I_D < (2 \sim 2.5) I_N$。其中，I_N 为电动机的额定电流。

图 5-8 所示的这种具有电流截止负反馈闭环调速系统的下垂静特性，常称为"挖土机特性"。

该系统的特点是：正常工作时，转速负反馈起作用，具有较硬的静特性；起动、制动、堵转和过载时，电流截止负反馈起作用，自动限制电枢回路电流，从而保护晶闸管和电动机，也避免了大电流冲击造成电动机换向的困难。

第三节 无静差直流自动调速系统

无静差调速系统的被控量（电动机的转速）在静态时完全等于系统的给定量（给定转速），其输入偏差电压 $\Delta U_i = 0$。为使这种系统正常工作，通常引入有积分作用的 PI 调节器作为转速调节器，这样可以兼顾系统的无静差和快速性两个方面的要求。

一、转速单闭环无静差直流调速系统

转速单闭环无静差直流调速系统如图 5-9 所示。转速调节器的输入偏差电压为 $\Delta U_i = -U_g + U_{fn}$。

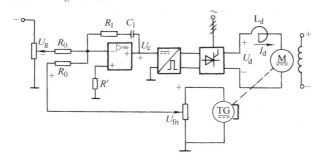

图 5-9 转速单闭环无静差直流调速系统

该系统在稳定运行时，稳态转速即为给定转速 n_1。稳态时，由于 $\Delta U_i = 0$，即 $U_g = U_{fn} = \alpha_n n_1$，故稳态转速 $n_1 = U_g/\alpha_n$。

当负载增大时，转矩的不平衡将引起转速下降，并使 $\Delta U_i < 0$，系统自动调速过程如下：

$$T_L \uparrow \longrightarrow n \downarrow \longrightarrow U_{fn} \downarrow \longrightarrow \Delta U_i \downarrow \longrightarrow U_c \uparrow \longrightarrow \alpha \downarrow \longrightarrow U_d \uparrow \longrightarrow n \uparrow$$

$$\Delta U_i \uparrow \longleftarrow \text{直到} U_g = U_{fn} (\Delta U_i = 0)$$

上述的调节过程从 $\Delta U_i < 0$ 开始，直到 $\Delta U_i = 0$ 为止。图5-10所示为负载变化时，系统的调节过程曲线。当负载增大引起转速出现偏差 Δn 时，PI调节器的调节作用将使晶闸管整流输出电压也产生增量 ΔU_d，来消除转速偏差 Δn，如图5-10c所示。在调节过程中，比例调节的作用如图5-10c中曲线①所示；积分调节的作用如图5-10c中曲线②所示；由于比例调节和积分调节是同时进行的，因此该系统的调节效果就是两者调节作用的合成效果，如图5-10c中曲线③所示。

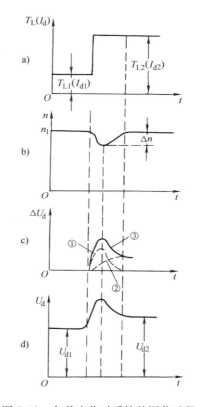

图5-10 负载变化时系统的调节过程

在调节过程的开始和中间阶段，比例调节起主要作用，它首先阻止转速下降，然后使转速回升。在调节的后期转速偏差 Δn 很小，比例调节作用不显著，积分调节上升到主导地位，最后由积分调节来完全消除偏差 Δn，实现了无静差调速。在调节过程结束时，$\Delta U_i = 0$，$\Delta n = 0$，但PI调节器的输出电压 U_c，由于电容积分作用，已上升为新的数值，并稳定保持在该值上，晶闸管整流电压 U_d 也相应从 U_{d1} 上升并稳定到 U_{d2}（见图5-10d），使电动机又回升到给定转速下稳定运行。

从理论上讲，该系统可以达到无静差调速，但实际上，由于运放有零漂、测速发电机有误差、电容器有漏电等原因，因此系统仍然有一些静差，但这比有静差调速系统小得多。

二、转速与电流双闭环直流自动调速系统

转速负反馈直流调速系统，采用PI调节器后，能保证动态的稳定性，基本达到无静差调速，再利用电流截止负反馈环节，限制起动、制动电

流，来保护电动机和晶闸管，这样的调速系统基本能够满足一般生产机械对调速性能不太高的要求。但某些频繁起停和正反转的生产机械（如龙门刨床等），要求调速系统的过渡过程要短，这种调速系统动态过程的快速性就不能达到令人满意程度。因此，调速系统可以对电动机电流也进行调节，组成转速、电流双闭环调速系统，就可以充分利用电动机的过载能力，来获得最快的动态过程。

1. 系统的组成及基本原理

转速与电流双闭环直流自动调速系统如图 5-11 所示。

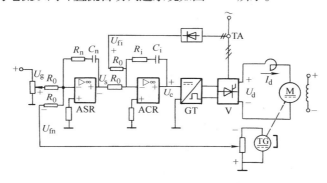

图 5-11 转速与电流双闭环直流自动调速系统

该系统有两个 PI 调节器，一个是用于转速调节的转速调节器（ASR），另一个是用于电流调节的电流调节器（ACR），两个调节器串级联接，其输出均有限幅，输出限幅值分别为 U_{sm} 和 U_{im}。由于调速系统的主要被控量是转速，故把由转速负反馈组成的闭环（称为转速环）作为外环（主环），以保证电动机的转速准确地跟随给定值，并抵抗外来的干扰；把由电流负反馈组成的闭环（称为电流环）作为内环（副环），以保证动态电流为最大值并保持不变，使电动机快速地起、制动，同时还能起限流作用，并可以对电网电压波动起及时抗扰作用。

电动机转速由给定电压 U_g 来确定，转速调节器 ASR 的输入偏差电压为 $\Delta U_{is} = U_g - U_{fn}$，转速调节器 ASR 的输出电压 U_s 作为电流调节器 ACR 的给定信号（ASR 输出电压的限幅值 U_{sm} 决定了 ACR 给定信号的最大值）；电流调节器 ACR 的输入偏差电压为 $\Delta U_{ic} = -U_s + U_{fi}$，电流调节器

ACR 的输出电压 U_c 作为触发电路的控制电压（ACR 输出电压的限幅值 U_{im} 决定了晶闸管整流电压的最大值 U_{dm} ）；U_c 控制着触发脉冲的触发延迟角，即控制着晶闸管整流电压 U_d ，使电动机在期望转速下运转。

图 5-11 给出了系统中各电压的极性，从图中可以看出，ASR 的给定电压 U_g 为正极性，而 ACR 的给定电压 U_s 为负极性。

2. 转速与电流双闭环直流自动调速系统的工作过程

（1）起动过程 双闭环直流自动调速系统的起动过程可分为以下三个阶段。

1）第 I 阶段即电流上升阶段：开始起动时，$n = 0$，$U_{fn} = 0$，$\Delta U_{is} = U_g$ ，故 ASR 的输入值很高，使 ASR 的输出 U_s 迅速达到饱和限幅值 $-U_{sm}$。在此后的起动升速过程中，只要 $\Delta U_{is} > 0$（即 $n < n_1 = U_g / \alpha_n$），则 ASR 就将保持该饱和值而不能起调节作用。

ACR 的输入偏差电压 $\Delta U_{ic} = -U_s + U_{fi}$ ，由于此时 $-U_s = -U_{sm}$ ，而 $U_{fi} = \beta I_d$ ，故 $\Delta U_{ic} = -U_{sm} + \beta I_d < 0$ ，ACR 的积分作用将使 U_c 快速上升，电流 I_d 以最快速度上升，电动机获得较大的起动转矩，加快了电动机的起动。直到 $U_{fi} = \beta I_{dm} = U_{sm}$（即 $\Delta U_{ic} = 0$ ）时，U_c 不再增加，U_d 也不再增加，电动机电流 I_d 达到所允许的最大电流 I_{dm}。

2）第 II 阶段即电流保持恒值、电动机恒加速阶段：此阶段从 I_d 刚上升到 I_{dm} 开始，到 n 达到其期望值 n_1 为止。在此阶段中，由于 $n < n_1$ ，故 ASR 仍然不起调节作用。

此阶段是起动过程的主要阶段，也是 ACR 在起动过程中发挥电流调节作用的主要阶段。随着 n 的增加，电动机反电动势 E_d 增大，电流 I_d 的调节过程如下：

$$n \uparrow \longrightarrow E_d \uparrow \longrightarrow I_d \downarrow \longrightarrow U_{fi} \downarrow \longrightarrow \Delta U_{ic} \downarrow \longrightarrow U_c \uparrow \longrightarrow \alpha \downarrow \longrightarrow U_d \uparrow \longrightarrow I_d \uparrow$$

$$\Delta U_{ic} \uparrow \longleftarrow \overset{\text{直到 } \Delta U_{ic}=0}{\longleftarrow}$$

上述的电流不断调节过程，使电动机电枢电流 I_d 始终保持最大值 I_{dm} ，电动机以最大电磁转矩和最大加速度加速。

3）第 III 阶段即转速调节阶段：当电动机转速上升到期望转速 n_1 后，便进入转速调节阶段。此时，$n = n_1$，$\Delta U_{is} = U_g - U_{fn} = 0$ ，但由于 ASR

的积分保持作用，仍使 $-U_s = -U_{sm}$，$I_d = I_{dm}$，故转速继续增加，出现 $n > n_1$ 的转速超调现象。但在 $n > n_1$ 后，由于 $U_{fn} > U_g$，故 $\Delta U_{is} < 0$，ASR 的积分电容放电，使 ASR 退出饱和，进入线性区，ASR 便开始进行转速调节。在 ASR 进行转速调节时，由于 ASR 的输出 U_s 的变化，即 ACR 的给定值发生变化，故 ACR 也要进行电流调节，力图使 I_d 尽快跟随 ASR 的输出 U_s。由于转速调节在外环，故 ASR 起主导作用，最终使转速稳定在期望转速 n_1 上。

双闭环调速系统起动时的转速和电流波形，如图 5-12 所示。

（2）负载变化时的自动调速过程　稳态时，$\Delta U_{is} = 0$，$\Delta U_{ic} = 0$，电动机的转速为期望转速

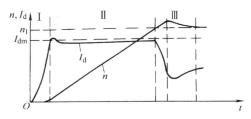

图 5-12　双闭环调速系统起动时的转速和电流波形

$n = n_1 = U_g / \alpha_n$，其电流也为稳定电流 $I_d = I_{d1} = U_{s1} / \beta$。当负载增大时，自动调速过程如下：

$$T_L \uparrow \longrightarrow n \downarrow \longrightarrow \Delta U_{is} \uparrow \longrightarrow U_s \downarrow \longrightarrow \Delta U_{ic} \downarrow \longrightarrow U_c \uparrow \longrightarrow U_d \uparrow \longrightarrow I_d \uparrow \longrightarrow n \uparrow$$

$$\Delta U_{ic} \uparrow \xleftarrow{\text{直到} \Delta U_{ic} = 0}$$

$$\Delta U_{is} \downarrow \xleftarrow{\text{直到} \Delta U_{is} = 0}$$

在自动调速过程中，速度环是主环，在稳速过程起主导作用，其主要作用是保持转速稳定，能将转速保持在给定值 U_g / α_n 上。电流环是副环，其主要作用是稳定电流，将影响和干扰转速的调节，但速度环的调节作用可以改变 U_s，使电流环跟随 U_s 调节，故最终仍能消除转速偏差。

（3）电动机堵转过程　当电动机发生严重过载或机械部件被卡住时，转速将迅速下降，且 $I_d > I_{dm}$。此时，由于转速的迅速下降，使 $\Delta U_{is} \gg 0$，故 ASR 迅速饱和，而不再起转速调节作用，ASR 的输出为饱和限幅值 $-U_{sm}$；同时，由于 $I_d > I_{dm}$，使 $\Delta U_{ic} = -U_{sm} + \beta I_d > 0$，故 ACR 的输出 U_c 迅速下降，U_d 和 I_d 随之迅速下降，转速急剧下降，但 ACR 的电流调节作用将使 I_d 维持 I_{dm} 不变，直到堵转为止。因此，双闭环调速系统的堵转

电流 I_D 与转折电流 I_B 相差很小，这样便获得了比较理想的"挖土机特性"。

3. 双闭环调速系统的特点

双闭环调速系统的特点是，系统的调速性能好；能获得较理想的"挖土机特性"；有较好的动态特性，过渡过程短，起动时间短，稳定性好；抗干扰能力强；两个调节器可分别设计和整定，调试方便。

第四节　可逆直流调速系统

不可逆直流调速系统只适用于不要求改变电动机转向或不要求经常改变电动机转向，同时在停车时对快速性又无特殊要求的生产机械，如车床、镗床等。在工业生产中，某些生产机械要求电动机既能频繁正反转又能快速起动、制动，如龙门刨床、可逆轧钢机等，这些生产机械就需要采用可逆直流调速系统。

一、可逆调速系统的基本概念

1. 两组晶闸管反并联的变流装置

根据直流电动机的工作原理，电枢反接或励磁反接都可以改变转矩方向，使电动机反转。

励磁反接可逆调速系统对调速装置的容量要求较小，一般为电动机额定功率的 $1\% \sim 5\%$，但由于励磁电路电感量大，时间常数大，故反向快速性较差，而且改变方向时要经过失磁阶段，在失磁时，应使电枢电压为零，这就增加了控制系统的复杂性，增加了换向死区，更影响了系统的快速性。因此，这种调速系统只适用于对快速性要求不高、正反转不太频繁的大容量机械设备，如电力机车和卷扬机等。

电枢反接可逆调速系统对调速装置的容量要求大，由于电枢电路的电感量小，因而反向快速性好，适用于频繁起动、制动，并要求正、反转过渡时间短的生产机械，因此在工业生产中应用较为广泛。

电枢反接可逆电路的形式是多种多样的。在要求频繁正反转的生产机械中，经常采用的是两组晶闸管装置反并联的可逆电路，如图 5-13 所示。图中，VF 为正组变流器，其供电时，电动机正转；VR 为反组变流器，其供电时，电动机反转；VF 与 VR 两组变流器为反并联联接且分别由两套触发装置控制，可以灵活地控制电动机的可逆运转。为防止电源短路，两组变流器不能同时处于整流状态。

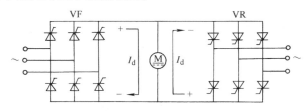

图 5-13　两组晶闸管反并联变流装置的可逆电路

此外，两组晶闸管反并联变流装置还可以用于不可逆系统的快速回馈制动。我们知道，一些生产机械在运行过程中需要快速地减速或停车，这时最经济的方法就是采用发电回馈制动。回馈制动时，需要将电动机在制动期间释放出来的能量送回到电网中，因此要求变流器工作在逆变状态，但由于回馈制动时电动机的转向未变，而转矩 T 变负，这就要求其电流反向。由于单组晶闸管变流器的电流并不能反向，因而单组变流器无法实现发电回馈制动。

因此，即使是不要求电动机反转的不可逆系统，只要是需要快速回馈制动，也应采用两组晶闸管变流器，正组用于整流供电，而反组则用于逆变制动。

2. 电动机的四象限运行及正反组变流器的状态

在两组晶闸管变流器反并联可逆系统中，可以利用正、反组晶闸管变流器分别工作在整流和逆变的四种状态，来实现电动机的正、反向电动运行和正、反向回馈制动，即实现 4 个象限运行，如图 5-14 所示。

正、反组反并联可逆调速系统电动机运行的 4 个象限及晶闸管变流器工作组别和状态如下：

1）第一象限正转电动运行，$n > 0$，$I_d > 0$；VF 工作于整流状态，$\alpha_F < 90°$，$E_d < U_{d\alpha}$。

2）第二象限正转回馈发电制动运行，$n > 0$，$I_d < 0$；VR 工作于逆变状态，$\beta_R < 90°$，$E_d > U_{d\beta}$。

3）第三象限反转电动运行，$n < 0$，$I_d < 0$；VR 工作于整流状态，

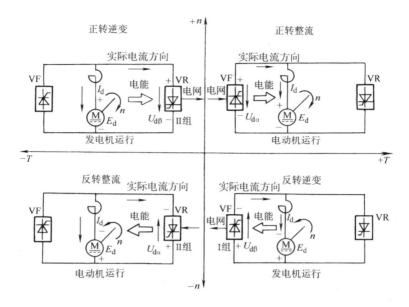

图 5-14　反并联可逆电路的四象限运行

$\alpha_R < 90°$，$E_d < U_{d\alpha}$。

4）第四象限反转回馈发电制动运行，$n < 0$，$I_d > 0$；VF 工作于逆变状态，$\beta_F < 90°$，$E_d > U_{d\beta}$。

3. 可逆电路中的环流

在两组晶闸管反并联可逆电路中，必须严格控制正、反组晶闸管变流器的工作状态，否则就可能产生环流。所谓环流，是指不流过电动机而直接在两组变流器之间流通的短路电流，如图5-15中所示的电流 I_c。图中的 R_r 为整流装置的内阻。

环流可以分为稳态环流和动态环流两大类。其中，稳态环流是可逆电路在一定的触发延迟角下稳定工作时出现的，它包括直流平均环流和瞬时脉动环流；而动态环流则只是

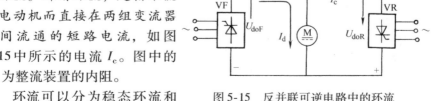

图 5-15　反并联可逆电路中的环流

在系统的过渡过程中出现。显然，环流会增加损耗、降低效率，过大的环流还可能损坏晶闸管，因此必须抑制环流。

但也应看到，少量的环流也有利于晶闸管中电流的连续，保证电流的无间断反向，加速反向时的过渡过程。因此，实际可逆系统也可以充分利用适当的环流，来提高系统的快速性。

可逆调速系统根据系统中环流的有无，分为有环流系统和无环流系统两大类。

二、$\alpha = \beta$ 配合控制的有环流可逆调速系统

1. $\alpha = \beta$ 工作制配合控制

在反并联可逆系统中，当正组晶闸管变流器 VF 处于整流状态（$0° < \alpha_F < 90°$）、使电动机正转时，设其整流电压 U_{doF} 的极性为"＋"。若使反组变流器 VR 也处于整流状态，则其整流电压极性为"－"，VF 与 VR 反并联，将造成两组整流电源短路，形成很大的直流平均环流，这是绝对不允许的；若使反组变流器 VR 处于逆变状态，即使 $90° < \alpha_R < 180°$（即 $0° < \beta_R < 90°$），则反组变流器 VR 逆变电压 U_{doR} 的极性也为"＋"，如果 $\alpha_F = 180° - \alpha_R$，即 $\alpha_F = \beta_R$，则 $U_{doF} = U_{doR}$，即正组整流电压与反组逆变电压在环流的环路上相互抵消，这就可以消除直流平均环流。当然，如果使 $\alpha_F > \beta_R$，则更能消除直流环流，因此消除直流环流的条件是 $\alpha_F \geqslant \beta_R$。

实际上，在这种正组整流、反组逆变状态中，由于反组 VR 中并没有负载电流流过，也就没有电能回馈电网，因此，把这时反组变流器 VR 所处的状态称为待逆变状态。当需要制动时，可以同时改变正反组的触发延迟角，即同时降低 U_{doF} 和 U_{doR}，一旦电动机的反电动势 $E_d > U_{doF} = U_{doR}$，正组 VF 的整流电流将被截止，正组 VF 因此进入等待整流状态，而与此同时反组 VR 才真正进入逆变状态，将能量回馈电网，使电动机实现回馈制动。

这种保持正、反组变流器的 $\alpha = \beta$，即一组变流器工作而另一组变流器处于等待工作状态的控制方式，称为 $\alpha = \beta$ 工作制配合控制。在 $\alpha = \beta$ 配合控制的条件下，没有直流平均环流，但由于整流组的输出电压和逆变组的逆变电压的瞬时值并不相同，故还存在瞬时脉动环流。因此，把这种

可逆调速系统称为 α = β 配合控制的有环流可逆调速系统。

2. 系统的组成和原理

图 5-16 所示为 α = β 配合控制的有环流可逆调速系统的原理框图。图中，$L_1 \sim L_4$ 为环流电抗器，用来抑制瞬时脉动环流。L_d 为平波电抗器。ASR 和 ACR 都采用 PI 调节器，分别为转速、电流调节器。GTF、GTR 分别为正、反组晶闸管的触发装置。AR 为反号器，实际上是一个放大系数为 −1 的反相放大器，用于使加到 GTR 的控制电压的极性与加到 GTF 的极性相反。KF 和 KR 用于切换可逆系统的正、反向运行时所需的给定电压 U_g 的极性。

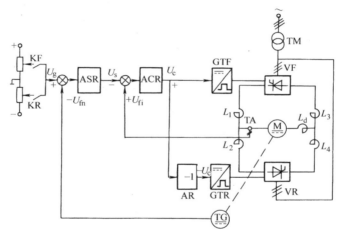

图 5-16　α = β 配合控制的有环流可逆调速系统的原理框图

该控制系统采用了典型的转速、电流双闭环系统。为了防止逆变颠覆，必须保证逆变组的最小逆变角 $\beta_{min} = 25° \sim 30°$；为了保证 α = β 配合控制，还应保证整流组的最小整流角 α_{min}。一般取 $\alpha_{min} = \beta_{min} = 30°$。为此，系统中的电流调节器 ACR 设置了双向限幅；为了限制最大动态电流，系统中的速度调节器 ASR 也设置了双向限幅。电流调节器 ACR 的输出电压 U_c，同时控制正、反组触发装置 GTF、GTR。正组由 U_c 直接控制，而反组则由 U_c 经反号器后的 $-U_c$ 控制。两组触发装置的移相控制特性如图 5-17 所示。

从图 5-17 中可以看出，当控制电压 $U_c = 0$ 时，两组触发装置的触发延迟角 α_{F0} 和 β_{R0} 均整定为 90°。U_c 增大时，一方面使 α_F 减小，正组变流器进入整流状态，整流电压 U_{doF} 增大；另一方面使 α_R 增大，即使 β_R 减小，反组变流器进入逆变状态，逆变电压

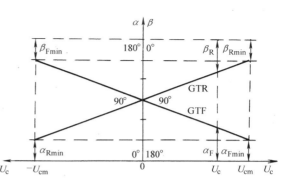

图 5-17　两组触发装置的移相控制特性

U_{doF} 增大。由于反组触发装置的控制电压为 $-U_c$，因此在 U_c 增大移相过程中，始终保持了 $\alpha_F = \beta_R$，从而确保了 $\alpha = \beta$ 的配合控制。

3. 系统的工作过程

$\alpha = \beta$ 配合控制有环流可逆调速系统的起动过程与转速、电流双闭环不可逆调速系统没有什么区别，而制动过程则有其特点。

以正转制动为例，整个制动过程可按电流方向的不同，分为本组逆变和它组制动两个阶段。

（1）本组逆变（又称为本桥逆变）阶段　给出停车指令后，$U_g = 0$，$\Delta U_{is} = -U_{fn}$，转速调节器 ASR 输出正饱和值 U_{sm}，使电流调节器 ACR 的输出 $U_c = -U_{cm}$，这使得正组晶闸管变流器立即处于逆变状态（$\beta_F = 30°$），而反组则处于待整流状态（$\alpha_R = 30°$）。正组逆变工作，保证了该方向负载电流的流通，负载电流由正常运行电流值迅速下降到零，而方向不变。由于这个阶段时间较短，故电动机转速尚未产生明显变化。

（2）它组制动（又称为反桥逆变）阶段　电流为零时，正组逆变结束，转为待逆变状态；而反组则进入整流工作，电流由零变到反向最大电流，电动机反接制动。当电流达到反向最大电流值并有超调时，$\Delta U_{ic} < 0$，电流调节器 ACR 的输出 U_c 随之变正，使反组回到逆变状态，维持着最大反向电流，使电动机回馈制动，其转速迅速降低到零。当转速为零时，因为 ACR 的作用，负载电流仍为最大反向电流，故电动机反转。但电动机的反转，使得转速反馈信号改变极性，故 $\Delta U_{is} > 0$，转速调节器

ASR 退出饱和，其输出急速下降，电流调节器 ACR 的输出随之下降，电动机的电流迅速减小至零，在负载转矩作用下电动机转速又回到零，制动过程结束。

若要求系统从正转切换到反转，其工作过程是在上述制动过程中，经过本组逆变和它组制动，使电动机转速制动为零后，由于给定电压（U_g <0）的存在，而紧接着的反向起动过程。这样，系统的制动和起动过程完全衔接起来，没有任何间断或死区，因此，这种有环流可逆调速系统特别适合于要求快速正反转的生产机械。

$\alpha = \beta$ 配合控制有环流可逆调速系统具有响应迅速的突出优点，但也有需要添置环流电抗器，且损耗较大的缺点，因此只适用于中小容量的调速系统。

三、逻辑无环流可逆调速系统

逻辑无环流可逆调速系统是目前工业生产中应用最为广泛的可逆系统。它采用无环流逻辑控制装置（DLC）来鉴别系统的各种运行状态，严格控制两组触发脉冲的发出和封锁，能够准确无误地控制两组晶闸管变流器交替工作，从而在根本上切断了环流的通路，使得系统中既没有直流平均环流，也没有瞬时脉动环流。

1. 系统的组成和原理

逻辑无环流可逆调速系统如图 5-18 所示。由图可见，控制系统采用转速、电流双闭环系统，并采用了两套电流调节器 ACR1 和 ACR2，分别控制正、反组触发装置 GTF 和 GTR。由于不存在环流，故省去了环流电抗器 $L_1 \sim L_4$。系统中增设了无环流逻辑控制装置 DLC，其功能是：当 VF 工作时，封锁 VR 使之完全处于阻断状态；当 VR 工作时，封锁 VF 使之完全阻断，从而确保在任何情况下，两组变流器不同时工作，切断环流的通路。因此，DLC 是逻辑无环流可逆系统中的关键部件。

系统中，触发脉冲的零位仍整定在 $\alpha_{F0} = \alpha_{R0} = 90°$，工作时的移相方法仍和 $\alpha = \beta$ 工作制一样，但必须由 DLC 来控制两组脉冲的封锁和开放。系统的其他工作原理与有环流系统没有多大差别。这里仅着重分析无环流逻辑控制装置 DLC。

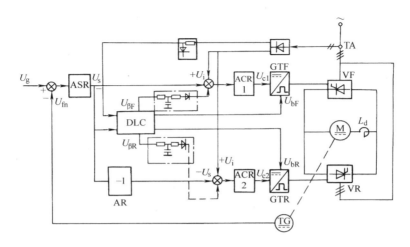

图 5-18　逻辑无环流可逆调速系统

2. 可逆系统对无环流逻辑控制装置的要求

无环流逻辑控制装置的任务是按照系统的工作状态，指挥系统自动切换工作变流器，使两组变流器不同时工作。为确保系统的可靠工作，对无环流逻辑控制器的要求如下：

1）必须由电流给定信号（即转速调节器 ASR 的输出 U_s）的极性和零电流检测信号 U_i 共同发出逻辑切换指令。U_s 的极性反映了系统的转矩方向，而 U_i 则反映系统中主电路电流是否为零，两者都是正、反组切换的前提。当 U_s 改变极性且零电流检测器发出"零电流"信号时，允许封锁原工作组，开放另一组，这时才能真正发出逻辑切换指令。

2）发出切换指令后，必须经过封锁延时时间 t_1（对三相全控桥来说一般为 $2 \sim 3\,\text{ms}$）才能封锁原导通组脉冲，以确保主电路电流为零；再经过开放延时时间 t_2（对三相全控桥而言一般为 $5 \sim 7\,\text{ms}$）才能开放另一组脉冲，以确保原导通组的关断。

3）任何情况下，两组晶闸管绝对不允许同时加触发脉冲，一组工作时，必须严格封锁另一组的触发脉冲。

3. 无环流逻辑控制装置

无环流逻辑控制装置由电平检测器、逻辑判断电路、延时电路和联锁保护电路 4 个基本环节组成，如图 5-19 所示。

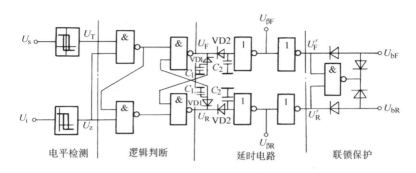

图 5-19　无环流逻辑控制装置

（1）电平检测器　电平检测器的任务是将系统中连续变化的模拟量，转换为数字量"0"或"1"。它是一个简单的 A－D 转换器，实际上就是一个由运放组成的反相输入滞回电平比较器，利用其滞回特性（又称为继电特性），完成电平检测任务。滞回比较器的回差电压对 DLC 工作有一定的影响，若回差电压大，则回环宽，切换时动作迟钝，容易产生超调；若回差电压小，则回环窄，抗干扰能力差，容易产生误动作。因此，应合理选择滞回比较器的回差电压。

DLC 中有"转矩极性鉴别"和"零电流检测"两个检测器。两个电平检测器的输出饱和值均为 + 10V 和 − 0.6V，由正、负限幅电路得到。两个电平检测器的回差电压一般取 0.2 ~ 0.3V。

转矩极性鉴别器的输入信号为速度调节器的输出 U_s，由于 U_s 正负对称，故转矩极性鉴别器采用了参考电压为零的反相输入滞回电压比较器（即过零滞回比较器），如图 5-20a 所示。转矩极性鉴别器的输出为转矩极性信号 U_T，当 U_T = + 10V 时为"1"态，表示正向转矩；反之，当 U_T = − 0.6V 时为"0"态，表示反向转矩。转矩检测器的输入输出特性如图5-20b所示。

电流检测器的输入信号是电流互感器输出的零电流信号 U_i，其输出为零信号 U_z。当主电路有电流时，U_i 为 +0.6V，则 U_z = − 0.6V，电流检测器为"0"态；当主电路电流接近零时，U_i 约为 + 0.2V，则 U_z =

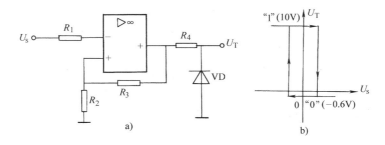

图 5-20　转矩检测器

a）原理图　b）输入输出特性

+10V，电流检测器为"1"态。由于输入信号 U_i 均为正值，而不是正负对称，故电流检测器的输入端增设有偏移电路（RP 和 R_1），以提供参考电压，因此电流检测器是一个参考电压不为零的反相输入滞回电压比较器（即电平滞回比较器），如图 5-21a 所示。电流检测器的输入输出特性如图 5-21b 所示。

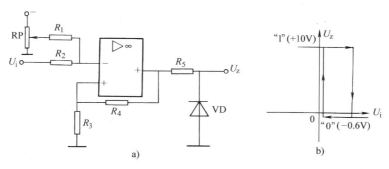

图 5-21　电流检测器

a）原理图　b）输入输出特性

（2）逻辑判断电路　逻辑判断电路的任务是根据两个电平检测器的输出信号 U_T 和 U_Z，经逻辑运算后，正确地发出正、反组切换逻辑信号 U_F 和 U_R。对于采用 NPN 型硅管组成的晶闸管触发电路，应使 U_F 和 U_R 在零电位或负电位（"0"态）时封锁脉冲，而在正电位（"1"态）时开放脉冲。对于 PNP 型锗管触发电路则与此相反。

根据可逆系统电动机运行状态的情况，可以列出逻辑判断电路的真值表。对于 NPN 型管触发电路，其逻辑判断电路的简化真值表见表 5-1。

表 5-1　逻辑判断电路的简化真值表

U_T	U_Z	U_F	U_R	U_T	U_Z	U_F	U_R
1	1	1	0	0	1	0	1
1	0	1	0	0	0	0	1
0	0	1	0	1	0	0	1

由与非门组成的逻辑判断电路如图 5-22 所示，它适用于 NPN 型管触发电路。

根据图 5-22 所示逻辑电路，可写出逻辑代数式为

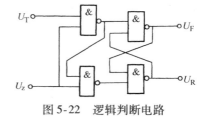

图 5-22　逻辑判断电路

$$U_F = \overline{U_R \, \overline{\overline{U_T U_Z}}} \quad U_R = \overline{U_F \, \overline{\overline{U_T U_Z U_Z}}}$$

逻辑判断电路中的与非门通常采用抗干扰能力较强的 HTL 单与非门。

（3）延时电路　在逻辑判断电路发出切换指令 U_F、U_R 后，必须经过封锁延时 t_1 和开放延时 t_2，才能执行指令，因此无环流逻辑判断装置中必须设置相应的延时电路。延时电路如图 5-23 所示。

电容 C_1 和二极管 VD1 用于封锁延时，电容 C_2 和二极管 VD2 用于开放延时，它们均接于门电路的输入端。当门电路的输入信号由"0"变到"1"时，必须先对电容充电，待电容两端电压充电至门电路的开门电平时，门电路的输出信号才能由"1"变"0"。显然，电容从低电平充电到门电路开门电平所经过的时间，即为这种延时电路的延时时间。改变电容的容量，便可以改变该电路的延时时间。

（4）联锁保护电路　在无环流逻辑控制装置中，设有多"1"联锁保护电路，如图 5-24 所示。

在系统正常工作时，逻辑判断与延时电路的两个输出 U'_F 和 U'_R 总是一个为"1"态，而另一个为"0"态，使联锁保护电路的与非门输出 A 点电位始终为"1"态，因此实际的脉冲封锁信号 U_{bF} 和 U_{bR} 与 U'_F 和 U'_R 的状态完全相同，从而使一组变流器的脉冲开放而另一组变流器的脉冲被

封锁。

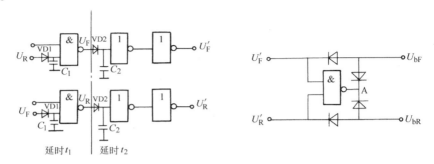

图 5-23　延时电路　　　　　　图 5-24　多"1"联锁保护电路

当电路发生故障时，U_F' 和 U_R' 可能同时为"1"态，则联锁保护电路的与非门输出 A 点电位变为"0"态，使得 U_{bF} 和 U_{bR} 均为"0"态，将两组脉冲同时封锁，从而避免因两组晶闸管同时导通而造成的短路事故。

4. 逻辑无环流可逆系统的各种运行状态

在了解了无环流逻辑控制装置的工作原理的基础上，可以分析逻辑无环流可逆系统的各种运行状态。

（1）停车状态　它是系统的初始状态。给定电压 $U_g = 0$，转速调节器 ASR 输出 $U_s = 0$，使 $U_T = $ "1"；主电路电流 $I_d = 0$，零电流检测信号 $U_i = 0$，使 $U_Z = $ "1"，因此 DLC 输出为 $U_{bF} = $ "1"、$U_{bR} = $ "0"。这使得反组变流器脉冲被封锁，而正组变流器脉冲开放。由于此时 $U_{c1} = 0$，故 $\alpha_F = \alpha_{F0} = 90°$，正组变流器输出电压平均值为零，电动机停止不动。

（2）正向起动和稳速运转过程　当给出正向起动信号即 $U_g > 0$ 时，速度调节器 ASR 输出 $U_s < 0$，故 U_T 仍然为"1"。在起动电流未建立以前，零电流检测器的输出 U_Z 也仍然为"1"。因此 DLC 仍然保持 $U_{bF} = $ "1"、$U_{bR} = $ "0"，即正组开放、反组封锁状态。在给定电压 $U_g > 0$ 的作用下，正组变流器的 α_F 由 90°前移，正组变流器 VF 输出的平均电压逐渐增加，电机开始正向起动。在起动过程中，正组电流调器 ACR1 的作用，使电动机恒流恒加速起动，一直到电动机的转速达到期望转速后，进入稳定运行状态。

在主电路电流建立后，零电流检测器的输入 $U_i > 0$ 并将超过其上阈值，因此其输出 $U_Z =$ "0"。U_Z 的低电平将 DLC 中逻辑判断电路输入端的与非门封锁，使 DLC 处于记忆状态，故其仍然保持 $U_{bF} =$ "1"、$U_{bR} =$ "0" 的正组开放、反组封锁状态。

电动机稳态运行时，若调节给定电压 U_g 的大小，则可以改变转速。系统的稳速原理与双闭环系统相同。

（3）正转制动　制动过程大体上可以分为两个阶段，即本组逆变和它组制动阶段。

给出停车指令，$U_g = 0$。由于电动机的机械惯性，转速负反馈信号 $-U_{fn}$ 仍存在，使转速调节器 ASR 的输出 U_s 由负变为 $+U_{sm}$，故转矩极性鉴别电路的输出 U_T 由 "1" 变为 "0"。但由于主电路电流尚未衰减到零，故零电流检测器的输出 U_Z 仍然为 "0"，DLC 的输入端的与非门仍被封锁，故 DLC 的输出保持正组开放、反组封锁状态。此时，因为转速调节器 ASR 的输出 $+U_{sm}$，使正组电流调节器 ACR1 的输出由正变负，从而使正组触发装置 GTF 输出的触发脉冲的触发延迟角为 $\alpha_F > 90°$，故正组变流器 VF 处于逆变状态，将主电路电感的能量送回电网，主电路的电流迅速衰减到零。这个阶段所经历的时间是很短的。这就是制动的第一阶段——本组逆变阶段。

当主电路电流下降到零时，零电流检测器输出 U_Z 便由 "0" 变为 "1"，使 DLC 中逻辑判断电路输入端的与非门被打开。由于转矩极性鉴别器的输出 $U_T =$ "0"，故经过封锁延时 t_1 后，逻辑控制器 DLC 的正组控制输出 U_{bF} 由 "1" 变为 "0"，将正组也封锁，因而此时正、反组均被封锁；再经过开放延时 t_2 后，DLC 的反组控制输出 U_{bR} 由 "0" 变为 "1"，将反组变流器开放，从而完成了正、反组变流器的切换。系统进入制动的第二阶段——它组制动阶段，这个阶段也是制动过程的主要阶段。

由于转速调节器 ASR 的输出为 $+U_{sm}$，该信号经反号器 AR 后送入反组电流调节器 ACR2，故 ACR2 的输出为正，使反组触发装置 GTR 输出的触发脉冲的触发延迟角 $\alpha_R < 90°$，故在完成切换时反组变流器处于整流状态，其整流电压与电动机的反电动势顺向串联，形成很大的反向制动电

流。该换向冲击电流经反馈环节送到电流调节器 ACR2，通过 ACR2 的调节作用把反组变流器的触发脉冲推向 $\alpha_R > 90°$ 的逆变状态，并使制动电流维持在最大反向电流允许值进行制动，直至电动机转速到零为止。

从上面的分析可以看出，分析逻辑无环流可逆调速系统的工作状态，关键在于分析 DLC 的状态。

5. 限制换向冲击电流的方法

为了避免换向后产生的很大冲击电流，可以从 DLC 中引出所谓的"推 β"信号 $U_{\beta F}$ 和 $U_{\beta R}$，如图 5-19 所示。系统加入"推 β"信号后，可以使它组制动刚开始时就是回馈制动，从而避免了由于反接制动而造成的冲击电流。在正组整流工作时，由 $U_{\beta R}$ 将反组的触发延迟角推到 β_{min} 处；而在从正组切换到反组时，使反组直接进入触发超前角 β_{min} 的待逆变状态，并使触发超前角 β 逐渐前移，反组的待逆变电压随之逐渐减小，当待逆变电压低于电动机的反电动势后，反组才真正开始逆变，电动机实现回馈制动。这种系统虽然避免了制动时的冲击电流，但由于移动 β 角的时间有时长达数十甚至上百毫秒，故延长了电流换向死区。

逻辑无环流可逆调速系统，由于没有环流，故不需要均衡电抗器，因而可减少损耗和设备容量，但由于在转矩方向切换过程中必须要有封锁延时和开放延时，因而具有电流换向死区，影响了系统的快速性。因此，逻辑无环流可逆调速系统广泛应用于对快速性要求不特别高的拖动场合，如 B2016 型龙门刨床的主拖动系统采用的就是晶闸管逻辑无环流直流可逆调速系统。

第六章　交流调速系统与变频器应用技术

培训目标　掌握交流串级调速系统和变频调速系统的基本组成、工作原理、性能特点及相关应用知识，掌握通用变频器的操作和使用知识。

交流异步电动机比直流电动机结构简单、运行可靠、价格低廉、维修方便，因此工业机械设备大多数采用三相交流异步电动机拖动。长期以来，由于异步电动机调速性能不如直流电动机，因此在调速性能要求较高的应用场合，一般采用直流电动机拖动。20 世纪 70 年代以来，随着电力电子技术、大规模集成电路和计算机技术的发展，交流调速系统也得到了迅速发展，其调速性能也得到极大的提高。

三相交流异步电动机有三种基本调速方法，即变极调速、变转差率调速和变频调速。其中，后两种方法可实现无级调速。交流异步电动机的调速系统种类很多，常见的有变极调速、减压调速、电磁转差离合器调速、绕线转子异步电动机转子串电阻调速、绕线转子异步电动机串级调速、交流变频调速等。

交流调速系统与直流调速系统相比，具有容量大、转速高、耐高压、节能、经济、可靠等优越性，而高性能交流调速系统已具备了较宽的调速范围、较高的稳定精度、较快的动态响应、较高的工作效率，其静态、动态特性均已达到直流调速系统的性能水平，正在逐步取代直流调速系统。现在，各种优良高效的交流调速系统已广泛应用于工业生产的各个领域，发挥出巨大的经济效益。

第一节　绕线转子异步电动机串级调速系统

绕线转子异步电动机转子串接电阻可以实现调速，但由于串入附加电阻而增加的转差功率是以发热的形式消耗的，故使系统的效率降低，而且调速范围小，静差率大，平滑性差（有级调速），只能用于小功率电动机和对调速性能要求不高的场合。这种调速方法的本质，是通过改变消耗在转子外串电阻中的功率来改变转差率，从而达到调速的目的，因此它属于转差功率消耗型调速方法。如果在转子回路中不串入电阻，而是串入附加电动势来改变转差功率，同样可以改变转差率，实现调速，这种调速方法称为串级调速。由于这种调速方法可以将串入附加电动势而增加的转差功率，回馈到电网或者电动机轴上，因此它属于转差功率回馈型调速方法。绕线转子异步电动机采用串级调速方法，能提高调速的经济性，具有节能作用，可以使系统获得较高的运行效率。

一、串级调速原理

在转子回路中串入附加电动势 $\dot{E}_f$ 进行串级调速。其基本原理如图 6-1 所示。假设电源电压、负载转矩均不变，在 $\dot{E}_f = 0$ 的情况下，异步电动机以接近额定值的转速稳定运行。此时，转子的感应电动势为 $\dot{E}_2 = s\dot{E}_{20}$，转子电流的值为 $I_2 = sE_{20}/\sqrt{R_2^2 + (sX_{20})^2}$。

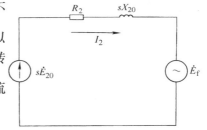

图 6-1 串级调速的原理

1）当 $\dot{E}_f$ 与 $\dot{E}_2$ 两者的频率相同、相位相反时，转子电流减小为 $I_2 = (sE_{20} - E_f)/\sqrt{R_2^2 + (sX_{20})^2}$，电动机输出转矩随之减小，由于负载转矩 T_L 不变，故转子串入 $\dot{E}_f$ 后将引起如下变化过程：

$$\text{串入 } \dot{E}_f \xrightarrow{\quad I_2 = \dfrac{sE_{20} - E_f}{\sqrt{R_2^2 + (sX_{20})^2}} \quad} I_2\downarrow \xrightarrow{\quad T = C_T\Phi_m I_2'\cos\varphi_2 \quad} T\downarrow \xrightarrow{T<T_L} n\downarrow \longrightarrow s\uparrow \longrightarrow I_2\uparrow$$

$$T\uparrow \xleftarrow{\qquad \text{直到} T=T_L \qquad}$$

上述的变化过程将使电动机输出转矩增大，并使其与负载转矩重新达到平衡。因此在转差率 s 上升到某一值时，I_2 又回升到原值，电动机便稳定运行在低于原转速值的某一转速上，这就是减速的过程。

E_f 越大，n 下降越多，因此调节附加电动势 $\dot{E}_f$ 的大小，即可使电动机在同步转速以下调速运行。

2）当 $\dot{E}_f$ 与 $\dot{E}_2$ 两者的频率相同、相位相同时，转子电流增大为 $I_2 = (sE_{20} + E_f) / \sqrt{R_2^2 + (sX_{20})^2}$。由于负载转矩 T_L 不变，转子串入 $\dot{E}_f$ 后各量的变化过程如下：

$$\text{串入 } \dot{E}_f \xrightarrow{\quad I_2 = \dfrac{sE_{20}+E_f}{\sqrt{R_2^2+(sX_{20})^2}}\quad} I_2\uparrow \longrightarrow T\uparrow \xrightarrow{\quad T>T_L\quad} n\uparrow \longrightarrow s\downarrow \longrightarrow I_2\downarrow$$

$$T\downarrow \xleftarrow{\quad\text{直到}T=T_L\quad}$$

经过上述变化过程，将使 $T = T_L$。此时，转差率 s 已下降到某一值，电动机便在比原转速值高的转速下稳定运行，这就是升速过程。

改变 $\dot{E}_f$ 的大小，可以调节电动机的转速，并将会使电动机的转速超过其同步转速。

从功率关系来看，在忽略电动机损耗的情况下，当 $\dot{E}_f$ 与 $\dot{E}_2$ 两者的相位相反时，电网向电动机输入的电磁功率 P_M 的一部分变为机械功率 P_Ω 从电动机轴输出，另一部分变为转差功率 P_s 通过产生附加电动势 $\dot{E}_f$ 的装置回馈给电网，电动机在低于同步转速的电动状态下运行；当 $\dot{E}_f$ 与 $\dot{E}_2$ 两者的相位相同且电动机转速超过其同步转速时，电网向电动机输入电磁功率 P_M，电网同时还通过产生附加电动势 $\dot{E}_f$ 装置也向电动机转子输入转差功率 P_s，电动机把其定子和转子同时吸收的电功率变为机械功率 P_Ω 从轴上输出，电动机在高于同步转速的电动状态下运行。可见，采用串级调速时，由于转差功率没有被损耗，故串级调速系统具有较高的效率。

从上述的串级调速原理可知，实现串级调速的关键是在绕线转子异步电动机转子回路中，串入一个幅值可调且频率与转子电动势 $\dot{E}_2$ 频率相同的附加电动势 $\dot{E}_f$。但由于 $\dot{E}_2$ 的频率 $f_2 = sf_1$，故 f_2 是随转速而变化的，因此要采用这样一个频率随电动机转速而变化的变频电源来实现串级调速，其调速系统主电路和控制电路较为复杂，调速装置的成本高，在技术上也是比较复杂的。目前，常采用的是将转子的交流电动势通过转子整流器变换为直流电动势，再与一个可控的附加直流电动势相串联，通过改变附加直流电动势的大小来实现串级调速。

在转子回路中串入附加直流电动势的串级调速系统中，由于转子整流器是单向不可控的，电动机的转差功率只能通过产生可控的附加直流电动势装置回馈给电网，故只能实现低于同步转速以下的调速，这种系统称为低同步串级调速系统。目前，低同步调速系统大多采用的是低同步晶闸管串级调速系统。

二、低同步晶闸管串级调速系统

1. 低同步晶闸管串级调速系统的主电路

低同步晶闸管串级调速系统主电路的原理如图6-2所示。它主要由绕线转子异步电动机 M、三相桥式二极管整流器 UR、三相桥式晶闸管有源逆变器 UI、逆变变压器 TI、平波电抗器 L_d 等部分组成。该系统的核心部分是有源逆变器 UI 和转子整流器 UR。系统运行时，电动机转子的交流电动势经转子整流器变换成直流电压 U_d，经平波电抗器 L_d 滤波后，加到晶闸管有源逆变器上，再由晶闸管有源逆变器将直流逆变电压 U_β 逆变成交流电送到电网上。系统中的逆变变压器 TI 的作用，是使逆变器逆变出的交流电压与电网电压相匹配，同时还能在逆变器与交流电网之间实现电隔离，以减小晶闸管装置对电网波形的影响。

2. 工作原理

该串级调速系统工作时，晶闸管有源逆变器始终工作于逆变状态即 $\beta < 90°$，直流逆变电压 U_β 即为直流附加电动势。

在不计电动机转子绕组和逆变变压器漏抗等影响时，转子直流回路的电压平衡方程为

$$U_d = U_\beta + I_d R$$

式中　R——电动机转子直流回路的电阻；

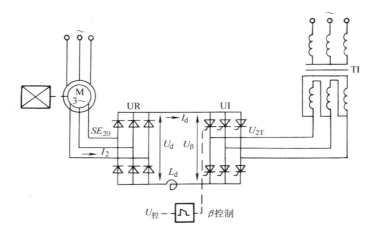

图 6-2　低同步晶闸管串级调速系统主电路的原理

I_d——转子直流回路的直流电流，I_d 与转子的交流电流 I_2 之间存在确定的比例关系。

在电动机拖动恒转距负载情况下，当 $T = T_L$ 时，电动机稳态运行，其转子电流 I_2 和直流电流 I_d 均保持定值。当将触发超前角 β 增大时，电动机的升速过程如下：

$$\beta\uparrow \longrightarrow U_\beta\downarrow \longrightarrow I_d\uparrow(I_2\uparrow) \longrightarrow T\uparrow \xrightarrow{T>T_L} n\uparrow \longrightarrow s\downarrow \longrightarrow E_2\downarrow \longrightarrow I_2\downarrow(I_d\downarrow)$$

$$T\downarrow \xleftarrow{\quad\text{直到}T=T_L\quad}$$

经过上述的变化过程后，转矩重新达到平衡，I_2 和 I_d 又降回到原值，而转差率 s 也下降到某一值，故电动机以较高的转速稳定运行。反之，当减小触发超前角 β 时，则可以使电动机以较低的转速运行。

因此，调节触发超前角 β 可改变逆变电压 U_β 的大小，也就可以改变直流附加电动势的大小，从而实现了串级调速。通常，系统整定触发超前角 β 的变化范围为 $30° \sim 90°$。当 $\beta = \beta_{max} = 90°$ 时，逆变电压 $U_\beta = 0$，即直流附加电动势为零，电动机以接近额定转速的最高转速运行；当 $\beta = \beta_{min} = 30°$ 时，逆变电压 U_β 最大，即直流附加电动势最大，电动机便以最低转速运行。

3. 系统的特性

串级调速系统通过调节触发超前角 β 进行调速时，其特性 $n = f(I_d)$

相当于他励直流电动机调节电枢电压调速时的调速特性。但由于串级调速系统转子直流回路等效电阻比直流电动机电枢回路的总电阻大，因而串级调速系统的调速特性 $n = f(I_d)$ 相对更软些。

低同步晶闸管串级调速系统的机械特性如图6-3所示。由图可见，串级调

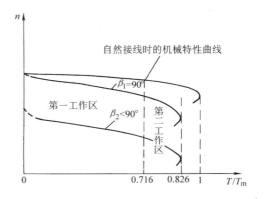

图6-3 低同步晶闸管串级调速系统的机械特性

速系统的机械特性比异步电动机自然接线时的机械特性要软，使得电动机在额定负载时难以达到其额定转速，而且电动机在串级调速时所能产生的最大转距也比电动机固有特性的最大转距减小17.4%。串级调速系统机械特性的第一工作区占了整个机械特性的大部分，串级调速系统在额定转距下运行时，一般处于该工作区。

4. 闭环串级调速系统

由于开环串级调速系统的机械特性比异步电动机自然接线时的机械特性要软，调速性能不够好，因此对于调速技术性能指标有较高要求的生产机械，如轧机、矿井提升机等，可以采用如图6-4所示的转速、电流双闭环串级调速系统，以保证系统既具有较硬的机械特性，又具有响应速度快、抗干扰能力强、易于过电流保护等优点。

双闭环系统的原理前面已有介绍，这里不再多叙。

绕线转子异步电动机的串级调速与转子串电阻调速相比，其优点是机械特性较硬，调速平滑性好，损耗较小，效率较高，便于向大功率发展。其缺点是功率因数较低、设备较复杂、成本较高、低速时电动机的过载能力较低。因此，串级调速最适合用于调速范围不太大的场合，如风机、泵类、压缩机等生产机械的节能调速的应用。

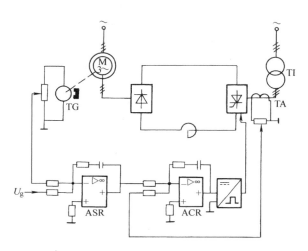

图6-4 转速、电流双闭环晶闸管串级调速系统

第二节 三相交流异步电动机变频调速系统

在三相交流异步电动机的各种调速方法中，变频调速是异步电动机的一种比较理想调速方法，其调速性能最好、效率最高。因此，变频调速系统是交流调速系统的主要发展方向。

一、变频调速的基本原理与基本控制方式

1. 变频调速的基本原理

根据异步电动机的转速表达式 $n = (1 - s)60f_1/p = (1 - s)n_1$ 可知，改变异步电动机的供电频率 f_1，可以改变异步电动机的同步转速 n_1，从而改变其转子转速 n，这就是变频调速的基本原理。

由电机理论可知，三相异步电动机定子每相电动势 E_1 为：$E_1 = 4.44 f_1 N_1 \Phi_m$。从该式可见，磁通 Φ_m 是由 E_1 和 f_1 共同决定的。在电动机定子供电电压保持不变情况下，只改变 f_1 进行变频调速，将引起磁通 Φ_m 的变化，出现励磁不足或励磁过强的现象。当频率 f_1 降低时，磁通 Φ_m 将增加，这会引起磁路饱和，定子励磁电流上升，铁耗急剧增加，造成电动机功率因数和效率的下降，这种情况是电机实际运行中所不允许的；反之，当 f_1 升高时，则磁通 Φ_m 将减小，同样的转子电流下这将使电机输

出转矩 T 下降，电动机的负载能力下降。因此，在变频调速时，应尽可能地使电动机的磁通 Φ_m 保持额定值不变，从而得到恒转矩的调速特性。

2. 变频调速的基本控制方式

异步电动机的变频调速分为以下两种情况。

（1）额定频率以下的恒磁通变频调速　这是从电动机额定频率 f_{1n} 向下调速的情况。由于 $\Phi_m \propto E_1/f_1$，故调节定子的供电频率 f_1 时，按比例调节定子的感应电动势 E_1，即保持 $E_1/f_1 =$ 常数，可以实现恒磁通变频调速，这相当于直流电动机调压调速的情况，属于恒转矩调速方式。

但是，由于定子感应电动势 E_1 是无法直接测量和直接控制的，因此，只能直接调节的是外加的定子供电电压 U_1。若忽略定子绕组阻抗压降，则 $U_1 \approx E_1$，因此可以采用 $U_1/f_1 =$ 常数的恒压频比控制方式进行变频调速。在进行恒压频比的变频调速时，当 f_1 较小时，由于 U_1 也较小，因而定子绕组阻抗压降相对较大，故不能保持磁通不变。因此，这种恒压频比的变频调速只能保持磁通近似不变，实现近似的恒磁通变频调速，这只能认为是近似的恒转矩调速方式，其机械特性如图 6-5 所示。

在这种情况下，可以采用专门电路，在低速时人为地适当提高定子电压 U_1，以补偿定子阻抗压降的影响，使磁通基本保持不变，实现恒磁通、恒转距的变频调速。这种具有压降补偿的恒压频比控制特性如图 6-6 所示。

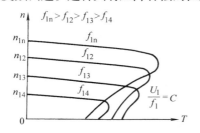

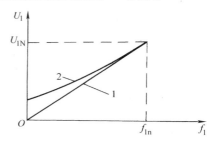

图 6-5　$U_1/f_1 =$ 常数的恒压频比控制的机械特性　　图 6-6　恒压频比控制特性
1—不带压降补偿　2—带压降补偿

（2）额定频率以上的弱磁调速　这是由额定频率 f_{1n} 向上调速的情况。电动机工作在额定状态下，$f_1 = f_{1n}$ 且 $U_1 = U_{1N}$。为了向上调速，定子供电电源的频率 f_1 由额定值 f_{1n} 向上增大，但电压 U_1 受额定电压 U_{1N} 的限制不能再升高，只能保持 $U_1 = U_{1N}$ 不变。这时，随着 f_1 的上升，转速上升，磁通减小，允许的输出转距下降，而电动机的允许输出功率保持近似不变，这相当于直流电动机弱磁调速的情况，属于近似的恒功率调速方式。其机械特性如图6-7所示。

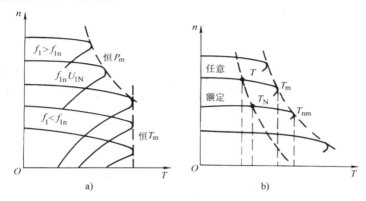

图 6-7　恒功率机械特性

a) $f_1 > f_{1n}$ 的近似恒功率机械特性　b) 严格恒功率机械特性

由上面的讨论可知，在 $f_1 \leqslant f_{1n}$ 时，对恒转矩负载一般都采用电压与频率比例调节，低频段加以电压补偿的恒转矩调速方式；而在 $f_1 > f_{1n}$ 时，则采取只调频率不调电压的近似恒功率调速方式。

二、变频器的分类与特点

从变频调速的控制方式可知，实现异步电动机的变频调速需要一个具有电压、频率均可调节的变频装置，其功能是将电网的恒压恒频交流电变换为变压变频（即 VVVF）交流电，对交流电动机实现无级调速，这种装置就称为 VVVF 装置。早期使用的旋转变流机组 VVVF 装置已被淘汰，现在广泛应用的是静止的电力电子变频装置。静止变频装置有交-交变频器和交-直-交变频器两大类。

交-交变频器直接将电网交流电变为可调频调压的交流电输出，没有明显的中间滤波环节，故又称为直接变频器。而交-直-交变频器则先将电网交流电经整流器转换为直流电，经中间滤波环节后，再经逆变器变换为调频调压的交流电，故称为间接变频器。交-交变频器与交-直-交变频器的主要特点见表 6-1。

表 6-1　交-交变频器与交-直-交变频器的主要特点

变频器类型 比较内容	交-交变频器	交-直-交变频器
换能方式	一次换能，效率较高	二次换能，效率略低
换相方式	电网电压换相	强迫换相或负载换相
装置器件数量	较多	较少
器件利用率	较低	较高
调频范围	输出最高频率为电网频率的 $1/3 \sim 1/2$	频率调节范围宽
电网功率因数	较低	如用可控整流桥调压，则低频低压时功率因数较低，如用斩波器或 PWM 方式调压，则功率因数较高
适用场合	低速大功率调速	可用于各种拖动装置、稳频稳压电源和不间断电源

交-直-交变频器根据其中间滤波环节是电容性或是电感性，可分为电压型变频器和电流型变频器两种。这两种变频器的主要特点见表 6-2。

表 6-2　电流型和电压型交-直-交变频器的主要特点

变频器类型 比较内容	电流型	电压型
直流回路滤波环节	电抗器 L_d	电容器 C_d
输出电压波形[①]	决定于负载，当负载为异步电动机时，近似正弦波	矩形
输出电流波形[①]	矩形	决定于逆变器电压与负载电动机的电动势，近似正弦波，有较大的谐波分量

（续）

比较内容 ＼ 变频器类型	电流型	电压型
输出动态阻抗①	大	小
再生制动	尽管整流器电流为单向，但 L_d 上电压反向容易、再生制动方便，主电路不需附加设备	整流器电流为单向且 C_d 上电压极性不易改变，再生制动困难，需要在电源侧设置反并联有源逆变器
过电流及短路保护	容易	困难
动态特性	快	较慢，如用 PWM 则快
对晶闸管要求	耐压高，对关断时间无严格要求	耐压一般可较低，关断时间要求短
线路结构	较简单	较复杂
适用范围	单机、多机拖动	多机拖动，稳频稳压电源和不间断电源

① 均指简单的晶闸管三相六拍变频器波形，既不用 PWM 也不进行多重化。

交-直-交电压型变频器主电路的结构形式如图6-8所示。在变频调速时，需要同时调节变频器的输出电压和频率，以保证电动机主磁通的恒定。对变频器输出电压的调节主要有两种方式，即脉冲幅度调制（PAM）方式和脉冲宽度调制（PWM）方式。PAM 方式是通过改变直流电压的幅值进行调压的方式，逆变器只负责调节输出频率，由相控晶闸管整流器或直流斩波器通过调节直流电压 U_d 来实现变频器输出电压的调节，如图6-8 a、b 所示；PWM 方式变频器中的整流器采用不可控二极管整流电路，变频器的输出电压和输出频率的调节均由逆变器按 PWM 方式来完成。

常规晶闸管交-直-交变频器的主电路由晶闸管整流器、中间滤波环节及晶闸管逆变器组成。电压型变频器的逆变器的典型结构是串联电感式电压型逆变器，电流型变频器的逆变器的典型结构是串联二极管式电流型逆变器，本书第三章中已详细介绍了有关内容。

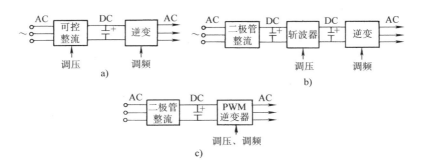

图6-8 交-直-交电压型变频器主电路的结构形式

三、脉宽调制（PWM）型变频器

常规晶闸管交-直-交变频器存在以下问题：由于其主电路需要两套可控的晶闸管变流器，可控开关器件较多，控制电路复杂，装置庞大；由于电压的控制是采用晶闸管相控整流电路，深控时会使电网功率因数恶化，影响供电质量；由于逆变器输出的是阶梯波电压（或电流），使负载电动机中存在较大的低次谐波电流，从而产生较大的脉动转矩，影响电机的稳定工作，低速时尤为严重；由于中间滤波环节有滤波电容或电抗器等大惯性元件，使变频器的动态响应缓慢。

随着现代电力电子器件和微电子技术的发展，中小容量变频器已广泛采用了 PWM 型交-直-交变频器。PWM 变频器的主电路采用不可控二极管整流器和 PWM 型逆变器，可控开关器件较少，由控制电路按一定规律控制逆变器中开关器件的高频率通断，在逆变器的输出端可获得一系列的等幅而不等宽的矩形脉冲波，用这种波形来近似等效正弦波形，就基本解决了阶梯波 PAM 变频器中存在的问题，为近代交流调速系统开辟了新的发展领域。

1. PWM 型变频器主电路

PWM 型变频器主电路的原理如图 6-9 所示。其整流部分为二极管不可控整流桥，整流输出电压经电容滤波后形成恒定幅值的直流电压 U_d。其 PWM 型逆变器的功率开关器件V1～V6除可用 6 只电力晶体管 GTR 外，还可以选用电力场效应晶体管 MOSFET、绝缘栅双极型晶体管 IGBT 等有自关断能力的电力电子器件，只要按一定规律（脉冲宽度调制规律）控制逆变器的功率开关器件 V1～V6 的导通和关断，在逆变器的输出端便可获得一系列恒幅调宽的矩形脉冲波形，通过改变矩形脉冲的宽度可以控制逆变器输出交流基波电压的幅值，通过改变调制周期可以控制其输出频率，从而使 VVVF 协调控制在逆变器中同时完成。

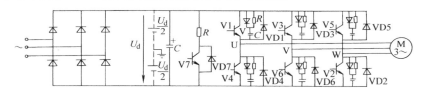

图 6-9　PWM 型变频器主电路的原理

由于直流电源是由二极管整流器得到，所以能量只能由交流电网向逆变器单方向流动，不能向交流电网反馈能量。因此当电动机工作在发电制动时，电动机反馈能量将经过回馈二极管 VD1～VD6 向电容 C 充电，使电容上的直流电压升高。为了避免直流电压过高，在逆变器的直流侧接入制动（放电）电阻 R 和电力晶体管 V7。当直流电压升高到某一限定值时，使 V7 饱和导通接入电阻 R，将部分反馈能量消耗在电阻上，这样，电动机就可以实现发电回馈制动。

2. 正弦波脉宽调制（SPWM）方式

PWM 逆变器开关器件的通断控制规律，即脉宽度调制方式，对其输出具有根本性的影响。脉宽调制技术中，一般以所期望的波形作为参考信号，而受它调制的信号为载波信号。通常，把参考信号为正弦波的脉冲宽度调制方式称为正弦波脉宽调制（SPWM），而把采用 SPWM 方式的变频器称为 SPWM 变频器。目前，用于一般工业领域的通用变频器大多数为 SPWM 变频器。

在 SPWM 方式中，参考信号为正弦波，而载波信号一般为三角波，SPWM 方式调制电路原理框图如图 6-10 所示。

脉宽调制的方法根据调制脉冲的极性，可以分为单极性和双极性两种情况。

（1）单极性的 SPWM 调制方式　在单极性的 SPWM 调制方式中，参

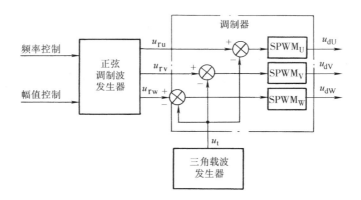

图 6-10 SPWM 方式调制电路框图

考信号为单极性三相对称且可变频变幅的正弦波 u_{ru}、u_{rv}、u_{rw}，这 3 个弱电信号彼此互差 120°电角度，共用的载波信号为单极性三角波 u_t。在逆变器输出的半个周波内，在倒向信号控制下，逆变器中同一相的两个臂上的 GTR 仅有一个可以反复通断，而另一个始终截止。例如，在 U 相的正半周内，倒向信号为正，V1 可反复通断，即当 u_{ru} > u_t 时，V1 导通，当 u_{ru} < u_t 时，V1 截止，而 V4 则始终截止。同理，在 U 相的负半周内，倒向信号为负，则 V4 反复通断，而 V1 始终截止。由于载波信号为等腰三角波，其两腰是线性变化的，它与光滑的正弦曲线相比较后，得到的各脉冲的宽度也随时间按正弦规律变化，因此输出的调制波是恒幅、等距而不等宽的脉冲序列，其脉冲宽度也是呈正弦分布，各脉冲与正弦曲线下对应的面积成正比，如图6-11a所示。

显然，在单极性的 SPWM 调制方式中，改变参考信号正弦波的幅值即可改变逆变器输出电压的大小；改变参考信号正弦波的频率即可改变逆变器输出电压的频率。

（2）双极性的 SPWM 调制方式 在双极性的 SPWM 调制方式中，参考信号和载波信号均为双极性信号。在逆变器输出的半个周期内，逆变器中同一相的两个功率器件 GTR 互补交替通断。仍以 U 相为例，其调制规律为：不论正负半周，只要 u_{ru} > u_t，V1 就导通，而 V4 则截止；反之，只要 u_{ru} < u_t，V4 就导通，而 V1 则截止。由于参考信号本身具有正负半

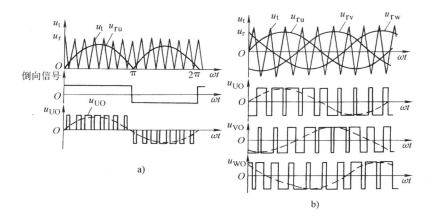

图 6-11　SPWM 调制波形

a）单极性（U 相）　　b）双极性（三相）

周，无需倒向信号就可进行正负半周判断，因此双极性 SPWM 的调制规律十分简单。双极性 SPWM 调制输出波形如图 6-11b 所示。若改变参考信号正弦波的幅值和频率，即可分别改变逆变器输出电压的大小和频率。

可见，在 SPWM 调制方式的逆变器中，只要改变参考信号正弦波的幅值，就可以调节逆变器输出交流电压的大小；只要改变参考信号的频率，就可以改变逆变器输出交流电压的频率。因此，SPWM 变频器的变压变频十分方便。

3. PWM 型变频器的主要特点

PWM 型变频器的主要特点是：其主电路只有一个可控的功率环节，可控的功率开关器件少，简化了结构；使用不可控整流器，使电网功率因数与逆变器输出电压的大小无关而接近于 1；由于逆变器本身同时进行调频和调压，因此与中间滤波环节的滤波器件无关，变频器动态响应加快；可获得比常规阶梯波更好的输出电压波形，输出电压的谐波分量极大地减小，能抑制或消除低次谐波，实现近似正弦波的输出交流电压波形。

四、脉宽调制型变频调速系统简介

图 6-12 所示为一种转速开环的 PWM 型变频调速系统的原理框图。由图可见，系统由主电路和控制电路组成。主电路采用 PWM 型交-直-交

变频器主电路的典型结构，控制电路主要由 PWM 控制信号形成电路、GTR 的基极驱动电路和保护电路等组成。

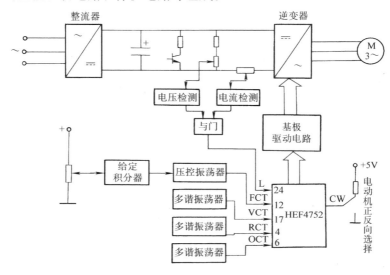

图 6-12　转速开环的 PWM 型变频调速系统的原理框图

PWM 控制信号形成电路，主要由专用于产生三相 SPWM 控制信号的大规模集成电路芯片（HEF4752）、转速给定电位器、给定积分器、一个压控振荡器和 3 个多谐振荡器组成。HEF4752 的几个信号输入端的功能是：FCT 端控制输出频率；VCT 端控制输出交流电压大小；RCT 端控制最高开关频率；OCT 端控制开关器件切换的推迟时间；CW 端控制电动机的转向；L 端控制起动和停止。在不考虑低速段调速时压降补偿的情况下，HEF4752 的 VCT 端的输入可以是固定频率的脉冲信号。

起动时，由转速给定电位器给出的直流电压作为电动机的转速指令，经给定积分器的积分变成一定斜率的斜坡电压，加到压控振荡器的电压控制端，使其产生频率由低逐步升高的一系列脉冲信号，以使电动机的起动电流频率和起动电压由零逐渐上升，从而减小电动机的起动电流及其对 GTR 的冲击。当电动机转速升高到期望转速时，给定积分器的输出电压也为直流电压。

由于 HEF4752 输出的 SPWM 控制信号较小，故系统中采用了 GTR 的基极驱动电路。对于三相逆变器，必须有 6 个结构相同的 GTR 的基极驱动电路，用以分别驱动逆变器中的 6 个 GTR 功率开关器件。

保护电路主要有过电压保护和过电流保护。系统过电压、过电流由相应的检测装置检测后，送到 HEF4752 的起停控制端 L，以及时封锁 HEF4752 的输出，保证系统安全运行。

采用 HEF4752 等专用集成电路构成的 PWM 型变频调速系统，具有结构简单、工作可靠等优点，广泛适用于中小容量的交流变频调速系统。

转速开环的 PWM 型变频调速系统由于没有转速反馈，故调速性能不高，只能用于调速精度要求不太高的一般平滑调速场合。在调速性能要求较高的交流拖动场合，可以采用转速闭环转差频率控制的变频调速系统和转速闭环矢量变换控制的变频调速系统，以获得与直流电动机闭环调速系统相似的性能。尤其是采用转速闭环矢量变换控制的变频调速系统，基本上能达到直流双闭环调速系统的动态性能，因而可以取代直流调速系统。

目前，一般用途的中小容量（600kV·A）以下的变频器已经实现了通用化。通用变频器从 20 世纪 80 年代初实现商品化以来，随着电子技术及工艺的发展，其功能、性能不断提高，现已广泛应用于各种行业之中。

应用通用变频器的基本技术优势是：能实现原有恒速运行的异步电动机的调速控制；在整个速度范围内，电网的功率因数都可以保持较高的值（采用二极管不可控整流器）；实现软起动和软停车，并可实现频繁起动和停车；变频起动电动机时，电源的容量可以减小；不用主电路接触器即可实现正、反转控制；可方便地实现电气制动；可实现恶劣环境下电动机的调速运行；实现高频电动机的高速运行；多台电动机可用一台变频器同时传动，实现调速运行。

利用通用变频器驱动异步电动机构成的交流调速系统，实现对生产机械的调速传动控制，可以达到节能、提高生产效率和产品质量、使生产设备合理化、改善或适应生产环境的目的。

第三节　通用变频器应用技术

通用变频器是一种广泛用于三相交流电动机的变频调速控制器。它利用微处理器来进行交流变频调速控制的各种信息处理，基本实现了控制手段的数字化，其控制功能的不断丰富，使其具有较强的灵活性和适应性。目前，通用变频器的生产厂家较多，产品型号繁多，性能和功能也不尽相同，但各种通用变频器的使用方法基本相似。下面以日本三菱公司的FR - E740 系列通用变频器为例，介绍通用变频器的使用方法。

一、三菱 FR - E740 系列通用变频器简介

三菱 FR - E740 系列通用变频器是一种使用三相 400V 电源（额定输入电压为三相 380 ~ 480V、50Hz/60Hz 交流电）的小型高性能通用变频器。其特点主要有：输出频率范围较宽，可达 0 ~ 400Hz；具有多种磁通矢量控制方式，采用先进磁通矢量控制时，可实现 0.5Hz 运行 200% 转矩输出（3.7kW 以下）；短时超载 200% 时允许持续时间长达 3s，可减少误报警；具有 PID 调节、15 段速度等多种功能选择；采用柔性 PWM 方式，实现更低噪声运行；内置 USB 接口，便于与计算机连接，可以使用 FR Configurator 软件对变频器进行参数设定或监视；内置 RS485 通信接口和选件连接接口，通过增加相应规格的可选件，可以实现 CC - Link、PROFIBUS - DP 等网络通信；主机自带操作面板（还可选 FR - PU04 或 FR - PU07 参数单元），可以用来直接输入数据和命令，使操作更加简便。

三菱 FR - E740 系列通用变频器还具有浪涌电压抑制滤波器、改善功率因数用直流电抗器、改善功率因数用交流电抗器、提高功率因数整流器、制动单元和制动电阻等一系列的可选件，供用户按需要选用。

三菱 FR - E740 系列通用变频器的主机型号为：FR - E740 - □K - CHT。其中，□是以数字方式表示的变频器最大适用电动机的功率（kW），有 0.4、0.75、1.5、2.2、3.7、5.5、7.5、11、15 共 9 种规格。例如，某变频器主机型号为 FR - E740 - 1.5K - CHT，表示的是一台额定输入电压为三相 380 ~ 480V、50Hz /60Hz 交流电、最大适用电动机功率为 1.5kW 的 FR - E740 系列通用变频器主机。

二、通用变频器的安装与接线

1. 基本环境要求

通用变频器的基本运行环境要求为温度应在 - 10 ~ + 50℃（不冻

结）、湿度在 90% RH 以下（不结露），还应避开阳光直射、高温、多湿、油雾、易燃、粉尘和振动等场所。通用变频器运行时，应使变频器垂直于地面，以利于散热和通风。

2. 安装与接线

（1）安装　安装变频器时，需用螺钉将变频器垂直固定在安装板上，同时还应在变频器的四周留有适当的散热和通风空间。

（2）接线　通用变频器通常具有多种外部信号接口电路，用于与外部电路相连接。这些外部接口电路一般包括逻辑控制指令输入电路、频率指令输入/频率指示输出电路、过程参数检测信号输入/输出电路和数字信号输入/输出电路等。

接线时应根据实际使用情况，对变频器的外部端子进行相应的电路连接。三菱 FR－E740 系列通用变频器外部端子的基本接线示意图如图 6-13 所示。

FR－E740 系列通用变频器接线时应注意如下事项：

1）为了防止损坏变频器，接线时必须确保三相交流电源输入线（不必考虑相序）接入变频器交流电源输入侧的 R/L1、S/L2、T/L3 端，绝对不能接至变频器输出侧的 U、V、W 端。

2）在三相交流电源与变频器交流电源输入侧之间可以接入低压断路器和交流接触器，以便于断电维修。

3）变频器输出侧不允许接电容器，也不允许接单相电容式异步电动机。

4）在变频器和电动机之间一般不允许加装接触器。变频器不需要用接触器来对电动机进行开关、点动和正反转控制。

5）变频器接地用的独立接地端子和电动机必须用粗电缆接地，以防止意外断开。

6）变频器的 SD、SE 和 5 号端子为输入/输出控制信号的公共端子，在变频器内部相互隔离，不能将这些公共端子互相连接或接地。

7）控制回路的信号为弱电信号，控制回路端子的接线应使用双绞线或屏蔽线，且应与主回路及其他强电回路分开布线。

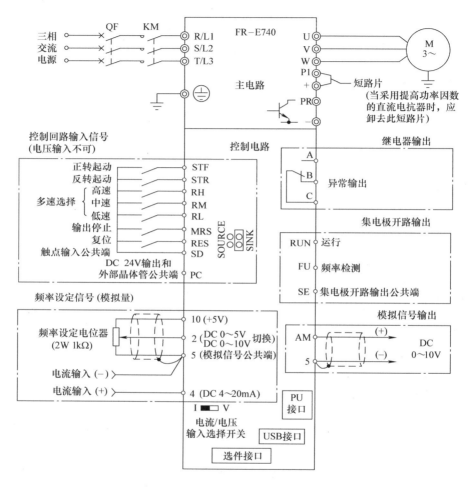

图 6-13 FR – E740 系列通用变频器外部端子的基本接线示意图

三、变频器的使用方法

1. 变频器的功能参数

变频器的功能参数及其设定值，直接影响到变频器运行的可靠性和功能的实现以及性能的发挥。虽然通用变频器的内部功能参数在出厂时已由厂家设置了基本设定值，但为了充分、合理和安全地使用通用变频器，用户应根据实际使用情况设置变频器的有关功能参数。通常，用户只需按照各自的使用要求、电动机参数、负载性质、工艺过程等设定某些功能参数，而其他参数则可以使用变频器出厂时的基本设定。对于三菱 FR－E740 系列通用变频器而言，用户通常设定的功能参数主要有变频器运行模式的选择、运行频率、可定义多功能端子、最高频率、最低频率、基本频率、加速/减速时间、电子热过载保护、电动机的旋转方向等，见表6-3。

表6-3 三菱 FR－E740 变频器的基本功能参数

参数	名称	设定范围	出厂设定值	说明
Pr. 1	上限频率	0～120Hz	120Hz	输出频率的上限
Pr. 2	下限频率	0～120Hz	0Hz	输出频率的下限
Pr. 3	基准频率	0～400Hz	50Hz	电动机的额定频率
Pr. 4	多段速度（高速）	0～400Hz	60Hz	RH 端子接通时的频率
Pr. 5	多段速度（中速）	0～400Hz	30Hz	RM 端子接通时的频率
Pr. 6	多段速度（低速）	0～400Hz	10Hz	RL 端子接通时的频率
Pr. 7	加速时间	0～3600s	5s	电动机加速时间（从 0 加速到 Pr. 20 设定频率）
Pr. 8	减速时间	0～3600s	5s	电动机减速时间（从 Pr. 20 设定频率减速到 0）
Pr. 9	电子过电流保护	0～500A	变频器额定电流	设定电动机的额定电流
Pr. 14	适用负荷选择	0～3	0	选择与负荷特性最适宜的输出特性
Pr. 15	点动频率	0～400Hz	5Hz	点动运行时的频率
Pr. 16	点动加、减速时间	0～360s	0.5s	点动加、减速到 Pr. 20 设定频率的时间
Pr. 20	加、减速参考频率	1～400Hz	50Hz	作为加、减速时间基准的频率
Pr. 24～Pr. 27	多段速度（4～7速）	0～400Hz	9999（不选择）	RH、RM、RL 信号组合设定 4 速的频率（不加 REX 信号或 REX 为 0 时）

（续）

参数	名称	设定范围	出厂设定值	说明
Pr. 40	RUN 键旋转方向	0, 1	0	0：正转；1：反转
Pr. 232 ~ Pr. 239	多段速度（8 ~ 15 速）	0 ~ 400Hz	9999 （不选择）	RH、RM、RL、REX 信号组合设定 8 速的频率（REX 为 1）
Pr. 73	模拟量电压输入选择	0, 1, 10, 11	1	0 (10)：0 ~ 10V；1 (11)：0 ~ 5V。0 (1)：单极性；10 (11)：极性可逆，即可控正反转
Pr. 77	参数禁止写入选择	0, 1, 2	0	0：PU 模式停机时可写；1：不可写（Pr. 75、Pr. 77、Pr. 79 除外）；2：运行时也可写
Pr. 78	逆转防止选择	0, 1, 2	0	0：正/反转均可；1：不可反转；2：不可正转
Pr. 79	模作模式选择	0, 1, 2, 3, 4, 6, 7	0	见表6-4

　　三菱 FR – E740 系列通用变频器具有较为丰富的功能参数，各功能参数的名称（功能）、设定范围、最小设定单位、出厂设定值等详细说明可参阅厂家的产品使用手册。

　　2. 变频器运行的运行模式（控制方式）

　　通用变频器的起动运行必须同时具备运行（输出）频率设定信号和起动信号。根据这两个信号的给出方式（即变频器运行的控制方式）不同，通用变频器运行的基本运行模式主要有四种，即：外部运行模式、PU（参数单元或操作面板）运行模式、外部/PU 组合运行模式和网络通信运行模式。

　　三菱 FR – E740 系列通用变频器的内部功能参数"运行模式选择" Pr. 79 专用于变频器运行模式的选择，是该系列变频器的一个极其重要参数，其设定值的有效范围为 0 ~ 4 和 6 ~ 7，出厂设定值为 0。参数 Pr. 79 的各设定值及其功能见表6-4。

表6-4　Pr.79 的设定值及其功能

设定值	功能	说明
0	外部/PU 运行切换模式	电源接通时，为外部运行模式；用操作面板的 PU/EXT 运行模式切换键可进行外部运行模式和 PU 运行模式的切换（非运行时）
1	PU 运行模式	运行频率和起动信号的数字设定和命令输入均用 PU 单元的按键操作
2	外部运行模式	运行频率由外部（端子 2-5 或 4-5 之间，多段速选择）输入信号确定；起动信号由外部（端子 STF、STR）输入信号确定
3	外部/PU 组合运行模式 1	运行频率用 PU 单元的按键进行数字设定或由外部输入（仅限于多段速设定）；起动信号由外部（端子 STF、STR）输入信号确定
4	外部/PU 组合运行模式 2	运行频率由外部（端子 2-5 或 4-5 之间，多段速选择）输入信号确定； 起动信号用 PU 单元输入命令
6	切换模式	运行中可进行 PU 运行模式、外部运行模式、网络运行的切换
7	外部运行模式（PU 运行模式互锁）	输入端子功能在出厂设定下，当 MRS 信号 ON 时，可切换到 PU 运行模式（正在外部操作运行时输出停止）；当 MRS 信号 OFF 时，禁止切换到 PU 运行模式

3. 操作面板及其功能

三菱 FR – E740 系列通用变频器自带操作面板，可以用于发出起动、停止等操作命令，还可以用于直接设定运行频率、监视操作命令、显示和设定内部参数及显示错误代码等。该操作面板上设置有 1 个三菱变频器 M 旋钮、1 个键盘（5 个操作按键）、1 个监视器（4 位 LED 数码管）和 8 个 LED 指示灯，如图 6-14 所示，其功能见表 6-5。

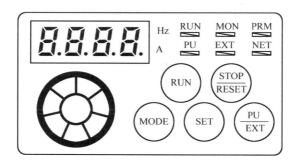

图 6-14 变频器操作面板

表 6-5 操作面板各部分的功能

旋钮、按键和显示器	名称（功能）	说明
（M旋钮图标）	M 旋钮	M 旋钮用于变更频率设定、参数的设定值；按下旋钮时，可显示监视模式时的设定频率、校正时的当前设定值和报警历史模式时的顺序
MODE	MODE 键（模式切换）	用于切换各设定模式；长按此键（2s）可以锁定操作；与 PU/EXT 运行模式切换键同时按下可以切换运行模式
PU/EXT	PU/EXT 键（运行模式切换）	用于切换 PU 运行模式/PU 点动运行模式/外部运行模式
SET	SET 键（确定）	用于各参数设定的确定。运行状态按此键可依次切换监视器显示内容（运行频率→输出电流→输出电压→运行频率…）
RUN	RUN 键（起动命令）	用于 PU 运行模式下的起动运行（转向由 Pr. 40 的设定值确定：0 正转，1 反转）
STOP/RESET	STOP/RESET 键（停止与复位命令）	用于停止变频器运行；保护功能（严重故障）生效时，可以进行报警复位

（续）

旋钮、按键和显示器	名称（功能）	说明
8.8.8.8.	监视器 （4位LED数码管）	用于显示数字、英文字母或符号，以表示相应数据、代码和工作状态（如显示频率、参数编号）等
LED指示灯 "Hz" "A"	数据单位显示灯	用于指示监视器当前监视数据的单位：①显示频率时"Hz"灯亮；②显示电流时"A"灯亮；③显示电压时两灯都不亮
"PU" "EXT" "NET"	运行模式显示灯	①PU运行模式时"PU"灯亮；②外部运行模式时"EXT"灯亮；③网络运行模式时"NET"灯亮；④PU/外部组合运行模式时"PU"灯和"EXT"灯均亮
"RUN" "MON" "PRM"	工作状态显示灯	用于指示操作面板或变频器的工作状态：①监视模式时"MON"灯亮；②参数设定模式时"PRM"灯亮；③"RUN"为变频器运行状态指示灯，正转时灯常亮，反转时灯慢闪（周期1.4s），因故不能起动运行时灯快闪（周期0.2s）

4. 操作面板的基本使用方法

操作面板的基本操作包括运行模式切换、参数设定、频率设定、监视内容切换、锁定与解锁、参数清除与全部清除等。

（1）运行模式切换 当参数 Pr.79 的设定值为 0（出厂设定值）时，变频器接通电源后的运行模式为外部运行模式，在变频器非运行状态下使用操作面板的 PU/EXT 运行模式切换键，可以依次切换变频器的运行模式为 PU 运行模式、PU 点动运行模式或外部运行模式。在 PU 运行模式下，使用 MODE 模式切换键，可以进行依次切换操作面板的 PU 运行模式、参数设定模式和报警历史模式三种工作模式。变频器的运行模式切换操作如图 6-15 所示。

（2）参数设定 将操作面板置于参数设定模式（面板上的"PU"、"PRM"指示灯点亮），通过 M 旋钮和 SET 确定键进行参数设定操作。变频器各参数设定的操作方法基本相同，图 6-16 所示为将变频器输出上限

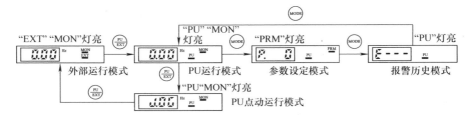

图 6-15　运行模式切换操作

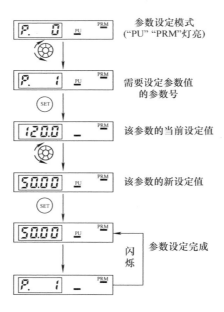

图 6-16　参数设定操作

频率参数 Pr.1 设置为 50Hz 的基本操作过程。

（3）频率设定　当变频器处于 PU 运行模式或外部/PU 组合运行模式 1 时，需要由操作面板给出变频器的运行频率。此时，可以操作 MODE 键使面板进入监视模式，面板上的"MON"和"Hz"指示灯点亮，旋转 M 旋钮改变频率显示值，当监视器上显示出期望的频率值时，按 SET 键进行确定，当监视器显示"F"和期望频率值交替闪烁时，该期望频率值即作为新的频率设定值被写入变频器中。

（4）监视内容切换　变频器运行中，面板上的"MON"指示灯点亮时，监视器用于显示变频器输出的频率值、电流值或电压值，这些监视内容可以用 SET 键来依次循环切换。

（5）锁定与解锁　为防止出现变频器意外起停、参数或频率意外变更等异常情况，可以对操作面板进行锁定操作，使 M 旋钮、键盘的操作功能无效。面板锁定的操作方法是：在参数设定模式下，将参数 Pr.161 设置为"10"或"11"，然后按下 MODE 键 2s 左右，监视器显示出 HOLd 字样后，即可使 M 旋钮和键盘操作无效。

面板锁定后，操作 M 旋钮或键盘则又会显示出 HOLd 字样（若 2s 内无 M 旋钮或键盘的操作则自动回到监视画面）。需注意的是，STOP/RESET 停止与复位键的操作功能在面板锁定后依然是有效的。

面板锁定后解除锁定的操作方法是：按下 MODE 键 2s 左右，可以使 M 旋钮和键盘的操作功能恢复。

（6）参数清除与全部清除在操作面板的参数设定模式下，若 Pr.77 参数写入功能设定值不为"1"，将 Pr.CL 参数清除或 ALLC 参数全部清除设置为"1"，可以使除了校正用参数外的其他参数或全部参数恢复为初始值，其操作方法如图 6-17 所示。

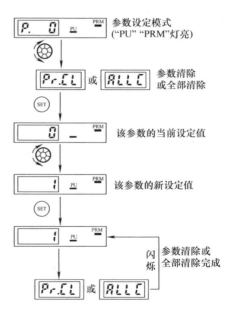

图 6-17　参数清除与全部清除操作

5. 变频器运行的基本操作方法

实际使用变频器时，为了使变频器和电动机能在最佳状态下运行，在变频器内部功能参数均为出厂设定值的情况下，用户必须根据实际变频调速系统的要求，预先对变频器的运行模式、运行频率等有关参数进行设定；为了防止损坏变频器，操作时不能用接通或断开变频器电源的方法来控制电动机的起动或停止。

（1）外部运行模式运行 三菱 FR－E740 系列通用变频器在外部运行模式下的运行频率设定主要有两种方式：一是变频器控制回路有关输入端的通断信号组合；二是加在频率设定（模拟量）信号输入端的模拟量大小。其中，由外部模拟信号控制变频器运行的电路原理如图 6-18 所示。图中，加在变频器外部端子 2－5 之间模拟电压的大小控制了变频器的运行频率。

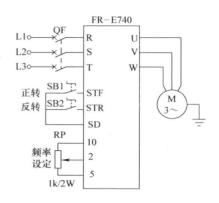

图 6-18 由外部模拟信号控制变频器运行的电路原理

检查接线无误后，接通变频器的供电电源。在操作面板的参数设定模式下，检查上限频率参数 Pr. 1 和下限频率参数 Pr. 2、加速时间参数 Pr. 7、减速时间参数 Pr. 8 和加减速基准频率 Pr. 20 等参数的设定值，是否适合所用电动机。若不相符，则需根据所使用电动机的型号，重新设置这些参数，方可起动变频器运行。

当操作面板上的 LED 指示灯"EXT"（外部运行模式）点亮而"PU"（PU 运行模式）熄灭时，表明变频器处于外部运行模式。否则，可以设定"运行模式选择"参数 Pr. 79 = "2"，使变频器在外部运行模式下运行。

接通 STF（正转）或 STR（反转）端子外接的起动开关（SB1 或 SB2），变频器操作面板上的 LED 指示灯"RUN"点亮或闪烁，若电位器 RP 设定的运行频率不小于变频器内部的"起动频率"参数 Pr. 13 的设定值，则电动机开始正转或反转。当电动机加速至电位器 RP 设定的转速时开始定速运行。缓慢调节频率设定电位器，使电动机加速至 LED 数码管显示值为期望设定频率后停止调节，电动机便以该设定转速定速运行。若反向调节电位器，则电动机将减速。若把起动开关（SB1 和 SB2）都断开或都接通，则电动机将减速至停止，而 LED 指示灯"RUN"也将随之熄灭。

（2）PU 运行模式运行　在变频器通电后，在操作面板的参数设定模式下，检查或设定 Pr. 1、Pr. 2、Pr. 7、Pr. 8、Pr. 20 和 Pr. 40（RUN 键旋转方向的选择）等参数的设定值，使其适合于所用电动机。

当操作面板上的 LED 指示灯"PU"（PU 运行模式）点亮而"EXT"（外部运行模式）熄灭时，表明变频器在 PU 运行模式下运行。否则，可以设定"运行模式选择"参数 Pr. 79 = "1"，使变频器处于 PU 运行模式。

用前述的频率设定方法设定运行频率，再按下 RUN 键即可使变频器起动运行，面板上 LED 指示灯"RUN"点亮或闪烁，电动机开始正转或反转起动，当电动机加速至操作面板设定的转速时开始定速运行。

当变频器运行时，若操作面板处于频率监视状态，则通过 M 旋钮改变设定频率后按下 SET 键，就可以改变电动机的转速；若按下 STOP/RE-SET 键，则电动机减速至停止，LED 指示灯"RUN"随后熄灭。

（3）外部/PU 组合运行模式运行　外部/PU 组合运行模式运行是指用外部操作与 PU 操作共同来控制变频器的运行。其具体操作方式有以下两种：一种是 Pr. 79 = "3"时的外部/PU 组合运行模式 1，即起动信号用外部输入信号操作、频率设定信号用 PU 操作；另一种是 Pr. 79 = "4"时的外部/PU 组合运行模式 2，即起动信号用 PU 的运行命令键操作、频率设定信号用外部输入信号操作。

1）外部/PU 组合运行模式 1 运行。当变频器通电后，检查或设定 Pr. 1、Pr. 2、Pr. 7、Pr. 8、Pr. 20 等参数的设定值，使其适合于所用电动机。用操作面板设定"运行模式选择"参数 Pr. 79 = "3"，LED 指示灯"EXT"（外部运行模式）和"PU"（PU 运行模式）均点亮，这时变频器为外部/PU 组合运行模式 1。在用操作面板设定变频器的运行频率后，接通 STF 或 STR 端子外接的起动开关，LED 指示灯"RUN"点亮或闪烁，电动机开始起动并加速至设定转速时开始定速运行。运行中，操作面板作频率监视时，使用 M 旋钮和 SET 键，可以改变电动机的运行转速。当两个起动开关都断开或都接通时，电动机减速至停止，LED 指示灯"RUN"随之熄灭。

2）外部/PU 组合运行模式 2 运行。当变频器通电后，用操作面板检查或设定 Pr. 1、Pr. 2、Pr. 7、Pr. 8、Pr. 20 和 Pr. 40 等参数的设定值，使其适合于所用电动机。用操作面板设定"运行模式选择"参数 Pr. 79 ="4"，LED 指示灯"EXT"（外部运行模式）和"PU"（PU 运行模式）均点亮，这时变频器为外部/PU 组合运行模式 2。按下 RUN 键，则 LED 指示灯"RUN"点亮或闪烁，电动机开始起动并加速至电位器设定的转速后定速运行。缓慢调节频率设定电位器，使电动机加速至 LED 数码管显示值为期望设定频率后停止调节，电动机便以该设定转速恒速运行。若反向调节电位器，则电动机减速。在电动机运行时，若按下 STOP/RESET 键，则电动机减速至停止，LED 指示灯"RUN"随之熄灭。

6. 变频器的多段转速运行

通用变频器多数具有多段转速控制功能，可以满足生产机械对电动机多种转速运行的要求。三菱 FR - E740 系列通用变频器，除了具有基本的三速设定参数（高速设定 Pr. 4）、（中速设定 Pr. 5）和（低速设定 Pr. 6）外，还具有多段转速设定参数 Pr. 24 ~ Pr. 27（4 ~ 7 段转速设定）和 Pr. 232 ~ Pr. 239（8 ~ 15段转速设定），可以用于设定电动机的 15 种运行转速。

三菱 FR - E740 系列通用变频器的多段转速设定仅在 Pr. 79 = "2"的外部运行模式或 Pr. 79 = "3"、"4"的外部/PU 组合运行模式时有效，而且多段转速设定优先于端子 2 - 5 或 4 - 5 之间外部输入信号设定的主转速，但 Pr. 24 ~ Pr. 27 和 Pr. 232 ~ Pr. 239 之间的转速设定没有优先级。

三菱 FR - E740 系列通用变频器多段转速运行的基本电路原理可以参见图 6-13 所示的基本接线示意图。在变频器进行多段转速运行时，应预先将多种运行转速及所使用的多功能端子用参数加以设定，利用变频器输入端子所接的外部触点信号（如 RH、RM、RL 和 REX 信号）通断状态的组合，就可选择各种运行转速，因此可以方便地实现电动机的多段转速运行。

下面以图 6-19 所示的变频器多段转速调速控制为例，介绍三菱 FR -

E740 系列通用变频器多段转速运行的参数设定及操作。

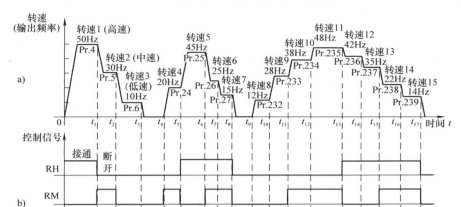

图 6-19　变频器多段转速运行控制示意图

a）多段转速的运行曲线　b）多段转速运行的控制信号

根据图 6-19a 所示的 15 段转速运行曲线和控制要求，设定变频器的有关参数，见表 6-6。

表 6-6　变频器参数的设置

序号	名称	参数	设定值
1	运行模式选择	Pr. 79	2
2	上限频率	Pr. 1	60Hz
3	下限频率	Pr. 2	0Hz
4	加速时间	Pr. 7	4s
5	减速时间	Pr. 8	3s
6	MRS 端子功能选择	Pr. 183	8
7	高速	Pr. 4	50Hz
8	中速	Pr. 5	30Hz

（续）

序号	名称	参数	设定值
9	低速	Pr. 6	10Hz
10	4 速	Pr. 24	20Hz
11	5 速	Pr. 25	45Hz
12	6 速	Pr. 26	25Hz
13	7 速	Pr. 27	15Hz
14	8 速	Pr. 232	12Hz
15	9 速	Pr. 233	28Hz
16	10 速	Pr. 234	38Hz
17	11 速	Pr. 235	48Hz
18	12 速	Pr. 236	42Hz
19	13 速	Pr. 237	35Hz
20	14 速	Pr. 238	22Hz
21	15 速	Pr. 239	14Hz

变频器参数设置的说明：

1）设置"运行模式选择"参数 Pr. 79 = "2"，即变频器为外部运行模式，则运行频率和起动信号均由有关外部控制端子的输入信号确定。若设定 Pr. 79 = "3"，即变频器为外部/PU 组合运行模式 1，则需要利用操作面板，按照前述的频率设定方法，将 PU 模式下的运行频率设置为 0，以确保当变频器在无多段转速选择信号时，电动机处于停止状态；若设定 Pr. 79 = "4"，即变频器为外部/PU 组合运行模式 2，则需要由操作面板 RUN 键和 STOP/RESET 键控制变频器起停，而 Pr. 40 的设定值决定电动机的正反转。

2）将"上限频率"参数 Pr. 1 设定为 60Hz，以限制电动机的最高转速。

3）将"下限频率"参数 Pr. 2 设定为 0Hz，以确定电动机最低转速的限制。

4）将"MRS 端子功能选择"参数 Pr. 183 设定为 8，即设置变频器的 MRS 端子为 15 段速度选择用的 REX 端子。同时，应检查 RL、RM 和 RH "端子功能选择"参数分别为其各自出厂设定值，即 Pr. 180 = "0"、Pr. 181 = "1" 和 Pr. 182 = "2"，以确定 RL、RM 和 RH 端子功能分别为低速、中速和高速运行控制。此外，"遥控功能设定"参数 Pr. 59 = "0"，即不使用 RL、RM 和 RH 端子的遥控设定功能。应当注意，通用变频器大多有一些可定义的多功能端子，这些端子所具备某种功能可以由用户根据应用需要用参数来设定。只有正确设定多功能端子的某种功能，才能确保这些端子在变频器运行时按所规定的功能正常工作。

设定变频器参数后的调试运行过程如下：

1）将操作面板设置为"监视显示"模式的"频率监视"状态，LED 指示灯"MON"和"Hz"均点亮，接通 RH 端子所接开关，至此已做好变频器起动运行准备。

2）接通 STF 端子所接的起动开关（在 $t = 0$ 时刻），则 LED 指示灯"RUN"点亮，电动机开始起动，当电动机升速至转速 1（50Hz）时，开始定速运行。

3）运行一段时间后（在 t_1 时刻），断开 RH 端子外接的开关并接通 RM 端子外接的开关，便可使电动机降速至转速 2（30Hz）时，开始定速运行。

4）同样，在以后的 t_2、t_3 等各个时刻，按照图 6-19 所示的各端子开关状态，依次使各开关通断，便可使电动机实现图 6-19 所示的 15 段转速的运行。

5）最后，断开 STF 端子所接的起动开关，变频器停止运行，电动机减速至停转。

若设定 Pr. 79 = "3"，即变频器为外部/PU 组合运行模式 1，如果未将 PU 模式下的运行频率设置为 0，则上述操作过程中，当变频器在不受多段速度控制时，将会按操作面板设定的频率运行，电动机就不会停止转动。为此，可以分别在 t_3、t_8 和 t_{17} 时刻断开 STF 端子所接的起动开关，使电动机停止转动；而在 t_4、t_9 时刻，除接通相应的端子开关选择转速外，还需再接通 STF 端子所接的起动开关，使电动机开始起动，这样也可以得到图 6-19a 所示的 15 段转速的运行曲线。

多段转速运行是通用变频器的一种较为常用的运行方法。实际应用时，常常将通用变频器与可编程序控制器（PLC）结合起来使用，在变频器上预先设定若干个所需的运行频率（转速），把与电动机各转速切换有关的外部信号作为 PLC 的输入信号，而把 PLC 的若干个输出点作为变频器运行频率的选择开关，并根据电动机各转速切换的控制逻辑关系，编制出相应的 PLC 控制程序，系统运行时由 PLC 控制程序控制这些输出点的通断状态，以进行各种转速的选择，便可实现交流电动机的自动多段转速运行。由于 PLC 控制程序便于修改，因而这种系统可以十分灵活地控制电动机的各种自动变速。因此，用 PLC 来控制变频器的起动、停止和运行频率选择，由变频器来驱动交流电动机，就可组成一个简单的自动控制的交流变频调速系统。

四、通用变频器的使用注意事项

通用变频器是一种较为精密的电子产品。为安全、合理地使用它，除了必须注意使用环境及安装方法外，还应注意以下几方面。

1. 通用变频器和电动机的选用

在以通用变频器为核心的交流变频调速系统中，若通用变频器与电动机的选配不当，往往会造成变频器不能正常运行，甚至引发设备故障。因此，通用变频器及电动机的选用，应保证变频调速系统在有效且可靠满足生产工艺要求的前提下，能够长期安全工作。为此，通常需要根据实际使用环境条件、电网电压、负载大小及性质等，来合理选用通用变频器及电动机。

（1）电动机的选用　根据电动机所驱动的机械负载情况，恰当地选择电动机的额定功率；同时，还要根据电动机的用途和使用环境，选择适当的结构形式和防护等级等。此外，还需根据负载性质，选择合适的电动机工作制（连续工作制、短时工作制、重复短时工作制）。选择电动机额定功率的基本要求是，电动机的额定功率应大于负载所需的功率，且电动机的起动转矩必须大于负载所需的起动转矩，考虑到传动装置的效率和负载波动等因素，还必须留有足够的余量，以保证电动机在整个变频调速范围内具有一定的带负载能力。为了不降低使用寿命，电动机必须在规定的温升范围内使用。

一般而言，与变频器配套的变频专用电动机质量较为可靠、高低速性能优越，是变频器变频调速用电动机的最佳选择，但其所需费用较高。因而在很多情况下，特别是在生产设备改造中，用变频器驱动的往往是普通笼型异步电动机，此类电动机在变频调速应用时会带来如由高次谐波电流产生的附加损耗和温升以及低速运行时因电扇转速低而造成的散热能力变差等问题，应加以考虑。

（2）通用变频器容量的选择　在变频器的容量、电流、电压、类型、负载特性、功能和控制方式等性能及参数指标的选择中，除了要保证变频器的电压等级与所驱动电动机相符，并根据被控设备的负载特性来选择变频器的类型、功能等外，变频器容量的选择是一个不能忽视的问题。在厂家所提供的变频器技术规格参数中，与容量有关的参数通常有三个，即最大适用电动机功率、额定容量和额定电流。这些规格参数是厂家根据自产变频器和自产的标准电动机给出的数据。因此，通用变频器容量选择的基本原则是，通用变频器的容量和输出电流必须大于或等于被驱动电动机的额定功率和额定电流。但由于通用变频器的过载能力劣于电动机的过载能力，而通用变频器的容量实质上受到其所能输出的连续最大电流的限制，因此通用变频器容量的选择要求，实际上是变频器的额定电流必须大于或等于电动机在无故障状态下运行时的最大电流。

实际上，在一些生产设备中，考虑到电动机的实际负载情况，常可以选用变频器的最大适用电动机功率与所驱动电动机额定功率基本相同的通用变频器。但在某些场合下，由于通用变频器的实际用途、使用环境、负载特性等的不同，为了使整个系统更加安全可靠地工作，用户应按实际情况来合理选择变频器的容量，必要时还应通过计算、试验等方法来确定变频器的容量。

2. 变频器的保护功能与故障处理

通用变频器一般都具有故障自诊断、保护和报警功能。其保护功能主要有过电流、过电压、欠电压、过热和过载等几种。当出现这些故障时，变频器相应的保护装置将动作，以避免变频器和电动机发生损坏，而变频器的面板上将会有相应的故障显示。因此，通常在单台通用变频器驱动单台电动机的情况下无须再用电动机保护器等保护装置。

在电动机进行恒速、加/减速或制动运行时，若变频器的输出电流大于其电流保护的设定值或出现过高的电压时，将引起变频器的过电流、过电压保护功能动作。在出现过电流或过电压保护时，应检查电源电压是否超出允许的范围、输出回路是否存在短路、负载是否发生突变、加速时间及减速时间的设定值是否过小等。若电源电压波动较大，可以加装稳压器等。若输出回路及负载无异常，可以增加加速时间（或减速时间）、采用制动电阻或增大变频器容量等。

此外，用变频器驱动交流电动机时，在某个频率上有可能发生系统共振现象，也会引起变频器过电流保护动作或系统跳闸。对此可以通过设置变频器的跳跃频率，来避开发生共振的频率，以免保护功能动作。

当变频器出现过载保护时，应检查电源电压、工作环境温度、冷却风扇、负载等是否正常及电子热过载保护的设定值是否过小等。

3. 通用变频器的维护和检查

通用变频器在长期使用中，由于温度、湿度、振动、粉尘等环境因素，以及受变频器所用元件的老化与使用不当的影响，有可能使变频器的性能发生变化，出现运行不佳或发生故障等现象。因此，必须对通用变频器进行日常或定期的维护和检查。

通用变频器的维护和检查工作应参照产品使用手册来进行。其主要内容有：检查安装地点的环境是否有异常、三相交流输入电压是否平衡及正常、导线连接是否牢固可靠、冷却系统是否正常、各种显示是否正常、变频器和电动机及电抗器等是否有异常声音、振动、异味、过热、变色和接地松脱等现象，根据检查情况，采取相应的措施，如清洁、紧固、测量或更换元器件等。

为了人身安全，一般不得随意打开变频器。必须打开变频器时，一定要注意安全。在打开变频器之前，一定要首先断开电源，使其放电 10min 后，在用万用表等检查变频器主回路 + 、 - 端子之间的电压在 30V 以下后，方可进行内部清洁、检查和维修等工作。否则，在断开电源不久，变频器内滤波电容器上仍然有高压电，该内部高压电可出现在滤波电容、制动单元、逆变元件、外部端子、直流电抗器等变频器主电路的部件上，人体接触后将可能触电，甚至造成人身伤亡事故。此外，变频器内部电路安装有 CMOS 集成电路，维护时不得用手指等直接接触电路板，以免因静电感应而损坏变频器。

正确维护和合理使用通用变频器，能有效地减少变频器的故障，发挥其正常效能，有利于延长其使用寿命。

第七章　可编程序控制器技术

培训目标　本章应重点掌握 PLC 的组成和基本工作原理，FX 系列 PLC 的主要技术性能、机内可编程元件及其编程使用方法、基本指令系统，PLC 控制程序的设计方法及应用。

第一节　概　　述

可编程序控制器（简称 PLC）是一种以微处理器为基础的新一代通用型工业控制器。在 PLC 诞生以来的 40 多年中，PLC 的发展十分迅猛。现在，PLC 已广泛用于工业生产过程和机械设备的电气控制，极大地提高了劳动生产率和自动化程度。PLC 控制技术已成为当代实现工业自动控制的主要手段之一。

一、PLC 及其特点

国际电工委员会（IEC）对 PLC 做出了如下定义："可编程序控制器是一种数字运算操作的电子系统，专为在工业环境下应用而设计。它采用可编程序的存储器，用来在其内部存储执行逻辑运算、顺序控制、定时、计数和算术运算等操作的指令，并通过数字式、模拟式的输入和输出，控制各种类型的机械或生产过程。可编程序控制器及其有关设备，都应按易于与工业控制系统形成一个整体，易于扩充其功能的原则设计"。我国的国家标准也对 PLC 作了与此基本一致的规定。

随着科学技术的发展，PLC 的功能不断增强。目前，PLC 已广泛应用于顺序控制、运动控制、过程控制、数据处理和网络通信等众多领域。PLC 的主要特点如下：

1）可靠性高，抗干扰能力强。

2）通用性强，容易扩充功能。

3）指令系统简单、编程简便易学，且易于掌握。

4）结构紧凑，体积小，重量轻，功耗低。

5）维修工作量少、现场连接方便。

PLC 的品种繁多，分类方法也有多种。通常，按结构形式来分，PLC 有三种，即整体式（又称为单元式，如三菱 F1 系列 PLC）、模块式（又称为积木式，如西门子 S7 – 300 系列 PLC）和叠装式（整体式与模块式相结合的产物，如三菱 FX2N、FX3U 系列 PLC 和西门子 S7 – 200 系列 PLC）；按功能强弱来分，PLC 有低档、中档和高档三种；按输入/输出（简称 I/O）点数来分，PLC 有小型机（I/O 点数小于 256 点）、中型机（I/O 点数在 256～2048 点）和大型机（I/O 点数大于 2048 点）三种。

二、PLC 的基本结构

PLC 实质上是一种工业控制专用计算机。与通用计算机相比，PLC 不仅具有与工业过程直接相连的接口，而且具有更适用于工业控制的编程语言。PLC 的基本结构如图 7-1 所示。

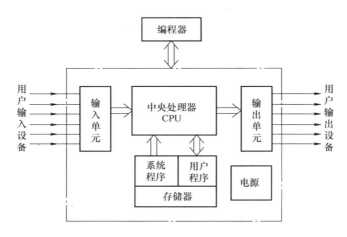

图 7-1　PLC 的基本结构

（1）中央处理器 CPU　CPU 是 PLC 中的核心部件，起着运算和控制的作用。它能够执行程序规定的各种操作，处理输入信号，发送输出信号等。PLC 的整个工作过程都是在 CPU 的统一指挥和协调下进行的。PLC 中常用的 CPU 有通用微处理器、单片机和位片式微处理器，某些 PLC 还采用了多个 CPU。

（2）存储器　PLC 中的存储器按用途可分为系统程序存储器和用户程序存储器两大类。前者用于存放系统程序和系统数据，而后者则用于存储用户程序（控制程序）和用户数据。

1）系统程序是由 PLC 生产厂家编制的，用来管理和协调 PLC 的各部分工作。由于系统程序关系到 PLC 的性能，因此 PLC 生产厂家已将系统程序固化到 ROM（只读存储器）芯片内，用户不能直接读写 ROM 芯片中的信息。

2）用户程序是由用户根据实际控制系统的要求，采用 PLC 的程序语言编写的应用程序。它决定了 PLC 输入与输出信号之间的具体关系，PLC 必须配上用户编写的应用程序才能完成用户指定的控制任务。用户程序存储器常采用 RAM（随机存取存储器）芯片，用户可随时修改自己的应用程序。由于 RAM 芯片具有"易失"性，故一般选用低功耗的 CMOS – RAM 芯片，并加入后备电池（锂电池），以保证在电源出现故障或断电的情况下，PLC 也能完整地保存用户程序存储器 RAM 芯片中的内容。PLC 产品说明书中所列存储器的型式和容量，是针对用户程序存储器而言的。某些 PLC 可选用 EPROM（紫外线可擦除、电可改写的可编程序只读存储器）芯片、EEPROM（即 E^2PROM，电可擦除、电可改写的可编程序只读存储器）芯片和 FLASH　ROM（闪存）芯片作为用户程序存储器，这三种芯片均为非"易失"性的。

（3）输入/输出单元　输入/输出单元又称为 I/O 接口电路，是 PLC 与外部被控对象（机械设备或生产过程）联系的纽带与桥梁。根据输入/输出信号的不同，I/O 接口电路有开关量和模拟量两种。

输入接口用于接收和采集现场设备及生产过程的各类输入数据信息（如从操作按钮、各类开关、数字拨码盘开关等送来的开关量，或由电位器、传感器、变送器等提供的模拟量），并将其转换成 CPU 所能接受和处理的数据；输出接口则用于将 CPU 输出的控制信息转换成外部设备所需要的控制信号，并送到有关设备或现场（如接触器、电磁阀、调节阀、指示灯、调速装置等）。

通常，I/O 接口电路大多采用光耦合器来传递 I/O 信号，并实现电平转换。这样就可以使生产现场的电路与 PLC 的内部电路隔离，既能有效地避免因外电路的故障而损坏 PLC，同时又能抑制外部干扰信号侵入 PLC，从而提高 PLC 的工作可靠性。

为满足各种类型负载的要求，输出接口电路一般有继电器输出、晶闸管输出和晶体管输出三种形式。

（4）编程器　编程器主要供用户进行输入、检查、调试和编辑用户程序。用户还可以通过其键盘和显示器调用和显示 PLC 内部的一些状态和参数，实现监控功能。

（5）电源　PLC 大多使用220V 交流电源，PLC 内部的直流稳压单元用于为 PLC 的内部电路提供稳定的直流电压，某些 PLC 还能够对外提供直流24V 稳定电压，为外部传感器供电。某些 PLC 还带有后备电池，以防止因外部电源发生故障而造成 PLC 内部主要信息意外丢失。

三、PLC 的工作原理

1．PLC 的等效电路

传统的继电器控制系统是由输入、逻辑控制和输出三部分组成的，如图 7-2 所示。其逻辑控制部分是由各种继电器（包括接触器、时间继电器等）及其触点，按一定的逻辑关系用导线连接而成的电路。若需要改变系统的逻辑控制功能，必须改变继电器控制电路。

图 7-2　传统的继电器控制系统

PLC 控制系统也是由输入、逻辑控制和输出三部分组成的，但其逻辑控制部分采用 PLC 及其控制程序来代替继电器控制电路。因此，我们可以将 PLC 等效为一个由许多个各种可编程继电器（如输入继电器、输出继电器、辅助继电器、定时器、计数器等）组成的整体，如图 7-3 所示。PLC 内的这些可编程元件，由于在使用上与真实的元件有很大的差异，因此称之为"软"继电器或"软"元件。

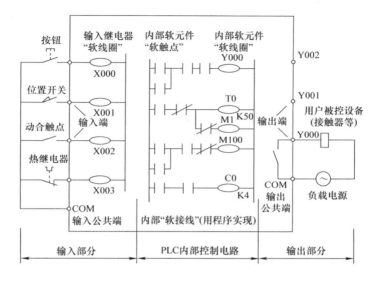

图 7-3　PLC 的等效电路

　　PLC 控制系统利用 CPU 和存储器及其存储的用户程序所实现的各种 "软" 继电器及其 "软" 触点和 "软" 接线，来实现逻辑控制。它可以通过改变用户程序，灵活地改变其逻辑控制功能。因此，PLC 控制的适应性很强。

　2. PLC 的工作过程

　　PLC 的工作过程主要是用户程序的执行过程。PLC 采用了周期性循环扫描的方式来执行用户程序，即在无跳转指令的情况下，CPU 从第一条指令开始，按顺序逐条地执行用户程序，直到用户程序结束，便完成了一次程序扫描，然后再返回第一条指令，开始新的一轮扫描，这样周而复始地反复进行。PLC 每进行一次扫描循环所用的时间称为扫描周期。

　　实际上，PLC 在一个扫描周期内的整个工作过程可分为内部处理、通信服务、输入处理、程序执行和输出处理 5 个阶段。其中，内部处理和通信服务这两个阶段用于提高 PLC 工作的可靠性和及时接收外来的控制命令，而输入处理、程序执行和输出处理这三个阶段则是用户程序的执行过程，如图 7-4 所示。

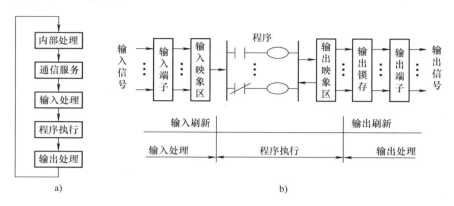

图 7-4 PLC 的工作过程

a）工作过程 b）用户程序的执行过程

（1）输入处理阶段（输入刷新阶段） CPU 按顺序读取全部输入点的通/断状态，并将其写入相应的输入状态寄存器（输入映象寄存器）内。在一个扫描周期内，输入状态寄存器中的内容在输入刷新阶段结束后将保持不变。

（2）程序执行阶段 CPU 扫描用户程序，即按用户程序中指令的顺序逐条执行每条指令。CPU 根据输入状态寄存器、输出状态寄存器中的内容和有关数据进行逻辑运算，并将运算结果写入相应的输出状态寄存器（输出映象寄存器）。

（3）输出处理阶段（输出刷新阶段） CPU 在执行完所有的指令后，把输出状态寄存器中所有输出继电器的通/断状态转存到输出锁存器，并以一定的方式将此状态信息输出，来驱动 PLC 的外部负载，从而控制设备的相应动作，形成 PLC 的实际输出。

可见，PLC 是通过周期性不断地循环扫描，并采用集中输入和集中输出的方式，实现了对生产过程和设备的连续控制。由于 PLC 在每一个工作周期中，只对输入刷新一次，且只对输出刷新一次，因此 PLC 控制存在着输入/输出的滞后现象。这在一定程度上降低了系统的响应速度，但有利于提高系统的抗干扰能力及可靠性。由于 PLC 的工作周期仅为几毫秒甚至数十毫秒，故这种很短的滞后时间对一般的工业控制系统实际影响不大。

四、PLC 的编程语言

IEC 规定了 5 种编程语言，即顺序功能图（SFC）、梯形图（LD）、指令表（IL）、功能块图（FBD）、结构文本（ST）高级编程语言。其中，梯形图和指令表是常用的两种编程语言。目前，不同厂家、不同型号 PLC 的编程语言通常只能适应各自的产品。

（1）梯形图　梯形图是从继电器控制系统演变而来的。它具有形象、直观、实用和逻辑关系明显的特点，是电气技术人员容易掌握的一种编程语言。图 7-5 所示的是实现电动机正反转的继电器控制电路和 PLC 控制程序。由图 7-5a、b 可见，继电器控制电路和梯形图两者所表示的逻辑控制含义是一致的，但 PLC 通过编制程序来实现逻辑控制，因而修改灵活，这是继电器的硬件逻辑控制无法相比的。

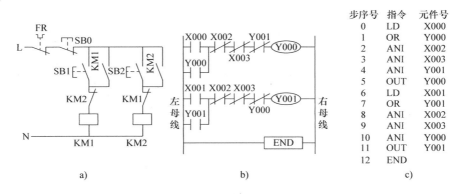

图 7-5　继电器控制电路与 PLC 控制程序

a）继电器控制电路　b）梯形图　c）指令语句表

梯形图是从上至下按逻辑行（又称为梯级）来编制的。梯形图左、右两侧的竖线分别称为左母线和右母线。梯形图通常由多个梯级组成，而每个梯级则由一条支路或多条支路并联后，再接一个或数个输出元件（继电器线圈）构成。例如，图 7-5b 所示的梯形图是由两个梯级组成的，

第一个梯级中有 X000、Y000、X002、X003、Y001、Y000，共有 6 个编程元件符号，最右边的 Y000 是编程元件的线圈，一般用 "—○—" "—○—" 或 "—( )—" 符号来表示；其余 5 个编程元件符号为编程元件的触点，一般用 "—| |—" 表示动合触点，而用 "—|/|—" 表示动断触点。

使用梯形图编程时，只有在一个梯级编制完成后，才能继续编制后面的程序。

（2）指令表　指令表又称为指令语句表，其形式类似计算机的汇编语言，也是用指令助记符来编程的。指令语句表程序是由若干条语句组成的，并用步序号来指定语句的执行顺序，如图 7-5c 所示。通常，语句是由步序号、操作指令和操作元件组成，其一般格式为

步序号　　操作指令　　　操作元件号

其中，步序号反映了指令在程序中所处的步数，程序的步数从 0 开始，由于每条指令都有规定的步长，故两条相邻指令的步序号可以是间断的，最大步序由 PLC 程序存储器的容量决定；操作指令用助记符（如 LD、OR、ANI、OUT 等）来表示，用来指定要执行的操作；操作元件号为 PLC 内部的可编程元件号（如 X0、X1、Y0），用来确定操作的具体对象。

指令语句表程序虽不如梯形图程序直观，但便于用编程器键入程序。

五、PLC 的发展趋势

自 1969 年世界上第一台 PLC 在美国通用汽车公司生产线上首次成功应用以来，PLC 的发展十分迅速，PLC 的结构和功能不断改进，PLC 的更新换代速度不断加快，PLC 的应用范围也迅速扩大。现在，PLC 发展的主要趋势是向着小型化、标准化、系列化、廉价化、智能化、大容量化、高速化、高性能化、分布式全自动网络化方向发展，以满足现代化企业生产自动化的不断需要。

目前，我国的 PLC 已进入快速发展的阶段，PLC 已广泛应用于机械、冶金、化工、煤炭、轻纺等多个行业。我国的机床设备、生产自动线已越来越多地采用 PLC 控制来取代传统的继电器控制，PLC 控制技术已成为现代工业电气维修人员必须掌握的一门技术。

第二节　FX 系列 PLC 简介

目前，我国应用的 PLC 品种较多，有日本三菱公司、欧姆龙公司、德国西门子公司和美国 AB 公司等厂家的 PLC 产品系列，也有我国引进或研制生产的多种 PLC 系列产品。虽然各厂家生产的 PLC 在结构、功能和指令系统上不尽相同，但其基本工作原理大体相同，且编程和使用方法也基本相似。三菱 FX 系列 PLC 具有优良的性价比，是我国目前应用较为广泛的 PLC 机型之一。下面以日本三菱 FX 系列 PLC 为例，对 PLC 作一介绍。

一、FX 系列 PLC 的型号和基本技术性能

三菱 FX 系列 PLC 主要包括 FX1S、FX1N、FX2N、FX3U 等几种基本类型的 PLC。其中，FX3U 是三菱 FX 系列 PLC 的新产品，用以代替 FX1S、FX1N、FX2N，三菱 FX 系列 PLC 的编程方法和编程软件基本相同。

1. FX 系列 PLC 的型号

FX 系列 PLC 由基本单元（主机）、扩展单元、扩展模块和特殊功能单元等几个部分组成，采用的是叠装式结构，其基本单元（主机）、扩展单元和扩展模块外观上为等高等宽，只是长度不同，它们能够拼装成一个整齐的长方体。基本单元内有 CPU、存储器、I/O 接口等电路，每个 PLC 控制系统中必须有一个基本单元。扩展单元用于基本单元 I/O 点数的扩充，内部有电源，只能与基本单元配合使用，而不能单独使用。扩展模块用于增加 I/O 点数和改变 I/O 比例，内部无电源。特殊单元有模拟量 I/O 单元、模拟式定时单元、位置控制单元、高速计数单元和通信单元等，使用特殊单元可以增加 PLC 的控制功能。

FX 系列 PLC 基本单元和扩展单元的型号一般可表示为

FX ①－② ③ ④/（或－）⑤

其中，①为 PLC 系列的名称，如 1S、1N、2N、3U 等；②为 I/O 的总点数；③为单元类型：M 表示基本单元，E 表示输入/输出混合扩展单元或扩展模块，EX 表示输入扩展模块，EY 表示输出扩展模块；④为输出

形式：R 表示继电器，S 表示晶闸管，T 表示晶体管；⑤为附加后缀，用作适用类型或特殊品种的附加区分标识：如 ES 表示 DC24V（漏/源）输入/继电器（或晶体管漏极）输出，ESS 表示 DC24V（漏/源）输入/晶体管源极输出等。此外，某些单元的附加后缀还需再加上如"/UL"等标识以表示其符合 UL 认证等。

例如，型号 FX2N – 48MR 表示：FX2N 系列 PLC 的基本单元，其输入/输出（I/O）点总数为 48 点，继电器输出方式，AC 电源。又如，型号 FX3U – 32MT/ESS 表示：FX3U 系列 PLC 的基本单元，其输入/输出（I/O）点总数为 32 点，DC24V（漏/源）输入/晶体管源极输出。

目前，常见的 FX3U 系列 PLC 基本单元和扩展单元，见表 7-1。此外，FX3U 系列 PLC 还可以选用 FX2N 系列 PLC 的多种外围设备，用户根据自身需求可以查阅三菱公司的相关手册。

表 7-1　常见的 FX3U 系列 PLC 的基本单元和扩展单元

类别	I/O 点数	型号	类别	I/O 点数	型号
基本单元	8/8	FX3U – 16MR（MT）/ES	扩展单元	16/16	FX2N – 32ER – ES/UL
	16/16	FX3U – 32MR（MT）/ES		16/16	FX2N – 32ET – ESS/UL
	24/24	FX3U – 48MR（MT）/ES		24/24	FX2N – 48ER – ES/UL
	32/32	FX3U – 64MR（MT）/ES		24/24	FX2N – 48ET – ESS/UL
	40/40	FX3U – 80MR（MT）/ES			
	64/64	FX3U – 128MR（MT）/ES			

2. FX3U 系列 PLC 的基本技术性能

FX3U 系列 PLC 是三菱公司第三代小型可编程序控制器，其基本单元 I/O 点有 16/32/48/64/80/128 等几种规格，是目前兼顾速度、容量、性能和功能的新型功能型机器，CPU 处理指令速度为 $0.065\mu s$/基本指令，内置 64000 步的 RAM 存储器，控制规模为 16～384 点（本机 I/O 扩展最大为 256 点，加上 CC – Link 的远程 I/O 合计最大可达 384 点），内置独立 3 轴 100kHz 高速脉冲输出功能（晶体管输出型），大幅强化了主机的高速处理和定位控制功能。FX2N 系列及其他早期 FX 系列 PLC 的编程操作通常可以使用三菱 PLC 的 SWOPC – FXGP/WIN – C 或 GX　Developer 编程软件。而 FX3U 系列 PLC 的编程操作则需选用三菱 PLC 的编程软件 GX Developer Ver. 8. 23Z 以上的版本。

使用三菱 FX3U 系列 PLC 时，必须注意其输入端的接线方式。以前国内常见的三菱 FX 系列 PLC，其输入部分大多采用固定的漏型输入接线方式，如图 7-6a 所示。当 PLC 的某个输入端与 COM 公共端接通后形成低电平输入信号，输入信号电流是从该输入端流出的，这适用于直接连接 NPN 型集电极开路输出的开关型传感器。三菱 FX3U 系列 PLC 在其输入端中增设了无源公共端 S/s，通过 S/s 端分别与 24V 或 0V 端连接，可以相应地得到漏型输入或源型输入的两种不同输入形式，FX3U 系列 PLC 的这两种输入接线方式如图 7-6b、c 所示。

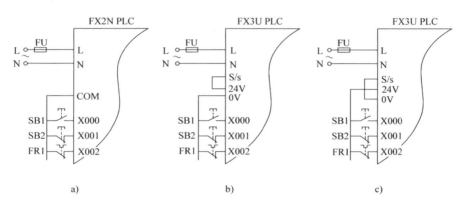

图 7-6　三菱 FX 系列 PLC 的输入端接线方式

a）固定的漏型输入接线　b）漏型输入接线　c）源型输入接线

FX3U 系列 PLC 在采用漏型输入接线时，必须将 24V 与 S/s 端短接，将 0V 端作为各输入信号的公共端进行连接，各输入端的有效输入信号为低电平，适用于直接连接 NPN 型集电极开路输出（低电平）的开关型传感器；在采用源型输入接线时，必须将 0V 与 S/s 端短接，而将 24V 端作为各输入信号的公共端进行连接，此时各输入端适用于直接连接 PNP 型集电极开路输出（高电平）的开关型传感器。

FX3U 系列 PLC 的主要性能规格、输入规格和输出规格见表 7-2～表

7-4。

表7-2 FX3U 系列 PLC 的主要性能规格

项目		性能
运算控制方式		重复执行保存的程序的方式（专用 LSI），有中断功能
输入/输出控制方式		批次处理方式（执行 END 指令时），有输入输出刷新指令，脉冲捕捉功能
程序语言		继电器符号方式 + 步进梯形图方式（可以用 SFC 表示）
程序内存	最大内存容量	64000 步（通过参数的设定，还可以设定为 2k/4k/8k/16k/32k）可以通过参数进行设定，在程序内存中编写注释、文件寄存器
	内置存储器容量/型号	64000 步/RAM 存储器（使用内置锂电池进行备份）
	存储器盒（选件）	快闪存储器，如 FX3U - FLROM - 64L：64000 步（有程序传送功能）
	RUN 中写入功能	有（可编程序控制器运行过程中可以更改程序）
实时时钟	时钟功能	内置 1980～2079（有闰年修正）西历 2 位数/4 位数，月误差 ±45s/25℃
程序容量		内置 8000 步的 RAM；最大可达 16000 步（使用存储卡盒选件）
指令的种类	基本指令	顺控指令 27 条（未满 Ver. 2. 30）或 29 条（Ver. 2. 30 以上），步进梯形图 2 条
	应用指令	209 种 486 个
运算处理速度	基本指令	0. 065μs/指令
	应用指令	0. 642μs 至数百毫秒指令

输入/输出点数	①扩展并用时的输入点数	248 点	③合计点数	① + ② ≤ ③合计点数为 256 点以下
	②扩展并用时的输出点数	248 点		
	④远程 I/O 点数(CC - Link)	<224 点		可以使用 CC - Link、AS - i 主站的其中一个（不可以同时使用）
	⑤远程 I/O 点数（AS - i）	<248 点		
	上述③ + ④的合计点数	384 点以下		

（续）

项目		性能	
输入/输出 继电器	输入继电器	X000 ~ X367	248 点	软元件编号为 8 进制数。输入、 输出合计 256 点
	输出继电器	Y000 ~ Y367	248 点	
辅助 继电器	一般用（可变）	M0 ~ M499	500 点	通过参数可以更改保持/不保持 的设定
	保持用（可变）	M500 ~ M1023	524 点	
	保持用（固定）	M1024 ~ M7679	6656 点	
	特殊用	M8000 ~ M511	512 点	
状态 寄存器	初始状态用（可变）	S0 ~ S9	10 点	通过参数可以更改保持/不保持 的设定
	一般用（可变）	S10 ~ S499	490 点	
	保持用（可变）	S500 ~ S899	400 点	
	报警用（可变）	S900 ~ S999	100 点	
	保持用（固定）	S1000 ~ S4095	3096 点	
定时器	100ms	T0 ~ T191	192 点	0.1 ~ 3276.7s
	100ms（子程序用）	T192 ~ T199	8 点	0.1 ~ 3276.7s
	10ms	T200 ~ T245	46 点	0.01 ~ 327.67s
	1ms（累计型）	T246 ~ T249	4 点	0.001 ~ 32.767s
	100ms（累计型）	T250 ~ T255	6 点	0.1 ~ 3276.7s
	1ms	T256 ~ T511	256 点	0.001 ~ 32.767s
计数器	一般用递增 （16 位）（可变）	C0 ~ C99	100 点	0 ~ 32767 的计数可以通过参数 更改保持/不保持的设定
	保持用递增 （16 位）（可变）	C100 ~ C199	100 点	
	一般用双向 （32 位）（可变）	C200 ~ C219	20 点	– 2147483648 ~ + 2147483647 的计数可以通过参数更改保持/不 保持的设定
	保持用双向 （32 位）（可变）	C220 ~ C234	15 点	
高速计数器	单相单计数输入双向 （32 位）（可变）	C235 ~ C245	C235 ~ C255 中 最大可 以使用 8 点	– 2147483648 ~ + 2147483647 的计数（保持用）可以通过参数 更改保持/不保持的设定
	单相双计数输入双向 （32 位）（可变）	C246 ~ C250		
	双相双计数输入双向 （32 位）（可变）	C251 ~ C255		

（续）

项目				性能
数据寄存器（成对使用时为 32 位）	一般用（16 位）（可变）	D0 ~ D199	200 点	可以通过参数更改保持/不保持的设定
	保持用（16 位）（可变）	D200 ~ D511	312 点	
	保持用（16 位）（固定）＜文件寄存器＞	D512 ~ D7999 ＜D1000 ~ D7999＞	7448 点 ＜7000 点＞	可以通过参数，以 500 点为单位将固定用的数据寄存器 7488 点中的 D1000 以后的软元件设定为文件寄存器
	特殊用（16 位）	D8000 ~ D8511	512 点	
	变址用（16 位）	V0 ~ V7，Z0 ~ Z7	16 点	
扩展寄存器（16 位）		R0 ~ R32767	32768 点	用电池进行停电保持
扩展文件寄存器（16 位）		ER0 ~ ER32767	32768 点	仅当安装了存储器盒时可以使用
指针	JAMP，CALL 分支用	P0 ~ P4095	4096 点	CJ 指令，CALL 指令用
	输入中断，输入延时中断	I0 ~ I5	6 点	
	定时器中断	I6 ~ I8	3 点	
	计数器中断	I010 ~ I060	6 点	HSCS 指令用
嵌套	主控用	N0 ~ N7	8 点	MC 指令用
常数	十进制（K）			16 位：-32768 ~ +32767，32 位：-2147483648 ~ +2147483647
	十六进制（H）			16 位：0 ~ FFFF（H），32 位：0 ~ FFFFFFFF（H）
	实数（E）			32 位，可以用小数或指数形式表示
	字符串（" "）			用 " " 中的字符进行指定。指令中的常数中，最多可以使用 32 个半角字符

表 7-3 FX3U 系列 PLC 的输入规格

项目	规格
输入信号形式	无电压触点、或者漏型输入时：NPN 型开集电极晶体管输入，源型输入时：PNP 型开集电极输入
电路隔离	光耦合器隔离
输入电压	输入信号电压
输入阻抗	3.9kΩ（X000 ~ X005），3.3kΩ（X006、X007），4.3kΩ（X010 以上）
输入信号电流	6mA/24V（X000 ~ X005），7mA/24V（X006、X007），5mA/24V（X010 以上）

项目	规格	
输入感应电流	ON（断 – 通）	DC 3.5mA（最小）
	OFF（通 – 断）	DC 1.5 mA（最大）

项目	规格
响应时间	≈10ms
状态指示	输入 ON 时 LED 灯亮

表 7-4 FX3U 系列 PLC 的输出规格（继电器输出型）

项目	规格	
输出类型	继电器输出	
电路隔离	继电器隔离	
外部电源	DC 30V 以下，AC 240V 以下	
最大负载	阻性负载	2A/1 点、8A/4 点 COM 8A/8 点 COM
	感性负载	80V · A
	灯泡负荷	100W（最大）
漏电流	0mA	
响应时间	≈10ms	
状态指示	继电器线圈通电时 LED 灯亮	

二、FX 系列 PLC 内部的可编程元件

PLC 内部的可编程元件，又称为 PLC 的软元件。这些软元件具有各自的专门功能，其名称可用各自的专用字母来表示，如 X 表示输入继电器、Y 表示输出继电器、M 表示辅助继电器、T 表示定时器、C 表示计数器和 D 表示数据寄存器等。每一个软元件都有各自独立的元件编号。除

了输入继电器 X 和输出继电器 Y 的编号（两者在 PLC 主机的外部有各自相同编号的接线端子）是采用三位八进制数字编码表示外，其他软元件的编号都采用十进制数字且在机器外部也无相同编号的接线端子。用户编写程序时，每一个软元件用元件字母代号和元件编号来表示，每一个软元件的软动合触点和软动断触点均可无限次使用。

FX 系列 PLC 内部的主要软元件及其功能如下：

1. 输入继电器（X）

输入继电器是 PLC 接收外部输入设备开关信号的可编程元件。它的线圈只能由外部信号驱动，因此在梯形图程序中不出现其线圈，只有其软触点。FX3U 系列 PLC 输入继电器（漏型输入接线时）的等效电路如图 7-7 所示。

每个输入继电器的编号与 PLC 外部的输入接线端子编号是一致的。FX3U 系列 PLC 输入继电器的编号范围为 X000 ~ X367（八进制），最多可

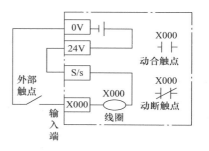

图 7-7　输入继电器（漏型输入接线时）的等效电路

达 248 点。不同型号的 FX3U 系列 PLC 主机，其自带输入继电器的编号范围有所不同。例如，FX3U – 48MR 主机输入继电器的编号为 X000 ~ X027（八进制），共有 24 点，而 FX3U – 64MR 主机输入继电器的编号为 X000 ~ X037（八进制），共有 32 点。

2. 输出继电器（Y）

输出继电器是 PLC 驱动外部实际负载的可编程元件。它的软线圈由内部程序驱动，其软触点供编程用。每个输出继电器对外部仅提供一对硬动合触点。FX3U 系列 PLC 输出继电器的等效电路如图 7-8 所示。

每个输出继电器的编号与 PLC 外部的输出接线端子编号一致。FX3U 系列 PLC 输出继电器的编号范围为 Y000 ~ Y367（八进制），最多可达 248 点。不同型号的 FX3U 系列 PLC 主机，其自带输出继电器的编号范围也有所不同。如 FX3U – 48MR 主机输出继电器的编号为 Y000 ~ Y027（八

进制），共有 24 点，而 FX3U – 64MR 主机输出继电器的编号为 Y000 ~ X037，共 32 点。

值得注意的是，一台 FX3U 系列 PLC 主机扩展后的输入继电器 X 和输出继电器 Y 的总点数应不大于 256 点。

3. 辅助继电器（M）

辅助继电器与 PLC 外部没有直接联系，故有时又称为中间继

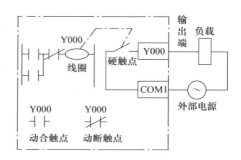

图 7-8　输出继电器的等效电路

电器。辅助继电器线圈由内部程序驱动，其软触点仅供编程使用。辅助继电器有通用型辅助继电器、断电保持型辅助继电器（在外部电源中断时，能由内部锂电池保持其断电前状态）和特殊辅助继电器三种。其中，通用型辅助继电器可用软件设定而变更为断电保持型；断电保持型辅助继电器中的一部分也可用软件设定而变更为非断电保持型，而另一部分则无法变更。

FX3U 系列 PLC 中，通用型辅助继电器的编号为 M0 ~ M499，共 500点；断电保持型辅助继电器的编号为 M500 ~ M7679，其中的 M500 ~ M1023 共 524 点通过参数设置可改为非断电保持型，而 M1024 ~ M7679 共6656 点的断电保持特性不能用软件来改变；特殊辅助继电器的编号为M8000 ~ M8511，共 512 个。

每个特殊辅助继电器具有各自特定的功能，故又称为专用辅助继电器。常用的特殊辅助继电器有以下两种类型，即：

1）触点利用型特殊辅助继电器，其线圈由 PLC 自动驱动，仅触点供用户编程使用。例如：

M8000：运行监视。PLC 运行时，M8000 接通。

M8002：初始化脉冲。PLC 刚开始运行且 M8000 由 OFF 变为 ON 时，M8002 接通一个扫描周期。

M8005：电池电压下降监视。当电池电压下降到规定值时，M8005接通。

M8011～M8014：分别为 10ms、100ms、1s 和 1min 周期的时钟脉冲。

2）线圈驱动型特殊辅助继电器，其线圈由用户编程驱动，PLC 执行特定动作。例如：M8033：PLC 停止时输出保持；M8034：全部输出禁止。

4. 定时器（T）

定时器在程序中用作定时控制，其作用相当于继电器控制电路中的时间继电器。每个定时器除了有一个供其他元件软触点驱动的软线圈外，还有一个设定值寄存器、一个当前值寄存器和一个定时器状态（决定定时器软触点的通断），这三个量使用同一地址编号名称，因而定时器编号在不同的使用场合，其含义是不同的。

FX3U 系列 PLC 定时器进行计数定时的时基信号，是机内提供的 1ms、10ms、100ms 等时钟脉冲，而这些定时器的软触点都是"通电"延时动作的，即定时器在其软线圈被驱动而"得电"时才起动定时，在软线圈保持"得电"状态下定时器的当前值为相应时基脉冲个数的当前累计值，一旦当前值达到设定值，定时器的状态发生改变，其软触点便开始动作，而定时器的当前值将保持不变。

FX3U 系列 PLC 有两种类型的定时器，即普通定时器和累计定时器。两者的不同点在于：在定时器已起动定时而未达到设定值时，若其软线圈"失电"，普通定时器的当前值将复位清 0（软触点仍为原始状态），而累计定时器的当前值则仍将保持且在再次"得电"时继续进行累计定时；在定时器当前值达到设定值而使定时器状态已发生变化（其软触点也已动作）后，若其软线圈"失电"，普通定时器的当前值将清 0 而定时器恢复原态（软触点恢复为原始状态），而累计定时器则需由复位（RST）指令对其线圈进行复位操作后其当前值方复位清 0，其状态和软触点也才能恢复原态。因此，累计定时器具有断电保持功能。两种定时器的动作过程如图 7-9 所示。

FX3U 系列 PLC 定时器的编号为 T000～T511，共 512 点。其中，普通定时器有以下三种：100ms 定时器 T000～T199（其中 T192～T199 在子程序或中断子程序中使用）共 200 点，每点设定值范围为 0.1～3276.7s；10ms 定时器 T200～T245 共 46 点，每点设定值范围为 0.01～327.67s；1ms 定时器 T256～T511 共 256 点，每点设定值范围为 0.001～32.767s。

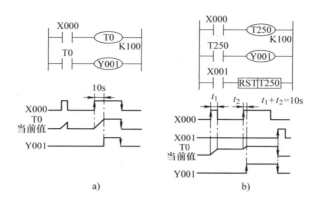

图7-9 定时器的动作过程

a）普通定时器 b）累计定时器

累计定时器有以下两种：100ms 累计定时器 T250 ～ T255 共 6 点，每点设定值范围为 0. 1s ～ 3276. 7s；1ms 累计定时器 T246 ～ T249 共 4 点，每点设定值范围为 0. 001s ～ 32. 767s。

用户在程序中使用定时器时，通常需要用紧随定时器线圈后的 K 及十进制常数（称为 K 常数）来设定所需的定时时间，该设定值也可以使用数据寄存器 D 的内容作间接指定。

5. 计数器（C）

计数器在程序中用作计数控制。FX3U 系列 PLC 的计数器可分为内部计数器和外部计数器两类。内部计数器用来对 PLC 的内部元件（X、Y、M、S、T 和 C）软触点的信号进行计数，由于在程序中这些软触点状态变化的更新速度受到 PLC 扫描周期的限制，因此内部计数器是低速计数器；外部计数器是独立于扫描周期而以中断方式运行的，可以用来对高于机器扫描频率的外部脉冲信号进行计数，因此它是高速计数器。

FX3U 系列 PLC 的程序运行时，每当增计数器软线圈"得电"（OFF→ON）一次，计数器当前值就加 1；当计数器的当前值达到设定值时，计数器的的软触点开始动作；而后无论计数器软线圈是否再次"得电"，计数器的当前值也保持不变；只有执行 RST 复位指令，计数器当前值才清除复位，其软触点方可恢复为原始状态。由于计数器的软线圈是断续

"得电"工作的，PLC 正常运行时，其当前值寄存器具有记忆功能，不会自动复位，因此即使是非断电保持型的计数器也需复位（RST）指令才能使其复位。计数器的设定值，除了可由 K 常数设定外，也可通过指定数据寄存器来间接设定。

FX3U 系列 PLC 计数器的编号为 C0 ~ C255，共 256 点。其中，内部计数器有 16 位增计数器（设定值为 1 ~ 32767）和 32 位增/减计数器（设定值为 − 2147483648 ~ + 2147483647）两种。16 位增计数器中，C0 ~ C99 共 100 点是通用型，C100 ~ C199 共 100 点是断电保持型；32 位增/减计数器中，C200 ~ C219 共 20 点是通用型，C220 ~ C234 共 15 点为断电保持型计数器，它们是增计数还是减计数需由特殊辅助继电器 M8200 ~ M8234 来设定。

高速外部计数器的编号为 C235 ~ C255，共 21 点，均为 32 位增/减计数器，并共用 PLC 的 8 个高速计数器输入端 X000 ~ X007。这 21 个计数器可以通过程序设定，构成增高速计数器或减高速计数器，但高速计数器的外部计数脉冲的最高频率受到 PLC 的限制。

6. 状态继电器（S）

状态继电器通常与步进指令一起使用，也可作为辅助继电器 M 在程序中使用。FX3U 系列 PLC 状态继电器的编号为 S0 ~ S4095，共 4096 点。FX3U 系列 PLC 状态继电器包括通用状态继电器 S0 ~ S499（初始状态继电器 S0 ~ S9 共 10 点，回零状态继电器 S10 ~ S19 共 10 点）共 500 点、断电保持状态继电器 S500 ~ S899 共 400 点、固定断电保持状态继电器 S1000 ~ S4095 共 3096 点和报警信号用状态继电器 S900 ~ S999 共 100 点。

7. 数据寄存器（D）

数据寄存器主要用于存放数据和参数，以便进行算术运算、数据比较和数据传送等操作。FX3U 系列 PLC 的数据寄存器为 16 位，其最高位为符号位，两个数据寄存器可以合并起来成为 32 位数据寄存器（最高位仍为符号位）。数据寄存器分成以下几类：通用数据寄存器 D0 ~ D199 共 200 点（通过参数设置可改为断电保持型）；断电保持寄存器 D200 ~ D7999 共 7800 点，其中 D200 ~ D511 可以通过参数设置而改为通用数据寄存器，而 D512 ~ D7999 则不可改变断电保持功能，但 D1000 ~ D7999

（共 7000 点）能够以 500 点为一个单位，设为文件数据寄存器，用于存储重要数据，可通过 BMOV（块传送）指令进行读写操作；特殊数据寄存器 D8000～D8511（共 512 点）用于监控 PLC 中各种元件的运行方式，用户不得使用其中未定义的特殊数据寄存器。

8. 变址寄存器（V/Z）

变址寄存器 V、Z 都是 16 位的数据寄存器，可与普通数据寄存器一样进行数据的读写，其内容常用于改变软元件的编号（即软元件的变址）。当进行 32 位操作时，将 V、Z 对号合并使用，指定 Z 为低位。FX3U 系列 PLC 有 V0～V7、Z0～Z7 共 8 个寄存器对。

9. 指针（P/I）

指针作为标号，用来指定条件跳转、子程序调用等分支指令或中断程序的跳转目标。指针按用途可分为分支指令用指针 P 和中断用指针 I 两种。FX3U 系列 PLC 的分支指令用指针的编号为 P0～P4095 共 4096 点，其中 P63 相当于 END 指令。

FX3U 系列 PLC 内部丰富的软元件给用户的编程应用带来了方便。需要说明的是，用户在使用上述有关软元件编程进行数值处理时，十进制常数用 K 表示，如 K35 表示的是 35（十进制数）；十六进制常数用 H 表示，如 H23 表示的也是 35（十进制数）；实数（浮点数）用 E 来表示，如 E122.4 是一般表示方式，表示的是 122.4；而 E1.224 + 2 则是指数表示方式，表示的也是 122.4，数字中的" + 2"表示的是 10 的 2 次方（即 10^2），这两种表示方式都可以用来表示实数。

三、FX 系列 PLC 的指令系统

1. 基本逻辑指令

FX 系列 PLC 共有 29 条基本逻辑指令，这些指令主要用于输入、输出、逻辑运算、定时及计数等操作。现分别说明如下：

（1）LD、LDI、OUT 指令　LD 指令（又称为取指令）用于动合触点与母线连接，表示动合触点逻辑运算开始。LDI 指令（又称为取反指令）用于动断触点与母线连接，表示动断触点逻辑运算开始。LD、LDI 指令的操作元件为 X、Y、M、S、T、C。OUT 指令（又称为线圈驱动指令）用于将逻辑运算的结果输出到指定的继电器（不包括输入继电器）线圈。

OUT 指令的操作元件为 Y、M、S、T、C。当 OUT 指令的操作元件是定时器 T 或计数器 C 时，必须设定 K 常数。LD、LDI、OUT 指令的使用方法如图 7-10 所示。

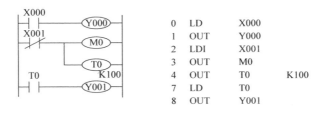

图 7-10　LD、LDI、OUT 指令的使用方法

（2）AND、ANI 指令　AND 指令（又称为与指令）用于串联单个动合触点。ANI 指令（又称为与非指令）用于串联单个动断触点。AND、ANI 指令的操作元件为 X、Y、M、S、T、C。AND、ANI 指令的使用方法如图 7-11 所示。

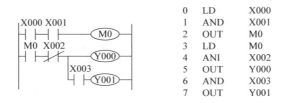

图 7-11　AND、ANI 指令的使用方法

（3）OR、ORI 指令　OR 指令（又称为或指令）用于并联单个动合触点。ORI 指令（又称为或非指令）用于并联单个动断触点。OR、ORI 指令的操作元件为 X、Y、M、S、T、C。OR、ORI 指令的使用方法如图 7-12 所示。

（4）LDP、LDF、ANDP、ANDF、ORP、ORF 指令　LDP、ANDP、ORP 指令分别称为取、与、或脉冲上升沿指令，其功能是对指定动合触点的上升沿进行检测，当指定触点有 OFF→ON 的变化时，该指定触点接通一个扫描周期。LDF、ANDF、ORF 指令分别称为取、与、或脉冲下降

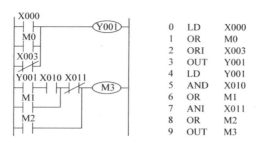

图 7-12　OR、ORI 指令的使用方法

沿指令，其功能是进行指定动合触点的下降沿检测，当指定触点有 ON→OFF 的变化时，该指定触点接通一个扫描周期。这些指令的操作元件为 X、Y、M、S、T、C。LDP、LDF、ANDP、ANDF、ORP、ORF 指令的使用方法如图 7-13 所示。

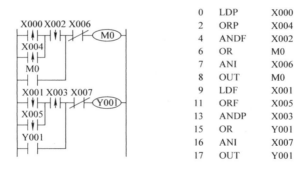

图 7-13　LDP、LDF、ANDP、ANDF、ORP、ORF 指令的使用方法

（5）ORB 指令　ORB 指令（又称为块或指令）用于串联电路块（分支电路）的并联。所谓串联电路块，是指含有两个或两个以上触点串联的电路。ORB 指令的使用方法如图 7-14 所示。

ORB 指令的使用说明：

1）电路块并联时，应先完成电路块的内部连接，即先组块后并联。每个电路块的起点应使用 LD 或 LDI 指令，电路块的并联用 ORB 指令来完成。

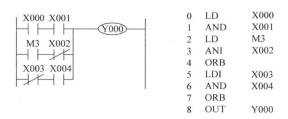

图 7-14 ORB 指令的使用方法

2）多个电路块并联时，可以在每并联一个电路块后就使用一条 ORB 指令（见图 7-14），也可以集中在最后一个电路块后面使用多条 ORB 指令。采用前一种方法编程时，对 ORB 指令的使用次数没有限制，而采用后一种方法编程时，则 ORB 指令的使用次数不能超过 7 次。

3）ORB 指令为不需操作元件的独立指令。

（6）ANB 指令 ANB（又称为块与指令）用于并联电路块的串联。并联电路块是指含有两个或两个以上触点并联的电路。ANB 指令的使用方法如图 7-15 所示。

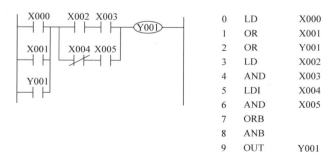

图 7-15 ANB 指令的使用方法

ANB 指令也是不需操作元件的独立指令。ANB 指令的使用注意事项与 ORB 指令基本类似。

（7）MPS、MRD、MPP 指令 MPS 指令称为进栈指令，MRD 指令称为读栈指令，MPP 指令称为出栈指令。这三条指令均不需操作元件，用于多重输出电路。其中，MPS 指令用来将本指令使用前的逻辑运算中间结果存进堆栈的第一层；MRD 指令用来读出堆栈第一层中的最新进栈的数据，但该数据被读出后仍存储在堆栈中第一层，因而可以再次用 MRD 指令从堆栈中读出；MPP 指令用来取出堆栈第一层中最新进栈的数据，该数据用 MPP 指令取出后就不再存储在堆栈中第一层，因此无法再次读出或取出。MPS、MRD、MPP 指令的使用方法如图 7-16 所示。

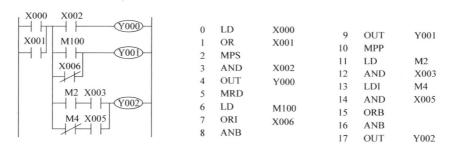

0	LD	X000	9	OUT	Y001
1	OR	X001	10	MPP	
2	MPS		11	LD	M2
3	AND	X002	12	AND	X003
4	OUT	Y000	13	LDI	M4
5	MRD		14	AND	X005
6	LD	M100	15	ORB	
7	ORI	X006	16	ANB	
8	ANB		17	OUT	Y002

图 7-16　MPS、MRD、MPP 指令的使用方法

MPS、MRD、MPP 指令的使用说明：

1）FX 系列 PLC 有 11 个存储逻辑运算中间结果的栈存储器。当用 MPS 指令将数据进栈后，在未使用 MPP 指令将该数据出栈的情况下，可以再次使用 MPS 指令将另一数据进栈，使先入栈的数据在栈区内依次压入其下一层，但这样连续使用 MPS 指令必须少于 11 次，而且 MPS 指令必须与 MPP 指令配对使用，MPS 指令和 MPP 指令的数量差应小于 11，最终两者的指令数量必须一致。例如：三层栈的使用方法如图 7-17 所示。

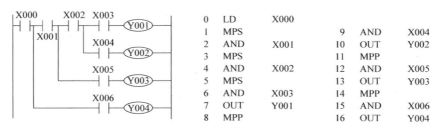

0	LD	X000			
1	MPS		9	AND	X004
2	AND	X001	10	OUT	Y002
3	MPS		11	MPP	
4	AND	X002	12	AND	X005
5	MPS		13	OUT	Y003
6	AND	X003	14	MPP	
7	OUT	Y001	15	AND	X006
8	MPP		16	OUT	Y004

图 7-17　三层栈的使用方法

2）堆栈是按照"先进后出，后进先出"的原则进行数据信息存取的。因此使用 MRD、MPP 指令仅能读出或取出最新进栈的数据。

（8）MC、MCR 指令　MC 指令（又称为主控指令）用于主控电路块的起点。MCR 指令（又称为主控复位指令）用于对 MC 指令的复位。

在编程时，经常会遇到多个分支电路同时受一个或一组触点的控制，这种控制称为主控。在主控情况下，使用主控指令编程，可以简化程序。在梯形图上，使用主控指令的触点（称为主控触点），是与母线相连的动合触点，其图形符号与一般的触点相同，但应画在与一般的触点相垂直的方向上。主控触点的作用相当于一个总开关，在其接通的情况下，其后的各分支电路方可工作。例如：采用 MC、MCR 指令编写的程序如图 7-18 所示。

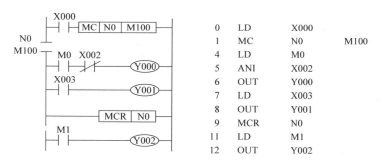

图 7-18　采用 MC、MCR 指令编写的程序

MC、MCR 指令的使用说明：

1）MC 指令的操作元件是 Y、M，但不能使用特殊辅助继电器 M。

2）MC、MCR 指令必须成对使用。当使用 MC 指令时，母线将被移到主控触点的后面，即主控触点右边为 LD 点，故在主控指令后应由 LD 或 LDI 指令开始；当使用 MCR 指令时，可使母线回到原来的位置。

3）在主控触点接通后，执行 MC 与 MCR 指令之间的指令；在主控触点断开后，将不再执行这些指令，原用 OUT 指令驱动的元件将复位，但计数器和断电保持型元件（如累计定时器等）以及用 SET 指令驱动的元件仍将保持当前的状态。

4）主控指令可以连续使用，母线的位置将随之变更，而嵌套级 N 的编号也将随之依次增大；返回时应使用 MCR 指令从大的嵌套级开始解除。N 的编号为 0~7，即嵌套级最多可以为 8 级。

（9）INV 指令　INV 指令称为运算结果取反指令。该指令是不需操作元件的独立指令，用于对该指令使用前的逻辑运算结果进行取反。INV 指令的使用方法如图 7-19 所示。

图 7-19　INV 指令的使用方法

（10）SET、RST 指令　SET 指令称为置位指令，而 RST 指令则称为复位指令，它们分别用于对操作元件进行置位（接通并自保持）和复位（断开和清零）操作。SET、RST 指令的使用方法如图 7-20 所示。

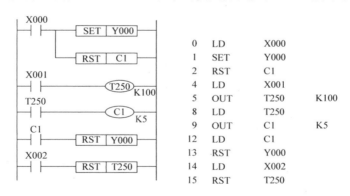

图 7-20　SET、RST 指令的使用方法

SET、RST 指令的使用说明：

1）SET 指令的操作元件为 Y、M、S。当使用 SET 指令驱动时，软元件在置位（软线圈"得电"、软触点动作）后有自保持（自锁）功能；当使用 RST 指令复位时，软元件才被复位（软线圈"断电"、软触点恢复原态）。

2）RST 指令的操作元件为 Y、M、S、T、C、D、V、Z。用 RST 指令可以将定时器、计数器、数据寄存器和变址寄存器的内容（当前值）进行复位清零（定时器、计数器的软触点同时恢复原态）。

3）SET、RST 指令用于同一个软元件时，其使用顺序没有限制。但根据程序扫描执行的特点，在置位、复位条件都成立的情况下，若 SET、RST 指令之间无其他指令，则后指令将优先执行，而前指令无效；若 SET、RST 指令之间存在其他指令，则前指令有效，后指令仍然有效。

（11）MEP、MEF 指令　MEP、MEF 指令是使运算结果脉冲化的指令，也是不需操作元件的独立指令。MEP 指令的输出仅在本指令使用前的运算结果出现 OFF→ON 变化时才为接通状态，即 MEP 指令可以将其之前运算结果的上升沿变为 ON 脉冲；MEF 指令的输出仅在本指令使用前的运算结果出现有 ON→OFF 变化时才为接通状态，即 MEF 指令可以将其之前运算结果的下降沿变为 ON 脉冲。MEP、MEF 指令的使用方法如图7-21所示。

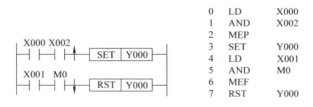

图 7-21　MEP、MEF 指令的使用方法

（12）PLS、PLF 指令　PLS 指令称为上升沿脉冲指令，PLF 指令称为下降沿脉冲指令。PLF、PLS 指令分别用于在输入信号的上升沿、下降沿，使操作元件进行短时间的通断，来产生一个脉宽等于扫描周期的脉冲信号。使用 PLS、PLF 指令，可以将输入的宽脉冲信号变成脉宽等于扫描周期的触发脉冲信号，并保持原信号的周期不变。PLS、PLF 指令的操作元件是 Y、M。PLS、PLF 指令的使用方法如图 7-22 所示。

（13）NOP 指令　NOP 指令（又称为空操作指令）用于程序的修改等方面。它是无操作元件的独立指令。NOP 指令在程序中占一个步序，可在编程时预先插入，以备修改和增加指令。将程序全部清除时，所有指

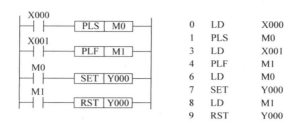

图 7-22　PLS、PLF 指令的使用方法

令都成为 NOP 指令。若用 NOP 指令取代已写入的指令，则可以修改电路，并将使原梯形图的构成发生较大的变化。NOP 指令的使用方法如图7-23 所示。

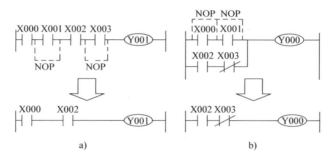

图 7-23　NOP 指令的使用方法

a）短接触点　b）删除触点

（14）END 指令　END 指令（又称为程序结束指令）用于表示程序结束。它是无操作元件的独立指令。PLC 在循环扫描过程中对 END 指令以后的程序不再执行，而直接进入输出处理阶段。因此，在调试程序过程中可利用 END 指令对程序进行分段调试。

2. 步进指令

通常，顺序控制过程可以用状态转移图或顺序功能图（SFC）来表示。状态转移图中每一个状态提供了以下三种功能：驱动处理、转移条件及转移目标。状态转移图的特点是由某一个状态转移到下一个状态时，前一个状态将自动复位。某状态转移图如图 7-24a 所示，与此相应的 FX 系列 PLC 顺序功能图如图 7-24b 所示。

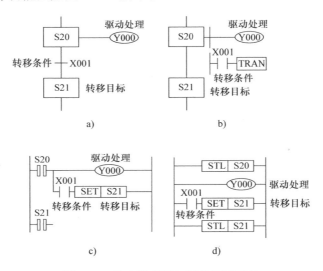

图 7-24　状态转移图与顺序控制程序

a）状态转移图　b）顺序功能图　c）步进梯形图 1　d）步进梯形图 2

　　FX 系列 PLC 除了具有 29 条基本逻辑指令外，还有两条简单的步进指令，可方便地实现顺序控制功能。这两条步进指令是 STL 指令（又称为步进指令）和 RET 指令（又称为步进返回指令）。步进指令只有与状态继电器配合才具有步进功能，使用步进指令的状态继电器的触点称为步进触点，步进触点只有动合触点，无动断触点。通常，步进触点可用符号"⊣⊢"来表示，并与左母线直接相连。

　　使用步进指令后，状态转移图可以用步进梯形图来表示。在 SWOPC – FXGP/WIN – C 编程软件中，步进梯形图指令用类似于图 7-24c 所示的表示方法。在图 7-24c 中，当状态继电器 S20 置位后，其步进触点接通，输出继电器 Y000 线圈接通。当转移条件 X001 接通后，新状态继电器 S21 置位，工作状态继电器从 S20 转移到 S21，而状态继电器 S20 则自动复位，步进触点 S20 断开，Y000 线圈断开。由此可见，步进梯形图与状态转移图两者之间有着严格的对应关系。在 GX Developer 编程软件中步进梯形图的表示方法如图 7-24d 所示。

顺序控制过程的 SFC 程序与步进梯形图程序，都是按照各自固定的编程规则来编程的，虽然表示方法不同，但其实质和功能是一样的，而且可以互相转换，还可以表示为指令语句表程序。图 7-25 所示为 STL、RET 指令的使用方法举例。在 PLC 通电进入 RUN 状态时，在初始化脉冲 M8002 的动合触点接通的一个扫描周期内，由 SET 指令将初始状态 S0 置位，由 STL S0 指令开始一步步地执行步进顺序控制程序。在步进顺序控制程序结束处的 RET 指令，可使母线返回原位置，以执行其他程序。

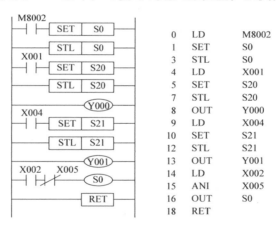

图 7-25　STL、RET 指令的使用方法

STL、RET 指令的使用说明：

1）STL 指令的操作元件只能是状态继电器 S，但状态继电器还能够用其他指令编程。状态继电器的触点若不与 STL 指令连用，则状态继电器可作为辅助继电器。RET 指令为无操作元件的独立指令。

2）STL 指令具有主控功能。使用 STL 指令后，LD 点移至步进触点的右侧，与步进触点相连的起始触点要用 LD 或 LDI 指令；使用 RET 指令，可使 LD 点返回母线。

3）在 STL 触点驱动的电路块内，一般需用 SET 指令置位转移目标状态。当向状态转移图中的分离状态转移时，可以使用 OUT 指令，其功能与 SET 指令相同。

4）使用 STL 指令时，新的状态继电器置位，而前一个状态继电器则同时自动复位。当需要保持前一状态中的某些输出结果时，这些输出可用 SET、RST 指令来实现。

3. 功能指令

除了基本逻辑指令和步进指令之外，FX 系列 PLC 还有许多功能指令，这些功能指令实际上就是一些具有各自专门用途的子程序。功能指令通常用于程序流控制、数据传送与比较、数据处理、算术与逻辑运算、高速处理和实时时钟等方面的编程。功能指令使 PLC 的应用功能更强，因此也常称其为应用指令。

FX 系列 PLC 采用指令助记符和操作数的形式来表示功能指令，如图 7-26 所示。

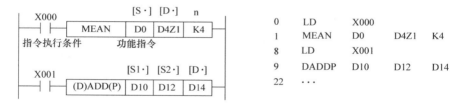

图 7-26　功能指令

功能指令的使用说明：

1）功能指令按功能编号 FNC00 ~ FNC□□□编排，每条指令都有一个专用的指令助记符。某些功能指令只需指定功能编号（或指令助记符）即可，但大多数功能指令不仅需要指定功能编号（或指令助记符），而且还需要指定操作数（操作元件）。

2）功能指令的操作元件由 1 ~ 4 个操作数组成。其中，［S］是源操作数，其内容不会通过执行指令而发生变化；［D］是目标操作数，它是通过执行指令使其内容发生更新或变化的操作数；n 或 m 是其他操作数。当源操作数或目标操作数可具有变址功能时，用［S·］或［D·］表示；若多个源操作数或目标操作数可具有变址功能时，用 [S1 ·]、[S2 ·] 或 [D1 ·]、[D2 ·] 等形式来表示。n 或 m 通常用来表示常数（K 为十进制，H 为十六进制）或者作为源操作数和目标操作数的补充说明，若其他操作数较多则可用 n1、n2、m1、m2 等表示。

3）在数值处理的功能指令中，根据操作数的数据位长，可分为 16 位和 32 位两种功能指令。在指令助记符前附加的符号（D）用来表示 32 位的功能指令，如（D）ADD。

4）功能指令在执行上分为脉冲执行和连续执行两种。前者仅在指令的指定执行条件发生由 OFF 到 ON 的变化时才执行该功能指令，而后者则在每一个扫描周期都要执行。在指令助记符后附加的符号（P）用来表示脉冲执行的功能指令，如 ADD（P）。

5）PLC 内部的软元件可分为位（1bit）元件和字（16bit）元件两种。前者是只有 ON/OFF 状态的元件，如 X、Y、M、S；后者是用来处理字数据的元件，如 T、C 的当前值和数据寄存器 D 等。但位元件可以组合成为字元件来进行数据处理。每相邻的四个位元件组合为一个位元件组（4bit 组），位元件组用 Kn（n 为组数）加首元件编号来表示，因此作 16 位操作数时可以是 K1 ~ K4，作 32 位操作数时可以是 K1 ~ K8。例如，K4Y0 表示由 Y000 ~ Y017 共 16 位输出继电器组成的四个 4bit 组，其中 Y0 为最低位。

在图 7-26 中，当 X000 的动合触点接通时，执行 MEAN（FNC45）指令，即计算 D0、D1、D2 和 D3 的平均值，并将运算结果送到目标寄存器 D4Z1，若变址寄存器 Z1 中的内容是 16，则平均值送到 D20。当 X001 的动合触点发生由 OFF 到 ON 的接通变化时，执行 32 位的 ADD（FNC20）指令，即将 D11、D10 中的数据与 D13、D12 中的数据进行相加，并将它们的和送到 D15、D14。

通常，应用功能指令可以使程序简明。例如，常用的功能指令 ZRST（FNC40）是区间复位指令，MOV（FNC12）是数据传送指令，其使用举例分别如图 7-27a、b 所示。在图 7-27a 中，当 PLC 开机运行时，在初始脉冲 M8002 接通的一个扫描周期中，执行 ZRST 指令，可将状态继电器 S0 ~ S100 全部复位为 0。在图 7-27b 中，当 X001 的动合触点发生由 OFF

到 ON 的接通变化时，执行 MOV 指令，可以将 PLC 的 16 个输出点 Y000 ~ Y017 全部直接置位。

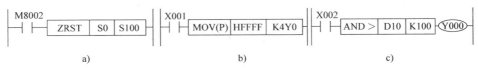

图 7-27　功能指令的使用举例
a）ZRST 指令　b）MOV 指令　c）AND > 指令

应用功能指令编程还可以扩大 PLC 的应用范围。例如，使用比较、区间比较和触点比较等指令，可以实现非位逻辑运算的数值关系控制。其中，触点比较指令，其本身在梯形图程序中相当于提供了一个比较触点，其功能是将源数据［S1·］和［S2·］（两者均可为 K、H、T、C、D、V、Z、KnX、KnY、KnM、KnS）进行两个有符号数的数值关系比较，并将比较结果（成立或不成立）表示为比较触点的相应状态（成立时触点接通为"ON"状态，不成立时触点断开为"OFF"状态）。用于两数比较的关系运算包括等于（＝）、大于（＞）、小于（＜）、不等于（＜＞）、小于等于（≤）和大于等于（≥）共 6 种。触点比较指令依据比较触点在梯形图中的位置分为 LD 类、AND 类和 OR 类。三菱 FX 系列 PLC 共有 18 条触点比较指令。图 7-27c 所示为使用 AND > 触点比较指令的一个例子，当 X002 的动合触点接通时，若 D10 > 100，则 Y000 输出接通。

FX 系列 PLC 的功能指令丰富，其种类和数量随着 PLC 的发展而增多，如 FX2N 系列 PLC 具有 100 多种功能指令，而 FX3U 系列 PLC 则具有 200 多种功能指令，功能指令的增加使得 PLC 机器的性能和功能比以往机型更加强大。因此，灵活使用功能指令，有助于编制出逻辑关系明确、算法优化、简洁、合理、高效的 PLC 控制程序。

第三节　PLC 程序设计

PLC 程序设计是用户以 PLC 指令的功能为基础，根据实际系统的控制要求，编制 PLC 应用程序。

一、PLC 程序设计的基本规则

1. 梯形图的编程规则

1）梯形图中各软元件必须是所用机器允许范围内的软元件，各软元件的软触点可以无限次使用，不受数量的限制。

2）每个梯级都是从左母线开始，到右母线结束。各梯级中，所有触点只能接在软元件线圈的左边，而不能与右母线直接相连。软元件线圈只能接在右母线上，而且不能直接接在左母线上。

3）触点一般应画在水平线上，不能画在垂直线上。

4）多条支路并联时，串联触点多的支路应画在该并联电路的上部。多个并联电路串联时，并联触点多的电路应画在该串联电路的左部。这样编程可以减少用户程序的步数，从而缩短程序扫描时间。

5）梯形图必须符合从左到右、从上到下的顺序执行原则。对于不符合此原则的电路，不能直接编程，必须按其逻辑功能进行等效变换，如图7-28 所示。

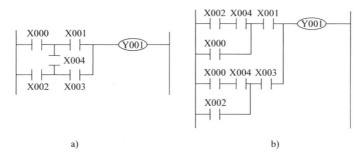

图 7-28 桥式电路的编程

a）不能直接编程的电路 b）变换后的可编程电路

2. 指令表的编程规则

1）指令表编程与梯形图编程，两者相互对应，并可以相互转换。

2）指令表也必须符合顺序执行原则。指令表是按语句排列顺序（步序号）编程的，语句的顺序与控制逻辑有密切关系，不能随意颠倒、插入或删除，以免引起程序错误或控制逻辑错误。

3）指令表中各语句的操作数（操作元件）必须是所用机器允许范围内的参数，否则将引起程序出错。

4）指令表的步序号应从用户存储器的起始地址开始，连续不断地编制。由于 FX 系列 PLC 的各指令所占用户存储器存储单元的数量不同，即其所占程序步数不同，故连续编制的指令表程序，其步序号并不一定连续。

二、PLC 程序设计的一般方法与步骤

1. PLC 程序设计的一般方法

常用的 PLC 程序设计方法，主要有继电器电路移植法、经验设计法、逻辑设计法和状态转移图设计法等。在一般工业控制程序设计时，由于大多数工业生产设备运行都是按一定的工步顺序来工作的，各个执行机构在时间和空间上均有严格的动作顺序要求，因此状态转移图设计法十分适合编制这种场合的控制程序。

2. PLC 程序设计的一般步骤

1）分析被控对象的工艺过程和系统的控制要求，明确动作的顺序和条件，画出控制系统流程图或状态转移图（如控制系统较简单，可省略这一步）。

2）将所有的现场输入信号和输出控制对象分别列出，并按 PLC 内部可编程元件号的范围，给每个输入和输出分配一个确定的 I/O 端编号，编制出 PLC 的 I/O 端的分配表，或绘制出 PLC 的 I/O 接线图。

3）设计梯形图程序，若使用编程器输入程序，则还需要编写指令表。

4）使用计算机及 PLC 编程软件和编程通信电缆，或使用编程器，将程序输入到 PLC 的用户存储器中，并调试程序，直到达到系统的控制要求为止。

三、基本环节的 PLC 程序设计举例

1. 三相异步电动机的起动/停止控制

三相异步电动机起动/停止的继电器控制电路如图 7-29a 所示。图中，起动按钮 SB1 为动合触点，停止按钮 SB2 用动断触点，热继电器触点 FR 用动断触点。PLC 相应的 I/O 接线图如图 7-29b 所示。

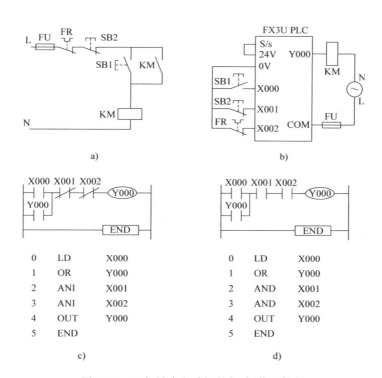

图 7-29   三相异步电动机的起动/停止控制

a）继电器控制电路   b）PLC 的 I/O 接线图   c）程序 1   d）程序 2

若采用继电器电路移植法来设计控制程序，可编制与继电器控制原理图对应的梯形图如图 7-29c 所示。我们将该程序输入 PLC，并运行这一程序。按下起动按钮 SB1 时，输入继电器 X000 接通，X000 动合触点接通，由于 SB2、FR 均为动断触点，输入继电器 X001、X002 也接通，使 X001、X002 的动断触点断开，故输出继电器 Y000 不能接通，电动机不能起动。因此，在程序中必须将 X001、X002 的触点均改为如图 7-29d 所示的动合触点，才能满足电动机的起动/停止的控制要求。当然，如果把图 7-29b 所示的 PLC 的 I/O 接线图中的停止按钮 SB2、热继电器触点 FR 均改用动合触点，就可以采用图 7-29c 所示的梯形图程序了。

注意：将继电器控制原理图移植成 PLC 梯形图程序时，如果用外部动断触点接入 PLC 的某一输入点，则梯形图中相应输入继电器的软触点类型应与原继电器控制原理图中采用的触点类型相反；如果用动合触点作输入，则梯形图中相应输入继电器的软触点类型与原继电器控制原理图中采用的触点相同。

需要强调的是，在生产设备的 PLC 电气控制系统中，考虑到生产设备运行中的人身和设备安全因素等，停止按钮、热继电器等有关重要开关、触点在接线时必须要连接其动断触点，以提高系统的可靠性和安全性。

2. 三相异步电动机丫/△减压起动控制

三相异步电动机丫/△减压起动的主电路如图 7-30a 所示。采用 PLC 控制时 I/O 接线图、梯形图和控制程序分别如图 7-30b、c、d 所示。

它的工作过程是：合上电源开关 QS，按下起动按钮 SB1，X000 接通，Y000 线圈接通并自保持（自锁），同时 Y000 动合触点的接通，使定时器 T0 接通而开始计时，并使 Y001 线圈也接通，从而使 KM1 和 KM2 均得电，电动机接成丫联结开始起动。经过起动时间（5s）后，T0 的动断触点断开，使 Y001 线圈断开，KM2 断电，同时 T0 的动合触点接通，使 Y002 接通，KM3 得电，电动机接成△联结运行。当要求停机时，按下停止按钮 SB2，则 X001 线圈断开，X001 动合触点断开，使 Y000、Y002 线圈断开，KM1、KM3 断电，电动机停止运行。

通常，在继电器控制电路中，一般采用 KM2 和 KM3 的动断触点进行互锁，使两者不能同时得电，以防止电源短路。PLC 控制时，虽然在梯形图中也采用了 Y001、Y002 的软动断触点来进行软互锁，但由于 PLC 在循环扫描工作时，执行程序的速度非常快，使得 Y001、Y002 的触点切换几乎没有延迟时间，从而极易造成 KM2、KM3 瞬间同时得电。因此，在 PLC 的 I/O 接线图中仍然采用了 KM2、KM3 的动断触点来实现 PLC 外部的硬互锁，可有效地避免电源瞬间短路。同理，在电动机正、反转控制中也应采用类似的硬互锁控制。

注意：虽然继电器控制与 PLC 梯形图程序在逻辑功能上是相同的，但还必须考虑两者在控制系统实际运行时存在的某些差异，应当从硬件上来保证某些重要功能的根本实现。

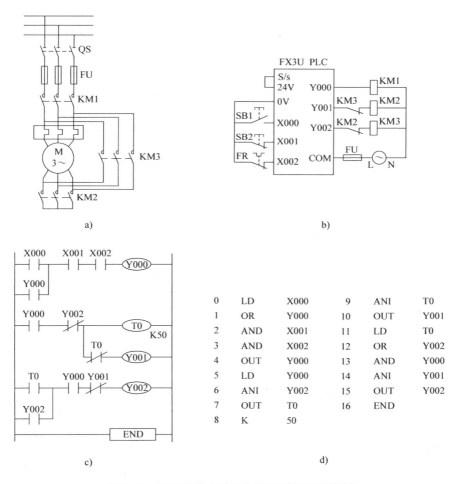

图 7-30　三相异步电动机的丫/△减压起动控制

a）主电路　b）I/O 接线图　c）梯形图　d）控制程序

3. 单只按钮控制电动机的起动和停止

在某些场合，需要用一只按钮来实现电动机的起动/停止控制，即在电动机处于停止状态时，按下该按钮后，电动机起动并保持运转；而在电动机处于运转状态时，按下该按钮后，电动机便停止运转。用 PLC 可以实现单只按钮对电动机运行状态的控制，其控制程序如图 7-31 所示。

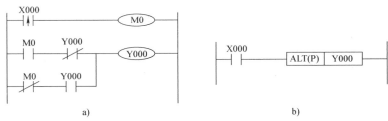

图 7-31　单只按钮控制电动机的起动和停止
a) 基本指令程序　b) 功能指令程序

在图 7-31a 中，若 Y000 线圈未接通，电动机处于停止状态，则按下按钮时，在 X000 的动合触点发生由 OFF 到 ON 的变化时，M0 线圈接通一个机器扫描周期，M0 的动合触点接通，通过处于接通状态的 Y000 动断触点，使 Y000 线圈接通，从而使 Y000 的动合触点接通；在 M0 线圈失电的下一个机器扫描周期及以后，由接通的 M0 动断触点和 Y000 动合触点使 Y000 线圈保持接通，Y000 硬动合触点的接通，使 Y000 输出端外接的接触器线圈得电，电动机便开始起动运行。若 Y000 线圈接通，电动机处于运转状态时，则按下该按钮后，在 M0 线圈接通的一个机器扫描周期内，M0 动断触点的断开，使 Y000 线圈断开，从而使电动机停止运转。

若采用功能指令中的 ALT 交替输出指令则能方便地实现这种控制，如图 7-31b 所示。

4. 长延时电路

利用 PLC 的定时器和计数器，可以方便地实现各种定时、计数控制。例如，当实际要求的定时时间超过了 PLC 定时器的最大定时范围时，可通过数个定时器的串联或定时器与计数器的配合使用，来扩展定时范围。

图 7-32a 是由定时器 T0 和 T1 串联实现的长延时电路。当 X000 接通并保持时，T0 开始计时，经过 3000s 后，T0 的动合触点接通，使 T1 开始计时，再经过 3000s 后，T1 的动合触点接通，使 Y000 线圈接通。该电路的延时时间，就是从 X000 刚开始接通到 Y000 开始接通所经历的时间。因此，其延时时间 T 为两个定时器的设定值之和，即 $T = 3000s + 3000s = 6000s$。

图 7-32b 是由定时器 T0 和计数器 C0 配合实现的长延时电路。当

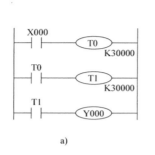 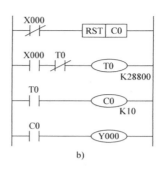

图 7-32　长延时电路

a）定时器串联使用　b）定时器、计数器配合使用

X000 接通后，T0 的动合触点每隔 2880s 接通一次，每次接通一个扫描周期，计数器 C0 对此脉冲进行计数，当计数到 10 次时，C0 的动合触点接通，使 Y0 线圈接通。显然，此电路的延时时间 T 为定时器和计数器两者设定值的乘积，即 $T = 2880\text{s} \times 10 = 28800\text{s} = 8\text{h}$。

5. 振荡电路

用两个定时器可以组成一个周期固定的有交替输出功能的振荡电路，如图 7-33 所示。

当 X000 接通并保持时，T0 线圈接通并开始计时，Y000 线圈接通，经过 1min 延时后，T0 的动断触点断开，使 Y000 线圈断开，而同时 T0 的动合触点接通，使 T1 开始计时，并使 Y001 线圈接通，经过 2min 延时后，T1 的动断触

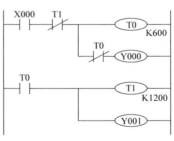

图 7-33　振荡电路

点断开，使 T0 线圈断开，T0 动合触点的断开，使 T1、Y001 的线圈也断开，此刻电路中的线圈均为断开状态，在此后的下一个机器扫描周期，T0 线圈又开始接通，重复上述定时过程，从而形成振荡，而 Y000、Y001 两者则为自动交替的轮流接通（或断开）状态。

6. 顺序控制

许多生产设备是根据生产工艺要求，自动按预先规定的工步顺序来运

行的，实现这种顺序动作要求的控制就是顺序控制。顺序控制一般分为条件顺序控制和时间顺序控制两大类。前者以外部反馈输入为条件，而后者则以时间继电器延时时间为条件，但在实际控制系统中往往是既有条件顺序控制，又有时间顺序控制。根据顺序控制的特点，可以利用状态转移图来设计 PLC 的顺序控制程序。下面以某设备中的一个液压滑台部分工作循环的控制为例，说明顺序控制的程序设计方法。

液压滑台的工作循环，分为原位、快进、工进、延时停留和快退 5 个工步，它们的转换条件分别为 SB、SQ2、SQ3、KT 和 SQ1。当滑台处于原位时，限位开关 SQ1 动作，电磁阀 YV1、YV2、YV3 均为断电状态；按下起动按钮 SB，电磁阀 YV1 得电，滑台快进；在滑台快进过程中，当限位开关 SQ2 动作时，电磁阀 YV2 也得电，滑台由快进转为工进；在滑台工进过程中，当限位开关 SQ3 动作时，电磁阀 YV1、YV2 断电，滑台停留下来，同时时间继电器 KT 开始计时；在滑台停留过程中，经过 KT 的延时时间（10s），KT 的动合触点闭合，电磁阀 YV3 得电，滑台快速退回，直到原位停止。滑台的动作过程示意图如图 7-34 所示。

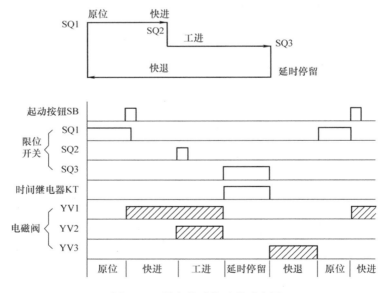

图 7-34　滑台的动作过程示意图

为了用 PLC 实现对滑台的控制，列出 PLC 的 I/O 设备和 I/O 端的分配情况，见表 7-5。

表 7-5 I/O 设备和 I/O 端的分配

输入			输出		
元件	I/O 端编号	说明	元件	I/O 端编号	说明
SB	X000	起动按钮（动合触点）	YV1	Y000	电磁阀
SQ1	X001	原位开关（动合触点）	YV2	Y001	电磁阀
SQ2	X002	转工进开关（动合触点）	YV3	Y002	电磁阀
SQ3	X003	工进到位开关（动合触点）			

（1）用 SET、RST 指令和辅助继电器编程　在液压滑台的流程图中，用辅助继电器 M1～M5 分别代表滑台一个工作循环的 5 步，可以绘出液压滑台的工作流程如图 7-35a 所示。根据此工作流程，用 SET、RST 指令编制的梯形图程序如图 7-35b 所示。

滑台的工作过程分析如下：

PLC 开机运行时，初始脉冲 M8002 将辅助继电器 M0 置位。当 M0 接通、滑台处于原位时，位置开关 SQ1 闭合，使 X001 处于接通状态，辅助继电器 M1 置位，并使 M0 复位为"0"，为滑台的起动做好准备。

1）原位。当滑台处于原位、M1 接通时，若按下起动按键 SB，则输入继电器 X000 线圈接通，其动合触点接通，将辅助继电器 M2 置位，并使 M1 复位为"0"，滑台进入下一步。

2）快进。当辅助继电器 M2 接通后，M2 动合触点接通 Y000 线圈，电磁阀 YV1 得电，滑台快进。当滑台快进到位时，位置开关 SQ2 闭合，接通 X002，其动合触点接通，使 M3 置位、M2 复位。

3）工进。当辅助继电器 M3 接通后，M3 动合触点接通 Y000、Y001 线圈，使电磁阀 YV1 和 YV2 得电，滑台工进。当滑台工进到位时，位置开关 SQ3 闭合，接通 X003 线圈，其动合触点接通，将 M4 置位、M3 复位。

4）延时停留。当辅助继电器 M4 接通、M3 断开后，Y000、Y001 线圈断开，电磁阀 YV1 和 YV2 断电，滑台停留下来，同时定时器 T0 线圈

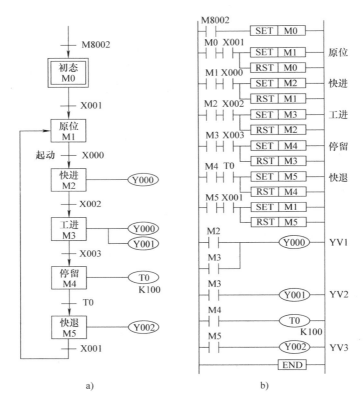

图 7-35 滑台控制程序 1

a) 工作流程 b) 梯形图程序

接通, T0 开始计时。经过 T0 延时 10s 后, T0 动合触点接通, 将 M5 置位、M4 复位。

5) 快退。当辅助继电器 M5 接通后, M5 动合触点接通 Y002 线圈, 使电磁阀 YV3 得电, 滑台结束停留, 开始快退。当滑台退回原位时, 位置开关 SQ1 闭合, 接通 X001 线圈, X001 动合触点接通, 将 M1 置位、M5 复位, Y002 线圈断开, 电磁阀 YV3 断电。

至此, 滑台完成了一次工作循环, 回到原位状态。若按下起动按钮, 则滑台又将进入下一次工作循环。

（2）用状态转移图和步进指令编程 利用 FX 系列 PLC 的步进指令可以方便地实现上述顺序控制。滑台运动的 5 个工步分别用状态继电器 S20、S21、S22、S23、S24 表示，其状态转移图和梯形图控制程序分别如图 7-36a、b 所示。

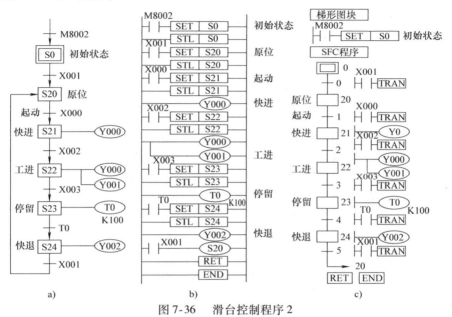

图 7-36 滑台控制程序 2

a）状态转移图 b）步进梯形图程序 c）SFC 程序

开机运行时，初始化脉冲 M8002 将初始状态 S0 置位。若滑台处于原位，限位开关 SQ1 闭合，X001 接通，则系统从 S0（初始状态）转换到 S20（原位状态），同时 S0 自动复位；当按下起动按钮 SB 时，X000 接通，使 S20 到 S21 的步进转换条件得到满足，系统从 S20（原位状态）转换到 S21（快进状态），同时 S20 自动复位，S21 置位使 Y000 线圈接通，滑台快进。滑台快进过程中，压下限位开关 SQ2，X002 接通，系统从 S21（快进状态）转换到 S22（工进状态），同时 S21 自动复位，Y000、Y001 线圈接通，滑台工进。滑台工进过程中，压下限位开关 SQ3，X003 接通，系统从 S22（工进状态）转换到 S23（停留状态），S22 便自动复位，

Y000、Y001 线圈断开，滑台停留，同时定时器 T0 开始计时。经过 T0 延时 10s 后，T0 动合触点接通，系统从 S23（停留状态）转换到 S24（快退）状态，同时 S23 自动复位，Y002 线圈接通，滑台快退。当滑台快退到原位时，压下限位开关 SQ1，X001 接通，系统从 S24（快退状态）又回到 S20（原位状态），同时 S24 复位，Y002 线圈断开。至此，滑台完成了一次工作循环。此后，若按下起动按钮，则滑台又将进行一次工作循环。

利用 FX 系列 PLC 的顺序功能图（SFC）也可以方便地编制滑台控制程序，如图 7-36c 所示。在进行 SFC 程序设计时，SFC 程序通常需要在 SFC 块前面编制一段梯形图块程序，以处理 SFC 初始状态的驱动等初始化操作，而在 SFC 程序的最后需要使用 RET 指令，如果整个程序就此结束还需要使用 END 指令，如果采用 GX Developer 编程软件则不必专门输入，RET 指令和 END 指令都会在输入 SFC 程序时自动写入。SFC 程序的控制原理与步进梯形图程序基本相同，这里不再赘述。

第四节　PLC 综合应用

一、多种液体混合装置的 PLC 控制

某液体混合装置示意图如图 7-37 所示。其中，SL1、SL2 和 SL3 为液面传感器，液面淹没时接通；A、B 两种液体的输入及混合液体的输出分别由电磁阀 YV1、YV2 和 YV3 控制；M 为搅拌电动机；H 为电加热器；T 为温度传感器。

1. 对液体混合装置的控制要求

1) 初始状态：装置投入运行时，控制液体 A、B 输入的电磁阀 YV1、YV2 为 OFF 状态，无液体流入容器，而为了将容器内的残余液体放空，控制混合液体输出的电磁阀 YV3 为 ON 状态，30s 后，电磁阀 YV3 为 OFF 状态，混合液体输出阀门关闭。

2) 起动操作：按下起动按钮 SB1，液体混合装置开始进行以下的自动循环操作。

① 电磁阀 YV1 = ON，液体 A 开始流入容器，容器液面随之升高。

② 当液面升高到淹没 SL2 时，液面传感器 SL2 = ON，此时电磁阀 YV1 = OFF、YV2 = ON，液体 A 不再流入容器，而液体 B 开始流入容器。

③ 当液面升高到淹没 SL1 时，即 SL1 = ON 时，YV2 = OFF，此时不再有液体流入容器，而搅拌电动机 M = ON，搅拌电动机 M 开始搅拌。

④ 搅拌电动机工作 1min 后停止搅拌，M = OFF，电加热器 H = ON，开始对液体加热。

⑤ 当混合液体的温度达到预定值时，温度传感器 T = ON，H = OFF，电加热器停止加热，电磁阀 YV3 = ON，放出混合液体，液面随之下降。

⑥ 当液面低于 SL3 时，SL3 = OFF，再过 20s，容器放空，电磁阀 YV3 = OFF，混合液体输出阀门关闭。开始下一周期的重复操作。

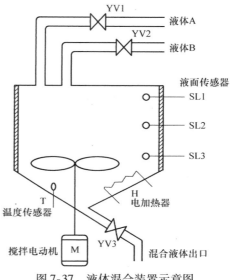

图 7-37　液体混合装置示意图

3）停止操作：在液体混合装置的循环工作过程中，若按下停止按钮 SB2，则需在当前的液体混合操作周期处理完毕后，停止操作，等待下一次起动。

2. PLC 机型的选择及输入/输出点的分配

根据控制要求，可以选用 FX3U – 16MR 型 PLC。其 I/O 端的分配见表 7-6。

表 7-6　I/O 设备和 I/O 端的分配

输入			输出		
元件	I/O 端编号	说明	元件	I/O 端编号	说明
SB1	X000	起动按钮（动合触点）	KM1	Y000	控制电磁阀 YV1
SB2	X001	停止按钮（动断触点）	KM2	Y001	控制电磁阀 YV2
SL1	X002	液面传感器（动合触点）	KM3	Y002	控制电磁阀 YV3
SL2	X003	液面传感器（动合触点）	KM4	Y003	控制搅拌电动机 M

（续）

输入			输出		
元件	I/O 端编号	说明	元件	I/O 端编号	说明
SL3	X004	液面传感器（动合触点）	KM5	Y004	控制电加热器 H
T	X005	温度传感器（动合触点）	注：PLC 输出端接交流接触器用来增大驱动负载能力		

3. 液体混合装置的 PLC 控制程序

通过分析液体混合装置的顺序控制过程，可以绘出其工作流程。根据控制要求，用 SET、RST 指令和辅助继电器可以编制出液体混合装置的 PLC 控制程序如图 7-38 所示。

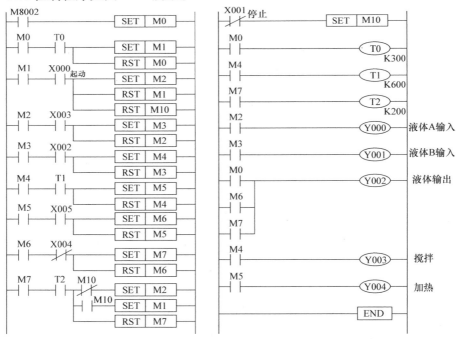

图 7-38　液体混合装置的 PLC 控制程序

二、交通信号灯的 PLC 控制

为了交通管理和安全，城市十字路口的东、西、南、北方向通常装设了红、绿、黄三色交通信号灯，各方向的红、绿、黄灯必须按照一定时序轮流发亮。PLC 可以用于十字路口交通信号灯的自动控制。

1. 某十字路口交通信号灯的控制要求

1）起动：当按下起动按钮时，信号灯系统开始工作。

2）停止：当需要信号灯系统停止工作时，按下停止按钮即可。

3）交通信号灯工作的正常时序：

十字路口交通信号灯系统开始工作时，先南北红灯亮同时东西绿灯亮。

南北红灯亮维持 40s，在南北红灯亮的同时东西绿灯也亮并维持 35s，到 35s 时，东西绿灯开始闪亮，绿灯闪亮周期为 1s（亮 0.5s、熄 0.5s），绿灯闪亮 3s 后熄灭，东西黄灯亮并维持 2s，到 2s 时，东西黄灯熄、东西红灯亮，同时南北红灯熄、南北绿灯亮。

东西红灯亮维持 30s，南北绿灯亮维持 25s，到 25s 时南北绿灯闪亮 3s 后熄灭，南北黄灯亮，并维持 2s，到 2s 时，南北黄灯熄、南北红灯亮，同时东西红灯熄、东西绿灯亮，开始第二个周期的动作。

以后周而复始地循环，直到停止按钮被按下为止。

十字路口交通信号灯的控制时序如图 7-39 所示。

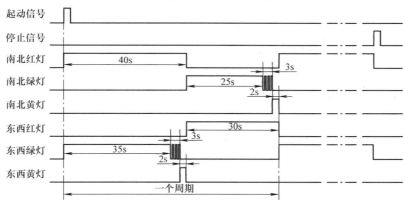

图 7-39　交通信号灯的控制时序

2. PLC 机型的选择及输入/输出点的分配

根据控制要求，可以选用 FX3U – 16MR 型 PLC。其 I/O 端的分配见表 7-7。

表 7-7　I/O 设备和 I/O 端的分配

输入			输出		
元件	I/O 端编号	说明	元件	I/O 端编号	说明
SB1	X000	起动按钮（动合触点）	HL1	Y000	南北向红灯
SB2	X001	停止按钮（动断触点）	HL2	Y001	南北向绿灯
			HL3	Y002	南北向黄灯
			HL4	Y003	东西向红灯
			HL5	Y004	东西向绿灯
			HL6	Y005	东西向黄灯

3. 十字路口交通信号灯的 PLC 控制程序

十字路口交通信号灯工作时序的控制是典型的时间顺序控制过程。通过对十字路口交通信号灯工作时序的分析，可以用功能指令中的触点比较指令编制出交通信号灯的 PLC 控制程序如图 7-40 所示。

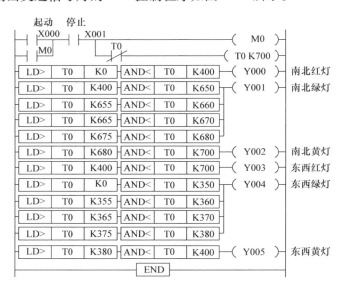

图 7-40　交通信号灯的 PLC 控制程序

三、物料运送装置的 PLC 控制

某物料运送装置用来运送四种不同的物料，它由一台可以根据物料不同而变速运行的传送带输送机和一辆运料小车组成，如图 7-41 所示。

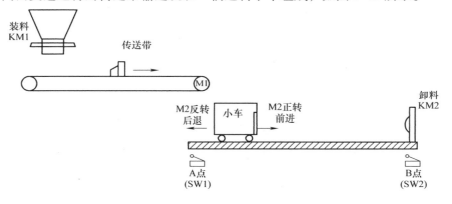

图 7-41　物料运送装置示意图

1. 物料运送装置的工作过程及控制要求

接通系统电源后，操作人员可以先进行所需物料品种的选择。按下起动按钮，若物料运送装置满足一定条件便可起动运行，系统便按周期循环工作。

当按下起动按钮后，若运料小车停留在 A 点处，则传送带电动机 M1 起动给运料小车装料，否则传送带电动机 M1 不得起动。传送带电动机 M1 起动后，接触器 KM1 控制的装料口阀门打开，经过一定装料时间，完成小车装料工作后，阀门关闭、电动机 M1 停车，小车电动机 M2 开始正转起动；小车从 A 点前进，到达 B 点之后，接触器 KM2 控制的卸料装置动作，开始卸料；30s 后小车卸料完成，电动机 M2 反转，小车从 B 点返回，回到 A 点时，一个运料周期结束。紧接着，小车在 A 点继续装料，开始下一个周期的送料运行。

由于物料品种的不同需要传送带有不同的运送速度，因此传送带电动机 M1 是由变频器以不同的输出频率来驱动的，以实现传送带的变速运行，继而小车的装料时间也有所不同。

物料运送装置的电气控制要求如下：

1）起/停控制要求：系统设有起动、停止按钮及急停按钮。按下起动按钮后，若满足上述起动条件，则系统正常起动；按下停止按钮后，必须在小车卸料之后，小车返回到 A 点时系统才能停止。任何时候按下急停按钮，系统立即停止工作。

2）系统工作方式：物料运送装置的工作方式有两种，即单周期和自动循环。

3）多段速度控制：小车装料的时间与物料品种及传送带的运行速度相关：当运送甲物料时，传送带变频器输出频率为 50Hz，装料时间为 50s；当运送乙物料时，传送带变频器输出频率为 40Hz，则装料时间为 80s；当运送丙物料时，传送带变频器输出频率为 30Hz，则装料时间为 120s；当运送丁物料时，传送带变频器输出频率为 25Hz，装料时间为 150s。变频器的加速时间为 5s，减速时间为 3s。

4）物料品种的选择：系统刚起动时，若操作人员未选择物料品种，则系统默认传送带运送的是乙物料。在小车装料过程中，不得变更物料品种，只有在系统不处于装料状态的情况下才能改变物料品种。

5）物料选择操作与显示：用按钮和指示灯，实现物料品种的选择与指示。

2. PLC 机型的选择及 I/O 端的分配

物料运送装置 PLC 电气控制系统，选用 FX3U – 48MR 型 PLC 为控制核心，并采用三菱 FR – E740 系列变频器来实现传送带的变速控制，系统的组成及 PLC 的 I/O 点的分配情况如图 7-42 所示。

3. 变频器功能参数设置与 PLC 控制程序

根据控制要求，变频器工作于外部操作模式并采用多段速度控制方式运行，其功能参数的设置见表 7-8。

物料运送装置的控制程序采用 SFC 编程方法，其梯形图程序中，主要处理控制系统的初始化、物料品种的选择和一部分输出的驱动程序。在 SFC 程序中，采用了选择分支结构，可以按照物料品种的不同，实现变频器不同输出频率及相应装料时间的控制。物料运送装置的控制程序如图 7-43 所示。

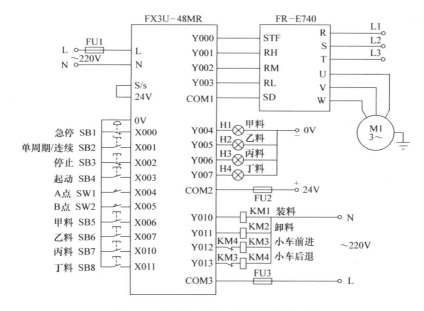

图 7-42 物料运送装置的电气控制系统

表 7-8 变频器功能参数的设置

序号	名　称	参数	设定值
1	运行模式选择	Pr. 79	2
2	上限频率	Pr. 1	60Hz
3	下限频率	Pr. 2	0Hz
4	上升时间	Pr. 7	5s
5	下降时间	Pr. 8	3s
6	高速	Pr. 4	50Hz
7	中速	Pr. 5	40Hz
8	低速	Pr. 6	30Hz
9	4 速	Pr. 24	25Hz

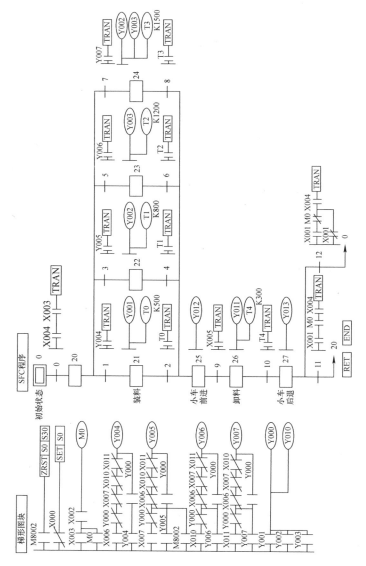

图 7-43　物料运送装置的控制程序

四、机械手的 PLC 控制

生产线上某机械手如图7-44a 所示，其工作是将工件从左工作台 A 点搬运到右工作台 B 点。机械手工作时，只有当右工作台上无工件时，才允许机械手在右边下降。为使机械手安全和准确地动作，该设备安装了上、下、左、右四个限位开关和一个用于检测有无工件的光电开关。机械手的全部动作由电磁阀控制的气缸来驱动。其中，机械手的上升/下降、左移/右移的双向运动分别由双线圈两位电磁阀控制，只有当控制某一方向

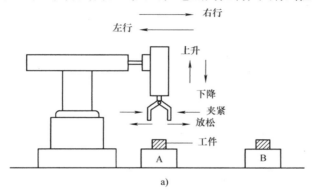

a)

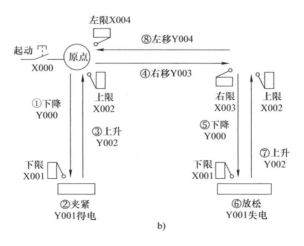

b)

图 7-44　机械手示意图

a）结构示意图　b）动作示意图

运动的线圈通电时，机械手才能执行该方向的运动，直到该线圈断电时，机械手便停在当前位置；而机械手的夹紧/放松动作则是由单线圈两位电磁阀控制的，线圈通电时机械手执行夹紧动作，线圈断电时机械手执行放松动作。

1. 机械手的控制要求

机械手的动作过程如图 7-44b 所示。由图可见，机械手从原点开始，按顺序执行下降→夹紧→上升→右移→下降→放松→上升→左移 8 个动作后，才能完成一次工作循环回到原点。

机械手的控制方式有两种：手动操作和自动操作。

（1）手动操作　手动操作又称为点动操作，即用按钮对机械手的每一种动作进行单独控制。这种工作方式主要供维修用。机械手的手动操作分为上/下、左/右、夹紧/放松三种动作方式。

（2）自动操作　机械手的自动操作可分为单步运行、单周期运行、连续运行三种自动方式。

1）单步运行。单步运行又称为步进操作，即每按一次起动按钮，机械手按顺序依次执行一步动作后停止。这种工作方式主要供调试机械手用。

2）单周期运行。单周期运行又称为半自动操作。当机械手在原点时，按下起动按钮，机械手自动执行一个周期的动作后，停在原点。这种工作方式主要供首次检验机械手用。

3）自动连续运行。自动连续运行又称为自动循环操作。当机械手在原点时，按下起动按钮，机械手便周期性地循环按顺序执行各步动作。自动连续运行是机械手的正常工作方式。

2. PLC 机型的选择及 I/O 端的分配

机械手的"工作方式"选择开关采用一个单极多位开关。为减少用于手动操作的按钮数量，又采用一个单极多位开关作为"运动方式"选择开关，对三种动作方式进行选择，并共用"起动"和"停止"两个按钮，来实现机械手的手动操作。例如，在手动操作方式下，若选择为上/下运动方式，当按下起动按钮时，机械手上升；当按下停止按钮时，机械手下降。其他动作，可依此类推。

机械手的控制装置选用 FX3U – 48MR 型 PLC，其 I/O 点的分配情况如图 7-45 所示。

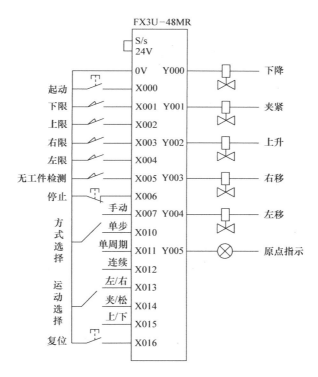

图 7-45　PLC 的 I/O 点的分配

3. PLC 控制程序

机械手的控制程序主要由公用初始化程序、手动操作程序和自动操作程序三个程序段组成，其中的手动操作程序和自动操作程序由条件转移指令（CJ 指令）进行选择。机械手的控制程序结构框图如图 7-46 所示。

条件转移指令 CJ（功能指令 FNC00）用于在指令执行条件满足时跳过顺序程序某一部分的场合，跳转目标由指针 P 作为标号来指定。因此，当选择手动工作方式时，X007 接通，X010、X011、X012 均断开，故 PLC 执行手动程序；当选择自动工作方式（单步、单周期、连续）时，X007

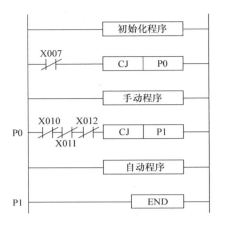

图 7-46　机械手控制程序结构框图

断开，而 X010、X011、X012 中必有一者接通，故 PLC 跳过手动程序，而去执行自动程序。

（1）初始化程序　公用的初始化程序主要完成系统的初始化工作，如状态继电器的初始复位、置位及各种显示驱动等。初始化程序如图7-47所示。

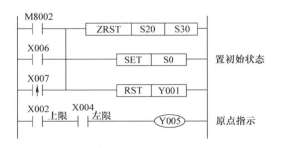

图 7-47　初始化程序

当 PLC 上电进入 RUN 状态后，由初始脉冲信号 M8002 将初始状态 S0 置位，若机械手处于原点，则 X002、X004 接通使输出继电器线圈 Y005 接通，原点指示灯点亮。若机械手不处于原点，则需用手动操作使机械手回到原点，才能执行自动操作程序。

（2）手动操作程序　由于手动操作（包括上/下、左/右、夹紧/放松三种方式）时不需要按工序依次顺序地动作，所以可以按普通继电器控制程序来设计。手动操作梯形图程序如图 7-48 所示。

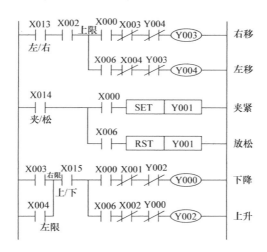

图 7-48　手动操作梯形图程序

为了保证系统的安全运行，在上/下、左/右运动的控制电路中，均设置了互锁和限位保护，而且在左/右移动控制电路中，还用了上限位条件作为联锁保护，以保证左/右移动必须在机械手处于上限位置才能进行；在上/下移动控制电路中，还用了左/右限位条件作为联锁保护，以保证上/下移动必须在机械手处于左/右限位置才能进行。机械手的夹紧/放松则采用 SET / RST 指令，使其具有自保持功能。

（3）自动操作程序　自动操作时，机械手必须按顺序来动作。编制机械手自动操作程序时，可以先画出机械手的状态转移图，然后根据状态转移图，来设计自动操作的梯形图程序。机械手自动操作梯形图程序如图 7-49 所示。

自动操作的工作过程说明如下：

执行自动操作程序时，若未选择单步工作方式，则辅助继电器 M0 始

284

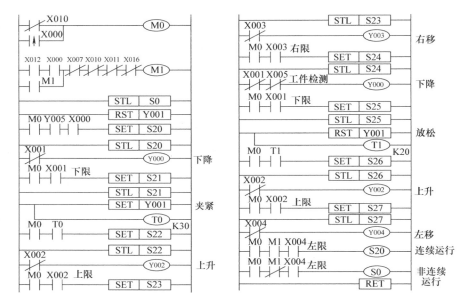

图 7-49　自动操作梯形图程序

终接通。

1）连续工作方式。工作方式选择开关置于"连续"位置，X012 接通，X007、X010、X011 均断开。机械手在原点时，按下起动按钮，M1 接通并自保持，同时 S20 置位、S0 复位，机械手自动按顺序完成下降、夹紧、上升、右移、下降、放松、上升、左移的一个周期循环动作。在机械手回到原点时，由于 Y004、M0 和 M1 均接通，使 S20 置位、S27 复位，故机械手又自动开始下一个周期的工作。

2）单周期工作方式。工作方式选择开关置于"单周期"位置，X011 接通，X007、X010、X012 均为断开。机械手在原点时，按下起动按钮，S20 置位、S0 复位，机械手的动作与连续工作方式一样，自动完成一个周期的顺序动作，但在机械手回到原点时，由于 Y004、M0 接通而 M1 断开，故 S0 置位、S27 复位，机械手便停在 S0 状态，同时原点指示灯点亮。在 S0 状态，若需机械手继续工作，则必须再按一下起动按钮，才能开始下一个工作周期。

3）单步工作方式。工作方式选择开关置于"单步"位置，X010 接通，而 X007、X011、X012、M1 均为断开。在单步工作时，由于 X010 动断触点的断开，使 M0 断开，故只有按下起动按钮，M0 才能接通一个机器周期，因此必须按一次按钮，使 M0 接通一次，才能依次实现状态转移一次，机械手便依次完成一步动作后停止。当机械手完成了一个周期的所有动作后，停在原点，原点指示灯点亮。

在机械手自动操作运行时，若按下停止按钮，则 X006 接通，能将 S20 ~ S30 的状态继电器复位，使机械手停止动作，并将停在本步动作位置；在机械手连续工作方式运行时，若按下复位按钮，则 X016 接通，只能使 M1 复位，而机械手的动作仍然继续运行，直到完成一个工作周期后，回到原点后才能停止工作。

4. 紧急停车电路

为了确保人身和设备的安全，机械手和其他由 PLC 控制的机械设备一样，可以采用类似于如图 7-50 所示的 PLC 外部硬件紧急停车电路。系统起动时，先按下 SB2，继电器 KA 得电并自保持，由 KA 的动合触点接通给 PLC 输出端负载供电的电源后，再运行 PLC 控制程序。在需要紧急停车时，按下急停按钮 SB1，继电器 KA 断电，能立即切断给 PLC 输出端控制的接触器等负载供电的电源，使机械设备停止动作。

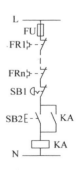

图 7-50 紧急停车电路

在 PLC 的实际应用中，对于某些可能对人员或设备造成损伤的负载，都应采用类似的 PLC 外部紧急停车的电路，以确保人员和设备的安全。

第八章 机床数控技术

培训目标 掌握数控机床的基本原理、分类和有关功能规定，数控插补原理，位置检测装置（感应同步器、磁栅、光栅、旋转编码器）的结构及其工作原理，步进电动机伺服驱动系统的构成及其工作原理，经济型数控系统的构成原理。

第一节 概　　述

一、数控技术与数控机床

数字控制是用数字化的信息对被控对象进行控制的一门控制技术。数字控制是相对于模拟控制而言的，数字控制系统中的控制信息是数字量，而模拟控制系统中的控制信息是模拟量。早期的数控系统是由数字逻辑电路构成的所谓"硬件数控系统"，现在已被淘汰。随着微型计算机技术的发展，现代数控系统大多是计算机数控系统。

数控设备是采用了数控技术的机械设备，数控技术就是用数字信号对该设备自动工作过程进行控制的。数控机床是数控设备的典型代表，它是指用数字化的代码将零件加工过程中所需的各种操作和步骤及刀具与工件之间的相对位移量等记录在程序介质上，送入计算机或数控系统，经过译码、运算及处理，控制机床的刀具与工件的运动，加工出所需工件的一类机床。

现代数控机床综合应用了电子技术、计算机技术、自动控制技术、精密检测技术、伺服驱动技术、机械设计与制造技术等多方面的最新成果，是一种典型的机电一体化产品。

二、数控机床的组成和工作原理

1. 数控机床的组成

数控机床一般由输入输出设备、数控装置、伺服系统和机床本体4部分组成，如图8-1所示。

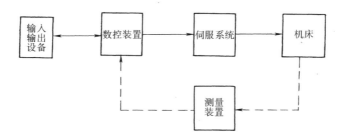

图 8-1　数控机床的组成

（1）输入输出设备　输入输出设备是 CNC 系统所必备的操作人员与机床数控系统进行信息交流的人机交互设备。其主要功能是：编制程序、输入程序和数据、输入操作命令、打印和显示。简单的输入输出设备有键盘和发光二极管，一般还有穿孔纸带、光电读带机、磁带、磁盘输入机、人机对话编程操作键盘和 CRT 显示器等。

（2）数控装置　数控装置是数控机床的控制核心。它根据输入的程序和数据，完成数值计算、逻辑判断、输入输出控制、轨迹插补等功能。现代数控装置实际上就是一个微型计算机系统，其硬件部分一般由计算机、输入输出接口以及可编程序控制器等组成，其软件部分就是数控系统软件。

（3）伺服系统　伺服系统包括伺服控制电路、功率放大电路、伺服电动机、机械传动机构和执行机构等。其主要功能是将数控装置插补产生的脉冲信号转换成机床执行机构的运动。数控系统要求伺服执行部件准确地、快速地跟随插补输出信息，执行机械运动，以保证数控机床高精度、高效率的加工优势。数控机床常用的伺服驱动执行元件有步进电动机、直流伺服电动机和交流伺服电动机等。

（4）机床本体　机床本体是数控机床的主体，也是数控系统的被控制对象。其功能是完成工件的各种加工。

上述 4 个基本部分可以组成一个开环控制的数控机床。为了提高机床的加工精度，数控机床还可以增加一个检测装置（如图 8-1 中的虚线部分），构成闭环控制的数控机床。

2. 数控机床的加工过程

数控机床的加工过程如图8-2所示。首先，操作人员根据零件图样，将被加工零件的几何信息和工艺信息数字化，按规定的代码（如 ISO 代码等）和格式编制出数控加工程序，利用输入输出设备将此加工程序输入到数控系统；然后，由数控系统根据输入的加工程序进行信息处理，计算出理想的轨迹和运动速度，并将处理的结果输出到机床的伺服执行机构，控制机床运动部件按预定的轨迹和速度运动，加工出所需的零件。

图8-2　数控机床的加工过程

三、数控机床的分类

数控机床品种繁多，可以按照多种原则来进行分类。

1. 按工艺用途分类

（1）普通数控机床　这类机床和传统的通用机床一样，有数控车、铣、钻、镗及磨床等。

（2）数控加工中心　它是带有刀具库和自动换刀装置的数控机床。典型的机床有镗铣加工中心和车削加工中心。

（3）多坐标数控机床　它的特点是数控装置能同时控制的轴数较多，机床结构也较复杂。它可以完成某些复杂形状零件的加工。

（4）数控特种加工机床　它包括数控电火花加工机床、数控线切割机床、数控激光切割机床等专用工艺数控加工机床。

2. 按控制运动的方式分类

（1）点位控制数控机床　这类机床的数控装置只控制运动部件从一点移动到另一点的准确定位，在移动过程中不进行任何加工，对两点间的移动速度和运动轨迹没有严格要求。常见的有数控钻床、数控坐标镗床、数控冲床、数控点焊机和数控测量机等。

（2）直线控制数控机床　这类机床不仅要控制加工点的准确定位，还要控制刀具（或工作台）以一定的速度沿与坐标轴平行的方向进行切削加工。这类机床主要有简易数控车床、数控镗床及数控铣床等。

（3）轮廓控制数控机床 这类机床能够对两个或两个以上运动坐标的位移及速度，进行连续相关的控制，使合成的平面或空间的运动轨迹能满足零件轮廓的要求。通常，这类机床的辅助功能比较齐全，如数控车床、数控铣床、数控磨床和数控加工中心等。

3. 按伺服系统分类

（1）开环控制数控机床 图 8-3 所示为开环控制数控机床组成框图。由图可见，这类机床没有检测反馈装置，其数控系统是开环的，由于数控装置发出的指令信号流是单向的，所以系统不存在稳定性问题。这种系统一般用步进电动机作伺服驱动元件，当进给指令输入后，数控装置插补产生一定数量的进给脉冲，经过环形脉冲分配和功率放大后，驱动步进电动机转过一定的角度，通过丝杆转动使机床运动部件移动相应的距离。

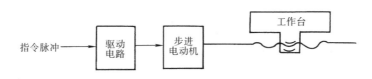

图 8-3 开环控制数控机床组成框图

显然，开环数控机床成本低、工作比较稳定、调试方便、易于维修，但由于没有位置反馈，所以加工精度不高。在精度和速度要求不高、驱动力矩不大的场合，这类机床得到广泛应用。目前，我国经济型数控机床大多为开环数控机床。

（2）闭环控制数控机床 闭环控制数控机床组成框图如图 8-4 所示。图中，A 为速度检测装置，C 为位置检测装置。这类机床在加工过程中，利用位置检测装置，时刻检测移动部件的实际工作位置，将插补得出的指令位置值与反馈的实际值相比较，根据其差值控制电动机的转速，进行误差修正，直到位置误差消除为止。机床采用闭环数控系统，能够消除包括机械传动部件的精度给加工精度带来的影响，故可以得到很高的加工精度。应当注意，由于许多机械传动环节的摩擦特性、刚性和间隙等都是非线性的，它们都包含在位置环内，因此很容易造成系统的不稳定，使闭环系统的设计和调整都相当困难。可见,这类机床的优点是精度高,但是调试和维修比较复杂。常见的这类机床有镗铣加工中心、超精车床、超精磨床等。

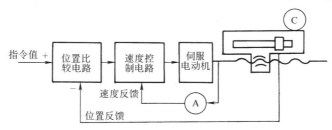

图 8-4 闭环控制数控机床组成框图

(3)半闭环控制数控机床 半闭环控制数控机床组成框图如图 8-5 所示。图中,A 为速度检测装置,B 为转角检测装置。在半闭环数控机床中,系统的检测装置安装在伺服电动机或丝杠的端部,其反馈信号取自电动机轴而不是机床的最终运动部件,机床运动部件的位移量是由转角间接推算出来的。由于这种系统闭环环路内不包含机械传动环节,因此可以获得比较稳定的控制特性。半闭环控制数控机床的性能介于开环与闭环之间,虽然其精度没有闭环高,但其调试比闭环方便。

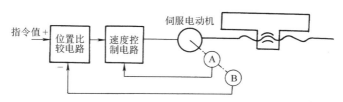

图 8-5 半闭环控制数控机床组成框图

(4)混合控制型数控机床 将以上三类控制系统的特点有选择地集中起来,可以组成混合控制系统,从而获得稳定的控制特性和足够的精度。混合控制系统主要有开环补偿型和半闭环补偿型两种形式。

4. 按数控装置的功能水平分类

按数控装置的功能水平,可以把数控机床分为高、中、低三档。这种分类方法没有明确的定义和确切的界限,而数控机床的档次主要由其技术参数、功能指标和关键部件的功能水平来确定。高、中档数控机床一般称为全功能或标准型数控机床，其系统分辨率高、进给速度快、多轴联动，采用 16 位以上的微处理器为主 CPU，具有 CRT 图形显示功能，并具有 RS-232 或 DNC（直接数控）等通信接口，有的还具有联网功能。低档数控机床功能较为简单，而且价格较为低廉，如现阶段的经济型数控机床，其数控系统大多采用的是由单片机和步进电动机组成的数控系统以及其他功能简单、价格较低的数控系统。

四、数控机床的有关功能规定

1. 数控加工程序编制的有关规定

数控机床是根据数控加工程序来进行切削加工的。对零件加工程序有两个基本要求：一是语法正确，即数控系统能识别；二是语义正确，即根据程序所表达的信息，数控机床能加工出符合图样要求的零件来。一个完整的数控加工程序通常是由若干个程序段组成的。

程序段由若干个指令代码组成，而指令代码又是由字母和数字组成的。程序段的一般格式为：

N＿＿ G＿＿ X＿＿ Y＿＿ Z＿＿   F＿＿ S＿＿ T＿＿ M＿＿
程序号 准备功能 坐标值   进给速度 主轴 刀具 辅助功能

数控机床常用的功能指令代码分为两大类：一类是准备功能代码，即 G 代码；另一类是辅助功能代码，即 M 代码。G 代码和 M 代码是数控加工程序中描述零件加工工艺过程的各种操作和运行特征的基本单元，是数控加工程序的基础。

G 代码是使数控机床准备好某种运动方式的指令。如快速定位、直线插补、圆弧插补、刀具补偿、固定循环等。G 代码由地址 G 及其后的两位数字化代码所组成，从 G00～G99 共 100 种。

M 代码主要用于数控机床的开关量控制。如主轴的正转或反转、切削液的开或关、工件的夹紧或松开、程序结束等。M 代码从 M00～M99 共 100 种。

我国根据 ISO 标准制定的 JB3208—1999 标准——《数控机床 穿孔带程序段格式中的准备功能 G 和辅助功能 M 的代码》，规定了 G 代码和 M 代码，见表 8-1 和表 8-2。

表 8-1　准备功能 G 代码

代码（1）	模态代码组别（2）	功能（3）	代码（1）	模态代码组别（2）	功能（3）
G00	a	点定位	G50	(d)	刀具偏置 0/ −
G01	a	直线插补	G51	(d)	刀具偏置 +/0
G02	a	顺时针圆弧插补	G52	(d)	刀具偏置 −/0
G03	a	逆时针圆弧插补	G53	f	直线偏移，注销
G04		暂停	G54	f	直线偏移 X
G05		不指定	G55	f	直线偏移 Y
G06	a	抛物线插补	G56	f	直线偏移 Z
G07		不指定	G57	f	直线偏移 XY
G08		加速	G58	f	直线偏移 XZ
G09		减速	G59	f	直线偏移 YZ
G10 ~ G16		不指定	G60	h	准确定位 1（精）
G17	c	XY 平面选择	G61	h	准确定位 2（中）
G18	c	ZX 平面选择	G62	h	快速定位（粗）
G19	c	YZ 平面选择	G63		攻螺纹
G20 ~ G32		不指定	G64 ~ G67		不指定
G33	a	螺纹切削，等螺距	G68	(d)	刀具偏移，内角
G34	a	螺纹切削，增螺距	G69	(d)	刀具偏移，外角
G35	a	螺纹切削，减螺距	G70 ~ G79		不指定
G36 ~ G39		永不指定	G80	e	固定循环注销
G40	d	刀具补偿/偏置注销	G81 ~ G89	e	固定循环
G41	d	刀具左补偿	G90	j	绝对尺寸
G42	d	刀具右补偿	G91	j	增量尺寸
G43	(d)	刀具正偏置	G92		预置寄存
G44	(d)	刀具负偏置	G93	k	时间倒数，进给率
G45	(d)	刀具偏置 +/ +	G94	k	每分钟进给
G46	(d)	刀具偏置 +/ −	G95	k	主轴每转进给
G47	(d)	刀具偏置 −/ −	G96	i	恒线速度
G48	(d)	刀具偏置 −/ +	G97	i	每分钟转数（主轴）
G49	(d)	刀具偏置 0/ +	G98 ~ G99		不指定

表 8-2　辅助功能 M 代码

代码（1）	功能与程序段运动同时开始（2）	功能在程序段运动完后开始（3）	功能（3）
M00		#	程序停止
M01		#	计划停止
M02		#	程序结束
M03	#		主轴顺时针转动
M04	#		主轴逆时针转动
M05		#	主轴停止
M06	#	#	换刀
M07	#		2 号切削液开
M08	#		1 号切削液开
M09		#	切削液关
M10	#	#	夹紧
M11	#	#	松开
M12	#	#	不指定
M13	#		主轴顺时针，切削液开
M14	#		主轴逆时针，切削液开
M15	#		正运动
M16	#		负运动
M17 ~ M18	#	#	不指定
M19		#	主轴定向停止
M20 ~ M29	#	#	永不指定
M30		#	纸带结束
M31	#	#	互锁旁路
M32 ~ M35	#	#	不指定
M36	#		进给范围 1
M37	#		进给范围 2
M38	#		主轴速度范围 1
M39	#		主轴速度范围 2
M40 ~ M45	#	#	不指定或齿轮换挡
M46 ~ M47	#	#	不指定
M48		#	注销 M49
M49	#		进给率修正旁路
M50	#		3 号切削液开
M51	#		4 号切削液开
M52 ~ M54	#	#	不指定
M55	#		刀具直线位移，位置 1

（续）

代码（1）	功能与程序段运动同时开始（2）	功能在程序段运动完后开始（3）	功能（3）
M56	#		刀具直线位移，位置2
M57 ~ M59	#	#	不指定
M60		#	更换工件
M61	#		工件直线位移，位置1
M62	#		工件直线位移，位置1
M63 ~ M70	#	#	不指定
M71	#		工件角度位移，位置1
M72	#		工件角度位移，位置1
M73 ~ M89	#	#	不指定
M90 ~ M99	#	#	永不指定

2. 数控机床的坐标系和运动方向的规定

在数控机床中，机床直线运动的坐标轴 X、Y、Z 按照 ISO 标准和我国的 JB3051—1999 标准，规定为右手笛卡尔坐标系，如图 8-6 所示。3 个回转运动 A、B、C 相应地表示其轴线平行于 X、Y、Z 的旋转运动。X、Y、Z 的正方向是使工件尺寸增加的方向，即增大工件和刀具距离的方向。通常以平行于主轴的轴线为 Z 坐标（即 Z 坐标的运动由传递切削动力的主轴所规定），而 X 轴是水平的，并且平行于工件的装夹面，最后 Y 坐标就可按右手笛卡尔坐标系来确定。旋转运动 A、B、C 的正向，相应地为 X、Y、Z 坐标正方向上按照右手螺纹前进的方向。

上述规定是工件固定、刀具移动的情况。反之，若工件移动，则其正方向分别用 X'、Y'、Z' 表示（如图 8-6 中虚线所示）。通常是以刀具移动时的正方向作为编程的正方向。

五、数控机床的特点及其发展趋势

数控机床与普通机床相比，具有对产品的适应性强、能实现复杂零件的加工、生产率高、加工精度高、加工质量稳定、减轻劳动强度、改善劳动条件及有利于生产管理等特点，适用于多品种、中小批量产品的自动化生产。因此，发展数控机床是我国机械制造业技术改造的必由之路，是未来工厂自动化的基础。

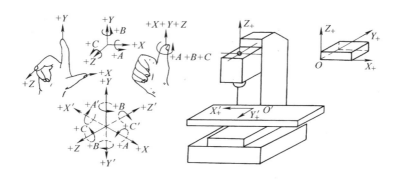

图 8-6　数控机床的右手笛卡尔坐标系

　　随着微电子技术、计算机及其软件技术、自动控制技术、机械制造技术等相关技术的不断进步，数控机床的性能日臻完善，其应用也越来越广泛。目前，数控机床正朝着高可靠性、高柔性化、高精度、高速度化、多功能复合化、制造系统自动化及设计 CAD 化和宜人化等方向发展。

第二节　插 补 原 理

　　一般情况下，数控加工时，加工程序中已经给出运动轨迹的起点坐标、终点坐标和曲线方程，由数控系统控制执行机构按照预定的轨迹运动。这需要由数控系统实时计算出轮廓起点到终点之间的一系列中间点的坐标值，即需要"插入、补上"运动轨迹各个中间点的坐标，这个过程称为"插补"，插补的结果是输出运动轨迹的中间坐标值，机床伺服系统根据此坐标值控制各坐标轴协调运动，走出预定轨迹。

一、插补方法

1. 软件插补方法

　　插补工作可用硬件或软件来完成。在计算机数控系统中，插补工作一般由软件完成，也有用软件进行粗插补，再用硬件进行细插补的 CNC 系统。软件插补方法主要分为基准脉冲插补和数据采样插补两大类。

　　（1）基准脉冲插补（又称为脉冲增量插补）　　这种方法主要用于为各坐标轴进行脉冲分配计算。它模拟硬件插补的原理，插补结果是单个行程增量，以指令脉冲形式输出到伺服系统，驱动工作台运动。每发出一个脉冲，工作台移动一个基本长度单位，我们称之为脉冲当量，并以 δ 表示。脉冲当量 δ 是脉冲分配计算的基本单位，普通数控机床 δ 一般为 0.01mm 左右，较为精密的数控机床 δ 为 $1\mu m$ 或 $0.1\mu m$。基准脉冲插补的插补误差不得大于一个脉冲当量。

基准脉冲插补有多种方法，最常用的是逐点比较法、数字积分法等。由于这种插补方法的控制精度和进给速度较低，因此主要适用于以步进电动机为驱动装置的开环数控系统。

（2）数据采样插补　它采用时间分割法，按照用户程序的进给速度，计算出给定时间间隔（采样周期）内各坐标轴的位置增量，插补结果是数字量（数据），而不是单个脉冲。

使用数据采样插补法的数控系统，其位置伺服通过计算机及测量装置构成闭环。计算机定时地对反馈回路采样，采样的数据与插补程序所产生的指令数据相比较，用其误差信号输出去驱动伺服电动机。采样周期一般为 10ms 左右。

这种插补方法可以实现高速度、高精度的控制，因此适用于以直流伺服电动机或交流伺服电动机为驱动装置的半闭环或闭环数控系统。

本节主要介绍逐点比较法的基准脉冲插补原理。

2. 逐点比较法

所谓逐点比较法，就是每走一步都要将加工点的瞬时坐标值与规定图形轨迹上的坐标值比较一次，判断其偏差，然后根据偏差的正、负决定下一步的走向，如果加工点走到图形外面去了，那么下一步就要向图形里面走；如果加工点在图形里面，那么下一步就要向图形外面走，以缩小偏差，逼近规定轨迹，直至加工结束。这种插补方法是以阶梯折线来逼近直线和圆弧等曲线的，而阶梯折线与规定的加工直线或圆弧之间的最大误差不超过一个脉冲当量，因此如果数控机床的脉冲当量足够小，就能够满足一定的加工精度的要求。

在逐点比较法中，每进给一步都要经过偏差判别、坐标进给、偏差计算和终点判别四个工作节拍，如图 8-7 所示。

（1）偏差判别　判别加工点相对于规定的零件图形轮廓的偏差位置，以决定进给方向。

（2）坐标进给　根据偏差判别的结果，控制相应的坐标进给一步，使加工点向规定的轮廓靠拢，以缩小偏差。

（3）偏差计算　进给一步后，计算新加工点与规定的轮廓的新偏差，为下一次偏差判别做好准备。

（4）终点判别　判别加工点是否到达终点，若已到终点，则停止插补，否则再按此 4 个节拍继续进行插补。

下面分别介绍逐点比较法直线插补和圆弧插补的原理。

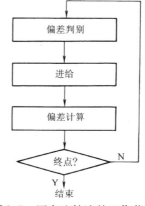

图 8-7　逐点比较法的工作节拍

二、直线插补

假定欲加工的直线 OA 如图 8-8 所示。直线起点为坐标原点 O（0，0），直线终点为 $A(x_e, y_e)$，$M(x_m, y_m)$ 点为任一瞬时的加工点。

若 M 点在直线 OA 上，则

$$y_m/x_m = y_e/x_e \tag{8-1}$$

即

$$y_m x_e - x_m y_e = 0 \tag{8-2}$$

由此可定义直线插补的偏差判别函数为

$$F_m = y_m x_e - x_m y_e \tag{8-3}$$

当偏差判别函数 $F_m = 0$ 时，表示加工点 M 在直线 OA 上；当 $F_m > 0$ 时，表示加工点 M 在直线 OA 上方；当 $F_m < 0$ 时，表示加工点 M 在直线 OA 下方。

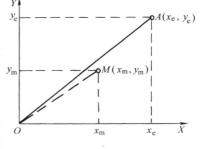

图 8-8　第一象限直线

当 $F_m = 0$ 时，加工点 M 在直线 OA 上，为了插补能继续进行，可以将 $F_m = 0$ 归入 $F_m > 0$，这样就可以得到第一象限直线的插补方法，即：当 $F_m \geq 0$ 时，向 $+X$ 方向进给一步；当 $F_m < 0$ 时，则向 $+Y$ 方向进给一步。

因此，对于第一象限直线而言，完成某一方向进给一步后的新偏差有两种情况：

1）若向 $+X$ 方向进给一步，到达的新加工点为 $M'(x_{m+1}, y_{m+1})$，$x_{m+1} = x_m + 1, y_{m+1} = y_m$，则新的偏差为

$$F_{m+1} = y_{m+1} x_e - x_{m+1} y_e = y_m x_e - (x_m + 1) y_e = F_m - y_e \quad (8\text{-}4)$$

2）若向 $+Y$ 方向进给一步，到达的新加工点为 $M'(x_{m+1}, y_{m+1})$，$x_{m+1} = x_m, y_{m+1} = y_m + 1$，则新的偏差为

$$F_{m+1} = y_{m+1} x_e - x_{m+1} y_e = (y_m + 1) x_e - x_m y_e = F_m + x_e \quad (8\text{-}5)$$

式（8-4）和式（8-5）就是用递推方法得到的偏差计算简化公式。由此可知，每一新加工点的偏差 F_{m+1} 都可由前一点的偏差 F_m 和终点坐标相加或相减得到，因而计算非常方便。

逐点比较法中，每进给一步后都要进行一次终点判别。直线插补的终点判别可以采用终点坐标法和总步长法。终点坐标法是每走一步将动点坐标与终点坐标进行比较，判别两者是否相等，即判断 $x_e - x_m$ 和 $y_e - y_m$ 两者是否全为零，若全为零，说明已到达终点，插补就结束；否则继续。总步长法是将直线段在 X 和 Y 两坐标进给的总步数 $\Sigma = |x_e| + |y_e|$ 求出，每走一步后，就将 Σ 减 1，当减到零时，就到达终点，结束插补；反之，若 Σ 不为零，则继续插补。

例 8-1 设欲加工第一象限直线 OA，直线起点为坐标原点，终点坐标 $A(3, 4)$，用逐点比较法进行插补计算并画出插补轨迹图。

解 总步数 $\Sigma = 3 + 4 = 7$

由于起点为坐标原点，故 $F_0 = 0$。插补计算过程见表 8-3，插补轨迹如图 8-9 所示。

表 8-3　直线插补运算过程

序 号	偏差判别	坐标进给	偏差计算	终点判别
1	$F_0 = 0$	$+X$	$F_1 = F_0 - y_e = 0 - 4 = -4$	$\Sigma_1 = \Sigma - 1 = 7 - 1 = 6$
2	$F_1 < 0$	$+Y$	$F_2 = F_1 + x_e = -4 + 3 = -1$	$\Sigma_2 = \Sigma_1 - 1 = 6 - 1 = 5$
3	$F_2 < 0$	$+Y$	$F_3 = F_2 + x_e = -1 + 3 = 2$	$\Sigma_3 = \Sigma_2 - 1 = 5 - 1 = 4$

（续）

序 号	偏差判别	坐标进给	偏差计算	终点判别
4	$F_3 > 0$	$+X$	$F_4 = F_3 - y_e = 2 - 4 = -2$	$\Sigma 4 = \Sigma 3 - 1 = 4 - 1 = 3$
5	$F_4 < 0$	$+Y$	$F_5 = F_4 + x_e = -2 + 3 = 1$	$\Sigma 5 = \Sigma 4 - 1 = 3 - 1 = 2$
6	$F_5 > 0$	$+X$	$F_6 = F_5 - y_e = 1 - 4 = -3$	$\Sigma 6 = \Sigma 5 - 1 = 2 - 1 = 1$
7	$F_6 < 0$	$+Y$	$F_7 = F_6 + x_e = -3 + 3 = 0$	$\Sigma 7 = \Sigma 6 - 1 = 1 - 1 = 0$

上面讨论的均为第一象限直线的插补方法。为适用于四个象限的直线插补，在偏差计算时，无论哪个象限的直线，都用其坐标的绝对值来计算，这样它们的计算公式和计算程序均与第一象限一样，只是进给方向有所不同，如图 8-10 所示。表 8-4 给出各象限直线插补的偏差计算公式及进给方向，表中的 L_1、L_2、L_3、L_4 分别表示第一、二、三、四象限的直线。

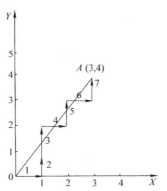

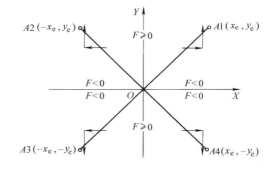

图 8-9　直线插补轨迹　　　　图 8-10　四个象限直线偏差符号和进给方向

表 8-4　直线插补计算公式及进给方向

$F_m \geqslant 0$			$F_m < 0$		
直线坐标	进给方向	偏差计算公式	直线坐标	进给方向	偏差计算公式
L_1，L_4	$+X$	$F_{m+1} = F_m - y_e$	L_1，L_2	$+Y$	$F_{m+1} = F_m + x_e$
L_2，L_3	$-X$		L_3，L_4	$-Y$	

三、圆弧插补

现以第一象限逆圆弧插补为例，讨论圆弧插补的计算公式。

假设欲加工的第一象限逆圆弧 AB 如图 8-11 所示。该圆弧的圆心在坐标原点，圆弧的起点为 $A(x_0, y_0)$，终点为 $B(x_e, y_e)$，圆弧半径为 R。$M(x_m, y_m)$ 为任一瞬时的加工点，它到圆心的距离为 $R_m = \sqrt{x_m^2 + y_m^2}$。

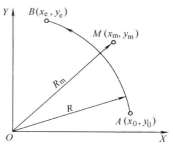

图 8-11　第一象限逆圆弧

当 $x_m^2 + y_m^2 - R^2 = 0$ 时，加工点 M 在圆弧上；当 $x_m^2 + y_m^2 - R^2 < 0$ 时，加工点 M 在圆内；当 $x_m^2 + y_m^2 - R^2 > 0$ 时，加工点 M 在圆外。因此，可定义圆弧偏差判别式如下：

$$F_m = R_m^2 - R^2 = (x_m^2 + y_m^2) - (x_e^2 + y_e^2) \tag{8-6}$$

为了使加工点逼近圆弧，进给方向规定如下：

1）若 $F_m \geqslant 0$，加工点 M 在圆上或圆外，向 $-X$ 进给一步。

2）若 $F_m < 0$，加工点 M 在圆内，向 $+Y$ 进给一步。

与直线插补一样，仍可用递推法求得偏差判别函数的简便形式。

1）若 $F_m \geqslant 0$，向 $-X$ 方向进给一步，到达的新加工点为 $M'(x_{m+1}, y_{m+1})$，$x_{m+1} = x_m - 1$，$y_{m+1} = y_m$，此时新的偏差为

$$F_{m+1} = x_{m+1}^2 + y_{m+1}^2 - R^2 = (x_m - 1)^2 + y_m^2 - R^2 = F_m - 2x_m + 1$$

$$\tag{8-7}$$

2）若 $F_m < 0$，向 $+Y$ 方向进给一步，到达的新加工点为 $M'(x_{m+1}, y_{m+1})$，$x_{m+1} = x_m$，$y_{m+1} = y_m + 1$，此时新的偏差为

$$F_{m+1} = x_{m+1}^2 + y_{m+1}^2 - R^2 = x_m^2 + (y_m + 1)^2 - R^2 = F_m + 2y_m + 1$$

$$\tag{8-8}$$

由式（8-7）和式（8-8）可知，新的偏差可由前一点的偏差和前一点的坐标计算得到，由于没有平方运算，从而使计算简化。

圆弧插补的终点判别方法与直线插补的方法基本相同。在采用总步长终点判别法时，其总步数为 $\Sigma = |x_e - x_0| + |y_e - y_0|$。

例 8-2　设欲加工第一象限的逆圆弧 AB，已知起点 A（4，0），终点

B（0，4）。试进行插补计算并画出圆弧插补轨迹。

解 总步数 $\sum = |4 - 0| + |0 - 4| = 8$

开始时，起点 A（4，0）在圆弧上，$F_0 = 0$。插补运算过程见表8-5，插补轨迹如图8-12所示。

表8-5 圆弧插补过程

步数	偏差判别	坐标进给	偏差计算	坐标计算	终点判别
1	$F_0 = 0$	$-X$	$F_1 = F_0 - 2x_0 + 1 = 0 - 2 \times 4 + 1 = -7$	$X_1 = 4 - 1 = 3$ $Y_1 = 0$	$\sum 1 = 8 - 1 = 7$
2	$F_1 < 0$	$+Y$	$F_2 = F_1 + 2y_1 + 1 = -7 + 2 \times 0 + 1 = -6$	$X_2 = 3$ $Y_2 = Y_1 + 1 = 1$	$\sum 2 = 7 - 1 = 6$
3	$F_2 < 0$	$+Y$	$F_3 = F_2 + 2y_2 + 1 = -6 + 2 \times 1 + 1 = -3$	$X_3 = 3$ $Y_3 = 1 + 1 = 2$	$\sum 3 = 6 - 1 = 5$
4	$F_3 < 0$	$+Y$	$F_4 = F_3 + 2y_3 + 1 = -3 + 2 \times 2 + 1 = 2$	$X_4 = 3$ $Y_4 = 2 + 1 = 3$	$\sum 4 = 5 - 1 = 4$
5	$F_4 > 0$	$-X$	$F_5 = F_4 - 2x_4 + 1 = 2 - 2 \times 3 + 1 = -3$	$X_5 = 3 - 1 = 2$ $Y_5 = 3$	$\sum 5 = 4 - 1 = 3$
6	$F_5 < 0$	$+Y$	$F_6 = F_5 + 2y_5 + 1 = -3 + 2 \times 3 + 1 = 4$	$X_6 = 2$ $Y_6 = 3 + 1 = 4$	$\sum 6 = 3 - 1 = 2$
7	$F_6 > 0$	$-X$	$F_7 = F_6 - 2x_6 + 1 = 4 - 2 \times 2 + 1 = 1$	$X_7 = 2 - 1 = 1$ $Y_7 = 4$	$\sum 7 = 2 - 1 = 1$
8	$F_7 > 0$	$-X$	$F_8 = F_7 - 2x_7 + 1 = 1 - 2 \times 1 + 1 = 0$	$X_8 = 1 - 1 = 0$ $Y_8 = 4$	$\sum 8 = 1 - 1 = 0$

上面讨论的是第一象限逆圆弧的插补问题。在一个坐标平面上，由于象限及圆弧的走向不同，圆弧共有 8 种情况。这 8 种情况可以分别用 $SR1$、$SR2$、$SR3$、$SR4$ 和 $NR1$、$NR2$、$NR3$、$NR4$ 来表示，其中 $SR1$、$SR2$、$SR3$、$SR4$ 分别表示第一、二、三、四象限的顺圆弧；$NR1$、$NR2$、$NR3$、$NR4$ 分别表示第一、二、三、四象限的逆圆弧。四个象限圆弧的进给方向如图 8-13 所示。

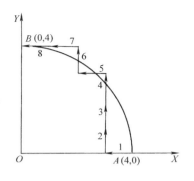

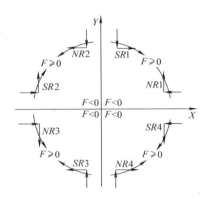

图 8-12　圆弧插补轨迹　　　　图 8-13　4 个象限圆弧的进给方向

如果圆弧插补计算采用与直线插补相似的方法，将插补计算都用坐标的绝对值进行，再考虑进给方向，这样可以使圆弧插补问题简化。从图 8-13 中可以看出，$SR1$、$NR2$、$SR3$、$NR4$ 的插补运动趋势是：当 $F_m \geqslant 0$ 时，沿 Y 轴方向向圆内进给一步，Y 轴坐标绝对值减小；当 $F_m < 0$ 时，沿 X 轴方向向圆外进给一步，X 轴坐标绝对值增加，故这四种圆弧插补计算是一致的。而 $NR1$、$SR2$、$NR3$、$SR4$ 的插补运动趋势是：当 $F_m \geqslant 0$ 时，沿 X 轴方向向圆内进给一步，X 轴坐标绝对值减小；当 $F_m < 0$ 时，沿 Y 轴方向向圆外进给一步，Y 轴坐标绝对值增加，因此这四种圆弧插补计算也是一致的。表 8-6 列出了圆弧的插补计算公式和进给方向。

表 8-6　圆弧插补计算公式和进给方向

偏差符号 $F_m \geqslant 0$				偏差符号 $F_m < 0$			
圆弧线型	进给方向	偏差计算	坐标计算	圆弧线型	进给方向	偏差计算	坐标计算
$SR1$、$NR2$	$-Y$	$F_{m+1} = F_m - 2y_m + 1$	$x_{m+1} = x_m$	$SR1$、$NR4$	$+X$	$F_{m+1} = F_m + 2x_m + 1$	$x_{m+1} = x_m + 1$
$SR3$、$NR4$	$+Y$		$y_{m+1} = y_m - 1$	$SR3$、$NR2$	$-X$		$y_{m+1} = y_m$
$NR1$、$SR4$	$-X$	$F_{m+1} = F_m - 2x_m + 1$	$x_{m+1} = x_m - 1$	$NR1$、$SR2$	$+Y$	$F_{m+1} = F_m + 2y_m + 1$	$x_{m+1} = x_m$
$NR3$、$SR2$	$+X$		$y_{m+1} = y_m$	$NR3$、$SR4$	$-Y$		$y_{m+1} = y_m + 1$

第三节 数控机床的位置检测装置

一、概述

在闭环数控系统中，必须利用位置检测装置把机床运动部件的实际位移量随时检测出来，与给定的控制值（指令信号）进行比较，从而控制驱动元件，使工作台（或刀具）按规定的轨迹和坐标移动。因此，位置检测装置是数控机床的关键部件之一，它对于提高数控机床的加工精度有决定性的影响。

1. 对位置检测装置的要求

数控机床对位置检测装置的要求主要有：

1）满足速度和精度的要求。

2）具有高可靠性和高抗干扰能力，适合机床运行环境。

3）使用维护方便，成本低。

2. 位置检测装置的测量方式

根据工作条件和测量要求的不同，数控机床常用以下几种测量方式：

（1）直接测量和间接测量 直接测量是指用检测装置所测量的对象就是被测量本身的测量方式，即用直线式检测装置（如感应同步器、磁栅、光栅）测量直线位移，或用旋转式检测装置（如旋转编码器、旋转变压器等）测量角位移等。若用检测装置所测量的对象只是中间值，由它再推算出与之相关联的被测量，这种测量方式为间接测量，如用旋转式检测装置来间接测量直线位移。

（2）绝对式测量和增量式测量 在绝对式测量中，任一被测点的位置都是从一个固定的零点（即坐标原点）算起，每一被测点都有一个相应的对原点的测量值。而在增量式测量中，则有多个测量基准，只测相对位移量，由于任何一个对中点都可以作为测量起点，因而检测装置比较简单。

（3）数字式测量和模拟式测量 数字式测量是将被测量以数字形式表示，其得到的测量信号一般是电脉冲形式，计数后得到的脉冲个数以数字形式表示测量结果。典型的数字式检测装置有光栅位移测量装置等。模拟式测量是将被测量用连续的变量（如电压幅值变化、相位变化）来表示。在数控机床中，模拟式测量主要用于小量程的测量。

数控机床中常用的检测装置有很多种，如感应同步器、磁栅、光栅、旋转编码器和旋转变压器等。本节介绍感应同步器、磁栅、光栅和旋转编码器。

二、感应同步器

感应同步器是利用电磁感应原理制成的一种电磁式位置检测装置。按结构特点，感应同步器可分为直线式和旋转式两种。前者用于测量直线位移，而后者则用于测量角位移。感应同步器的工作原理与旋转变压器相似，下面主要介绍直线式感应同步器。

1. 感应同步器的结构

直线式感应同步器由定尺和滑尺两部分组成，其结构相当于一个展开的多极旋转变压器，如图 8-14 所示。通常，定尺安装在机床床身上，而滑尺则安装在移动部件上，两者平行放置，并保持 0.2～0.3mm 间隙。

定、滑尺的基板一般采用与机床热膨胀系数相近的钢板，钢板上用绝缘粘合剂粘贴铜箔，采用制造印刷电路板的工艺，将铜箔制成均匀方齿形印制绕组。标准的感应同步器定尺长为 250mm，尺上的绕组为均匀、连续的感应绕组；而滑尺长为 100mm，尺上的绕组则为两组励磁绕组，一组叫正弦励磁绕组，一组

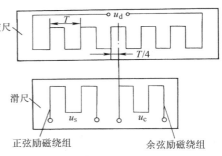

图 8-14　直线式感应同步器

叫余弦励磁绕组。定尺绕组的节距与滑尺绕组的节距相等，典型节距为 2mm，该节距可用 T 来表示。如果把滑尺的正弦励磁绕组与定尺绕组对齐，那么余弦励磁绕组与定尺绕组将相差 $T/4$ 的距离，这说明滑尺上的两个绕组在空间位置上错开了 $T/4$，即 $\pi/2$ 相位角。

2. 感应同步器的工作原理

当给滑尺上某一励磁绕组加上交流电压时，由于电磁感应，在定尺绕组上将产生感应电动势。此时，如果滑尺与定尺之间发生相对位移，那么由于电磁耦合关系发生变化，定尺绕组中的感应电动势将随着位移的变化

而按一定规律变化。感应同步器就是根据此原理进行检测的。

例如，当给滑尺的正弦绕组加上交流（一般为几伏到几十伏、1~10kHz）励磁电压时，定尺绕组的感应电动势与定、滑尺绕组间相对位置的关系如图8-15所示。图中给出了定、滑尺之间相对位移量分别为0、$T/4$、$T/2$、$3T/4$和T时，感应同步器的工作情况。由图可见，当滑尺移动一个节距时，定尺绕组的感应电动势则按余弦规律完成了一个周期的变化。因此，只要测量定尺绕组的感应电动势，便可得知滑尺相对于定尺的移动距离。

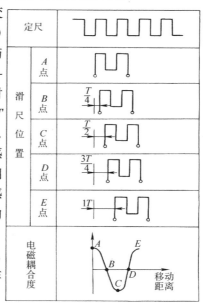

图 8-15　感应同步器的工作原理

根据滑尺励磁绕组供电方式的不同，感应同步器有鉴幅式和鉴相式两种工作方式。

（1）鉴幅工作方式　在滑尺的正弦绕组和余弦绕组上，分别施加同频率、同相位但幅值不同的交流励磁电压，通过检测定尺绕组的感应电动势的幅值来测得位移量。

（2）鉴相工作方式　在滑尺的正弦绕组和余弦绕组上，分别施加同频率、同幅值但相位不同（相位差为 $\pi/2$）的交流励磁电压，通过检测定尺绕组的感应电动势的相位来测得位移量。

感应同步器具有精度高、受环境温度影响小、使用寿命长、维护简便、成本低，并可按需要拼接成各种测量长度等特点，故在数控机床中得到广泛应用。

三、磁栅

磁栅是一种利用电磁特性和录磁原理对位移进行检测的装置。磁栅测量装置由磁性标尺、拾磁磁头和检测电路三部分组成，如图8-16所示。磁性标尺和拾磁磁头分别安装在有相对位移的两个机械部件上。在检测过程中，磁头读取磁性标尺上的磁化信号，将它转换为电信号，通过检测电路把磁头相对于磁性标尺的位置或位移量送到数控装置。

1. 磁性标尺

磁性标尺是在不导磁材料的基体上，涂镀上一层 10 ~ 20μm 厚的均匀磁膜，在磁膜上均匀涂上一层 1 ~ 2μm 厚的耐磨保护层，再用录磁方法在磁膜上录制相等

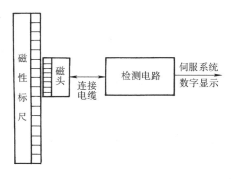

图 8-16　磁栅检测装置

节距的周期性（如正弦波、方波等）磁化信号，用以作为磁性标度，形成测量基准。磁化信号的节距通常有 0.05mm、0.10mm、0.20mm、1mm 等几种。

按磁性标尺基体的形状和用途，磁栅可以分为用于直线位移测量的实体型磁栅、带状磁栅和棒状磁栅以及用于角度位移测量的回转型磁栅等。

2. 拾磁磁头

拾磁磁头是一种磁电转换器件，它将磁性标尺上的磁化信号检测出来，并转换成电信号送给测量电路。对磁栅拾磁磁头的基本要求是：不仅当磁性标尺与磁头有一定的相对速度时，而且当它们处于相对静止时，都能有位置信号输出。为了满足此要求，磁栅的拾磁磁头不能采用普通录音机用的速度响应型（又称为动态响应型）磁头，而应当采用磁通响应型（又称为静态响应型）磁头。磁通响应型磁头的一个显著特点是在它的磁路中设有可饱和铁心，并在铁心的可饱和段上绕有励磁绕组，如图 8-17 所示。

3. 磁栅的工作原理

磁通响应型拾磁磁头，是利用可饱和铁心的磁性调制原理来实现位置检测的。当在磁头的励磁绕组中通入高频交变励磁电流时，在其铁心上将产生周期性正反向饱和磁化。磁栅工作时，由于磁头靠近磁性标尺，故磁性标尺上磁信号产生的磁通在磁头的气隙处也进入了铁心，并被高频交变励磁电流产生的磁通调制，这时在拾磁线圈中可以得到高频交变励磁电流

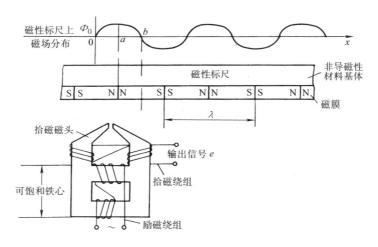

图 8-17 磁通响应型拾磁磁头

的二次调制谐波信号输出。

设磁通在磁性标尺上按正弦规律分布，磁头的高频交变励磁电流为 $i = I_0\sin\omega t$，则磁头拾磁线圈输出的二次调制谐波感应电动势为

$$e = E_0\sin\frac{2\pi x}{\lambda}\sin\omega t \qquad (8-9)$$

式中　E_0——感应电动势系数；

　　　x——磁头在磁性标尺上的位移量；

　　　λ——磁性标尺上磁化信号的节距；

　　　ω——励磁电流的角频率。

由式（8-9）可以看出，感应电动势 e（拾磁线圈的输出信号）与磁头在磁性标尺上的位移量 x 有关，而与它们的相对移动速度无关，因此由感应电动势 e 可以得到位移量 x 。

为了辨别磁头在磁性标尺上的移动方向，通常采用如图 8-18 所示的辨向磁头装置，即设置间距为（$m\pm1/4$）λ 的两组磁头，其中的 m 为任意整数，根据两组磁头输出信号相位的超前和滞后，可以确定其移动方向。

拾磁磁头的输出信号必须送入相应的检测电路才能检测出实际位移

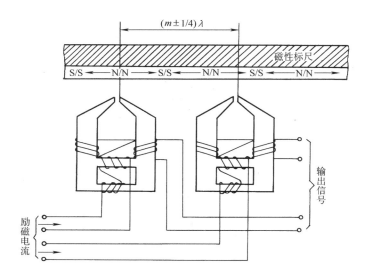

图 8-18 辨向磁头装置

量。根据对此输出信号的不同处理方式，检测电路分为幅值检测和相位检测两种，数控机床中常采用的是相位检测电路。

磁栅具有测量精度较高、复制简单、装调方便、耐油污和耐灰尘以及对使用环境要求低等优点。

四、光栅

光栅是一种光电式位移检测装置，它利用光学原理将机械位移变换成光学信息，并应用光电效应将其转换为电信号输出。光栅有圆光栅和长光栅两种，前者用于角位移的检测，而后者则用于直线位移的检测。下面介绍数控系统中常用的透射式长光栅。

1. 光栅的结构

透射式长光栅是在透明玻璃基体上均匀地刻划出密集等间距的不透光线纹而制成的，如图 8-19a 所示。光栅上相邻两线纹间的距离称为栅距 τ，栅距的倒数为线纹密度，常用长光栅的线纹密度有 25 条/mm、50 条/mm、100 条/mm 和 250 条/mm 等数种。光栅检测装置主要是由标尺光栅和光栅读数头两部分组成的，而光栅读数头又是由指示光栅、光源、透镜、光敏元件和信号处理电路组成的，如图 8-19b 所示。光栅测量中，标尺光栅与指示光栅应配套使用，即它们的线纹密度必须相同。

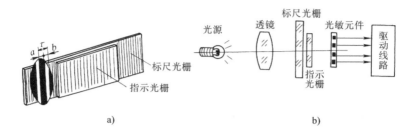

图 8-19　光栅检测装置

a）标尺光栅　b）光栅读数头

通常，标尺光栅较长，要求其长度与运动行程相等，而光栅读数头中的指示光栅较短。标尺光栅固定安装在机床的运动部件上，而光栅读数头则安装在机床的固定部件上，安装时必须保证标尺光栅和指示光栅为相互平行放置，并保证两者之间留有一定的间隙（一般为 0.05mm 或 0.1mm）。因此，标尺光栅和指示光栅两者将随机床运动部件的移动而发生相对移动。

2. 光栅的工作原理

光栅是根据莫尔条纹的形成原理进行工作的。将标尺光栅和指示光栅（两光栅尺的栅距相同）刻线面平行放置，将指示光栅在其自身平面内倾斜一个微小的角度 θ，这使得两光栅尺上的线纹互相交叉。若用平行光来垂直照射光栅，则在与光栅线纹几乎垂直的方向上，呈现出如图 8-20 所示的明暗交替、间隔相等的宽条纹，此即为横向莫尔条纹。这是由于光的干涉效应，在线纹交叉点附近，线纹重叠多，遮光面积小，透光性较强，形成了亮带；反之，在距交叉点较远处，则形成了暗带。相邻

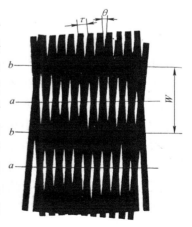

图 8-20　横向莫尔条纹

两个暗带（或亮带）之间的距离，称为莫尔条纹节距 W。

莫尔条纹具有以下性质：

（1）放大作用 由图 8-20 可以看出，莫尔条纹节距 W 与栅距 τ 及线纹夹角 θ 之间有如下关系：

$$W = \frac{\tau}{\sin\theta} \qquad (8\text{-}10)$$

由于 θ 值很小，故可取 $\sin\theta \approx \theta$，因此式（8-10）可表示为

$$W \approx \tau / \theta \qquad (8\text{-}11)$$

由式（8-11）可知，在 τ 一定的情况下，W 与 θ 成反比，即 θ 越小，W 就越大。例如，当 $\tau = 0.01\,\text{mm}$ 时，若 $\theta = 0.01\,\text{rad} = 0.57°$，则 $W = 1\,\text{mm}$。这说明，无需其他的光学系统或电子系统，利用光的干涉现象所产生的莫尔条纹，光栅就能把其栅距 τ 变换成放大 100 倍的莫尔条纹节距 W。

（2）莫尔条纹的移动与两光栅尺相对移动相对应 莫尔条纹的移动与两光栅尺相对移动有一定的对应关系，从位移量来看，当两光栅尺每相对移动一个栅距 τ 时，莫尔条纹便相应地移动一个莫尔条纹节距 W，而莫尔条纹形成处某固定点的光强也随之按近似正弦规律变化一个周期；从移动方向来看，莫尔条纹移动方向与两光栅尺相对移动的方向几乎垂直，若两光栅尺相对移动的方向改变时，莫尔条纹的移动方向也随之改变。

（3）均化栅距误差作用 由于莫尔条纹是由许多条线纹共同干涉形成的，所以它对光栅的栅距误差具有平均作用，因而可以消除光栅的个别栅距不均匀对测量所造成的影响。

光栅检测装置，通常在彼此相距 1/4 莫尔条纹的间距（即 $W/4$）处，设置了 4 个光敏元件，根据莫尔条纹的特性，通过检测这 4 个点光强的变化可以得到相对位移的大小和方向等信息。由光源、透镜、光栅尺、光敏元件及信号处理电路组成的光栅测量系统，如图 8-21 所示。

当两光栅尺有相对位移时，光栅读数头中的光敏元件根据其莫尔条纹的光强度变化，将两光栅尺的相对位移即机床运动部件的机械位移，转换成了四路彼此相差 $\pi/2$ 的电压信号。四路电压信号每变化一个周期，表示两光栅尺相对移动了一个栅距；而四路电压信号超前滞后关系，则反映了两光栅尺的相对位移的方向。

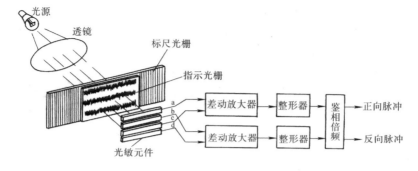

图 8-21 光栅测量系统

光栅读数头的四路电压信号还必须经过放大、整形、鉴向倍频等信号处理过程，才能将两光栅尺的相对位移信息转换成易于辨识和应用的数字信息。

光栅检测装置具有检测精度高（可达 $1\mu m$）、响应速度快的特点，故非常适用于数控系统的位置检测。

五、旋转编码器

旋转编码器又称为码盘式编码器，是一种旋转式的角位移检测装置，也是数控机床半闭环数控系统常用的一种位置检测装置。它主要由编码盘（简称码盘）和读码装置组成。根据工作原理的不同，旋转编码器分为接触式、电磁式和光电式 3 种；根据输出信号形式的不同，旋转编码器又可以分为绝对型和增量型两种。这里仅介绍接触式和光电式编码器。

1. 接触式编码器

（1）接触式编码器的结构 接触式编码器主要由码盘和电刷组成。接触式编码器属于绝对编码器，其码盘是利用印制电路板的制造工艺，在一个绝缘的基体上制作某种码制（如 8421 码、循环码等）图形金属导电区的圆盘形印制电路板，全部导电区连接到高电平"1"；读码用的电刷经电阻接地，若干个电刷沿码盘径向固定安装，每个电刷分别与码盘上的某一对应环形码道直接接触，接触处若为金属导电区时就输出逻辑"1"电平，反之若为非金属绝缘区则输出逻辑"0"电平。一个四位 8421 二进制码制的编码器的码盘示意图如图 8-22a 所示，图中的涂黑处为金属导电区，而空白处为绝缘区。

由图 8-22a 可见，码盘上有 4 圈环形码道和 a~p 共 16 个等分扇形区域。若导电区视为"1"、绝缘区视为"0"，则码盘上每个等分扇形区沿径向上分布的"1"、"0"组成了四位二进制代码，16

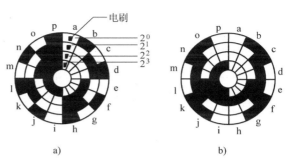

图 8-22 接触式四位二进制码盘

a）8421 码 b）循环码

个等分扇形区的径向四位二进制代码是按照四位 8421 二进制代码的规律依次排列的。

（2）工作原理 通常编码器的码盘与转轴固定连接，当码盘转动时，在各转角位置上，电刷都将输出一个与转角位置相对应的某种码制的 n 位二进制代码。四位 8421 二进制码制接触式编码器，当电刷在不同位置时对应的数码见表 8-7。由表 8-7 可见，若四位 8421 二进制码制的编码器的码盘转动一周，电刷将依次输出 16 个四位 8421 二进制代码。

表 8-7　电刷在不同位置时对应的数码

角度	电刷位置	8421 码	循环码	十进制数
0	a	0000	0000	0
1α	b	0001	0001	1
2α	c	0010	0011	2
3α	d	0011	0010	3
4α	e	0100	0110	4
5α	f	0101	0111	5
6α	g	0110	0101	6
7α	h	0111	0100	7
8α	i	1000	1100	8

（续）

角度	电刷位置	8421 码	循环码	十进制数
9α	j	1001	1101	9
10α	k	1010	1111	10
11α	l	1011	1110	11
12α	m	1100	1010	12
13α	n	1101	1011	13
14α	o	1110	1001	14
15α	p	1111	1000	15

一个 n 位二进制码盘所能分辨的角位移为 $\alpha = 360°/2^n$。当 $n = 4$，则 $\alpha = 22.5°$；若取 $n = 8$，则 $\alpha \approx 1.4°$。显然，n 越大，即编码器的二进制数字编码的位数越多，其所能分辨的角度就越小，角位移测量精度也就越高。由于输出的二进制代码的每一位都必须有一个独立的环形码道，因此编码器环形码道的数量就决定了该编码器的分辨力。

接触式编码器由于制造或安装不精确等原因引起的机械偏差，会使得电刷进入导电区的先后不一致（不同步），由此产生非单值误差，即产生错码。从编码角度来讲，造成错码的原因是从一个数码变为另一个数码时需要有几位码同时发生改变，若每次只有一位码改变就不易产生错码。因而解决这个问题常用的方法是采用循环码编码，循环码的特点就是相邻两个数码间只有一位码发生变化，见表 8-7。循环码码盘示意图如图 8-22b 所示。

接触式编码器能直接输出某种码制的二进制代码，便于与微机和数字系统相连接，但由于其分辨率的提高、运行转速、使用寿命等要受到电刷的影响，限制了接触式编码器的实际应用范围。目前，广泛应用于各种位移量测量的旋转编码器是光电式编码器，其读码装置利用光电转换原理，因此能够实现非接触式测量。

光电式编码器有光电式绝对编码器和光电式增量编码器两种。

2. 光电式绝对编码器

（1）基本结构　光电式绝对编码器主要由码盘和光电式读码装置组

成。其码盘中心有固定转轴，码盘通常采用照相腐蚀工艺，在一块圆形光学玻璃上刻有透光、不透光的二进制编码码形，n 位二进制编码器其码盘上就有 n 条环形码道，编码器在转轴的各转角位置都可以输出一个与之相对应的 n 位二进制代码；其读码装置，由分别安装在码盘两个对侧的光源（含光学系统）和成径向排列且与各环形码道对应的体积小、易于集成的 n 个光电器件组成，如图 8-23 所示。

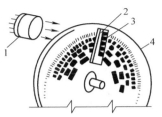

图 8-23　光电式绝对编码器

1—光源　2—狭缝
3—光电元件　4—码盘

（2）工作原理　当光源经光学系统形成一束平行光投射在码盘上时，无论码盘旋转或静止，在平行光照射处，若某码道为透光区，则有光照射在该码道对应的某个光电器件上，便可产生相应的光电信号输出，而若某码道为不透光区，则该码道对应的光电器件将无光电信号输出。由于每一个环形码道上对应有一个光电器件，因此各个光电器件根据是否受光照，即可转换输出相应的电信号，从而得到该位置的二进制代码。显然，码盘上环形码道的数量就是该码盘的二进制数码位数，其值越大，编码器的分辨力就越高。

光电式绝对编码器与接触式编码器一样，通常采用二进制循环码编码，以解决非单值误差的问题。光码盘的精度决定了光电编码器的精度，光码盘的精度比接触式码盘要高很多个数量级，目前，已能生产径向线宽为 6.7×10^{-8}rad 的码盘，其精度达 1×10^{-8}。

光电式绝对编码器，由其转轴转动位置决定的每个转角位置的二进制数字编码是唯一的，因而能直接输出某种码制的二进制代码，是真正的数字式位移检测装置。由于没有触点磨损，故允许高速转动，而且其使用寿命、抗干扰能力及数据的可靠性均比接触式编码器有了很大的提高。

3. 光电式增量编码器

（1）基本结构　光电式增量编码器又称为光电式脉冲编码器，其结构与绝对编码器相似，但其采用光栅盘代替光码盘，从原理上来说光栅盘有 3 条环形码道，即计数码道、辨向码道和零位码道。计数码道上均匀分布着相当数量的透光、不透光的直线线纹；辨向码道上也均匀分布着与计数码道相同数量的线纹，但这些线纹与计数码道的相应线纹彼此错开半条线纹宽度（即 1/4 节距）；零位码道上仅有一条线纹，作为光栅盘的基准位置，用于给计数系统提供一个初始的零位（清零）信号。通常，计数码道、辨向码道处于光栅盘外圈，而零位码道处于光栅盘内圈。光电式增量编码器由光源、聚光镜、光栅盘、光栅板、光电器件、信号处理电路等组成，如图 8-24 所示。

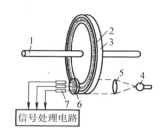

图 8-24　光电式增量编码器结构示意图
1—转轴　2—透光狭缝　3—光栅盘　4—光源
5—聚光镜　6—光栅板　7—光电器件

（2）工作原理　由于光栅盘的结构原因，光电式增量编码器不能直接产生与转角位置相对应的 n 位二进制数字编码输出，它是通过对光电脉冲的计数来进行角度测量的。当光栅盘静止时，由于光照状态无变化，故光电器件无光电脉冲输出；当光栅盘转动时，平行光经过光栅盘的透光与不透光线纹，将产生一系列光脉冲，由对应于 3 条环形码道的各光电器件分别转换成计数、辨向、零位三相电脉冲波输出，采用计数器对计数（或辨向）脉冲进行计数，就可获得转角的相对变化量，实现角位移的检测。零位脉冲用于提供光栅盘的基准位置，它接至计数器的复位端，测量时光栅盘转动一圈过程中由它复位一次计数器。可见，增量编码器每次检测的结果都是相对于本次检测前静止时角度的增量，因此这种测量方法属于增量式测量。

光电式增量编码器，通过计数器计量脉冲的数量和频率，即可测定旋转运动的角位移和转速，因此它在数控机床中既可用作位置检测又可用作转速检测。测量结果可以通过数字显示装置进行显示或直接输入到数控系统中。

光电式增量编码器的精度和分辨率主要取决于光栅盘本身的精度和分辨率。例如，一个计数码道上共有 5000 条透光线纹的光电式增量编码器，其工作时将产生每转 5000 个计数脉冲，每个计数脉冲对应的角位移为

360°/5000 。显然，计数码道线纹的数量决定了编码器的分辨率，线纹越多，分辨率越高。

（3）旋转方向的判别　由于辨向码道的线纹与计数码道线纹彼此错开半条线纹宽度，因此当光栅盘转动时，计数脉冲波形将超前或滞后辨向脉冲波形90°，采用辨向电路辨别两者超前或滞后的相位关系，即可辨别光栅盘旋转方向。辨向电路的原理示意图如图8-25所示。

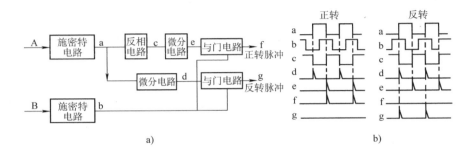

图 8-25　辨向电路的原理示意图
a）电路原理　b）工作波形

光电式增量编码器工作时，由光电器件进行光电转换后得到的计数、辨向信号 A、B，经过放大、整形后，成为 a、b 两个相位相差90°的方波信号。a方波信号分成两路：一路直接微分、去除负向脉冲后得到脉冲 d；另一路经反相后再微分、去除负向脉冲而得到脉冲 e。e、d 两路脉冲经过与门电路后可分别输出正转脉冲 f 和反转脉冲 g。由于 b 组方波作为与门的控制信号，决定着 f、g 脉冲的实际输出，因此光栅盘正转时只有 f 脉冲输出，而反转时只有 g 脉冲输出。将 f 正转脉冲或 g 反转脉冲送入可逆计数器，进行加法或减法计数，便可以知道转角的大小和方向。

光电式旋转编码器，具有非接触式检测、测量范围大、分辨率高、精度高、可靠性高、抗干扰能力强、寿命长、体积小、使用方便、允许高速转动、输出信号便于与微机等数字系统连接等优点，因此广泛应用于各种数控设备运动部件的位移量检测。

第四节　数控机床的伺服驱动系统

一、概述

数控机床伺服驱动系统是以机床运动部件（如工作台等）的位置和速度作为控制量的自动控制系统。数控机床伺服驱动系统主要有两类：一类是主轴伺服驱动系统，它控制主轴的切削运动，以旋转运动为主；另一类是进给伺服驱动系统，它控制机床各坐标轴的切削进给运动，以直线运动为主。

现代数控机床对主轴驱动的要求为：输出功率大且主轴驱动结构简单、具有四象限的驱动能力而且加减速时间短、调速范围宽、在整个调速范围内速度稳定且恒功率范围宽。某些数控机床还要求：主轴能与进给驱动实行同步控制（便于进行螺纹加工）、主轴能进行高精度的准停控制（便于自动换刀）、主轴具有恒线速度表面切削功能和主轴具有角度分度控制功能。

数控机床的主轴驱动系统有直流主轴驱动系统和交流主轴驱动系统两种。前者一般采用三相桥式全控晶闸管双闭环调速系统和他励式直流电动机；而后者则一般采用矢量变换控制变频调速系统和笼式异步电动机。目前，交流主轴驱动装置正逐步取代直流主轴驱动装置。

数控机床的进给伺服驱动系统接收计算机插补生成的进给指令，并将其变换成为机床运动部件的位移。数控机床对进给伺服驱动系统的要求主要有：精度高、响应快、调速范围宽、工作稳定性好等。进给伺服系统作为实现切削刀具与工件间运动的驱动和执行元件，是数控机床的一个重要组成部分。它直接影响整个数控机床的精度和速度等技术指标，在很大程度上决定了数控机床的性能。

进给伺服驱动系统有开环系统、半闭环系统和闭环系统。进给伺服驱动系统的执行元件（伺服电动机）主要有：步进电动机、直流伺服电动机和交流伺服电动机。

本节主要介绍进给伺服驱动系统。

二、步进电动机伺服驱动系统

步进电动机伺服驱动系统大多是典型的开环伺服驱动系统，如图8-26

所示。在此系统中，执行元件是步进电动机，它将进给脉冲转换为具有一定方向、大小和速度的机械转角位移，通过齿轮和丝杠带动工作台移动。由于该系统没有反馈检测环节，控制精度取决于步进电动机和丝杠的精度，因而这种系统的控制精度不高，但由于其具有结构简单、控制方便、易于调整、可靠性高和成本低等优点，故仍适用于速度和精度要求不太高的场合。

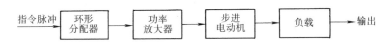

图 8-26　开环步进电动机的伺服驱动系统框图

1. 环形分配器

环形分配器的作用是把来自 CNC 插补装置输出的指令进给脉冲，按一定的规律分成若干路电平信号，去控制步进电动机相应的定子绕组，使其正向运转或反向运转。环形脉冲分配有两种方式：一种是硬件脉冲分配，另一种是软件脉冲分配。

硬件脉冲分配由脉冲分配器来完成。脉冲分配器可以采用小规模集成电路组合构成，也可以采用专用环形分配器。图 8-27 所示为三相六拍环形分配器的原理图。

软件脉冲分配由计算机及其软件完成。具体来说，它是由计算机软件采用查表或计算的方法来实现环形脉冲分配的。软件脉冲分配可以充分利用计算机软件资源，且减少硬件成本，尤其是对于多相步进机的脉冲分配更显示出其优越性。但软件脉冲分配要占用计算机的运行时间，使得进行一次插补的总时间增加，从而影响步进电动机的运行速度。采用 INTEL 8031 单片机控制的步进电动机的驱动电路原理框图及相应的程序流程图，如图8-28所示。

设单片机 I/O 口 P1 口的某位为高电平时，电动机的相应定子绕组通电。单片机的三相六拍环形脉冲分配情况见表8-8。把表中数值按顺序写入数控装置的内存 EPROM 中，并设定表头和表尾的地址分别为 TAB_0 和 TAB_5。当单片机的 P1 口的状态变化按表中数值 01H→03H→02H→06H→

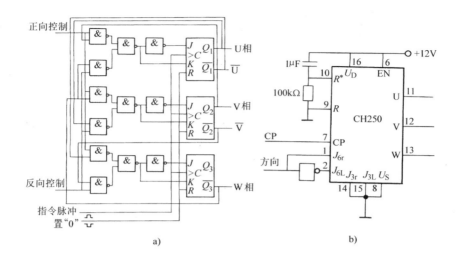

图 8-27　三相六拍环形分配器的原理图

a）用小规模集成电路实现　b）用专用集成电路实现

04H→05H→01H→…依次变化时，步进电动机正转。反之，当 P1 口的状态按相反的顺序变化时，步进电机反转。改变图 8-28b 所示程序流程图中的延时时间 T，就可以控制步进电动机的速度。

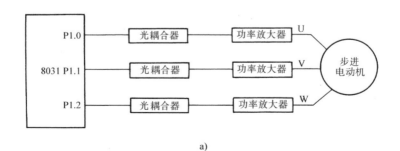

a）

图 8-28　用计算机控制步进电动机

a）驱动电路原理框图

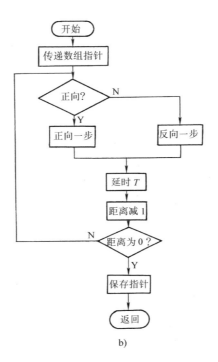

图 8-28　用计算机控制步进电动机（续）

b）程序流程图

表 8-8　单片机的三相六拍环形脉冲分配情况

步序		通电相	工作状态			数值（16 进制）	程序的数据表		
正转	反转		W	V	U		TAB		
		U	0	0	1	01H	TAB_0	DB	01H
		U，V	0	1	1	03H		DB	03H
		V	0	1	0	02H		DB	02H
		V，W	1	1	0	06H		DB	06H
		W	1	0	0	04H		DB	04H
		W，U	1	0	1	05H	TAB_5	DB	05H

2. 功率放大器

由于硬件环形分配器或单片机输出的电流很小，必须经过功率放大，才能驱动步进电动机。功率放大器的作用，就是将代表通电状态的弱电信号进行开关功率放大，从而控制步进电动机各相绕组电流按一定顺序切换，使步进电动机转动。

图 8-29 所示为单电源功率放大电路。由晶体管 V1 进行第一级开关放大，由晶体管 V2 作开关功率放大，直接驱动步进电动机某相绕组。由于步进电动机绕组电感 L 的影响，使得绕组中电流不能迅速地增大或减小。在电动机高速运转时，其影响更大。为此，绕组外串联了电阻 R_0，以减小电动机绕组电流的上升时间。为减小 R_0 的耗能，在电阻 R_0 两端并联了电容 C，在过渡过程期间为电路提供一条低阻抗的通路，这样就增加了输出，且降低了损耗。在绕组断电瞬间，二极管 VD 及串联电阻 R_S 构成放电回路，以抑制绕组的自感电动势，

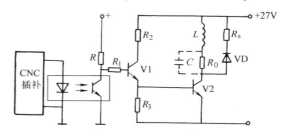

图 8-29　单电源功率放大电路

保护功率晶体管 V2。这种驱动电路结构简单，功放元件少，成本低，但功耗较大，故只适用于小功率步进电动机。

为了改善步进电动机的频率响应和电流波形，常采用如图 8-30 所示的高、低压双电源功率放大电路。

当控制信号 u 变为高电平时，晶体管 V1 和 V2 均导通，在高压电源 U_g 的作用下，二极管 VD1 承受反向电压而截止，低压电源 U_d 不起作用，绕组电流可以迅速上升，当电流达到额定稳态电流后，利用定时电路等措施，使 V1 截止，电路切换为低压电源 U_d 起作用，由低压电源提供绕组电流。

当控制信号 u 变为低电平时，使 V2 截止、V1 导通，绕组中的电流经过二极管 VD2 及电阻 R_{f2} 放电，电流便迅速下降。采用这种高、低压切换电源，电动机绕组不需要串联电阻，电能损耗小，而电流波形得到很大改善，使步进电动机起动及运行的频率得到了较大的提高。

在步进电动机伺服驱动系统中，用输入指令脉冲的数量、频率和方

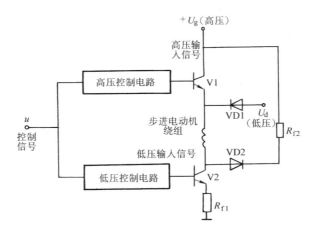

图 8-30　高、低压双电源功率放大电路

向，来分别控制执行部件的位移量、移动速度和移动方向，从而实现对进给位移的控制。

三、交直流伺服电动机伺服驱动系统

交直流伺服电动机进给伺服驱动系统是一个位置随动系统，通常由速度环（内环）和位置环（外环）构成。速度环常用的速度检测元件，有测速发电机、高分辨率脉冲编码器等；而位置环常用的位置检测元件有用于半闭环系统的旋转变压器（或光电式旋转编码器）和用于闭环系统的直线式感应同步器、光栅、磁栅等。

速度控制对保证数控机床加工精度起着重要的作用。由于数控机床进给驱动的功率一般不大（通常在数百到数千瓦），因此数控机床进给伺服系统大多采用永磁式交流同步电动机或永磁式宽调速直流伺服电动机。前者大多采用 SPWM 交流变频调速方式，而后者则采用脉宽调制（PWM）直流调速方式。

位置控制的任务是准确控制数控机床运动部件在各坐标轴的位置，而位置控制也是数控机床伺服系统中精度要求最高的控制系统。数控机床大多要求多轴联动，所以各个进给轴必须在运动过程中精确配合，才能将轮廓误差控制在允许误差之内。

伺服电动机进给伺服驱动系统按其控制原理，主要分为鉴相式伺服系

统、鉴幅式伺服系统、数字比较式伺服系统及数字伺服系统。

1. 位置控制原理

下面以鉴相式伺服系统为例介绍位置控制原理。鉴相式伺服系统是采用相位比较的方法，来实现位置控制的伺服系统。它通常用旋转变压器或感应同步器作位置检测元件，该元件应工作于鉴相方式。鉴相式伺服系统由基准信号发生器、脉冲调相器、鉴相器、直流放大器、速度控制单元、检测元件及信号处理线路、执行元件等组成，其原理框图如图8-31所示。

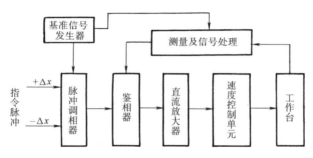

图 8-31　鉴相式伺服系统原理框图

当数控机床要求工作台沿某一方向进给时，插补器或插补软件便产生一系列进给脉冲作为指令信号，进给脉冲的数量、频率和方向分别代表了工作台的指令进给量、进给速度和进给方向。

进给脉冲首先经脉冲调相器转变为相对于基准信号的相位差 φ，而来自于检测元件及信号处理线路的反馈信号也表示成相对于基准信号的相位差 θ。因此，φ 和 θ 分别代表了指令要求工作台进给距离和机床工作台实际移动的距离。

将 φ 和 θ 送入鉴相器。在鉴相器中，指令信号 φ 与反馈信号 θ 进行比较。由于指令信号和反馈信号都是相对于基准信号的相位变化信号，因此它们两者之间的相位差为 $\varphi - \theta$。此相位差由鉴相器检测出来，并作为跟随误差信号送入直流放大器，经放大后，成为速度控制单元的速度指令值，然后由速度控制单元驱动伺服电动机带动工作台移动。

当进给开始时，φ 为指令要求工作台进给的距离，由于工作台没有位移，即 $\theta=0$，故 φ 和 θ 之差为 $\varphi-\theta=\varphi$ 。鉴相器将该相位差检测出来，经直流放大，送入速度控制单元，驱动电动机带动工作台进给。当工作台进给后，检测元件立即检测出其进给位移，并经信号处理线路转变为相对于基准信号的相位差信号 θ。该信号被送入鉴相器与指令信号进行比较。若 $\varphi-\theta\neq0$，说明工作台实际移动距离不等于指令信号所要求的移动距离，鉴相器便把 φ 和 θ 的差值检测出来，送入速度控制单元，驱动电动机带动工作台继续进给；若 $\varphi-\theta=0$，说明工作台实际移动距离等于指令信号要求的移动距离。因此，当鉴相器的输出 $\varphi-\theta=0$ 时，工作台停止进给。如果数控装置又发出新的进给脉冲，那么伺服系统将使工作台继续进给。

2. 数字伺服系统

鉴相式、鉴幅式和数字比较式伺服系统都是用硬件来处理控制信号的，虽然其中可能也有数字形式的控制量，但不能称为数字伺服系统。在数字伺服系统中，控制信息用数字量来处理，并可由计算机的软件来完成信息处理。CNC 机床一般采用数字伺服系统，利用计算机的计算功能，将来自测量元件的反馈信号在计算机中与插补软件产生的指令信号进行比较，其差值经位置控制输出单元，去驱动执行元件带动工作台移动。

在 CNC 机床中，CNC 进给伺服系统需要对速度和位置进行精确控制，通常要处理位置环、速度环和电流环的控制信息。根据这些信息是用软件来处理还是用硬件来处理，可以将伺服系统分为全数字式、混合式和模拟式。

目前，CNC 机床进给伺服系统大多数采用混合式，即位置环用软件控制，而速度环和电流环则用硬件控制。在混合式伺服系统中，由 CNC 插补得出位置指令值，与由位置检测采样输入的实际值，用软件求出其位置误差，经软件位置调节处理后，得到了速度指令值，速度指令值通常以二进制代码的形式输出到硬件速度单元，驱动电动机带动工作台移动。

应当注意，即使在全数字伺服系统中，传感器测量电路和功率放大电路也是不可缺少的。

数字伺服系统可以利用计算机及其软件技术，高速实时地实现前馈控制、最优控制、预测控制、学习控制等功能，改善了系统性能，可同时满足高速度和高精度要求。

第五节　经济型数控系统简介

一、概述

我国现阶段的经济型数控系统是根据国内需要自行开发的，一般为开环 CNC 系统，主要用于对精度、速度和力矩要求不高的场合，如车床、线切割机床以及旧机床改造等。本节介绍经济型数控系统。

1. 经济型数控系统的基本功能

经济型数控系统一般具有以下基本功能：

（1）控制功能

1）控制轴数：控制轴数一般为 2 轴或 3 轴，联动轴数为 2 轴。

2）插补功能：经济型数控系统一般采用逐点比较法或数字积分法的插补方式，具有直线插补（G01）和圆弧插补（G02、G03）功能。具有插补功能二轴联动的机床可进行轮廓加工。

3）定位控制功能：定位控制是指运动部分的指令位置与其实际位置的一致性控制。开环的经济型数控系统的脉冲当量一般为 0.01mm，其快速定位指令为 G00。

4）自动加、减速功能：经济型数控系统具有自动加、减速功能，可以使机床运动部件逐渐升速或减速。

5）进给速度控制功能：即指定刀具相对于工件进给速度的功能。用 F 和其后面的代码化数字表示。

6）主轴转速控制功能：即指定主轴转速的功能。用 S 和其后面的代码化数字表示。

7）换刀功能：即指定刀具的功能。用 T 和其后面的代码化数字表示。

8）辅助功能：数控机床辅助功能用 M 及其后面的数字代码来指定。如 M00 为程序停止，M01 为计划停止，M02 为程序结束，M03 为主轴顺时针转动，M04 为主轴逆时针转动，M05 为主轴停止等。

（2）输入/输出功能

1）手动输入（MDI）：即通过操作面板上的字母键和数字键将工件加工程序输入数控系统。

2）LED 数码显示：即通过 LED 数码管显示数字和简单字符。数码显示主要用于程序的输入和调试以及机床加工过程的坐标显示。

3）CRT 显示：CRT 显示器除具有 LED 显示器的功能外，还能进行数控加工模拟图形显示和人机对话。

4）输出/输入接口：经济型数控系统一般具有 RS-232 通信接口，以便与外围设备或其他数控系统进行通信。

（3）编程功能　我国经济型数控系统采用 JB3208—1999 标准规定的 G 指令和 M 指令编程。一般都具有绝对坐标编程和相对坐标编程或混合编程。程序格式为地址符可变程序格式。

（4）补偿功能　经济型数控系统一般具有刀具半径补偿、刀具长度补偿和机械传动间隙补偿等功能。

（5）开机自诊断功能和运行监控功能　机床开机或加工过程中，如有异常，可中断加工过程，并报警及显示错误信息，以便于维修人员维修。

2. 经济型数控系统的特点

1）价格便宜，性能价格比适中。

2）适用于多品种、中小批量产品的自动化生产，对品种的适应性强。

3）提高产品的质量、降低废品损失。

4）能加工复杂零件，提高工效。

5）节约大量工装费用，降低生产成本。

6）减轻工人的劳动强度。

7）增强企业的应变能力，提高企业的竞争能力。

8）结构简单、造价低、维修调试简单、运行维护费用低。

二、经济型数控系统的硬件结构

目前，我国经济型数控系统一般是以 8 位或 16 位单片微型计算机（或微处理器）为主构成的系统，其进给驱动元件采用步进电动机。经济型数控系统的硬件，通常由以下几个部分组成：

1）微机：包括中央处理器（CPU）、存储器、输入/输出（I/O）接口等。

2）进给伺服系统：采用步进电动机开环伺服系统。

3）开关量控制及主轴控制部分：这部分涉及 M、T、S 代码的执行。

4）人机接口和通信接口。

经济型数控系统的结构如图 8-32 所示。

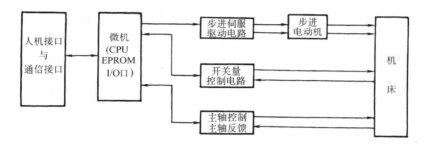

图 8-32　经济型数控系统的结构

下面介绍用 MCS－51 系列单片微型计算机构成的经济型数控系统。

单片微型计算机是在一块芯片上集成了 CPU、存储器、定时器/计数器及各种 I/O 接口电路等构成的完整数字处理系统。单片机的主要特点是抗干扰能力强、可靠性高、速度快、指令系统完善且效率高、体积小、性能价格比高以及适用于工业环境。单片机的品种繁多，其中美国 INTEL 公司推出的 MCS－51 系列通用型单片机和其他公司以 MCS－51 系列为核心的各种兼容单片机，具有较强的控制功能能满足大多数控制场合的要求，在过程控制、数据采集、机电一体化、智能化仪器仪表、家用电器等诸多领域获得了广泛应用。我国经济型数控系统使用 MCS－51 系列单片机较多。

1. MCS－51 系列单片机简介

MCS－51 系列单片机主要有 8031、8051 和 8751。三者的外部引脚完全兼容，仅内部结构有些差异。

（1）MCS – 51 系列单片机的基本特性

1）一个 8 位 CPU 。

2）一个片内振荡器和时钟电路。

3）片内具有 128B RAM。此外，8051 具有 4KB ROM，8751 具有 4KB EPROM，而 8031 内部无 ROM。

4）具有 4 个 8 位 I/O 端口（P0、P1、P2 和 P3），共有 32 根 I/O 线。

5）具有 21 个特殊功能寄存器（SFR）。

6）具有 16 根地址线（与 I/O 线共用），可直接寻址片外存储器的容量为 2^{16} B = 64KB（包括 64KB 外部程序存储器和 64KB 外部数据存储器，两者有相同的地址，由 MCS – 51 的指令来区别这两个外部存储器）。

7）具有两个 16 位定时器/计数器（T0 和 T1）。

8）具有 5 个中断源，两级优先权的向量中断结构。

9）具有一个可编程全双工串行 I/O 口。

10）具有位寻址功能，适用于逻辑运算。

（2）MCS – 51 系列单片机的三总线结构 MCS – 51 系列单片机引脚排列及总线结构如图 8-33 所示。

1）地址总线 AB。单片机的地址总线宽度为 16 位，故其外部存储器可直接寻址范围达 64KB。16 位地址总线的高 8 位由 P2 口直接提供，而低 8 位则由 P0 口经地址锁存器提供。

2）数据总线 DB。单片机的数据总线宽度为 8 位，由 P0 口直接提供。P0 口是地址/数据复用口，由单片机的内部时序决定 P0 口的功能，使其分时进行输出地址/输出（或输入）数据工作。

3）控制总线 CB。单片机的控制总线由 P3 口和四根独立的控制线 $\overline{PSEN}$（低电平有效）、ALE、$\overline{EA}$（低电平有效）和 RESET 组成。

2. 经济型数控装置的硬件结构

图 8-34 所示为一个用 8031 单片机组成的经济型数控装置硬件框图。

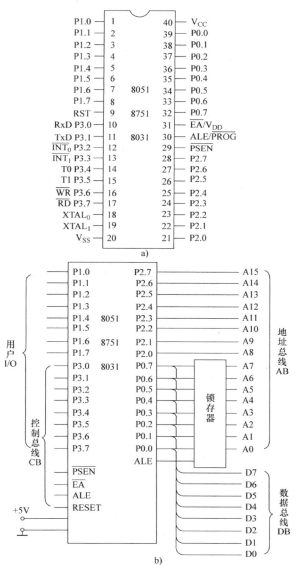

图 8-33 MCS–51 系列单片机引脚排列及总线结构

a）引脚排列 b）总线结构

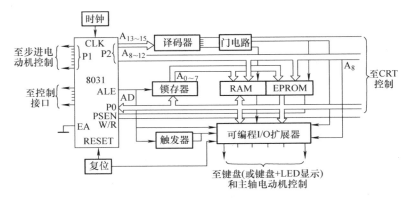

图 8-34 单片机组成的经济型数控装置硬件框图

在这种经济型数控装置中，8031 单片机为控制器。8031 单片机各 I/O 端口的作用如下：

1）8031 单片机的 P0 口除了用于传输数据外，还与 P2 口共同提供外部存储器的地址。随机存储器 RAM（8 ~ 16KB）用于存放用户和调试的加工程序，而只读存储器 EPROM（16KB）用于存放系统程序。由于 8031 的外部 RAM 芯片和扩展 I/O 口芯片由单片机的 $\overline{WR}/\overline{RD}$ 信号（从 8031 的 16、17 脚即 P3.6、P3.7 发出）选通，而外部 ROM 则由 $\overline{PSEN}$ 信号（从 8031 的 29 脚发出）选通，故 RAM 和 ROM 的地址可以重复。

2）8031 的 P1 口用于控制步进电动机运行。若采用软件环形脉冲分配方式，则 P1 口输出的是步进电动机的环形脉冲信号；若采用硬件环形分配方式，则 P1 口输出的是控制信号，控制硬件环形分配器输出环形脉冲信号。

3）8031 的 P3 口用于处理旋转刀架、主轴脉冲发生器、外部中断控制等工作。

8031 还通过可编程 I/O 口扩展芯片，实现对键盘、LED 数码显示器和主轴电动机速度转换等的控制。

3. 数控装置的接口电路

输入/输出接口电路用于将单片机和外围设备连接起来实现信息的输

入和输出。输入/输出一般是指计算机与外界之间的数据传送（通信）。为了正确可靠地传送信息，接口电路必须提供适当的时序和控制信号。接口电路的作用是：使外设与计算机的总线彼此隔离，将外设传送给计算机的信息转换成计算机相容的格式，对输入/输出的信息进行缓冲、暂存，并协调计算机和外设之间数据传送速度不匹配的矛盾；为计算机提供有关外设的工作状态信息并传送计算机对外设的各种控制命令；接口电路还可以对信息的传输形式进行变换。

（1）键盘和显示器接口电路　键盘和显示器是操作人员与数控系统交换信息的人机对话设备。操作人员通过键盘及显示器可以输入、编辑程序和发送操作命令，而数控系统则通过显示器可以给操作人员提供必要的信息。

1）键盘接口电路。数控系统中，键盘接口电路的形式有多种。

CPU 有两种工作方式可以得知是否有键按下，其一是查询方式，其二是中断方式。

① 查询方式：是指不论是否有键按下，CPU 每隔一段时间就查询一次键盘状态，看是否有键按下，若有键按下便进行键盘服务，否则继续原工作。显然，这种方式会浪费 CPU 的工作时间。

② 中断方式：是指只有在有键按下时才产生中断请求，CPU 收到中断请求后，停止原来的程序运行，来响应中断，进行键盘服务。采用这种方式，CPU 的工作效率较高。

下面以中断扫描方式键盘输入电路为例，介绍键盘接口电路原理。

中断扫描方式的矩阵键盘输入电路如图 8-35 所示。

首先，CPU 将 P3.4～P3.7 均置为低电平"0"，使矩阵键盘的行线全部为低电平。如果没有键按下，每根列线都为高电平，中断请求信号$\overline{\text{INT}}$也就为高电平，则不产生中断。当有键按下时，该键所在的列线变为低电平，经过与门电路使中断请求信号$\overline{\text{INT}}$变为低电平，而发出中断请求，CPU 响应该中断后，便进入键盘中断服务程序，进行键盘扫描。CPU 先将列线为低电平的列号存储下来，再从第一行（P3.7）到最末行（P3.4）逐行置低电平"0"，而其余行置为高电平"1"，并逐次读取列值，若列值为"0"，则存储行号。CPU 根据存储的行号和列号，便可计算出被按下键的编码值，而由该键的编码值，即可转向相应的键处理程序。

2）LED 数码显示器接口电路。下面以如图 8-36 所示的单个 LED 数码显示器接口电路为例，说明电路的工作原理。

当 CPU 通过数据总线向 LED 数码显示器发出欲显示信息的代码信号时，由锁存器将该信号锁存，经驱动器驱动后，由 LED 数码

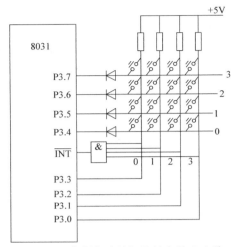

图 8-35　中断方式的矩阵键盘输入电路

管清晰地显示出该信息。例如，在图 8-36 中，数码显示器为共阴极 LED 数码管，若锁存器和驱动器均无反相作用，当数据线 $D_0 \sim D_7$ 为"11011010"时，则显示数字符号"2"。可见，对于每一个欲显示数字或字符，都需要一个特定的二进制代码，而其译码工作可以由软件或硬件来完成。

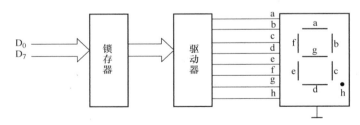

图 8-36　单个 LED 数码显示器接口电路

数控系统中，单个 LED 数码显示器主要用于故障报警和电源显示等。为显示更多的数字或字符，经济型数控系统通常要采用多位 LED 数码显示器。多位 LED 数码显示器有静态显示和动态扫描显示两种工作方式。

目前，许多经济型数控系统采用了 INTEL 公司生产的 8279 专用可编

程集成电路芯片，可以实现 8 行×8 列的矩阵键盘和 16 个 8 段 LED 数码显示与单片机的接口电路，并可以将键盘/显示器接口电路制作在一块模板上。一些经济型数控系统还采用了 CRT 显示器，从而使其显示的信息更加丰富。

（2）开关量接口电路

1）开关量输入电路。当操作按钮、继电器、检测开关等开关信号需要输入数控系统时，通常是不能直接输入的，而需要通过输入接口电路来完成。输入接口电路可以将开关信号经过去抖动、抗干扰隔离、再转换成 TTL 电平等处理后，输入计算机。图 8-37 所示为开关抖动与防抖动电路。

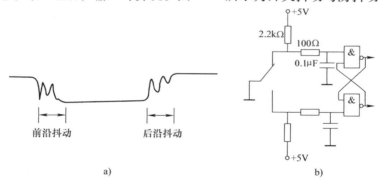

图 8-37　防抖动开关量输入电路

a）开关动作时的抖动　b）防抖动的开关输入电路

开关量输入电路，一般采用光耦合器对外围设备及其电路等进行电气隔离，这样既提高了系统的抗干扰能力，同时又解决了电平转换问题，如图 8-38 所示。

2）开关量输出电路。开关量输出电路的功能是将 CPU 输出的

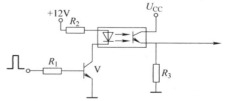

图 8-38　带光耦合器的输入电路

开关量，经隔离后，驱动继电器、指示灯、电磁阀线圈等。图 8-39 所示为开关量信号驱动继电器电路。

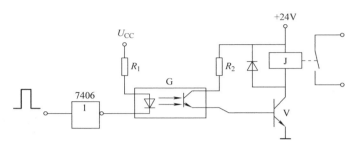

图 8-39 开关量信号驱动继电器电路

三、经济型数控系统的软件结构

经济型数控系统是由硬件和软件两大部分组成的。一个完整的数控软件只是一系列多种功能程序的集合，只有将软件和硬件的结合，才能构成一个具有特定功能的数控系统。在经济型数控系统中，一般尽可能用软件来实现大部分数控功能，这样既可以降低系统制造成本，又提高了系统的可靠性。

经济型数控系统软件的主要功能有：系统初始化、管理人机接口、译码及刀具补偿、实现辅助功能、插补计算、速度控制、步进电动机环形脉冲分配、反向间隔补偿、手动控制、系统自行诊断等。经济型数控系统软件主要分为监控程序、数据处理程序和加工程序三大类，如图 8-40 所示。

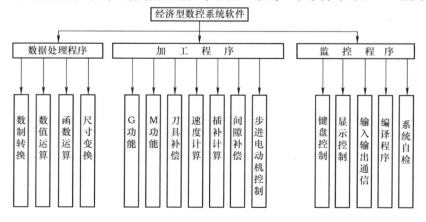

图 8-40 经济型数控系统的软件组成

（1）监控程序　监控程序包括操作程序和系统程序。它用来实现人机对话、系统监控、指挥整个系统协调动作等。

（2）数据处理程序　数据处理程序主要用于进行数制转换和数学运算等。

（3）加工程序　加工程序是数控系统软件的关键程序，数控系统的很多功能由其确定，其中插补程序是核心。

软件是操作人员和数控机床之间的桥梁，为了用数控机床加工出所需要的产品，用户还需要利用数控机床提供的系统软件编制出相应的数控加工程序，并输入到数控系统中，这样才能通过数控机床生产出高质量的产品，发挥出数控机床的优越性。

目前，我国的经济型数控系统发展迅速，大量经济型数控系统应用于工业生产，并获得了良好的经济效益。随着数控技术的不断发展，数控机床的性能不断提高和完善，数控设备从单机向整个生产线和柔性生产线方向发展，我国的机械生产和制造技术必将进入一个新的技术阶段。

试　题　库

一、判断题（对画√，错画×）

1. 线圈自感电动势的大小，正比于线圈中电流的变化率，与线圈中电流的大小无关。　　　　　　　　　　　　　　　　　　　（　　）

2. 当电容器的容量和其两端的电压值一定时，若电源的频率越高，则电容器的无功功率越小。　　　　　　　　　　　　　　　　（　　）

3. 在 RLC 串联电路中，总电压的有效值总是大于各元件上的电压有效值。　　　　　　　　　　　　　　　　　　　　　　　　（　　）

4. 当 RLC 串联电路发生谐振时，电路中的电流将达到其最大值。
　　　　　　　　　　　　　　　　　　　　　　　　　　　　（　　）

5. 磁路欧姆定律适用于只有一种媒介质的磁路。　　　　　　（　　）

6. 若对称三相电源的 U 相电压为 $u_U = 100\sin(\omega t + 60°)\,\mathrm{V}$，相序为 U – V – W，则当电源作星形联结时线电压 $u_{UV} = 173.2\sin(\omega t + 90°)\,\mathrm{V}$。
　　　　　　　　　　　　　　　　　　　　　　　　　　　　（　　）

7. 三相负载作三角形联结时，若测出三个相电流相等，则三个线电流也必然相等。　　　　　　　　　　　　　　　　　　　　　（　　）

8. 带有电容滤波的单相桥式整流电路，其输出电压的平均值与所带负载的大小无关。　　　　　　　　　　　　　　　　　　　　　（　　）

9. 在硅稳压二极管简单并联型稳压电路中，稳压二极管应工作在反向击穿状态，并且应与负载电阻串联。　　　　　　　　　　　　（　　）

10. 当晶体管的发射结正偏时，晶体管一定工作在放大区。　（　　）

11. 画放大电路的交流通路时，电容可看作开路，直流电源可视为短路。　　　　　　　　　　　　　　　　　　　　　　　　　　（　　）

12. 放大器的输入电阻是从放大器输入端看进去的直流等效电阻。
　　　　　　　　　　　　　　　　　　　　　　　　　　　　（　　）

13. 对于 NPN 型晶体管共发射极电路，当增大发射结偏置电压 U_{BE}

时，其输入电阻也随之增大。 （　　）

14. 晶体管是电流控制型半导体器件，而场效应晶体管则是电压控制型半导体器件。 （　　）

15. 单极型器件是仅依靠单一的多数载流子导电的半导体器件。

（　　）

16. 场效应晶体管的低频跨导是描述栅极电压对漏极电流控制作用的重要参数，其值越大，场效应晶体管的控制能力越强。 （　　）

17. 对于线性放大电路，当输入信号幅度减小后，其电压放大倍数也随之减小。 （　　）

18. 放大电路引入负反馈，能够减小非线性失真，但不能消除失真。

（　　）

19. 放大电路中的负反馈，对于在反馈环节中产生的干扰、噪声和失真有抑制作用，但对输入信号中含有的干扰信号等没有抑制能力。

（　　）

20. 差动放大器在理想对称的情况下，可以完全消除零点漂移现象。

（　　）

21. 差动放大器工作在线性区时，只要信号从单端输出，则电压放大倍数一定是从双端输出时放大倍数的 1/2，与输入端是单端输入还是双端输入无关。 （　　）

22. 集成运算放大器的输入级一般采用差动放大电路，其目的是要获得很高的电压放大倍数。 （　　）

23. 集成运算放大器的内部电路一般采用直接耦合方式，因此它只能放大直流信号，而不能放大交流信号。 （　　）

24. 集成运算放大器工作时，其反相输入端与同相输入端之间的电位差总是为零。 （　　）

25. 只要是理想运放，不论它工作在线性状态还是非线性状态，其反相输入端和同相输入端均不从信号源索取电流。 （　　）

26. 实际的运放在开环时，其输出很难调整到零电位，只有在闭环时才能调至零电位。 （　　）

27. 电压放大器主要放大的是信号的电压，而功率放大器主要放大的

是信号的功率。 （　　）

28. 分析功率放大器时通常采用图解法，而不能用微变等效电路法。

（　　）

29. 任何一个功率放大电路，当其输出功率最大时，其功放管的损耗最小。 （　　）

30. CW78 × × 系列三端集成稳压器中的调整管必须工作在开关状态。

（　　）

31. 各种三端集成稳压器的输出电压均是不可以调整的。 （　　）

32. 为了获得更大的输出电流，可以将多个三端集成稳压器直接并联使用。 （　　）

33. 三端集成稳压器的输出有正、负电压之分，应根据需要正确选用。 （　　）

34. 任何一个逻辑函数的最小项表达式一定是唯一的。 （　　）

35. 任何一个逻辑函数表达式经化简后，其最简式一定是唯一的。

（　　）

36. TTL 与非门的输入端可以接任意阻值电阻，而不会影响其输出电平。 （　　）

37. 普通 TTL 与非门的输出端不能直接并联使用。 （　　）

38. TTL 与非门电路参数中的扇出系数是指该门电路能驱动同类门电路的数量。 （　　）

39. CMOS 集成门电路的输入阻抗比 TTL 集成门电路高。 （　　）

40. 在任意时刻，组合逻辑电路输出信号的状态仅仅取决于该时刻的输入信号状态。（　　）

41. 译码器、计数器、全加器和寄存器都是组合逻辑电路。 （　　）

42. 编码器在某一时刻只能对一种输入信号状态进行编码。 （　　）

43. 数字触发器在某一时刻的输出状态，不仅取决于当时输入信号的状态，还与电路的原始状态有关。 （　　）

44. 数字触发器进行复位后，其两个输出端均为 0。 （　　）

45. 双向移位寄存器既可以将数码向左移，也可以将数码向右移。

（　　）

46. 异步计数器的工作速度一般高于同步计数器。　　　（　　）

47. N 进制计数器可以实现对输入脉冲信号的 N 分频。　　（　　）

48. 与液晶数码显示器相比，LED 数码显示器具有亮度高且耗电量小的优点。　　　　　　　　　　　　　　　　　　　　　　　（　　）

49. 用 8421BCD 码表示的十进制数字，必须经译码后才能用七段数码显示器显示出来。　　　　　　　　　　　　　　　　　　　（　　）

50. 七段数码显示器只能用来显示十进制数字，而不能用于显示其他信息。　　　　　　　　　　　　　　　　　　　　　　　　（　　）

51. 施密特触发器能把缓慢变化的模拟电压，转换成阶段变化的数字信号。　　　　　　　　　　　　　　　　　　　　　　　　（　　）

52. 与逐次逼近型 A－D 转换器相比，双积分型 A－D 转换器的转换速度较快，但抗干扰能力较弱。　　　　　　　　　　　　　（　　）

53. A－D 转换器输出的二进制代码位数越多，其量化误差越小，转换精度也越高。　　　　　　　　　　　　　　　　　　　（　　）

54. 数字式万用表大多采用的是双积分型 A－D 转换器。　（　　）

55. 各种电力半导体器件的额定电流，都是以平均电流表示的。

　　　　　　　　　　　　　　　　　　　　　　　　　　　（　　）

56. 额定电流为 100A 的双向晶闸管与额定电流为 50A 的两只反并联的普通晶闸管，两者的电流容量是相同的。　　　　　　（　　）

57. 对于门极关断晶闸管，当门极加正触发脉冲时可使晶闸管导通，而当门极加上足够的负触发脉冲时又可使导通的晶闸管关断。　（　　）

58. 晶闸管由正向阻断状态变为导通状态所需要的最小门极电流称维持电流。　　　　　　　　　　　　　　　　　　　　　　　（　　）

59. 晶闸管的正向阻断峰值电压是指在门极断开和正向阻断条件下，可以重复加于晶闸管的正向峰值电压，其值低于转折电压。　（　　）

60. 在规定条件下，不论流过晶闸管的电流波形如何，也不论晶闸管的导通角是多大，只要通过电流的有效值不超过该管额定电流的有效值，晶闸管的发热就是允许的。　　　　　　　　　　　　　　（　　）

61. 晶闸管并联使用时，必须采取均压措施。　　　　　（　　）

62. 单相半波可控整流电路，无论其所带负载是感性还是纯阻性的，

晶闸管的导通角与触发延迟角之和一定等于180°。 （　　）

63. 三相半波可控整流电路的最大移相范围是0°~180°。 （　　）

64. 在三相桥式半控整流电路中，任何时刻都至少有两只二极管处于导通状态。 （　　）

65. 三相桥式全控整流大电感负载电路工作于整流状态时，其触发延迟角 α 的最大移相范围为0°~90°。 （　　）

66. 带平衡电抗器三相双反星形可控整流电路工作时，在任一时刻都有两只晶闸管导通。 （　　）

67. 带平衡电抗器三相双反星形可控整流电路中，每只晶闸管中流过的平均电流是负载电流的1/3。 （　　）

68. 若晶闸管整流电路所带的负载为纯阻性，则电路的功率因数一定为1。 （　　）

69. 晶闸管整流电路中的续流二极管只是起到了及时关断晶闸管的作用，而不影响整流输出电压值及电流值。 （　　）

70. 若加到晶闸管两端电压的上升率过大，则可能造成晶闸管误导通。 （　　）

71. 直流斩波器可以把直流电源的固定电压变为可调的直流电压输出。 （　　）

72. 斩波器的定频调宽工作方式，是指保持斩波器通断频率不变，通过改变电压脉冲的宽度来使输出电压平均值改变。 （　　）

73. 在晶闸管单相交流调压器中，一般采用反并联的两只普通晶闸管或一只双向晶闸管作为功率开关器件。 （　　）

74. 逆变器是一种将直流电能变换为交流电能的装置。 （　　）

75. 无源逆变是将直流电变换为某一频率或可变频率的交流电供给负载使用。 （　　）

76. 电流型逆变器抑制过电流能力比电压型逆变器强，适用于经常要求起动、制动和反转的拖动装置。 （　　）

77. 在常见的国产晶闸管中频电源中，逆变器晶闸管大多采用负载谐振式的换相方式。 （　　）

78. 变压器温度的测量主要是通过对其油温的测量来实现的。如果发现油温较平时相同负载和相同冷却条件下高出 10℃ 时，应考虑变压器内发生了故障。　　　　　　　　　　　　　　　　　　　　　（　　　）

79. 变压器无论带什么性质的负载，只要负载电流增大，其输出电压就必然降低。　　　　　　　　　　　　　　　　　　　　　　　（　　　）

80. 电流互感器在运行中，二次绕组绝不能开路，否则会感应出很高的电压，容易造成人身和设备事故。　　　　　　　　　　　　　（　　　）

81. 变压器在空载时，其电流的有功分量较小，而无功分量较大，因此空载运行的变压器，其功率因数很低。　　　　　　　　　　　（　　　）

82. 变压器的铜耗是通过空载试验测得的，铁耗是通过短路试验测得的。　　　　　　　　　　　　　　　　　　　　　　　　　　（　　　）

83. 若变压器一次电压低于额定电压，则不论负载如何，它的输出功率一定低于额定功率，温升也必然小于额定温升。　　　　　　（　　　）

84. 具有电抗器的电焊变压器，若减少电抗器的铁心气隙，则漏抗增加，焊接电流增大。　　　　　　　　　　　　　　　　　　　（　　　）

85. 直流电动机的电枢绕组若为单叠绕组，则其并联支路数等于磁极数，同一瞬时相邻磁极下电枢绕组导体的感应电动势方向相反。（　　　）

86. 对于重绕后的电枢绕组，一般都要进行耐压试验，以检查其质量好坏，试验电压选择在 1.5～2 倍电机额定电压即可。　　　　（　　　）

87. 直流电机在额定负载下运行时，其火花等级不应该超过 2 级。

　　　　　　　　　　　　　　　　　　　　　　　　　　　　（　　　）

88. 直流电机的电刷对换向器的压力均有一定要求，各电刷压力之差不应超过 ±5% 。　　　　　　　　　　　　　　　　　　　　　（　　　）

89. 无论是直流发电机还是直流电动机，其换向极绕组和补偿绕组都应与电枢绕组串联。　　　　　　　　　　　　　　　　　　　（　　　）

90. 他励直流发电机的外特性，是指发电机接上负载后，在保持励磁电流不变的情况下，负载端电压随负载电流变化的规律。　　（　　　）

91. 若并励直流发电机的负载电阻和励磁电流均保持不变，则当转速升高后，其输出电压将保持不变。　　　　　　　　　　　　（　　　）

92. 在负载转矩逐渐增加而其他条件不变的情况下，积复励直流电动机的转速呈下降趋势，但差复励直流电动机的转速呈上升趋势。（　　　）

93. 串励电动机的特点是起动转矩和过载能力都比较大，且转速随负载的变化而显著变化。　　　　　　　　　　　　　（　　）

94. 通常情况下，他励直流电动机额定转速以下的转速调节，靠改变加在电枢两端的电压；而在额定转速以上的转速调节靠减弱电动机主磁通。　　　　　　　　　　　　　　　　　　　　　　（　　）

95. 对他励直流电动机进行弱磁调速时，通常情况下应保持电枢外加电压为额定值，并切除所有附加电阻，以保证在减弱磁通后使电动机电磁转矩增大，以达到使电动机升速的目的。　　　　　　　　（　　）

96. 在要求调速范围较大的情况下，调压调速是性能最好、应用最为广泛的直流电动机调速方法。　　　　　　　　　　　　（　　）

97. 直流电动机改变电枢电压调速，电动机的励磁应保持为额定值。当工作电流为额定电流时，则允许的负载转矩不变，所以属于恒转矩调速。　　　　　　　　　　　　　　　　　　　　　（　　）

98. 直流电动机电枢串电阻调速是恒转矩调速；改变电压调速是恒转矩调速；弱磁调速是恒功率调速。　　　　　　　　　（　　）

99. 三相异步电动机的转子转速越低，电动机的转差率越大，转子电动势的频率越高。　　　　　　　　　　　　　　　　（　　）

100. 三相异步电动机，无论怎样使用，其转差率均为 0 ~ 1。（　　）

101. 为了提高三相异步电动机起动转矩，可使电源电压高于电动机的额定电压，从而获得较好的起动性能。　　　　　　　（　　）

102. 带有额定负载转矩的三相异步电动机，若使电源电压低于额定电压，则其电流就会低于额定电流。　　　　　　　　（　　）

103. 双速三相异步电动机调速时，将定子绕组由原来的△联结改接成丫丫联结，可使电动机的极对数减少 1/2，使转速增加 1 倍。这种调速方法适合于拖动恒功率性质的负载。　　　　　　　　　　（　　）

104. 绕线转子异步电动机，若在转子回路中串入频敏变阻器进行起动，其频敏变阻器的特点是其电阻值随着转速的上升而自动地、平滑地减小，使电动机能平稳地起动。　　　　　　　　　　　（　　）

105. 三相异步电动机的调速方法有改变定子绕组极对数调速、改变电源频率调速、改变转子转差率调速三种。　　　　　（　　）

106. 三相异步电动机的最大转矩与转子回路电阻值无关，但临界转差率与转子回路电阻呈正比例关系。　　　　　　　　（　　）

107. 三相异步电动机的起动转矩与定子电压的平方呈正比例关系，与转子回路的电阻值无关。　　　　　　　　　　　　　（　　）

108. 直流测速发电机，若其负载阻抗越大，则其测速误差就越大。
（　　）

109. 电磁式直流测速发电机，为了减小温度变化引起其输出电压的误差，可以在其励磁电路中串联一个比励磁绕组电阻值大几倍而且温度系数大的电阻。　　　　　　　　　　　　　　　（　　）

110. 空心杯形转子异步测速发电机输出特性具有较高的精度，其转子转动惯量较小，可满足快速性要求。　　　　　　　（　　）

111. 交流测速发电机，在励磁电压为恒频恒压的交流电且输出绕组负载阻抗很大时，其输出电压的大小与转速成正比，其频率等于励磁电源的频率而与转速无关。　　　　　　　　　　　（　　）

112. 若交流测速发电机的转向改变，则其输出电压的相位将发生180°的变化。　　　　　　　　　　　　　　　　　（　　）

113. 旋转变压器的输出电压是其转子转角的函数。　（　　）

114. 旋转变压器的结构与普通绕线转子异步电动机构相似，也分为定子和转子两大部分。　　　　　　　　　　　　　（　　）

115. 旋转变压器有负载时会出现交轴磁动势，破坏了输出电压与转角间已定的函数关系，因此必须补偿，以消除交轴磁动势的效应。
（　　）

116. 正余弦旋转变压器，为了减少负载时输出特性的畸变，常用的补偿措施有一次侧补偿、二次侧补偿和一、二次侧同时补偿。（　　）

117. 若交流电机扩大机的补偿绕组或换向绕组短路，会出现空载电压正常但加负载后电压显著下降的现象。　　　　　（　　）

118. 力矩式自整角机的精度由角度误差来确定，这种误差取决于比转矩和轴上的阻转矩，比转矩越大，角误差就越大。　（　　）

119. 力矩电动机是一种能长期在低转速状态下运行，并能输出较大转矩的电动机，为了避免烧毁，不能长期在堵转状态下工作。（　　）

120. 单相串励换向器电动机可以交、直流两用。　　　　（　　）

121. 三相交流换向器电动机起动转矩大，而起动电流小。　（　　）

122. 由于交流伺服电动机的转子制作得轻而细长，故其转动惯量较小，控制较灵活；又因转子电阻较大，机械特性很软，所以一旦控制绕组电压为零，电动机处于单相运行时，就能很快停止转动。　（　　）

123. 交流伺服电动机是靠改变对控制绕组所施加电压的大小、相位或同时改变两者来控制其转速的。在多数情况下，它都是工作在两相不对称状态，因而气隙中的合成磁场不是圆形旋转磁场，而是脉动磁场。

　　　　　　　　　　　　　　　　　　　　　　　　　（　　）

124. 交流伺服电动机在控制绕组电流作用下转动起来，若控制绕组突然断路，则转子不会自行停转。　　　　　　　　　　（　　）

125. 直流伺服电动机一般都采用电枢控制方式，即通过改变电枢电压来对电动机进行控制。　　　　　　　　　　　　（　　）

126. 步进电动机是一种把电脉冲控制信号转换成角位移或直线位移的执行元件。　　　　　　　　　　　　　　　　　　（　　）

127. 步进电动机每输入一个电脉冲，其转子就转过一个齿。

　　　　　　　　　　　　　　　　　　　　　　　　　（　　）

128. 步进电动机的工作原理建立在磁力线力图通过最小的途径，而产生与同步电动机一样的磁阻转矩，所以步进电动机从其本质来说，归属于同步电动机。　　　　　　　　　　　　　　　　　（　　）

129. 步进电动机的静态步距误差越小，电动机的精度越高。（　　）

130. 步进电动机不失步起动所能施加的最高控制脉冲的频率，称为步进电动机的起动频率。　　　　　　　　　　　　　（　　）

131. 步进电动机的连续运行频率大于起动频率。　　　　（　　）

132. 步进电动机的输出转矩随其运行频率的上升而增大。（　　）

133. 自动控制就是应用控制装置使控制对象（如机器、设备和生产过程等）自动地按照预定的规律运行或变化。　　　　（　　）

134. 对自动控制系统而言，若扰动产生在系统内部，则称为内扰动。若扰动来自系统外部，则称为外扰动。两种扰动都对系统的输出量产生影响。　　　　　　　　　　　　　　　　　　　　　　　（　　）

135. 在开环控制系统中，由于对系统的输出量没有任何闭合回路，因此系统的输出量对系统的控制作用没有直接影响。　　　（　　）

136. 由于比例调节是依靠输入偏差来进行调节的，因此比例调节系统中必定存在静差。　　　（　　）

137. 采用比例调节的自动控制系统，工作时必定存在静差。（　　）

138. 积分调节能够消除静差，而且调节速度快。　　　（　　）

139. 比例积分调节器，其比例调节作用，可以使得系统动态响应速度较快；而其积分调节作用，又使得系统基本上无静差。　　　（　　）

140. 当积分调节器的输入电压 $\Delta U_i = 0$ 时，其输出电压也为0。

（　　）

141. 调速系统中采用比例积分调节器，兼顾了实现无静差和快速性的要求，解决了静态和动态对放大倍数要求的矛盾。　　　（　　）

142. 生产机械要求电动机在空载情况下提供的最高转速和最低转速之比叫作调速范围。　　　（　　）

143. 自动调速系统的静差率和机械特性两个概念没有区别，都是用系统转速降和理想空载转速的比值来定义的。　　　（　　）

144. 调速系统的调速范围和静差率是两个互不相关的调速指标。

（　　）

145. 在调速范围中规定的最高转速和最低转速，它们都必须满足静差率所允许的范围。若低速时静差率满足允许范围，则其余转速时静差率自然就一定满足。　　　（　　）

146. 当负载变化时，直流电动机将力求使其转矩适应负载的变化，以达到新的平衡状态。（　　）

147. 开环调速系统对于负载变化引起的转速变化不能进行调节，但对其他外界扰动是能进行调节的。　　　（　　）

148. 闭环调速系统采用负反馈控制，是为了提高系统的机械特性硬度，扩大调速范围。　　　（　　）

149. 控制系统中采用负反馈，除了降低系统误差、提高系统精度外，还使系统对内部参数的变化不灵敏。　　　（　　）

150. 在有静差调速系统中，扰动对输出量的影响只能得到部分补偿。
( )

151. 有静差调速系统是依靠偏差进行调节的，而无静差调速系统则是依靠偏差对时间的积累进行调节的。 ( )

152. 调速系统的静态转速降是由电枢回路电阻压降引起的。转速负反馈之所以能提高系统硬度特性，是因为它减少了电枢回路电阻引起的转速降。 ( )

153. 转速负反馈调速系统能够有效地抑制一切被包围在负反馈环内的扰动作用。 ( )

154. 调速系统中，电压微分负反馈和电流微分负反馈环节在系统动态及静态中都参与调节。 ( )

155. 调速系统中，电流截止负反馈是一种只在调速系统主电路过电流情况下起负反馈调节作用的环节，用来限制主电路过电流，因此它属于保护环节。 ( )

156. 调速系统中采用电流正反馈和电压负反馈都是为提高直流电动机的硬度特性，从而扩大调速范围。 ( )

157. 调速系统中的电流正反馈，实质上是一种负载转矩扰动前馈补偿校正，属于补偿控制，而不是反馈控制。 ( )

158. 电压负反馈调速系统静特性优于同等放大倍数的转速负反馈调速系统。 ( )

159. 电压负反馈调速系统对直流电动机电枢电阻、励磁电流变化带来的转速变化无法进行调节。 ( )

160. 在晶闸管直流调速系统中，直流电动机的转矩与电枢电流成正比，也和主电路的电流有效值成正比。 ( )

161. 晶闸管直流调速系统机械特性可分为连续段和断续段。断续段特性的出现，主要是因为晶闸管导通角 θ 太小，使电流断续。 ( )

162. 为了限制调速系统起动时的过电流，可以采用过电流继电器或快速熔断器来保护主电路的晶闸管。 ( )

163. 双闭环直流自动调速系统包括电流环和转速环。电流环为外环，转速环为内环，两环是串联的，故又称为双环串级调速。 ( )

164. 双闭环调速系统起动过程中，电流调节器始终处于调节状态，而转速调节器在起动过程的初、后期处于调节状态，中期处于饱和状态。（　　）

165. 由于双闭环调速系统的堵转电流与转折电流相差很小，因此系统具有比较理想的"挖土机特性"。（　　）

166. 可逆调速系统主回路的电抗器是均衡电抗器，用来限制脉动电流。（　　）

167. 在两组晶闸管变流器反并联可逆电路中，必须严格控制正、反组晶闸管变流器的工作状态，否则就可能产生环流。（　　）

168. 可逆调速系统正组整流装置运行时，反组整流装置待逆变，并且让其输出电压 $U_{doF} = U_{doR}$，于是电路中就没有环流了。（　　）

169. 对于不可逆的调速系统，可以采用两组反并联晶闸管变流器来实现快速回馈制动。（　　）

170. 可逆调速系统反转过程是由正向制动过程和反向起动过程衔接起来的。在正向制动过程中包括本桥逆变和反桥制动两个阶段。（　　）

171. 在两组晶闸管变流器反并联可逆调速系统中，当控制电压 $U_c = 0$ 时，两组触发装置的触发延迟角的零位 α_{F0} 和 β_{R0} 均整定为 90°。（　　）

172. 在逻辑无环流调速系统中，必须由逻辑无环流装置 DLC 来控制两组脉冲的封锁和开放。当切换指令发出后，DLC 便立即封锁原导通组脉冲，同时开放另一组脉冲，实现正、反组晶闸管的切换，因而这种系统是无环流的。（　　）

173. 在一些交流供电的场合，可以采用斩波器来实现交流电动机的调压调速。（　　）

174. 串级调速在转子回路中不串入电阻，而是串入附加电动势来改变转差率，实现调速。串级调速与在转子回路中串电阻调速相比，其最大的优点是效率高，调速时机械特性的硬度不变。（　　）

175. 串级调速与串电阻调速一样，均属于变转差率调速方法。（　　）

176. 串级调速可以将串入附加电动势而增加的转差功率，回馈到电网或电动机轴上，因此它属于转差功率回馈型调速方法。（　　）

177. 在转子回路中串入附加直流电动势的串级调速系统中，只能实现低于同步转速以下的调速。（　　）

178. 开环串级调速系统的机械特性比异步电动机自然接线时的机械特性要软。（　　）

179. 变频调速性能优异，调速范围大，平滑性好，低速特性较硬，是笼型转子异步电动机的一种理想调速方法。（　　）

180. 异步电动机的变频调速装置，其功能是将电网的恒压恒频交流电变换为变压变频交流电，对交流电动机供电，实现交流无级调速。

（　　）

181. 在变频调速时，为了得到恒转矩的调速特性，应尽可能地使电动机的磁通 Φ_m 保持额定值不变。（　　）

182. 变频调速时，若保持电动机定子供电电压保持不变，仅改变其频率进行变频调速，将引起磁通的变化，出现励磁不足或励磁过强的现象。（　　）

183. 变频调速的基本控制方式是在额定频率以下的恒磁通变频调速，而额定频率以上的弱磁调速。（　　）

184. 交 – 交变频是把工频交流电整流为直流电，然后再由直流电逆变为所需频率的交流电。（　　）

185. 交 – 直 – 交变频器，将工频交流电经整流器变换为直流电，经中间滤波环节后，再经逆变器变换为变频变压的交流电，故称为间接变频器。（　　）

186. 正弦波脉宽调制（SPWM）是指参考信号为正弦波的脉冲宽度调制方式。（　　）

187. 在双极性的 SPWM 调制方式中，参考信号和载波信号均为双极性信号。（　　）

188. 在单极性的 SPWM 调制方式中，参考信号为单极性信号，而载波信号为双极性三角波。（　　）

189. 在 SPWM 调制方式的逆变器中，只要改变参考信号正弦波的幅值，就可以调节逆变器输出交流电压的大小。（　　）

190. 在 SPWM 调制方式的逆变器中，只要改变载波信号的频率，就

可以改变逆变器输出交流电压的频率。　　　　　　　　　　（　　）

191. 采用转速闭环矢量变换控制的变频调速系统，基本上能达到直流双闭环调速系统的动态性能，因而可以取代直流调速系统。

　　　　　　　　　　　　　　　　　　　　　　　　　　　　（　　）

192. 可编程序控制器（PLC）由输入部分、逻辑控制部分和输出部分组成。　　　　　　　　　　　　　　　　　　　　　　　　（　　）

193. PLC 输入部分的作用是处理所取得的信息，并按照被控制对象实际的动作要求做出反应。　　　　　　　　　　　　　　　（　　）

194. 微处理器（CPU）是 PLC 的核心，它指挥和协调 PLC 的整个工作过程。　　　　　　　　　　　　　　　　　　　　　　　（　　）

195. PLC 的存储器分为系统程序存储器和用户程序存储器两大类。前者一般采用 RAM 芯片，而后者则采用 ROM 芯片。　　　（　　）

196. PLC 的工作过程主要是周期循环扫描执行用户程序的过程，它基本分成三个阶段进行，即输入处理阶段、程序执行阶段和输出处理阶段。　　　　　　　　　　　　　　　　　　　　　　　（　　）

197. 梯形图必须符合从左到右、从上到下的顺序执行原则。（　　）

198. 在 PLC 的梯形图中，软元件的线圈应直接与右母线相连，而不能直接与左母线相连。　　　　　　　　　　　　　　　　（　　）

199. 在 PLC 的梯形图中，所有软触点只能接在软元件线圈的左边，而不能与右母线直接相连。　　　　　　　　　　　　　　　（　　）

200. 梯形图中的各软元件，必须是所用机器允许范围内的软元件。

　　　　　　　　　　　　　　　　　　　　　　　　　　　　（　　）

201. PLC 的输入继电器、输出继电器、辅助继电器、定时器和计数器等的软触点数量是有限的。　　　　　　　　　　　　　　（　　）

202. 由于 PLC 是采用周期性循环扫描方式工作的，因此对程序中各条指令的顺序没有要求。　　　　　　　　　　　　　　　（　　）

203. 实现同一个控制任务的 PLC 应用程序是唯一的。　　（　　）

204. 输入继电器用于接收外部输入设备的开关信号，因此在梯形图程序中不出现其线圈和触点。　　　　　　　　　　　　　　（　　）

205. 辅助继电器的线圈是由程序驱动的，其触点用于直接驱动外部

负载。 （　　）

206. 具有断电保持功能的软元件能由锂电池保持其在 PLC 断电前的状态。 （　　）

207. FX 系列 PLC 中，各种软元件的编号均采用十进制数字表示。

（　　）

208. FX 系列 PLC 中，所有定时器均无断电保持功能。 （　　）

209. FX 系列 PLC 的累计定时器需用 RST 指令对其进行复位操作，其当前值才能复位清 0。 （　　）

210. FX 系列 PLC 中，所有计数器均有断电保持功能，且都是减法计数器。 （　　）

211. 若用 RST 指令对 FX 系列 PLC 的计数器进行复位操作，则计数器当前值将被清除。 （　　）

212. OUT 指令是驱动线圈的指令，可以用于驱动各种软元件。

（　　）

213. FX 系列 PLC 中，在用 OUT 指令驱动定时器线圈时，程序中必须用紧随其后的 K 及十进制数来设定所需的定时时间，或通过指定数据寄存器来间接设定该定时时间。 （　　）

214. FX 系列 PLC 中，使用主控指令 MC 后，母线的位置将随之变更。 （　　）

215. 堆栈是按照"先进先出，后进后出"原则进行数据信息存取的。

（　　）

216. FX 系列 PLC 刚上电进入 RUN 状态时，M8000 接通一个扫描周期。 （　　）

217. 用 NOP 指令取代已写入的指令，对原梯形图的构成没有影响。

（　　）

218. FX 系列 PLC 中，使用 STL 指令后，LD 点移至步进触点的右侧，与步进触点相连的起始触点要用 LD 或 LDI 指令。使用 RET 指令，可使 LD 点返回母线。 （　　）

219. FX 系列 PLC 中，在使用步进指令编程时，在每一条 STL 指令的后面，都需要加一条 RET 指令。 （　　）

220. 使用编程器将程序写入可编程序控制器时，首先应将存储器清零，然后按操作说明写入程序，程序结束时要使用 END 指令。　（　　）

221. 利用 END 指令，可以分段调试用户程序。　（　　）

222. FX 系列 PLC 中，使用 CJ 指令，可以在指令执行条件满足时跳过部分程序，转去执行其他的程序，而在指令执行条件不能满足时，仍按原顺序执行程序。　（　　）

223. 数字控制是用数字化的信息对被控对象进行控制的一门控制技术。　（　　）

224. 现代数控系统大多是计算机数控系统。　（　　）

225. 数控装置是数控机床的控制核心，它根据输入的程序和数据，完成数值计算、逻辑判断、输入/输出控制、轨迹插补等功能。　（　　）

226. 伺服系统包括伺服控制电路、功率放大电路、伺服电动机、机械传动机构和执行机构等，其主要功能是将数控装置插补产生的脉冲信号转换成机床执行机构的运动。　（　　）

227. 数控加工程序是由若干个程序段组成的，程序段由若干个指令代码组成，而指令代码又是由字母和数字组成的。　（　　）

228. G 代码是使数控机床准备好某种运动方式的指令。　（　　）

229. M 代码主要用于数控机床的开关量控制。　（　　）

230. 在数控机床中，机床直线运动的坐标轴 X、Y、Z 规定为右手笛卡尔坐标系。　（　　）

231. 在数控机床中，通常是以刀具移动时的正方向作为编程的正方向。　（　　）

232. 在一个脉冲作用下，工作台移动的一个基本长度单位，称为脉冲当量。　（　　）

233. 逐点比较法的控制精度和进给速度较低，主要适用于以步进电动机为驱动装置的开环数控系统。　（　　）

234. 逐点比较插补方法是以阶梯折线来逼近直线和圆弧等曲线的，只要把脉冲当量取得足够小，就可以达到一定的加工精度的要求。

（　　）

235. 在绝对式位置测量中，任一被测点的位置都由一个固定的坐标

原点算起，每一被测点都有一个相应的对原点的测量值。　　（　　）

236. 感应同步器是一种电磁式位置检测装置。　　　　　（　　）

237. 感应同步器中，在定尺上是分段绕组，而在滑尺上则是连续绕组。　　　　　　　　　　　　　　　　　　　　　　（　　）

238. 感应同步器通常采用滑尺加励磁信号，而由定尺输出位移信号的工作方法。　　　　　　　　　　　　　　　　　　　（　　）

239. 标准直线感应同步器定尺安装面的直线度，每 250mm 不大于 0.5mm。　　　　　　　　　　　　　　　　　　　　　　（　　）

240. 磁栅是以没有导条或绕组的磁波为磁性标度的位置检测元件，这就是磁尺独有的最大特点。　　　　　　　　　　　　（　　）

241. 磁通响应型磁头的一个显著特点是，在它的磁路中设有可饱和铁心，并在铁心的可饱和段上绕有励磁绕组，利用可饱和铁心的磁性调制原理来实现位置检测。　　　　　　　　　　　　　　　　（　　）

242. 当磁通响应型拾磁磁头的励磁绕组中通入交变励磁电流时，在其拾磁线圈中可以得到与交变励磁电流同频率的输出信号。　（　　）

243. 辨向磁头装置通常设置有一定间距的两组磁头，根据两组磁头输出信号的超前和滞后，可以确定磁头在磁性标尺上的移动方向。（　　）

244. 光栅是一种光电式检测装置，它利用光学原理将机械位移变换成光学信息，并应用光电效应将其转换为电信号输出。　（　　）

245. 光栅测量中，标尺光栅与指示光栅应配套使用，它们的线纹密度必须相同。　　　　　　　　　　　　　　　　　　　（　　）

246. 选用光栅尺时，其测量长度要略低于工作台最大行程。（　　）

247. 光栅的线纹相交在一个微小的夹角，由于挡光效应或光的衍射，在与光栅线纹大致平行的方向上产生明暗相间的条纹，这就是"莫尔条纹"。　　　　　　　　　　　　　　　　　　　　　　（　　）

248. 利用莫尔条纹，光栅能把其栅距变换成放大了若干倍的莫尔条纹节距。　　　　　　　　　　　　　　　　　　　　　（　　）

249. 莫尔条纹的移动与两光栅尺的相对移动有一定的对应关系，当两光栅尺每相对移动一个栅距时，莫尔条纹便相应地移动一个莫尔条纹节距。　　　　　　　　　　　　　　　　　　　　　（　　）

250. 由于莫尔条纹是由许多条线纹共同干涉形成的，所以它对光栅的栅距误差具有平均作用，因而可以消除个别光栅栅距不均匀对测量所造成的影响。　　　　　　　　　　　　　　　　　　　（　　）

251. 旋转编码器主要由编码盘和读码装置组成。　　　（　　）

252. 绝对型旋转编码器的码盘上有若干圈环形码道，环形码道的数量越多，二进制数字编码的位数也越多，其所能分辨的角度就越小，角位移测量的误差也就越大。　　　　　　　　　　　　　　　　　（　　）

253. 光电式编码器的读码装置利用光电转换原理，能够实现非接触式测量，是一种广泛应用于各种位移量测量的旋转编码器。　（　　）

254. 光电式绝对编码器能够直接输出与其转轴的转角位置相对应的某种码制的 n 位二进制代码，是真正的数字式角位移检测装置。　（　　）

255. 光电式增量编码器采用光栅盘代替光码盘，通过对光电脉冲的计数来进行角位移测量，因此它又称为光电式脉冲编码器。　（　　）

256. 我国现阶段的经济型数控系统一般是以 8 位或 16 位单片计算机或者以 8 位或 16 位微处理器为主构成的系统。　　　　　　　　（　　）

257. 经济型数控系统中进给伺服系统一般为步进电动机伺服系统。

　　　　　　　　　　　　　　　　　　　　　　　　　　　（　　）

258. 步进电动机的环形脉冲分配既可以采用硬件脉冲分配方式，也可以采用软件脉冲分配方式。　　　　　　　　　　　　　　　（　　）

259. 在步进电动机伺服驱动系统中，用输入指令脉冲的数量、频率和方向来分别控制执行部件的位移量、移动速度和移动方向，从而实现对位移控制的要求。　　　　　　　　　　　　　　　　　　（　　）

260. 编制数控程序时，不必考虑数控加工机床的功能。　（　　）

261. 如果在基本的坐标轴 X、Y、Z 之外，另有轴线平行于它们的坐标轴，则附加的坐标轴指定为 A、B、C。　　　　　　　　（　　）

262. 在有换刀指令时，必须保证主轴准停在一个固定位置，以保证自动换刀时刀夹键槽对准主轴端的定位键。　　　　　　　　（　　）

263. 电桥的灵敏度只取决于所用检流计的灵敏度，而与其他因素无关。　　　　　　　　　　　　　　　　　　　　　　　　　　（　　）

264. 惠斯顿电桥比率的选择原则是，使比较臂级数乘以比率级数大

致等于被测电阻的级数。　　　　　　　　　　　　　　（　　）

265. 改变惠斯顿电桥的供电电压值,对电阻的测量精度也会产生影响。　　　　　　　　　　　　　　　　　　　　　　　（　　）

266. 用开尔文电桥测量电阻时,应使电桥电位接头的引出线比电流接头的引出线更靠近被测电阻。　　　　　　　　　　　　　（　　）

267. 电磁系仪表既可以测量直流电量,也可以测量交流电量,且测交流时的刻度与测直流时的刻度相同。　　　　　　　　　（　　）

268. 用两功率表法测量三相三线制交流电路的有功功率时,若负载功率因数低于0.5,则必有一个功率表的读数是负值。　　（　　）

269. 晶体管图示仪是测量晶体管的专用仪器,对晶体管的参数既可定性测量又可定量测量。　　　　　　　　　　　　　　（　　）

270. 晶体管图示仪用完后,只要将集电极扫描峰压范围置于0 ~ 20V就行了。　　　　　　　　　　　　　　　　　　　　　（　　）

271. 只要示波器或晶体管图示仪正常,电源电压也正常,则通电后可立即投入使用。　　　　　　　　　　　　　　　　　　（　　）

272. 电子示波器只能显示被测信号的波形而不能用来测量被测信号的大小。　　　　　　　　　　　　　　　　　　　　　（　　）

273. 执行改变示波器亮(辉)度操作后,一般不须重调聚焦。
　　　　　　　　　　　　　　　　　　　　　　　　　　（　　）

274. 示波器的外壳与被测信号电压应有公共的接地点。同时,尽量使用探头测量是为了防止引入干扰。　　　　　　　　　　（　　）

275. 要想比较两个电压的频率和相位,只能选用双线示波器,单线示波器不能胜任。　　　　　　　　　　　　　　　　　　（　　）

276. 操作晶体管图示仪时,应特别注意功耗电阻、阶梯选择及峰值范围选择开关置位,它们是导致管子损坏的主要原因。　　（　　）

277. 示波器 Y 轴放大器的通频带越宽,则输出脉冲波形的失真度越小, Y 轴放大器的灵敏度越高,则可观测的最小信号值越小。（　　）

278. 送入示波器的信号经 Y 轴放大器放大后,加到示波器控制栅极,使电子束按输入信号的规律变化,从而得到了代表输入信号变化规律的波形。　　　　　　　　　　　　　　　　　　　　　　　（　　）

279. 示波器的 Y 轴增幅钮与 Y 轴衰减钮都能改变输出波形的幅度，故两者可以相互代用。 （　　）

280. 示波器衰减电路的作用是将输入信号变换为适当的量值后再加到放大电路上，目的是为了扩展示波器的幅度测量范围。 （　　）

281. 生产机械中的飞轮，常做成边缘厚中间薄，使大部分材料分布在远离转轴的地方，可以增大转动惯量，使机器的角加速度减小，运转平稳。 （　　）

282. 电工仪表的转动部分，需要采用轻巧的结构和选用轻质的材料，以减小它的转动惯量，使仪表反应灵敏。 （　　）

283. 如果仅从圆轴扭转时的强度和刚度条件来考虑，在其他条件不变的情况下，采用空心轴比实心轴更为经济。 （　　）

284. 机械传动中，齿轮传动能保证恒定的瞬间传动比，且传动效率最高。 （　　）

285. 齿轮传动可以实现无级变速，而且具有过载保护作用。 （　　）

286. 在其他条件不变的情况下，齿轮的模数越大，则轮齿的尺寸越大，因而能传递的动力也越大。 （　　）

287. 斜齿圆柱齿轮，一般规定其端面模数符合标准值。 （　　）

288. 一对齿轮啮合传动，只要其压力角相等，就可以正确啮合。
　　　　　　　　　　　　　　　　　　　　　　　　　　　（　　）

289. 一级齿轮减速器中，主动轴的转速较高，所以它所传递的扭矩也比从动轴大。 （　　）

290. 齿条齿轮传动，只能将齿轮的旋转运动通过齿条转变成直线运动。 （　　）

291. 带传动具有过载保护作用，可以避免其他零件的损坏。 （　　）

292. 液压传动是靠密封容器内的液体压力能，来进行能量转换、传递与控制的一种传动方式。 （　　）

293. 液压传动不具备过载保护功能，但其效率较高。 （　　）

294. 液体的黏度是随温度而变化的，因而在夏天应该选用黏度较低的液压油。 （　　）

295. 高压系统应选用黏度较高的液压油，而中低压系统则应选用黏

度较低的液压油。　　　　　　　　　　　　　　　　　（　　）

296. 液压泵是用来将机械能转换为液压能的装置。　　（　　）

297. 液压缸是用来将液压能转换为机械能的装置。　　（　　）

298. 液压缸活塞的移动速度仅取决于油压。　　　　　（　　）

299. 用于防止过载的溢流阀又称为安全阀，其阀口始终是开启的。

　　　　　　　　　　　　　　　　　　　　　　　　　（　　）

300. 非工作状态时，减压阀的阀口是常闭的，而溢流阀是常开的。

　　　　　　　　　　　　　　　　　　　　　　　　　（　　）

301. 减压阀串接在系统某一支路上，则不管支路上负载大小如何，减压阀出口压力一定是它的调定压力。　　　　　　　（　　）

302. 在液压系统中，无论负载大小如何，泵的输油压力就是溢流阀的调定压力。　　　　　　　　　　　　　　　　　（　　）

303. 三位四通电磁换向阀，当电磁铁失电不工作时，既要使液压缸浮动，又要使液压泵卸荷，应该采用"M"型的滑阀中位机能。（　　）

304. 机电一体化产品是在传统的机械产品上加上现代电气而形成的产品。　　　　　　　　　　　　　　　　　　　　（　　）

305. 机电一体化与传统的自动化最主要的区别之一是系统控制智能化。　　　　　　　　　　　　　　　　　　　　　（　　）

306. 柔性生产系统能加工各种各样的零件。　　　　　（　　）

307. 由于现代企业产品生产批量的增加，由此产生了计算机集成制造（CIM）技术。　　　　　　　　　　　　　　　　（　　）

308. 微型计算机的输入设备有键盘、显示器、鼠标等。　（　　）

309. 微型计算机由 CPU、存储器和输入/输出设备组成。　（　　）

310. Windows 操作系统属于 CAD 应用软件。　　　　　（　　）

311. 对企业经营目标无止境的尽善尽美的追求是精益生产方式优于大量生产方式的精神动力。　　　　　　　　　　　（　　）

312. 精益生产方式中，产品开发采用的是并行工程方法。（　　）

313. 精益生产方式为自己确定一个有限的目标：可以容忍一定的废品率、限额的库存等，认为要求过高会超出现有条件和能力范围，要花费更多投入，在经济上划不来。　　　　　　　　　　（　　）

314. 准时化生产方式 JIT 不是以批量规模来降低成本，而是力图通过"彻底排除浪费"来达到这一目标。（　　）

315. 制造资源计划 MRP Ⅱ 中的制造资源是指生产系统的内部资源要素。　　　　　　　　　　　　　　　　　　　　　　（　　）

316. MRP Ⅱ 就是对 MRP 的改进与发展。　　　　　　　　　（　　）

317. 能力需求计划功能子系统 CRP 的核心是寻求能力与任务的平衡方案。　　　　　　　　　　　　　　　　　　　　　　　（　　）

318. 计算机集成制造系统 CIMS 着重解决的是产品生产问题。

　　　　　　　　　　　　　　　　　　　　　　　　　　（　　）

319. 计算机集成制造系统 CIMS 是由计算机辅助设计 CAD、计算机辅助制造 CAM、计算机辅助工艺规程编制 CAPP 所组成的一个系统。

　　　　　　　　　　　　　　　　　　　　　　　　　　（　　）

320. ISO 9000 族标准与全面质量管理应相互兼用，不应搞替代。

　　　　　　　　　　　　　　　　　　　　　　　　　　（　　）

321. 我国新修订的 GB/ T 19000 系列国家标准完全等同于国际 1994 年版的 ISO 9000 族标准。　　　　　　　　　　　　　　（　　）

322. 质量是设计和制造出来的。　　　　　　　　　　　　　（　　）

323. ISO 14000 系列标准是发展趋势，将代替 ISO 9000 族标准。

　　　　　　　　　　　　　　　　　　　　　　　　　　（　　）

324. 看板管理是一种生产现场工艺控制系统。　　　　　　　（　　）

325. 准时化生产方式 JIT 适用于多品种小批量生产。　　　　（　　）

二、选择题（将正确答案的序号填入空格内）

1. 复杂电路处在过渡过程中时，基尔霍夫定律_____。

A. 不成立　　　　　　B. 只有电流定律成立

C. 仍然成立　　　　　D. 只有电压定律成立

2. 在线性电路中，元件的_____不能用叠加原理计算。

A. 电流　　　　　　　B. 电压

C. 功率　　　　　　　D. 前三者都

3. 任意一个有源线性二端网络可以等效成一个含有内阻的电压源，该等效电源的内阻和电动势是_____。

A. 由网络的参数和结构决定的

B. 由所接负载的大小和性质决定的

C. 由网络和负载共同决定的

D. 与网络和负载均无关

4. 在匀强磁场中，通电线圈承受电磁转矩最小的位置，在线圈平面与磁力线夹角等于_____处。

A. 0°   B. 90°   C. 45°   D. 60°

5. 某段磁路长度与其磁场强度的乘积，称为该段磁路的_____。

A. 磁通   B. 磁阻   C. 磁压   D. 磁通势

6. 线圈产生感生电动势的大小正比于通过线圈的_____。

A. 磁通量的变化量   B. 磁通量的变化率

C. 磁通量的大小   D. 磁通量变化的时间

7. 有一组正弦交流电压，其瞬时值表达式如下：$u_1 = U_m \sin(314t + 60°)$；$u_2 = U_m \cos(314t + 150°)$；$u_3 = U_m \sin(314t - 120°)$；$u_4 = U_m \cos(314t - 30°)$，其中相位相同的是_____。

A. u_1 和 u_2 B. u_3 和 u_4

C. u_1 和 u_4 D. u_2 和 u_3

8. 在 RL 串联电路中，已知电源电压为 U，若 $R = X_L$，则电路中的无功功率为_____。

A. U^2/X_L B. $U^2/(2X_L)$

C. $U^2/(\sqrt{2}X_L)$ D. $U/(\sqrt{2}X_L)$

9. RC 移相电路如图 1 所示，调节电阻 R 即可调节输出电压的相位。当将 R 从零调至无穷大时，输出电压的移相范围是_____。

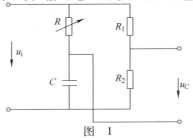

图　1

A. 0° ~ 180°　　B. 0° ~ 150°　　C. 0° ~ 90°　　D. 30° ~ 150°

10. 空心线圈穿入磁芯后，其电感量、品质因数的变化情况为_____。

A. 电感量增大、品质因数减小

B. 电感量减小、品质因数减小

C. 电感量增大、品质因数增大

D. 电感量减小、品质因数增大

11. 已知理想变压器的一次绕组匝数为 160 匝，二次绕组匝数为 40 匝，则接在二次绕组上的 1kΩ 电阻等效到初级后，其阻值为_____。

A. 4kΩ　　　　　B. 16kΩ　　　　　C. 8kΩ　　　　　D. 1kΩ

12. 在纯电容电路中，已知电压的最大值为 U_m，电流的最大值为 I_m，则电路的无功功率为_____。

A. $U_m I_m$　　　　B. $U_m I_m/2$　　　　C. $U_m I_m/\sqrt{2}$　　　D. $2U_m I_m$

13. 由 LC 组成的并联电路，当外加电源的频率为电路谐振频率时，电路呈_____。

A. 感性　　　　　　　　　　　B. 容性

C. 纯阻性　　　　　　　　　　D. 感性或容性

14. 在 RLC 并联电路中，当电源电压大小不变而频率从电路的谐振频率逐渐减小到零时，电路中的电流值将_____。

A. 从某一最大值渐变到零　　　　B. 由某一最小值渐变到无穷大

C. 保持某一定值不变　　　　　　D. 作无规律变化

15. RLC 并联电路在某一频率下的总阻抗呈感性，若在保持总阻抗仍为感性的前提下增大电源频率，则该电路的功率因数将_____。

A. 增大　　　　　B. 减小　　　　　C. 保持不变　　　D. 不能确定

16. RLC 串联电路发生串联谐振的条件是_____。

A. $\omega L = \omega C$　　B. $L = C$　　　C. $\omega L = 1/\omega C$　　D. $\omega^2 = LC$

17. 三相四线制对称电源 $U_{L1L2} = 380 \angle 60°$V，接入一个 △ 联结的对称负载后，$I_{L1} = 10 \angle 30°$A，该负载消耗的有功功率 $P =$_____。

A. 6.6kW　　　　B. 3.3kW　　　　C. 5.7kW　　　D. 0

18. 在三相交流供电系统中，一个 △ 联结的对称三相负载，若改接成

Y 联结，则其功率为原来的＿＿＿＿ 。

    A. 3 倍   B. 1/3 倍   C. $1/\sqrt{3}$倍   D. $\sqrt{3}$ 倍

    19. 周期性非正弦电路中的平均功率，等于直流分量功率与各次谐波平均功率＿＿＿＿。

    A. 平方和的平方根 B. 之和   C. 和的平方根   D. 之差

    20. 交流电磁铁动作过于频繁，将使线圈过热以至烧坏的原因是＿＿＿＿。

    A. 消耗的动能增大

    B. 自感电动势变化过大

    C. 穿过线圈中的磁通变化太大

    D. 衔铁吸合前后磁路总磁阻相差很大

    21. 热继电器在通过额定电流时不动作，若过载时能脱扣，但不能再扣，反复调整仍是这样，则说明 ＿＿＿＿。

    A. 热元件发热量太小   B. 热元件发热量太大

    C. 双金属片安装方向反了   D. 热元件规格错

    22. 热继电器从热态开始，通过 1.2 倍整定电流的动作时间是＿＿＿＿以内。

    A. 5s   B. 2min   C. 10min   D. 20min

    23. 电气线路中采用了两地控制方式。其控制按钮连接规律是＿＿＿＿。

    A. 停止按钮并联，起动按钮串联

    B. 停止按钮串联，起动按钮并联

    C. 全为并联

    D. 全为串联

    24. 在 20/5t 桥式起重电气线路中，每台电动机的制动电磁铁是＿＿＿＿时制动。

    A. 断电   B. 通电

    C. 电压降低   D. 电流增大

    25. 桥式起重机中电动机的过载保护通常采用＿＿＿＿。

    A. 热继电器   B. 过电流继电器

C. 熔断器　　　　　　　　　　　D. 欠电压继电器

26. 60W/220V 的交流白炽灯串联二极管后，接入 220V 交流电源，其消耗的电功率为 _____。

A. 60W　　　　　B. 30W　　　　　C. 15W　　　　　D. 7.5W

27. 在下列滤波电路中，外特性硬的是 _____。

A. 电感滤波　　　　　　　　　　B. 电容滤波

C. $RC-\pi$ 型滤波　　　　　　　D. RC 滤波

28. 双极型晶体管和场效应晶体管的驱动信号为 _____。

A. 均为电压控制

B. 双极型晶体管为电压控制，场效应晶体管为电流控制

C. 均为电流控制

D. 双极型晶体管为电流控制，场效应晶体管为电压控制

29. 下列放大器中，输入阻抗高、输出阻抗低的放大器是 _____。

A. 共发射极放大器　　　　　　　B. 共集电极放大器

C. 共基极放大器　　　　　　　　D. 差动放大器

30. 下列放大器中，电压放大倍数最小的是 _____。

A. 共集电极放大器　　　　　　　B. 共发射极放大器

C. 共基极放大器　　　　　　　　D. 差动放大器

31. 共发射极放大电路在空载时，输出信号存在饱和失真。在保持输入信号不变情况下，若接上负载 R_L 后，失真现象消失，这是由于 _____。

A. 工作点改变　　　　　　　　　B. 集电极信号电流减小

C. 交流等效负载阻抗减小　　　　D. 交流等效负载阻抗增大

32. 解决放大器截止失真的方法是 _____。

A. 增大基极上偏电阻　　　　　　B. 减小集电极电阻 R_C

C. 减小基极上偏电阻　　　　　　D. 减小基极下偏电阻

33. 若要提高放大器的输入电阻和稳定输出电流，则应引入 _____。

A. 电压串联负反馈　　　　　　　B. 电压并联负反馈

C. 电流串联负反馈　　　　　　　D. 电流并联负反馈

34. 若加在差动放大器两输入端的信号 U_{i1} 与 U_{i2} _____，则称其为共模输入信号。

    A. 幅值相同且极性相同　　　　　　B. 幅值相同而极性相反

    C. 幅值不同且极性相反　　　　　　D. 幅值不同而极性相同

35. 在射极跟随器中，已知 $R_E = 3k\Omega$，在保持输入信号不变的情况下，接上负载 $R_L = 3k\Omega$ 后，交流等效负载阻抗减小为 $1.5k\Omega$，而输出电压仍近似不变。其主要原因是_____。

    A. 工作点改变　　　　　　　　　　B. 输出电阻减小

    C. 输入电阻减小　　　　　　　　　D. 输出电阻增大

36. 若有两个放大电路 A1 和 A2，其空载时的电压放大倍数均相同，当施加同一个信号源时，分别得到输出电压 $U_{oA1} = 3.7V$，$U_{oA2} = 3.5V$。由此可知，放大电路性能 A1 比 A2 好，这是由于放大电路 A1 的_____。

    A. 输入电阻 R_i 大　　　　　　　　B. 放大倍数 A_u 大

    C. 输出电阻 R_0 小　　　　　　　　D. 输入电阻 R_i 小

37. 在放大电路中引入电压反馈，其反馈量信号是取自_____。

    A. 输入电压信号　　　　　　　　　B. 输出电压信号

    C. 输入电流信号　　　　　　　　　D. 输出电流信号

38. 判别电压或电流反馈的方法是当负载短接后，反馈信号仍然存在的为_____反馈。

    A. 电压　　　　　　　　　　　　　B. 电流

    C. 电流和电压　　　　　　　　　　D. 不能确定

39. 抑制零点漂移最为有效的直流放大电路结构型式是_____。

    A. 差动放大电路　　　　　　　　　B. 多级直流放大电路

    C. 正反馈电路　　　　　　　　　　D. 共发射极放大电路

40. 共模抑制比 K_{CMR} 是_____之比。

    A. 差模输入信号与共模输入信号

    B. 输出量中差模成分与共模成分

    C. 差模放大倍数与共模放大倍数（绝对值）

    D. 交流放大倍数与直流放大倍数（绝对值）

41. 共模抑制比 K_{CMR} 越大，表明电路_____。

  A. 放大倍数越稳定   B. 交流放大倍数越大

  C. 抑制温漂能力越强   D. 输入信号中差模成分越大

42. 集成运放的输入失调电压 U_{IO} 是指_____。

  A. 输入为零时的输出电压

  B. 输出端为零时，输入端所加的等效补偿电压

  C. 两输入端电压之差

  D. 两输入端电压之和

43. 衡量一个集成运算放大器内部电路对称程度高低，是用_____来进行判断。

  A. 输入失调电压 U_{IO} B. 输入偏置电流 I_{IB}

  C. 最大差模输入电压 U_{idmax} D. 最大共模输入电压 U_{icmax}

44. 集成运放工作于非线性区时，其电路主要特点是具有_____。

  A. 负反馈   B. 正反馈或无反馈

  C. 正反馈或负反馈   D. 负反馈或无反馈

45. 当集成运算放大器作为比较器电路时，集成运放主要工作于_____区。

  A. 线性   B. 非线性

  C. 线性和非线性   D. 线性或非线性

46. 比较器的阈值电压是指_____。

  A. 使输出电压翻转的输入电压

  B. 使输出达到最大幅值的基准电压

  C. 输出达到的最大幅值电压

  D. 使输出达到最大幅值电压时的输入电压

47. 滞回比较器的回差电压 ΔU 是指_____。

  A. 正向阈值电压 U_{TH1} 与负向阈值电压 U_{TH2} 之差

  B. 最大输出正电压与负电压之差

  C. 最大输入电压与最小输入电压之差

  D. 最大输出电压与最小输入电压之差

48. 若要求滞回比较器具有抗干扰能力，则其回差电压应_____。

A. 大于信号电压   B. 大于输出电压

C. 大于干扰电压峰–峰值   D. 小于输出电压

49. 振荡器产生振荡和放大器产生自激振荡, 在物理本质上是_____。

A. 不同的   B. 相同的   C. 相似的   D. 无关的

50. 正弦波振荡电路维持振荡条件是_____。

A. $\dot{A}\dot{F} = 1$ B. $\dot{A}\dot{F} = -1$ C. $\dot{A}\dot{F} = 0$ D. $\dot{A}\dot{F} < 0$

51. 根据产生正弦波振荡的相位平衡条件可知, 振荡电路必须为_____反馈。

A. 负   B. 正   C. 无   D. 负或正

52. 正弦波振荡电路的类型很多, 对不同的振荡频率, 所采用振荡电路类型不同。若要求振荡频率较高, 且要求振荡频率稳定, 应采用_____。

A. RC 振荡电路   B. 电感三点式振荡电路

C. 电容三点式振荡电路   D. 石英晶体振荡电路

53. 甲类功率放大器的静态工作点应设于_____。

A. 直流负载线的下端   B. 交流负载线的中心

C. 直流负载线的中点   D. 交流负载线的下端

54. 在二极管桥式整流电容滤波电路中, 若有一个二极管接反, 将造成_____。

A. 半波整流   B. 短路、损坏元件

C. 断路、不能工作   D. 仍能正常工作

55. 在下列直流稳压电路中, 效率最高的是_____。

A. 串联型稳压电路   B. 开关型稳压电路

C. 并联型稳压电路   D. 不能确定

56. 在开关型稳压电源中, 开关调整管应始终处于_____。

A. 放大状态   B. 周期性通断状态

C. 饱和状态   D. 截止状态

57. 在图 2 所示电路中, 晶体管 V 的 $I_{cm} = 200\text{mA}$, $BV_{ceo} = 45\text{V}$, 工作在开关状态, 使用后发现管子经常损坏, 共主要原因是_____。

A. 管子由截止转入饱和时 KA 产生自感电动势

B. 管子质量差

C. 管子由饱和转入截止时 KA 产生自感电动势

D. 饱和导通时间过长

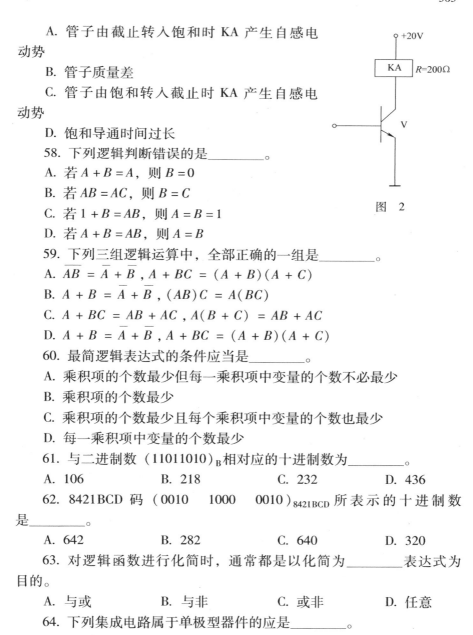

图 2

58. 下列逻辑判断错误的是_____。

A. 若 $A + B = A$，则 $B = 0$

B. 若 $AB = AC$，则 $B = C$

C. 若 $1 + B = AB$，则 $A = B = 1$

D. 若 $A + B = AB$，则 $A = B$

59. 下列三组逻辑运算中，全部正确的一组是_____。

A. $\overline{AB} = \overline{A} + \overline{B}$，$A + BC = (A + B)(A + C)$

B. $A + B = \overline{A} + \overline{B}$，$(AB)C = A(BC)$

C. $A + BC = AB + AC$，$A(B + C) = AB + AC$

D. $A + B = \overline{A} + \overline{B}$，$A + BC = (A + B)(A + C)$

60. 最简逻辑表达式的条件应当是_____。

A. 乘积项的个数最少但每一乘积项中变量的个数不必最少

B. 乘积项的个数最少

C. 乘积项的个数最少且每个乘积项中变量的个数也最少

D. 每一乘积项中变量的个数最少

61. 与二进制数 $(11011010)_B$ 相对应的十进制数为_____。

A. 106　　　　　B. 218　　　　　C. 232　　　　　D. 436

62. 8421BCD 码 $(0010\quad 1000\quad 0010)_{8421BCD}$ 所表示的十进制数是_____。

A. 642　　　　　B. 282　　　　　C. 640　　　　　D. 320

63. 对逻辑函数进行化简时，通常都是以化简为_____表达式为目的。

A. 与或　　　　　B. 与非　　　　　C. 或非　　　　　D. 任意

64. 下列集成电路属于单极型器件的应是_____。

A. TTL 集成电路
B. HTL 集成电路
C. MOS 集成电路
D. DTL 集成电路

65. 使用 TTL 集成电路时应注意，TTL 的输出端_____。

A. 不允许直接接地，不允许接电源 +5V

B. 允许直接接地，不允许接电源 +5V

C. 不允许直接接地，允许接电源 +5V

D. 允许直接接接地或接电源 +5V

66. CMOS 集成电路的输入端_____。

A. 不允许悬空
B. 允许悬空
C. 必须悬空
D. 可以任意处理

67. TTL 集成逻辑门电路内部是以_____为基本元件构成的。

A. 二极管
B. 晶体管
C. 场效应晶体管
D. 晶闸管

68. 四输入端的 TTL 与非门，实际使用时如只用两个输入端，则其余的两个输入端都应_____。

A. 接高电平
B. 接低电平
C. 悬空
D. 接高电平或低电平

69. HTL 与非门与 TTL 与非门相比，_____。

A. HTL 比 TTL 集成度高

B. HTL 比 TTL 工作速度快

C. HTL 比 TTL 抗干扰能力强

D. HTL 比 TTL 阈值电压低

70. CMOS 集成逻辑门电路内部是以_____为基本元件构成的。

A. 二极管
B. 晶体管
C. 晶闸管
D. 场效应晶体管

71. 组合逻辑门电路在任意时刻的输出状态，只取决于该时刻的_____。

A. 电压高低
B. 电流大小
C. 输入状态
D. 电路状态

72. 译码器属于_____。

A. 时序逻辑数字电路
B. 组合逻辑数字电路

C. 运算电路   D. A/D 转换电路

73. 若欲对 160 个符号进行二进制编码，则至少需要_____位二进制数。

  A. 7   B. 8   C. 9   D. 6

74. 下列集成电路中具有记忆功能的是_____。

  A. 与非门电路   B. 或非门电路   C. RS 触发器   D. 非门电路

75. 若将一个频率为 10kHz 的矩形波，变换成一个 1kHz 的矩形波，应采用_____电路。

  A. 二进制计数器   B. 译码器

  C. 十进制计数器   D. A/D 转换器

76. 多谐振荡器主要是用来产生_____信号。

  A. 正弦波   B. 矩形波   C. 三角波   D. 锯齿波

77. 数字式万用表一般都是采用_____显示器。

  A. LED 数码   B. 荧光数码

  C. 液晶数码   D. 气体放电式

78. 近几年来机床电器逐步推广采用的无触头位置开关，80% 以上采用的是_____型。

  A. 电容   B. 光电   C. 高频振荡   D. 电磁感应

79. GTR 的主要缺点之一是 _____。

  A. 开关时间长   B. 高频特性差

  C. 通态压降大   D. 有二次击穿现象

80. 当阳极和阴极之间加上正向电压而门极不加任何信号时，晶闸管处于 _____。

  A. 导通状态   B. 正向阻断状态

  C. 反向阻断状态   D. 不确定状态

81. 普通晶闸管触发导通后，其门极对晶闸管_____。

  A. 仍有控制作用   B. 失去控制作用

  C. 电流大小有控制作用   D. 管压降有控制作用

82. 要想使正向导通着的普通晶闸管关断，只要_____即可。

  A. 断开门极

B. 给门极加反压

C. 使通过晶闸管的电流小于维持电流

D. 门极接地

83. 对于一个确定的晶闸管来说，允许通过它的电流平均值随导通角的减小而_____。

    A. 增大   B. 减小   C. 不变   D. 增大或减小

84. 如果对可控整流电路的输出电流波形质量要求较高，最好采用_____滤波。

    A. 串平波电抗器   B. 并大电容

    C. 串大电阻   D. 串大电容

85. 晶闸管整流电路中"同步"的概念是指_____。

A. 触发脉冲与主回路电源电压同时到来，同时消失

B. 触发脉冲与主回路电源电压频率相同

C. 触发脉冲与主回路电源电压频率和相位上具有相互协调配合的关系

D. 触发信号与主回路电源电压幅值上具有相同的变化规律

86. 带续流二极管的单相半控桥式整流大电感负载电路，当触发延迟角 α 等于_____时，流过续流二极管电流的平均值等于流过单只晶闸管电流的平均值。

    A. 120°   B. 90°   C. 60°   D. 30°

87. 三相半波可控整流电路带电阻负载时，每只晶闸管的最大导通角为_____。

    A. 60°   B. 150°   C. 90°   D. 120°

88. 三相半波可控整流电路带电阻负载时，其晶闸管触发延迟角 α 的移相范围是_____。

    A. 0°~120°   B. 0°~150°   C. 0°~180°   D. 0°~90°

89. 三相半波可控整流电路带阻性负载时，若触发脉冲加于自然换相点之前，则输出电压将_____。

    A. 很大   B. 很小   C. 出现缺相现象   D. 为零

90. 三相半波可控整流电路带阻性负载时，当触发延迟角大于

_____时，输出电流开始断续。

    A. 30°   B. 60°   C. 90°   D. 120°

91. 在三相半波可控整流电路中，当负载为电感性时，在一定范围内若负载电感量越大，则_____。

    A. 输出电压越高   B. 负载电流越小

    C. 导通角 θ 越小   D. 导通角 θ 越大

92. 带感性负载的可控整流电路加入续流二极管后，晶闸管的导通角比没有二极管前减小了，此时电路的功率因数_____。

    A. 提高了   B. 减小了   C. 并不变化   D. 不能确定

93. 在需要直流电压较低、电流较大的场合，宜采用_____整流电源。

    A. 单相桥式可控   B. 三相桥式半控

    C. 三相桥式全控   D. 带平衡电抗器三相双反星形可控

94. 带平衡电抗器三相双反星形可控整流电路中，平衡电抗器的作用是使两组三相半波可控整流电路_____。

    A. 相串联   B. 相并联

    C. 单独输出   D. 以 180° 相位差相并联

95. 带平衡电抗器三相双反星形可控整流电路中，每只晶闸管流过的平均电流是负载电流的_____。

    A. 1/2 倍   B. 1/3 倍   C. 1/4 倍   D. 1/6 倍

96. 三相桥式半控整流电路中，每只晶闸管承受的最高正反向电压为变压器二次相电压的_____。

    A. $\sqrt{2}$ 倍   B. $\sqrt{3}$ 倍   C. $\sqrt{2} \times \sqrt{3}$ 倍   D. $2\sqrt{3}$ 倍

97. 三相桥式半控整流电路中，每只晶闸管流过的平均电流是负载电流的_____。

    A. 1 倍   B. 1/2 倍   C. 1/3 倍   D. 1/6 倍

98. 三相全控桥式整流电阻性负载电路中，整流变压器二次侧相电压的有效值为 $U_{2\varphi}$，当触发延迟角 α 的变化范围为 30° ~ 60° 时，其输出平均电压为 $U_d =$ _____。

    A. $1.17U_{2\varphi}\cos\alpha$

B. $2.34U_{2\varphi}\cos\alpha$

C. $2.34U_{2\varphi}[1+\cos(60°+\alpha)]$

D. $2.34U_{2\varphi}\sin\alpha$

99. 晶闸管整流装置，若负载端串接大电感使输出电流为平直波形，则负载上消耗的功率为 _____。

A. 输出直流电压 U_d 与输出直流电流 I_d 的乘积

B. 输出直流电压 U_d 与输出有效电流 I_d 的乘积

C. 输出有效电压 U 与输出直流电流 I_d 的乘积

D. 输出有效电压 U 与负载电阻 R_d 的乘积

100. 晶闸管交流调压电路输出电压和电流的波形都是非正弦波，当导通角 θ _____ 时，即当输出电压越低时，波形与正弦波差别越大。

A. 越大   B. 越小   C. 等于 $90°$ D. 等于 $60°$

101. 把直流电源的恒定电压变换成_____的装置称为直流斩波器。

A. 交流电压   B. 可调交流电压

C. 脉动直流电压   D. 可调直流电压

102. 把_____的装置称为逆变器。

A. 交流电变换为直流电   B. 交流电压升高或降低

C. 直流电变换为交流电   D. 直流电压升高或降低

103. 从自动控制的角度来看，晶闸管中频电源装置在感应加热时是一个_____。

A. 开环系统   B. 人工闭环系统

C. 自动闭环系统   D. 开环或闭环系统

104. 晶闸管中频电源的整流触发电路中，每个晶闸管的触发信号必须与主电路的电源同步，相邻序号器件的触发脉冲必须相隔_____电角度。

A. $30°$ B. $60°$ C. $90°$ D. $120°$

105. 晶闸管三相串联电感式电压型逆变器是属于_____导通型。

A. $120°$ B. $150°$ C. $180°$ D. $90°$

106. 在三相串联电感式电压型逆变器中，除换相点外的任何时刻，均有_____晶闸管导通。

A. 两个   B. 三个   C. 四个   D. 一个

107. 晶闸管三相串联二极管式电流型逆变器是属于_____导通型。

A. 120°   B. 150°   C. 180°   D. 90°

108. 在三相串联二极管式电流型逆变器中，除换相点外任何时刻，均有_____晶闸管导通。

A. 两个   B. 三个   C. 四个   D. 一个

109. 电机的绝缘等级为 E 级，其最高容许温度为_____。

A. 105℃   B. 120℃   C. 130℃   D. 155℃

110. 为了降低铁心中的_____，叠片间要互相绝缘。

A. 涡流损耗 B. 空载损耗 C. 短路损耗 D. 无功损耗

111. 单相变压器一、二次侧的额定电流是指温升不超过额定值的情况下，一、二次绕组所允许通过的_____。

A. 最大电流的平均值   B. 最大电流的有效值

C. 最大电流的幅值   D. 电流的瞬时值

112. 单相变压器在进行短路试验时，应将_____。

A. 高压侧接入电源，低压侧短路

B. 低压侧接入电源，高压侧短路

C. 高压侧接电源，低压侧短路，然后低压侧接电源，高压侧短路

D. 高、低压侧均短路

113. 若将两台以上变压器投入并联运行，必须要满足一定的条件，而首先一个条件是_____。

A. 各变压器应为相同的联结组别

B. 各变压器的变比应相等

C. 各变压器的容量应相等

D. 各变压器的阻抗电压应相等

114. 电焊变压器的最大特点是具有_____，以满足电弧焊接的要求。

A. 陡降的外特性   B. 较硬的外特性

C. 上升的外特性   D. 较软的外特性

115. 电力变压器耐压试验时间为_____。

A. 1min   B. 2min   C. 5min   D. 10min

116. 油浸式电力变压器在实际运行中，上层油温一般不宜经常超过_____。

A. 85℃   B. 95℃   C. 105℃   D. 75℃

117. 若发现变压器油温比平时相同负载及散热条件下高_____以上时，应考虑变压器内部已发生了故障。

A. 5℃   B. 20℃   C. 10℃   D. 15℃

118. 将一台 380/36V 和一台 220/36V 同容量的变压器按图 3 所示的方法连接后，_____。

A. 变压器将被烧坏

B. 只要 380/36V 变压器一次电流小于额定值就可运行

C. 输出功率应小于两变压器容量之和

D. 将 380/36V 变压器二次绕组 * 端反接就可运行

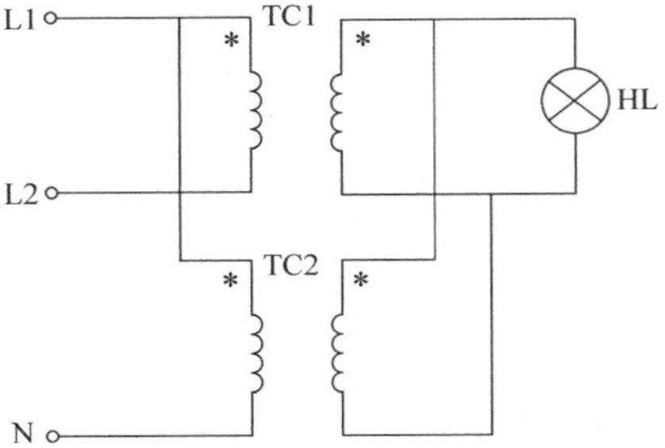

图 3

119. 为了维护工作人员及设备安全，电流互感器在运行中，严禁其二次侧_____。

A. 开路   B. 短路   C. 接地   D. 短路或接地

120. 当必须从使用着的电流互感器上拆除电流表时，应首先将互感器的二次侧可靠地_____，然后才能把仪表连接线拆开。

A. 断路   B. 短路   C. 接地   D. 断路或接地

121. 低压断路器中的电磁脱扣器承担 _____保护作用。

A. 过电流   B. 过载   C. 失电压   D. 欠电压

122. 直流电机电枢绕组都是由许多元件通过换向片串联起来而构成的_____。

    A. 单层闭合绕组   B. 双层闭合绕组

    C. 三层以上闭合绕组   D. 单层或双层闭合绕组

123. 直流电机在额定负载下运行时，其换向火花应不超过_____级。

    A. 1   B. $1\frac{1}{4}$ C. $1\frac{1}{2}$ D. 2

124. 国家规定直流电机的五个火花等级中，_____级为无火花。

    A. $1\frac{1}{4}$ B. $1\frac{1}{2}$ C. 1   D. 2

125. 直流电机的电枢绕组若为单叠绕组，则绕组的并联支路数将等于_____。

    A. 主磁极数   B. 主磁极对数   C. 两条   D. 四条

126. 直流电机的电枢绕组若为单波绕组，则绕组的并联支路数将等于_____。

    A. 主磁极数   B. 主磁极对数   C. 一条   D. 两条

127. 直流电机的电枢绕组不论是单叠绕组还是单波绕组，一个绕组元件的两条有效边之间的距离都叫作_____。

    A. 第一节距   B. 第二节距   C. 合成节距   D. 换向节距

128. 当直流发电机的端电压不变时，表示负载电流与励磁电流之间的变化关系曲线称为_____。

    A. 空载特性曲线   B. 负载特性曲线

    C. 外特性曲线   D. 调整特性曲线

129. 当直流发电机的负载电流不变时，表示其端电压与励磁电流之间变化关系的曲线称为_____。

    A. 外特性曲线   B. 空载特性曲线

    C. 负载特性曲线   D. 调整特性曲线

130. 并励直流发电机在原动机带动下正常运转，如电压表指示在很低的数值上不能升高，则说明发电机_____。

A. 还有剩磁   B. 没有剩磁

C. 励磁绕组断路   D. 励磁回路电阻过大

131. 在修理直流电机时，如遇需要更换绕组，检修换向器等情况，最好对绕组及换向器与机壳之间作耐压试验，还要对各绕组之间作耐压试验，其试验电压采用_____。

A. 直流电   B. 交流电

C. 交、直流电均可   D. 直流电，然后用交流电

132. 修理后的直流电机进行各项试验的顺序应为_____。

A. 空载试验→耐压试验→负载试验

B. 空载试验→负载试验→耐压试验

C. 耐压试验→空载试验→负载试验

D. 负载试验→空载试验→耐压试验

133. 直流电动机各电刷压力差_____。

A. 应小于 0.5kPa

B. 不应超过各电刷压力平均值的 ±10%

C. 应超过各电刷压力平均值的 ±5%

D. 一般情况下没有具体要求

134. 对于装有换向极的直流电动机，为了改善换向，应将电刷_____。

A. 放置在几何中心线上   B. 放置在物理中心线上

C. 顺转向移动一角度   D. 逆转向移动一角度

135. 监视电动机运行情况是否正常，最直接、最可靠的方法是看电动机是否出现_____。

A. 电流过大   B. 转速过低

C. 电压过高或过低   D. 温升过高

136. 就机械特性的硬度而言，_____的机械特性较硬。

A. 串励直流电动机   B. 积复励直流电动机

C. 他励直流电动机   D. 并励直流电动机

137. 为了保证拖动系统顺利起动，直流电动机起动时，一般都要通过串电阻或降电压等方法把起动电流控制在_____额定电流范围内。

A. <2 倍   B. ≤1.1～1.2 倍

C. ≥1.1～1.2 倍   D. ≤2～2.5 倍

138. 他励直流电动机的负载转矩一定时，若在电枢回路中串入一定的电阻，则其转速将_____。

A. 上升   B. 下降   C. 不变   D. 上升或下降

139. 他励直流电动机在所带负载不变的情况下稳定运行。若此时增大电枢电路的电阻，待重新稳定运行时，电枢电流和电磁转矩_____。

A. 增大   B. 不变   C. 减小   D. 增大或减小

140. 一台他励直流电动机在带恒转矩负载运行中，若其他条件不变，只降低电枢电压，则在重新稳定运行后，其电枢电流将_____。

A. 不变   B. 下降   C. 上升   D. 上升或下降

141. 一台并励直流电动机在带恒定的负载转矩稳定运行时，若因励磁回路接触不良而增大了励磁回路的电阻，那么电枢电流将会_____。

A. 减小   B. 增大   C. 不变   D. 增大或减小

142. 对于要求大范围直流无级调速来说，改变_____的方式为最好。

A. 电枢电压 U B. 励磁磁通 Φ

C. 电枢回路电阻 R D. 励磁磁通 Φ 或电枢回路电阻 R

143. 直流电动机的调速方案，越来越趋向于采用_____调速系统。

A. 直流发电机－直流电动机

B. 交磁电机扩大机－直流电动机

C. 晶闸管可控整流－直流电动机

D. 磁放大器二极管整流－直流电动机

144. 对直流电动机进行制动的所有方法中，最经济的制动是_____。

A. 机械制动   B. 回馈制动   C. 能耗制动   D. 反接制动

145. 直流电动机如要实现反转，需要对调电枢电源的极性，而其励磁电源的极性_____。

A. 保持不变   B. 同时对调   C. 变与不变均可   D. 与此无关

146. 改变并励电动机旋转方向，一般采用_____。

A. 磁场反接法   B. 电枢反接法

C. 磁场、电枢绕组全反接   D. 改变直流电源的极性

147. 改变串励电动机旋转方向，一般采用_____。

A. 磁场反接法   B. 电枢反接法

C. 磁场、电枢绕组全反接   D. 改变直流电源的极性

148. 某三相异步电动机的额定电压为380V，其交流耐压试验电压应为_____。

A. 380V   B. 500V   C. 1000V   D. 1760V

149. 用自耦减压起动器70%的抽头给三相异步电动机减压起动时，减压起动电流是全压起动电流的49%。这个减压起动电流是指此刻_____。

A. 电动机的相电流

B. 自耦减压起动器一次电流

C. 自耦减压起动器的二次电流

D. 电动机与自耦减压起动器两者电流之和

150. 三相笼型异步电动机用自耦变压器70%的抽头减压起动时，电动机的起动转矩是全压起动转矩的_____。

A. 36%   B. 49%   C. 70%   D. 100%

151. 三相异步电动机，若要稳定运行，则转差率应_____临界转差率。

A. 大于   B. 等于   C. 小于   D. 小于或等于

152. 一台三相异步电动机，其铭牌上标明额定电压为220/380V，其接法应是_____。

A. Y/△   B. △/Y   C. △/△   D. Y/Y

153. 在电源频率和电动机结构参数不变的情况下，三相交流异步电动机的电磁转矩与_____成正比关系。

A. 转差率   B. 定子相电压的平方

C. 定子电流   D. 定子相电压

154. 降低电源电压后，三相异步电动机的临界转差率将_____。

A. 增大   B. 减小   C. 不变   D. 增大或减小

155. 三相异步电动机在额定负载的情况下，若电源电压超过其额定电压 10%，则会引起电动机过热；若电源电压低于其额定电压 10%，电动机将_____。

A. 不会出现过热现象   B. 不一定出现过热现象

C. 肯定会出现过热现象   D. 不能确定是否过热

156. 当负载转矩是三相 △ 联结笼型异步电动机直接起动转矩的 1/2 时，减压起动设备应选用_____。

A. 丫–△起动器   B. 自耦变压器

C. 频敏变阻器   D. 无合适的减压起动设备

157. 三相异步电动机的正常接法若是 △ 联结，当错接成丫联结，则电流、电压和功率的变化将为_____。

A. 电流、电压、功率基本不变

B. 电流、电压变低，输出的机械功率为额定功率的 1/3

C. 电流、电压、功率不能确定

D. 电流、电压变低，输出的机械功率为额定功率的 1/2

158. 在三相绕线转子异步电动机的整个起动过程中，频敏变阻器等效阻抗的变化趋势是_____。

A. 由小变大   B. 由大变小

C. 恒定不变   D. 先由小变大，然后再由大变小

159. 三相绕线转子电动机采用频敏变阻器起动，当起动电流及起动转矩过小时，应_____频敏变阻器的等效阻抗，以提高起动电流、起动转矩。

A. 增加   B. 减小   C. 不改变   D. 增加或减小

160. 桥式起重机的主钩电动机，经常需要在满载下起动，并且根据负载的不同而改变提升速度。在吊起重物的过程中，速度亦需改变，则此电动机应选用_____。

A. 普通单笼型三相异步电动机   B. 双笼型三相异步电动机

C. 绕线转子三相异步电动机   D. 锥形转子异步电动机

161. 为了使三相异步电动机的起动转矩增大，可采用的方法是_____。

A. 增大定子相电压　　　　　B. 增大漏电抗

C. 适当地增大转子回路电阻值　D. 增大定子相电阻

162. 电磁调速异步电动机，是由三相笼型异步电动机、_____、电磁转差离合器和控制装置组成。

A. 伺服电机　　B. 测速发电机　　C. 直流电动机　　D. 直流发电机

163. 三相绕线转子异步电动机的调速控制常采用_____的方法。

A. 改变电源频率　　　　　B. 改变定子绕组磁极对数

C. 转子回路串联频敏变阻器　D. 转子回路串联可调电阻

164. 绕线转子异步电动机的串级调速是在转子电路中引入_____。

A. 调速电阻　　B. 频敏变阻器

C. 调速电抗器　D. 附加电动势

165. 三相交流换向器异步电动机的调速是通过改变_____实现的。

A. 磁极对数　　B. 电源频率　　C. 电刷位置　　D. 电源电压

166. 分相式单相异步电动机，在轻载运行时，若两绕组之一断开，则电动机_____。

A. 立即停转　　　　　　　B. 继续转动

C. 有可能继续转动　　　　　D. 改变转向，继续转动

167. 分相式单相异步电动机改变转向的具体方法是_____。

A. 对调两绕组之一的首末端　B. 同时对调两绕组的首末端

C. 对调电源的极性　　　　　D. 将两绕组串联

168. 同步电机的转子绕组要有足够的机械强度和电气强度，绕组对地绝缘应保证能承受_____而不击穿。

A. 3 倍的额定励磁电压　　　B. 5 倍的额定励磁电压

C. 10 倍的额定励磁电压　　　D. 20 倍的额定励磁电压

169. 在同步发电机的转速不变、励磁电流等于常数和负载功率因数等于常数的情况下，改变负载电流的大小，其端电压随负载电流的变化曲线称之为同步发电机的_____。

A. 外特性曲线　　　　　　B. 调节特性曲线

C. 负载特性曲线　　　　　D. 空载特性曲线

170. 当同步电动机在额定电压下带额定负载运行时，调节励磁电流

的大小，可以改变_____。

 A. 同步电动机的转速   B. 输入电动机的有功功率

 C. 输入电动机的无功功率   D. 输入电动机的有功功率和转速

171. 电机扩大机定子上所加补偿绕组的作用是_____。

 A. 消除直轴电枢反应磁通   B. 改善交轴换向

 C. 消除交轴电枢反应磁通   D. 减小剩磁电压

172. 电机扩大机在工作时，一般将其补偿程度调节在_____。

 A. 欠补偿   B. 全补偿   C. 过补偿   D. 无补偿

173. 有一台电机扩大机，其输出电压有规则摆动，且电刷下火花比较大。此故障原因可能是_____。

 A. 交流去磁绕组内部连接极性相反

 B. 补偿绕组内部连接极性接反

 C. 补偿绕组内部断路

 D. 补偿绕组并联电阻断路

174. 交磁电机扩大机中补偿绕组的并联电阻如出现断路故障，会导致加负载后电压_____。

 A. 下降   B. 上升   C. 保持不变   D. 下降或上升

175. 直流测速发电机输出端负载阻抗的大小会直接影响其在自动控制系统中的精度，从理论上讲，直流测速发电机随输出端接入负载阻抗的增大，其测量精度将_____。

 A. 降低   B. 提高

 C. 先提高，再降低   D. 保持不变

176. 交流测速发电机输出电压的频率与其转速_____。

 A. 成正比   B. 无关

 C. 成反比   D. 有确定的函数关系

177. 旋转变压器的结构相似于_____。

 A. 直流电动机   B. 笼型异步电动机

 C. 同步电动机   D. 绕线转子异步电动机

178. 力矩电动机的特点是_____。

 A. 转速高，转矩大   B. 转速高，转矩小

C. 转速低，转矩大　　　　　　　D. 转速低，转矩小

179. 感应式发电机的转子是_____。

A. 单相励磁　　B. 三相励磁　　C. 直流励磁　　D. 无励磁

180. 一个具有 4 个大磁极、转子齿数 $z = 100$、转子转速 $n = 1500r/min$ 的中频发电机，其输出电动势的频率是 $f = $ _____ Hz。

A. 2500　　　　　B. 5000　　　　C. 1250　　　　D. 10000

181. _____是一种中频发电机，能输出单相或多相频率为 $400 \sim 1000Hz$ 的电流。

A. 整流子发电机　　　　　　　B. 隐极式同步发电机

C. 古典式同步发电机　　　　　D. 感应式发电机

182. 无换向器电动机的调速方法是_____。

A. 调电压调速　　　　　　　　B. 调励磁电流调速

C. 调电刷位置调速　　　　　　D. 三种都可以

183. 无刷直流电动机从工作原理上看它是属于_____。

A. 直流电动机　　　　　　　　B. 笼型异步电动机

C. 同步电动机　　　　　　　　D. 绕线转子异步电动机

184. 直流伺服电动机在自动控制系统中用作_____。

A. 放大元件　　　　　　　　　B. 测量元件

C. 执行元件　　　　　　　　　D. 信号元件

185. 他励式电枢控制的直流伺服电动机，一定要防止励磁绕组断电以免电枢电流过大而造成_____。

A. 超速　　　　　　　　　　　B. 低速

C. 先超速，后低速　　　　　　D. 停止转动

186. 为了消除自转现象，交流伺服电动机的临界转差率应满足_____。

A. $s_m = 1$　　　　B. $s_m < 1$　　　C. $s_m > 1$　　　D. $s_m \leqslant 1$

187. 自整角机的结构相似于_____。

A. 直流电动机　　　　　　　　B. 笼型异步电动机

C. 同步电动机　　　　　　　　D. 绕线转子异步电动机

188. 根据反应式步进电动机的工作原理，它应属于_____。

A. 直流电动机   B. 笼型异步电动机

C. 同步电动机   D. 绕线转子异步电动机

189. 三相六拍通电方式的步进电动机，若转子齿数为 40，则步距角 $\theta_s =$ _____。

  A. 3°   B. 1.5°   C. 1°   D. 0.5°

190. 三相反应式步进电动机要在连续改变通电的状态下，获得连续不断的步进运动，在设计时必须做到在不同相的磁极下，定、转子齿的相对位置应依次错开_____齿距。

  A. 1/3   B. 1/4   C. 1/6   D. 1/5

191. 当步进电动机通电相的定、转子齿中心线间的夹角 $\theta =$ _____时，该定子齿对转子齿的磁拉力为最大。

  A. 0°   B. 90°   C. 180°   D. 60°

192. 直线感应同步器的定尺绕组是_____。

  A. 连续绕组   B. 分段绕组   C. 正弦绕组   D. 余弦绕组

193. 直线感应同步器定尺与滑尺的间隙为_____。

  A. （0.1±0.05）mm   B. （0.25±0.05）mm

  C. （0.5±0.05）mm   D. （1±0.05）mm

194. 标准式直线感应同步器在实际中用得最广泛，其每块长为_____。

  A. 100mm   B. 250mm   C. 1m   D. 500mm

195. 标准式直线感应同步器定尺节距为_____。

  A. 0.5mm   B. 1mm   C. 2mm   D. 0.1mm

196. 磁栅的拾磁磁头为磁通响应型磁头，为了辨向，它有_____磁头。

  A. 一组   B. 两组   C. 四组   D. 三组

197. 在数控机床的位置数字显示装置中，应用最普遍的是_____。

  A. 感应同步器数显   B. 磁栅数显

  C. 光栅数显   D. 旋转编码器数显

198. 莫尔条纹的移动方向与两光栅尺相对移动的方向_____。

  A. 平行   B. 垂直   C. 无关   D. 相同

199. 使用光栅时，考虑到_____，最好将尺体安装在机床的运动部件上，而读数头则安装在机床的固定部件上。

A. 读数精度　　B. 安装方便　　C. 使用寿命　　D. 便于维护

200. 自动控制系统一般由被控制对象和_____组成。

A. 输入指令　　B. 控制装置　　C. 辅助设备　　D. 反馈环节

201. 自控系统开环放大倍数_____。

A. 越大越好

B. 越小越好

C. 在保证系统动态特性前提下越大越好

D. 在保证系统动态特性前提下越小越好

202. 开环自控系统在出现偏差时，系统将_____。

A. 不能自动调节　　　　　　　B. 能自动调节

C. 能够消除偏差　　　　　　　D. 能够消除一部分偏差

203. 自控系统中反馈检测元件的精度对自控系统的精度_____。

A. 无影响

B. 有影响

C. 有影响，但被闭环系统补偿了

D. 无影响，因为闭环系统能够补偿

204. 对于积分调节器，当输出量为稳态值时，其输入量必然_____。

A. 为零　　　　B. 不为零　　　C. 为负值　　　D. 为正值

205. 调速系统的静差率是根据_____提出的。

A. 设计要求　　B. 机床性能　　C. 工艺要求　　D. 电动机性能

206. 调速系统的静差率一般是指系统在_____时的静差率。

A. 高速　　　　B. 低速　　　　C. 额定转速　　D. 任一转速

207. 调速系统的调速范围和静差率这两个指标_____。

A. 互不相关　　B. 相互制约　　C. 相互补充　　D. 相互协调

208. 无静差调速系统中必须有_____。

A. 积分调节环节　　　　　　　B. 比例调节环节

C. 微分调节环节　　　　　　　D. 比例－微分调节环节

209. 无静差调速系统的调节原理是_____。

A. 依靠偏差的积累　　　　　　B. 依靠偏差对时间的积累

C. 依靠偏差对时间的记忆　　　D. 用偏差进行调节

210. 增大直流自动调速系统的调速范围最有效的方法是_____。

A. 减小电动机转速降　　　　　B. 提高电枢电流

C. 增加电动机电枢电压　　　　D. 电枢回路串入电阻

211. 晶闸管直流调速系统的机械特性分为连续段和不连续段，不连续段机械特性的特点是_____。

A. 机械特性硬　　　　　　　　B. 机械特性软

C. 机械特性软、理想空载转速高　D. 机械特性硬、理想空载转速高

212. 在晶闸管直流调速系统中，当可控整流器的交流输入电压和触发延迟角均为一定值时，平波电抗器电感量越大，电流连续段机械特性区域_____。

A. 越大　　　　　　　　　　　B. 越小

C. 不变　　　　　　　　　　　D. 不能确定增大或减小

213. 直流自动调速系统中，当负载增加以后转速下降，可通过负反馈环节的调节作用使转速有所回升。系统调节前后，电动机电枢电压将_____。

A. 减小　　　　B. 增大　　　　C. 不变　　　　D. 不能确定

214. 直流自动调速系统中，当系统负载增大后转速降增大，可通过负反馈环节的调节作用使转速有所回升。系统调节前后，主电路电流将_____。

A. 增大　　　　B. 不变　　　　C. 减小　　　　D. 不能确定

215. 在调速系统中，当电流截止负反馈参与系统调节作用时，说明调速系统主电路电流_____。

A. 过大　　　　B. 正常　　　　C. 过小　　　　D. 为零

216. 在调速系统中，电压微分负反馈及电流微分负反馈是属于_____环节。

A. 反馈环节　　B. 稳定环节　　C. 放大环节　　D. 保护环节

217. 转速负反馈系统中，给定电阻 R_g 增加后，给定电压 U_g 增大，

则_____。

  A. 电动机转速下降

  B. 电动机转速不变

  C. 电动机转速上升

  D. 给定电阻 R_g 变化不影响电动机的转速

218. 转速负反馈有静差调速系统中，当负载增加以后，转速要下降，系统自动调速以后，可以使电动机的转速_____。

  A. 等于原来的转速   B. 低于原来的转速

  C. 高于原来的转速   D. 以恒转速旋转

219. 转速负反馈调速系统对检测反馈元件和给定电压所造成的转速降_____。

  A. 没有补偿能力

  B. 有补偿能力

  C. 对前者有补偿能力，对后者无补偿能力

  D. 对前者无补偿能力，对后者有补偿能力

220. 在转速负反馈调速系统中，当负载变化时，电动机的转速也跟着变化，其原因是_____。

  A. 整流电压的变化   B. 电枢回路电压降的变化

  C. 触发延迟角的变化   D. 温度的变化

221. 电压负反馈自动调速系统的性能_____于转速负反馈调速系统。

  A. 优   B. 劣   C. 相同   D. 不能确定优或劣

222. 在自动调速系统中，电压负反馈主要补偿_____上电压的损耗。

  A. 电枢回路电阻   B. 电源内阻

  C. 电枢电阻   D. 电抗器电阻

223. 在自动调速系统中，电流正反馈主要补偿_____上电压的损耗。

  A. 电枢回路电阻   B. 电源内阻

  C. 电枢电阻   D. 电抗器电阻

224. 带有电流截止负反馈环节的调速系统，为使电流截止负反馈参与调节后机械特性曲线下垂段更陡一些，应把反馈取样电阻的阻值选得_____。

    A. 大一些   B. 小一些   C. 接近无穷大   D. 接近于零

225. 转速、电流双闭环调速系统中不加电流截止负反馈，是因为其主电路电流的限流_____。

    A. 由比例积分器保证   B. 由转速环保证

    C. 由电流环保证   D. 由速度调节器的限幅保证

226. 双闭环调速系统中的电流环的输入信号有两个，即_____。

    A. 主电路反馈的转速信号及转速环的输出信号

    B. 主电路反馈的电流信号及转速环的输出信号

    C. 主电路反馈的电压信号及转速环的输出信号

    D. 主电路反馈的电压信号及转速环的输入信号

227. 转速、电流双闭环调速系统在起动时的调节作用，主要靠_____产生。

    A. 电流调节器   B. 转速调节器

    C. 转速、电流两个调节器   D. 电流调节器或转速调节器

228. 转速、电流双闭环调速系统，在负载变化时出现转速偏差，消除此偏差主要靠_____。

    A. 电流调节器   B. 转速调节器

    C. 转速、电流两个调节器   D. 电动机的转矩平衡作用

229. 转速、电流双闭环调速系统起动时，转速调节器处于_____。

    A. 调节状态   B. 饱和状态   C. 截止状态   D. 不确定状态

230. 转速、电流双闭环调速系统，在系统过载或堵转时，转速调节器处于_____。

    A. 饱和状态   B. 调节状态   C. 截止状态   D. 不确定状态

231. 可逆调速系统主电路中的环流是_____负载的。

    A. 不流过   B. 流过   C. 反向流过   D. 部分流过

232. 在晶闸管可逆调速系统中，为防止逆变颠覆，应设置_____保护环节。

A. 限制 $\beta_{\min}$

B. 限制 $\alpha_{\min}$

C. 限制 $\beta_{\min}$ 和 $\alpha_{\min}$

D. 限制 $\beta_{\max}$ 或 $\alpha_{\max}$

233. 在有环流可逆系统中,若正组晶闸管处于整流状态,则反组晶闸管必然处在_____。

A. 待逆变状态　　B. 逆变状态　　　C. 待整流状态　　D. 整流状态

234. 在有环流可逆系统中,均衡电抗器所起的作用是_____。

A. 限制瞬时脉动环流　　　　B. 使主回路电流连续

C. 用来平波　　　　　　　　D. 限制直流平均环流

235. 逻辑无环流可逆系统,在无环流逻辑控制装置 DLC 中,设有多"1"联锁保护电路的目的是使正、反组晶闸管_____。

A. 同时工作　　　　　　　　B. 不同时工作

C. 具有相同的触发延迟角　　D. 具有相同的触发超前角

236. 在采用有续流二极管的半控桥式整流电路对直流电动机供电的调速系统中,其主回路电流的检测应采用_____。

A. 交流互感器　　　　　　　B. 直流互感器

C. 霍尔元件　　　　　　　　D. 零序电流互感器

237. 若调速系统主电路为三相半波整流电路,则主回路电流的检测应采用_____。

A. 间接测量法　　　　　　　B. 直接测量法

C. 曲折测量法　　　　　　　D. 直接测量法或曲折测量法

238. 若调速系统主电路为三相半波整流电路,则主电路电流采用交流互感器法间接测量,交流互感器应采用_____。

A. Y 联结　　　　　　　　　B. △联结

C. 曲折联结　　　　　　　　D. Y 联结或△联结

239. 调速系统在调试过程中,保护环节的动作电流应调节成_____。

A. 熔断器额定电流大于过电流继电器动作电流大于堵转电流

B. 堵转电流大于过电流继电器电流大于熔断器额定电流

C. 堵转电流等于熔断器额定电流

D. 熔断器额定电流大于堵转电流大于过电流继电器动作电流

240. 在晶闸管串级调速系统中，转子回路采用不可控整流器，此时系统可以实现的工作状态有_____和高于同步转速的发电制动状态。

A. 低于同步转速的电动状态

B. 高于同步转速的电动状态

C. 低于同步转速的发电制动状态

D. 高于或低于同步转速的电动状态

241. 晶闸管低同步串级调速系统中，其电动机的转子回路中串入的是_____附加电动势。

A. 与转子电动势 E_2 无关的交流

B. 与转子电动势 E_2 频率相同、相位相同的交流

C. 可控的直流

D. 与转子电动势 E_2 频率相同、相位相反的交流

242. 晶闸管低同步串级调速系统是通过改变_____进行调速。

A. 转子回路的串接电阻

B. 转子整流器的导通角

C. 有源逆变器的触发超前角

D. 加在电动机的定子绕组上的交流电压

243. 晶闸管低同步串级调速系统工作时，晶闸管有源逆变器的逆变角 β 一般为_____。

A. 30° ~ 90°   B. 0° ~ 90°   C. 60° ~ 90°   D. 30° ~ 120°

244. 晶闸管低同步串级调速系统，当晶闸管有源逆变器的逆变角 β = 30°时，电动机以_____运行。

A. 最高转速   B. 中等转速

C. 最低转速   D. 略低于最高转速的某一转速

245. 在变频调速时，若保持恒压频比（U_1/f_1 = 常数），可实现_____。

A. 恒功率调速   B. 恒效率调速

C. 恒转矩调速   D. 恒电压调速

246. 当电动机在额定转速以下变频调速时，要求_____，属于恒

转矩调速。

    A. 定子电源的频率 f_1 可任意改变

    B. 定子电压 U_1 不变

    C. 保持 U_1/f_1 = 常数

    D. 保持 $U_1 f_1$ = 常数

247. 当电动机在额定转速以上变频调速时，要求_____，属于恒功率调速。

    A. 定子电源的频率 f_1 可任意改变

    B. 定子电压 U_1 为额定值

    C. 保持 U_1/f_1 = 常数

    D. 保持 $U_1 f_1$ = 常数

248. 正弦波脉宽调制（SPWM），通常采用_____相交方案，来产生脉冲宽度按正弦波分布的调制波形。

    A. 直流参考信号与三角波载波信号

    B. 正弦波参考信号与三角波载波信号

    C. 正弦波参考信号与锯齿波载波信号

    D. 直流参考信号与锯齿波载波信号

249. SPWM 型变频器的变压变频，通常是通过改变_____来实现的。

    A. 参考信号正弦波的幅值和频率

    B. 载波信号三角波的幅值和频率

    C. 参考信号和载波信号两者的幅值和频率

    D. 参考信号三角波的幅值和频率

250. 转差频率控制的交流变频调速系统，其基本思想是_____。

    A. 保持定子电流恒定，利用转差角频率控制电动机转矩

    B. 保持磁通恒定，利用转差角频率控制电动机转矩

    C. 保持转子电流恒定，利用转差角频率控制电动机转矩

    D. 保持定子电压恒定，利用转差角频率控制电动机转矩

251. 微型计算机的核心部分是_____。

A. 存储器 B. 输入设备

C. 输出设备 D. 中央处理器

252. 为解决某一具体问题而使用的一系列指令就构成 _____。

A. 软件 B. 程序 C. 语言 D. 指令系统

253. 在 PLC 中，用户使用编程器或编程软件可以修改或增删的是_____。

A. 系统程序 B. 用户程序

C. 任何程序 D. 用户程序和部分系统程序

254. 在 PLC 的梯形图中，线圈 _____。

A. 必须放在最左边 B. 必须放在最右边

C. 可放在任意位置 D. 可放在所需处

255. 在 FX 系列 PLC 中，_____是具有断电保持功能的软元件。

A. 输入继电器 B. 输出继电器

C. 辅助继电器 D. 累计定时器

256. 当 PLC 的电源掉电时，PLC 的累计定时器_____。

A. 当前值寄存器复位为零

B. 开始定时

C. 当前值寄存器的内容保持不变

D. 软触点恢复原始状态

257. FX 系列 PLC 的 LD 指令表示_____。

A. 取指令，取用动合触点 B. 取指令，取用动断触点

C. 与指令，串联单个动合触点 D. 或指令，并联单个动合触点

258. FX 系列 PLC 的 OUT 指令是驱动线圈指令，但它不能驱动

_____。

A. 输入继电器 B. 输出继电器

C. 辅助继电器 D. 内部继电器

259. 在 FX 系列 PLC 的可编程元件中，除了输入继电器外，_____的编号也采用八进制。

A. 输出继电器 B. 辅助继电器

C. 定时器　　　　　　　　　　D. 状态器

260. 当 FX 系列 PLC 处于 RUN 状态时，_____一直为 ON 状态。

A. M8002　　　　B. M8000　　　　C. M8013　　　　D. M8012

261. 当 FX 系列 PLC 定时器的当前值达到设定值时，定时器的软触点便开始动作，同时定时器的当前值将_____。

A. 保持不变　　　B. 继续增大　　　C. 开始减小　　　D. 为零

262. 加工中心机床是一种在普通数控机床上加装一个刀库和_____而构成的数控机床。

A. 液压系统　　　　　　　　　　B. 检测装置

C. 自动换刀装置　　　　　　　　D. 气动系统

263. 加工中心的主轴传动系统应在_____输出足够的转矩。

A. 高速段　　　　　　　　　　B. 低速段

C. 一定的转速范围内　　　　　　D. 高速段或低速段

264. 在数控指令中，T 代码用于_____。

A. 主轴控制　　　B. 换刀　　　C. 辅助功能　　　D. 进给速度

265. 围绕 X、Y、Z 三个基本坐标轴旋转的圆周进给坐标轴分别用_____表示。

A. X'、Y'、Z'　　　　　　　B. A、B、C

C. A'、B'、C'　　　　　　　D. U、V、W

266. 我国现阶段所谓的经济型数控系统，大多是指_____系统。

A. 开环数控　　　B. 闭环数控　　　C. 可编程控制　　　D. 硬件数控

267. 为降低系统制造成本和提高系统的可靠性，经济型数控系统通常尽可能用_____来实现大部分数控功能。

A. 硬件　　　　　　　　　　　　B. 软件

C. 可编程序控制器　　　　　　　D. 通用微型计算机

268. 在测量直流电量时，无需区分表笔极性的仪表是_____。

A. 磁电系　　　　　　　　　　B. 电磁系

C. 静电系　　　　　　　　　　D. 磁电系和电磁系

269. 普通功率表在接线时，电压线圈和电流线圈的关系是_____。

A. 电压线圈必须接在电流线圈的前面

B. 电压线圈必须接在电流线圈的后面

C. 视具体情况而定

D. 电压线圈前接或后接，均不影响测量结果

270. 用电压表测电压时所产生的测量误差，其大小取决于_____。

A. 准确度等级　　　　B. 准确度等级和所选用的量程

C. 所选用的量程

D. 被测电压值，而与电压表的准确度等级和所选用的量程无关

271. 测量4A的电流时，选用了量限为5A的电流表，若要求测量结果相对误差小于±1.5%，则该表的准确度至少应为_____级。

A. 0.5　　　　　B. 1　　　　　C. 1.5　　　　　D. 0.2

272. 指针式万用表电阻标度尺的刻度从0～∞是不均匀的，各电阻挡的_____确定了其实用的有效测量范围。

A. 可调电位器的阻值　　　　B. 被测电阻的阻值

C. 欧姆中心值　　　　　　　D. 倍率

273. 指针式万用表为了各电阻挡共用一个电阻标度尺，一般是将_____按十的倍率扩大，来扩大其电阻测量范围。

A. 欧姆调零电位器的阻值　　B. 欧姆中心值

C. 任意一个阻值　　　　　　D. 被测电阻的阻值

274. 指针式万用表在测量允许范围内，若误用交流挡来测量直流电，则所测得的值将_____被测值。

A. 大于　　　　B. 小于　　　　C. 等于　　　　D. 大于或小于

275. 数字式万用表的表头是_____。

A. 磁电系直流电流表　　　　B. 数字直流电压表

C. 数字直流电流表　　　　　D. 电磁系电流表

276. 数字式万用表，当表内的电池电压过低时，_____。

A. 所有的测量功能都不能正常工作　　B. 仍能测量电压、电流

C. 仍能测量电阻

D. 某些表仍能测量温度等非电量

277. 数字式仪表中基本上克服了_____，故准确度高。

A. 摩擦误差　　　B. 视觉误差　　C. 相角误差　　　D. 变比误差

278. 数字式电压表测量的精确度高，是因为仪表的_____。

A. 准确度高　　　　　　　　B. 输入阻抗高

C. 所用电源的稳定性好　　　D. 能读取的有效数字多

279. 电源电动势应当用_____来测量。

A. 高精度电压表　B. 万用电桥　　C. 万用表　　　D. 电位差计

280. 常用的直流电桥是_____。

A. 惠斯顿电桥　　　　　　　B. 开尔文电桥

C. 惠斯顿和双臂电桥　　　　D. 数字式万用电桥

281. 测量 1Ω 以下的电阻应选用_____。

A. 直流惠斯顿电桥　　　　　B. 开尔文电桥

C. 万用表的电阻挡

D. 电压表和电流表，采用伏安法来测量

282. 绝缘电阻表有"线路"（L）、"接地"（E）和"屏蔽"（G）三个接线柱，其中 G _____必须用。

A. 在每次测量时　　　　　　B. 在要求测量精度较高时

C. 当被测绝缘电阻表面不干净时，为测体电阻

D. 在被测设备的额定电压较高时

283. 高频信号发生器的频率调整旋钮，主要是用来改变主振荡回路的_____。

A. 电压高低　　　　　　　　B. 可变电容器容量

C. 电流大小　　　　　　　　D. 可变电阻器阻值

284. 示波管是示波器的核心部件，其作用是将电信号转换成_____。

A. 声信号　　　B. 机械信号　　C. 光信号　　　D. 磁信号

285. 示波管构造的三个基本部分，除了电子枪、荧光屏，还有_____。

A. 电子束　　　B. 偏转系统　　C. 管壳　　　　D. 各种电极

286. _____直接影响了荧光屏的发光颜色和余辉时间。

A. 灯丝电压　　B. 偏转系统　　C. 荧光涂层材料　D. 阴极材料

287. 示波器中扫描发生器产生的是_____。

A. 锯齿波信号　　B. 正弦波信号　C. 三角波信号　　D. 矩形波信号

288. 利用示波器测量电压，常用的方法是_____。

A. 比较法　　　　　　　　　B. 标尺法

C. 时标法　　　　　　　　　D. 李沙育图形法

289. 当示波器的整（同）步选择开关扳置"外"的位置时，则扫描同步信号_____。

A. 来自 Y 轴放大器的被测信号　　B. 来自 50Hz 交流电源

C. 需由整（同）步输入端输入　　D. 来自 X 轴放大器的扫描信号

290. 在一般示波器上都设有"扫描微调"旋钮，该旋钮主要用来调节_____。

A. 扫描幅度　　　　　　　　B. 扫描频率

C. 扫描频率和幅度　　　　　D. 扫描扩展倍率

291. 晶体管特性图示仪是将有关信号曲线显示在荧光屏上，通过_____来直接读取被测晶体管的各项参数的。

A. 曲线高度　　　　　　　　B. 曲线宽度

C. 荧光屏上标尺度　　　　　D. 曲线波形个数

292. 在对 JT – 1 型晶体管特性图示仪的正阶梯信号进行调零时，"Y 轴作用"选择开关应置于_____位置。

A. 集电极电流　　　　　　　B. 外接

C. 基极电流或基极源电压　　D. 基极电压

293. 下列机械传动中，传动比最不能保证的是_____。

A. 带传动　　　　B. 链传动　　　C. 齿轮传动　　　D. 螺旋传动

294. 带传动时，其从动轮的转速与主动轮转速成正比，而与_____成反比。

A. 主动轮直径　　　　　　　B. 从动轮直径

C. 从动轮转矩　　　　　　　D. 主动轮与从动轮之间的距离

295. 链传动中，若主、从链轮齿数不等，当主动链轮以匀角速度转动时，从动链轮的瞬时角速度的变化是_____。

A. 有波动　　　　　　　　　B. 保持恒定

C. 时而波动、时而恒定 　　　　　D. 偶尔无规律波动

296. 目前机械工程中所用的齿轮，最常用的齿廓曲线为 _____。

A. 摆线　　　　　B. 圆弧　　　　　C. 渐开线　　　　D. 抛物线

297. 液压系统中，液压缸属于_____。

A. 动力元件　　　B. 执行元件　　　C. 控制元件　　　D. 辅助元件

298. 液压系统运行时，液压缸出现爬行现象是由于_____。

A. 系统泄漏油压降低　　　　　　B. 溢流阀失效

C. 滤油器堵塞　　　　　　　　　D. 空气渗入液压缸

299. 减压阀可以保持其_____。

A. 进油口压力恒定　　　　　　　B. 出油口压力恒定

C. 进出油口压力相等　　　　　　D. 进油口压力比出油口低

300. 在液压控制阀中，当压力升高到阀的调定值时，阀口完全打开，该阀称为 _____。

A. 顺序阀　　　　B. 减压阀　　　　C. 溢流阀　　　　D. 节流阀

301. 液压系统中，顺序阀属于_____。

A. 方向控制阀　　　　　　　　　B. 压力控制阀

C. 流量控制阀　　　　　　　　　D. 电液比例控制阀

302. 液压系统中，使用流量阀必须使用_____。

A. 单向阀　　　　B. 顺序阀　　　　C. 溢流阀　　　　D. 减压阀

303. 溢流阀可以保持其_____。

A. 进油口压力恒定　　　　　　　B. 出油口压力恒定

C. 进出油口压力相等　　　　　　D. 进油口压力比出油口低

304. AutoCAD、UG 是_____软件。

A. 系统软件　　　　　　　　　　B. 绘图软件

C. 支撑软件　　　　　　　　　　D. CAD 应用软件

305. AutoCAD 具有_____功能。

A. 工程计算　　　B. 绘图造型　　　C. 自动编程　　　D. 动画设计

306. 精益生产方式的关键是实行_____。

A. 准时化生产　　B. 自动化生产　C. 全员参与　　　D. 现场管理

307. JIT 的核心是_____。

A. 自动化生产　　　　　　B. 全员参与

C. 尽善尽美　　　　　　　D. 适时适应生产

308. MRP Ⅱ系统中的微观核心部分是_____。

A. 主生产计划 MPS　　　　B. 物料需求计划 MRP

C. 生产进度计划 OS　　　　D. 能力需求计划 CRP

309. CIMS 着重解决产品设计和经营管理中的_____。

A. 计算机网络技术　　　　B. 系统信息集成

C. 计算机接口技术　　　　D. 计算机辅助制造系统

310. CIMS 系统中控制机器的运行、处理产品制造数据的部分为_____。

A. CAD　　　　B. CAM　　　　C. CAPP　　　　D. MIS

311. ISO 9000 族标准中，_____是指导性标准。

A. ISO 9000 – 1　　　　　B. ISO 9000

C. ISO 9002　　　　　　　D. ISO 9004 – 1

312. ISO 9000 族标准中，_____是基础性标准。

A. ISO 9000 – 1　　B. ISO 9000　　C. ISO 9002　　D. ISO 9004 – 1

313. ISO 9000 族标准与 TQC 的差别在于：ISO 9000 族标准是从_____立场上所规定的质量保证。

A. 供应者　　　　B. 采购者　　　　C. 设计者　　　　D. 操作者

314. ISO 14000 系列标准是有关_____的系列标准。

A. 质量体系　　　　　　　B. 环境体系

C. 环境管理　　　　　　　D. 质量环境保证

315. _____功能子系统是 MRP Ⅱ 中对生产所需能力进行合理配置。

A. 主生产计划 MPS　　　　B. 物料需求计划 MRP

C. 生产进度计划 OS　　　　D. 能力需求计划 CRP

三、计算题

1. 图 4 所示为一个多量程电流表的原理电路。已知表头的内阻 $R_g = 3750\Omega$，满刻度电流 $I_g = 40\mu A$，试计算各分流电阻 $R_{A1} \sim R_{A5}$。

2. 一个多量程的电压表的原理电路如图 5 所示。已知表头的内阻

$R_g = 3750\Omega$，满刻度电流 $I_g = 40\mu A$，分流电阻 $R_A = 15k\Omega$，求各附加电阻 $R_{V1} \sim R_{V5}$ 的阻值。

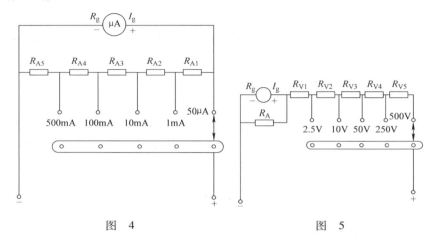

图 4　　　　　　　　　　图 5

3. 在图 6 所示的电路中，已知 $E = 30V$，$I_S = 1A$，$R_1 = 5\Omega$，$R_2 = 20\Omega$，$R_3 = 8\Omega$，$R_4 = 12\Omega$。试用叠加原理计算流过电阻 R_3 的电流 I。

4. 在图 7 所示的电路中，已知 $E_1 = 15V$，$E_2 = 11V$，$E_3 = 4V$，$R_1 = R_2 = R_3 = R_4 = 1\Omega$，$R_5 = 10\Omega$，试用戴维南定理计算流过电阻 R_5 的电流 I。

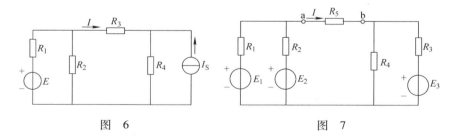

图 6　　　　　　　　　　图 7

5. 某交流接触器的线圈电压为 380V ，匝数为 8750 匝，导线直径为 0.09mm。现要在保持吸力不变的前提下，将它改制成 220V 的交流接触器（假定安放线圈的窗口尺寸足够大）。试计算改绕后线圈的匝数和线径应为多少？

6. 一个直流电磁铁的磁路如图 8 所示，其尺寸在图中已标明，单位是 mm。铁心由硅钢片叠成，填充系数可取 0.92，衔铁材料为铸钢，气隙的边缘效应忽略不计。试求：

1）当气隙中的磁通为 3×10^{-3}Wb 时所需的磁通势。

2）若励磁电流为 1.5A，则线圈的匝数应为多少？

7. 图 9 所示为一种测量电感线圈参数的电路。已知 $R_1 = 5\Omega$，$f = 50$Hz，三个电压表的读数分别为 $U = 149$V，$U_1 = 50$V，$U_2 = 121$V。试求线圈的参数 R 和 L。

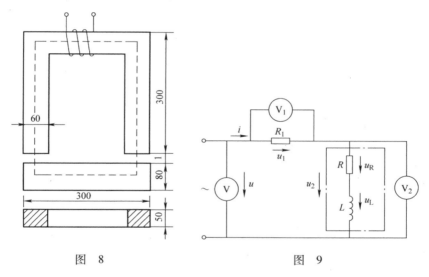

图 8   图 9

8. 在图 10 所示的电路中，已知 $U = 220$V，$R_1 = 10\Omega$，$X_1 = 6.28\Omega$，$R_2 = 20\Omega$，$X_2 = 31.9\Omega$，$R_3 = 15\Omega$，$X_3 = 15.7\Omega$。试求：

1）电路总的等效阻抗。

2）各支路电流及总电流。

3）电路的有功功率、无功功率和视在功率。

9. 线电压为 380V 的三相电源上接有两个三相对称负载：一个是星形联结的三相电阻炉，其功率为 10kW；另一个是三角形联结的电动机，其每相阻抗 $Z_\Delta = 36.3 \underline{/37°}\,\Omega$。试求：

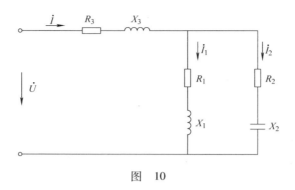

图 10

1）电路的线电流。

2）总的有功功率。

3）总功率因数。

10. 使用一只 0.2 级、10V 量程的电压表，测得某电压值为 5.0V，问其可能最大绝对误差 ΔU 及可能最大相对误差 γ 各为多少？

11. 在图 11 所示的电路中，已知 G1、G2 均为 TTL 与非门，其输出高电平 $U_{\text{OH}} = 3.6\text{V}$，输出低电平 $U_{\text{OL}} = 0.3\text{V}$，最大拉电流负载 $I_{\text{OH}} = -400\mu\text{A}$，最大灌电流负载 $I_{\text{OL}} = 10\text{mA}$；晶体管工作在开关状态，导通时 $U_{\text{BE}} = 0.7\text{V}$，饱和管压降 $U_{\text{CES}} = 0.3\text{V}$，$\beta = 40$；发光二极管导通压降 $U_{\text{D}} = 2\text{V}$，发光时正向电流 I_{D} 为 5 ~ 10mA。试回答：

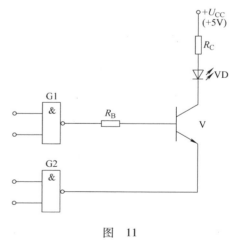

图 11

1）G1、G2 工作在什么状态时发光二极管可能发光？

2）晶体管的集电极电阻 R_{C} 的取值范围。

3）若 $R_{\text{C}} = 300\Omega$，基极电阻 R_{B} 的取值范围。

12. 图 12 中，已知 $U_{CC} = 15V$，晶体管 V 的 $\beta = 50$，$R_{B1} = 27.5k\Omega$，$R_{B2} = 10k\Omega$，$R_C = 3k\Omega$，$R_E = 2k\Omega$，$R_L = 3k\Omega$。试求：

1) 晶体管 V 的静态工作点 I_B、I_C、U_{CE}。

2) 输入及输出电阻 R_i、R_o。

3) 电压放大倍数 A_u。

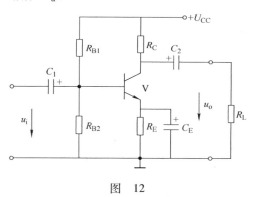

图　12

13. 在图 13 所示的电路中，设 $U_{CC} = 12V$，晶体管的 $\beta = 50$，$U_{BE} = 0.7V$，各电容均足够大（对交流信号可视为短路）。现要求静态电流 $I_C = 2mA$，管压降 $U_{CE} = 4V$，电容 C_2 两端电压 $U_{C2} = 5V$。试求：

1) 试确定电路中 R_B、R_C 和 R_E的值。

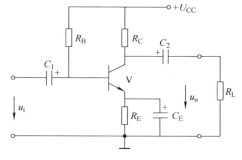

图　13

2) 若 $R_L = R_C$，求该放大电路的 A_u、R_i 和 R_o。

14. 图 14 所示为一个射极输出器的电路。已知 $U_{CC} = 12V$，$R_B = 510k\Omega$，$R_E = 10k\Omega$，$R_L = 3k\Omega$，$R_s = 0$，并已知晶体管的 $\beta = 50$，$r_{be} = 2k\Omega$，$U_{BE} = 0.7V$，各电容对交流信号可视为短路。试求：

1) 晶体管的静态工作点（I_B，I_C，U_{CE}）。

2) 电压放大倍数 A_u。

3）输入电阻 R_i。

4）输出电阻 R_o。

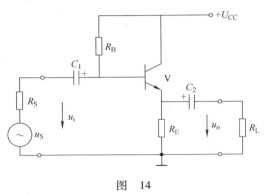

图　14

15. 在图 15 所示电路中，A 为理想运算放大器。已知 $R_1 = R_2 = R_L = 10\text{k}\Omega$，$R_3 = R_F = 100\text{k}\Omega$，$U_I = 0.55\text{V}$。求输出电压 U_O、负载电流 I_L 及运放输出电流 I_O。

16. 图 16 所示为由 555 集成定时器组成的多谐振荡器，已知 $R_1 = 3.9\text{k}\Omega$，$R_2 = 3\text{k}\Omega$，$C = 1\mu\text{F}$，试计算振荡周期 T、频率 f、脉宽 t_{WH} 及占空比 q。

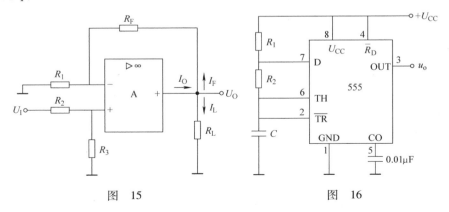

图　15　　　　　　　　　图　16

17. 一个八位 D – A 转换器的最小输出电压增量为 0.02V，当输入代码为 01001101 时，其输出电压 U_O 是多少伏？

18. 七位 D – A 转换器的分辨率百分数是多少？

19. 三相笼型异步电动机，已知 $P_N = 5kW$，$U_N = 380V$，$n_N = 2910r/min$，$\eta_N = 0.8$，$\cos\varphi_N = 0.86$，$\lambda = 2$。求：s_N，I_N，T_N，T_m。

20. 一台△联结三相异步电动机的额定数据：7.5kW，380V，15.4A，1440r/min，50Hz，$\cos\varphi = 0.85$。试求电动机极数 $2p$、额定转差率 s_N、额定负载时的效率 η_N 和额定转矩 T_N。

21. 一台三相四极笼型异步电动机，△联结，额定功率 10kW，额定电压 380V，额定转速 1460r/min，功率因数 0.88，额定效率 80%，$T_{st}/T_N = 1.5$，$I_{st}/I_N = 6.5$，试求：

1）电动机的额定电流。

2）丫 – △减压起动时的起动转矩和起动电流。

3）若负载转矩 $T_L = 0.5T_N$，问是否可采用丫 – △减压起动？

22. 一台三相六极异步电动机定子绕组为丫联结，额定电压 $U_N = 380V$，额定转速 $n_N = 975r/min$，电源频率 $f_1 = 50Hz$，定子相电阻 $r_1 = 2.08\Omega$，定子漏电抗 $x_1 = 3.12\Omega$，转子相电阻折合值 $r'_2 = 1.53\Omega$，转子漏电抗折合值 $x'_2 = 4.25\Omega$。试求：

1）临界转差率 s_m。

2）额定电磁转矩 T_N。

3）最大电磁转矩 T_m 及过载能力 λ。

23. 一台并励直流电动机，其额定数据如下：$P_N = 22kW$，$U_N = 110V$，$n_N = 1000r/min$，$\eta = 0.84$。已知电枢回路总电阻 $R = 0.04\Omega$，$R_f = 27.5\Omega$。试求：

1）额定电流、额定电枢电流、额定励磁电流。

2）额定电磁转矩。

3）额定负载下的电枢电动势。

24. 一台他励直流电动机的额定电压 $U_N = 110V$，额定电流 $I_N = 234A$，电枢回路总电阻 $R = 0.04\Omega$，忽略电枢反应的影响，试求：

1）采用直接起动时，起动电流 I_{st} 是额定电流 I_N 的多少倍？

2）如限制起动电流为 $2I_N$，则电枢回路应串入多大的起动电阻 R_S？

25. 一台三相反应式步进电动机，已知步距角为3°及采用三相三拍通电方式。试求：

1）该步进电动机转子有多少齿？

2）若驱动电源频率为2000Hz，则该步进电动机的转速是多少？

26. 一台三相反应式步进电动机，转子齿数 $Z_R = 40$，采用三相六拍运行方式。试求：

1）该步进电动机的步距角为多大？

2）若向该电机输入 $f = 1000Hz$ 的脉冲信号，电动机的转速是多少？

27. 具有续流二极管的单相半控桥式整流电路，带大电感负载。已知 $U_2 = 220V$，负载 L_d 足够大，$R_d = 10\Omega$。当 $\alpha = 45°$ 时，试计算：

1）输出电压、输出电流的平均值。

2）流过晶闸管和续流二极管的电流平均值及有效值。

28. 单相半控桥式整流电路带电阻性负载，已知 $U_1 = 220V$，$R_d = 4\Omega$，要求整流电路的直流输出电流 I_d 在 $0 \sim 25A$ 之间变化，试求：

1）变压器的电压比。

2）若导线允许电流密度 $J = 5A$，求连接负载导线的截面积。

3）若考虑晶闸管电压、电流取2倍的裕量，选择晶闸管型号。

4）忽略变压器励磁功率，求变压器的容量。

5）计算负载电阻 R_d 的功率。

6）计算电路的功率因数。

29. 三相半控桥式整流电路电阻性负载，已知 $U_{2\varphi} = 100V$，$R_d = 10\Omega$，求 $\alpha = 60°$ 时输出的平均电压 U_d、流过负载的平均电流 I_d 和流过晶闸管电流的平均值 I_{TAV}。

30. 三相全控桥式整流电路带大电感负载，已知三相整流变压器的二次绕组接成星形，整流电路输出电压 U_d 可从 $0 \sim 220V$ 之间变化，负载的 $L_d = 0.2H$，$R_d = 4\Omega$。试计算：

1）整流变压器的二次线电压 U_{21}。

2）晶闸管电流的平均值 I_{TAV}、有效值 I_T 及晶闸管可能承受的最大电压 U_{Tm}。

3）选择晶闸管型号（晶闸管电压、电流裕量取2倍）。

四、简答题

1. 铁磁材料有哪些基本性质？

2. 磁路与电路相类比有一些相似之处，请说明两者的对应量的名称和对应公式。

3. 组合机床有哪些优点？

4. 什么是组合机床自动线？

5. 开环运算放大器为什么不能正常放大模拟信号？

6. 什么是三端集成稳压器？它有哪些种类？

7. CMOS 集成电路与 TTL 集成电路相比较，有哪些优点及缺点？

8. 什么是组合逻辑电路？什么是时序逻辑电路？

9. 什么叫作计数器？它有哪些种类？

10. 什么叫作译码器？它有哪些种类？

11. 数码显示器的显示方式有哪几种？数码显示器按发光物质不同可以分为哪几类？

12. 电力晶体管（GTR）有哪些特点？

13. 电力场效应晶体管（MOSFET）有哪些特点？

14. 绝缘栅双极型晶体管（IGBT）有哪些特点？

15. 电子设备的外部干扰和内部干扰各有哪些特点？

16. 抗干扰有几种基本方法？

17. 晶闸管二端并接阻容吸收电路可起哪些保护作用？

18. 为什么选用了较高电压、电流等级的晶闸管还要采用过电压、过电流保护？

19. 为什么晶闸管大多采用脉冲来触发？

20. 什么是移相触发？其主要缺点是什么？

21. 什么是过零触发？其主要缺点是什么？

22. 额定电流为 100A 的双向晶闸管，可以用两只普通晶闸管反并联来代替，普通晶闸管的额定电流应多大？

23. 双向晶闸管有哪几种触发方式？常用的是哪几种触发方式？

24. 使用双向晶闸管时要注意什么？

25. 在带平衡电抗器三相双反星形可控整流电路中，平衡电抗器有什么作用?

26. 什么是斩波器? 斩波器有哪几种工作方式?

27. 什么叫作逆阻型斩波器? 什么叫作逆导型斩波器?

28. 在晶闸管交流调压调速电路中, 采用相位控制和通断控制各有何优缺点?

29. 什么叫作有源逆变? 其能量传递过程是怎样的?

30. 什么叫作无源逆变? 其能量传递过程是怎样的?

31. 实现有源逆变的条件是什么?

32. 哪些晶闸管电路可实现有源逆变?

33. 变流器在逆变运行时, 若晶闸管触发脉冲丢失或电源断相, 将会导致什么后果?

34. 通常采取哪些措施来避免逆变颠覆?

35. 采用并联负载谐振式逆变器组成的中频电源装置, 在逆变电路中为什么必须有足够长的引前触发时间 t_f?

36. 电压型逆变器有哪些特点?

37. 电流型逆变器有哪些特点?

38. 直流电动机稳定运行时, 其电枢电流和转速取决于哪些因素?

39. 有静差调节和无静差调节有哪些不同?

40. 电气传动系统中, 常用的反馈环节有哪些?

41. 调速系统只用电流正反馈能否实现自动调速?

42. 转速、电流双闭环直流调速系统中的电流调节器、转速调节器, 各有何作用?

43. 在脉冲宽度调制 (PWM) 技术中, 脉冲宽度可以通过何种电路来实现调制?

44. 如何调节电磁调速异步电动机的转速?

45. 晶闸管交流串级调速系统有什么优点?

46. 选择用于串级调速的异步电动机应考虑哪几方面?

47. 变频调速时, 为什么常采用恒压频比 (即保持 $\dfrac{U_1}{f_1}$ 为常数) 的控制方式?

48. 三相异步电动机变频调速系统有何优缺点？

49. 输出为阶梯波的交－直－交变频装置有哪些主要缺点？

50. 脉宽调制型逆变器有哪些优点？

51. 选择变频器驱动的电动机时，应考虑哪些问题？

52. 应用无换向器电动机有什么优越性？

53. 无换向器电动机中的位置检测器的作用是什么？

54. 为什么交流测速发电机有剩余电压，而直流测速发电机则没有剩余电压？

55. 直流测速发电机的输出特性上为什么有不灵敏区？

56. 旋转变压器有哪些主要用途？

57. 自整角机的主要用途是什么？

58. 步进电动机的作用是什么？

59. 同一台三相步进电动机在三种运行方式下，起动转矩是否相同？

60. 选择步进电动机时，通常考虑哪些指标？

61. 交流伺服电动机在结构方面有何特点？

62. 交流伺服电动机与直流伺服电动机各有何特点？

63. 无刷直流伺服电动机具有哪些性能特点？

64. 什么是霍尔效应？霍尔器件主要有哪几种？

65. 什么是光电效应？基于各种光电效应的光电器件有哪些？

66. 什么是热电效应？利用热电效应来测量温度的传感器有哪些？

67. 什么是接近传感器（接近开关）？常用的接近开关有哪几种？

68. 光栅的莫尔条纹具有哪些重要特性？

69. 动态响应型磁头和静态响应型磁头有何区别？

70. 可编程序控制器具有很高的可靠性和抗干扰能力的原因是什么？

71. 可编程序控制器的顺序扫描可分为哪几个主要阶段执行？

72. 在逐点比较法插补中，完成一步进给要经哪四个工作节拍？

73. 数控机床对位置检测装置的要求是什么？

74. 什么是半导体存储器？半导体存储器按存储信息的功能分为哪些类型？

75. 常用的半导体只读存储器有哪几种？

76. 计算机的三组总线，各有何作用？

77. 什么是微型计算机的外设？常用的外设有哪些？

78. 计算机的输入/输出接口有哪些作用？

79. 什么是集散型计算机工业控制系统？

80. 示波器探头的作用是什么？

81. 双踪示波器与双线示波器的主要区别是什么？

82. 液压传动有何主要优缺点？

83. 电气设备技术管理主要内容及常见的管理方式有哪些？

84. 工时定额由哪几部分组成？

85. 机电一体化产品主要特征是什么？

86. 机电一体化系统的五大组成要素和五大内部功能是什么？

87. 什么是 CIMS 和 FMS？

88. 举出几个机电一体化产品的实例，并说明它们与传统机电产品的区别。

89. CAD、CAPP、CAM 的含义是什么？

90. 试述精益生产的基本特征。

91. 闭环 MRP Ⅱ 由哪些关键环节构成？

92. 试述 JIT 生产方式采用的具体方法。

93. 试述 CIMS 的组成。

94. 试述选择与应用 ISO 9000 族标准的步骤和方法。

五、读图与作图题

1. 根据如图 17 所示的液压系统，回答下面的几个问题：

1）活塞在向右运动时，可以获得几种不同的速度？

2）活塞在向右工作进给时，属于何种调速回路？

3）换向阀是何种中位机能，有什么特点？

4）双泵供油系统中哪一只泵为大流量泵？

5）工作进给时，系统的压力是由哪一只阀调定？

2. 由两个 TTL 与非门组成的施密特触发器如图 18a 所示。图中，VD 为电平偏移二极管，$U_D = 0.7V$，$R_1 = 100\Omega$，$R_2 = 200\Omega$，与非门输出高电平 $U_{OH} = 3.6V$，输出低电平 $U_{OL} = 0.3V$，阈值电压（开门电平）$U_{TH} =$

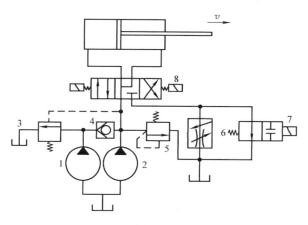

图　17

1.4V，忽略与非门 G1 的输入短路电流 I_{IS}。若输入信号电压 u_i 为三角波，试画出 u_{o1} 和 u_{o2} 的波形，并求出回差电压 ΔU 的大小。

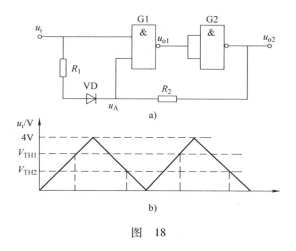

图　18

3. 有一个传送带运输机，为了实现正常传输，避免物料在传输途中堆积，要求当 A 电动机开机时，则 B 电动机必须开机；若 B 开机，则 C

必须开机, 否则立即停机, 并报警。试按组合逻辑设计电路步骤, 设计停机及报警控制的逻辑电路, 要求用最少的与非门组成。

4. 试设计一个运算电路, 要求运算关系为 $u_o = 3u_{i1} - 2u_{i2}$, 其中 u_{i1} 和 u_{i2} 均大于 0。

5. 图 19 所示为可控整流电路中的保护环节, 指出图中① ~ ⑦各保护元件的名称及作用。

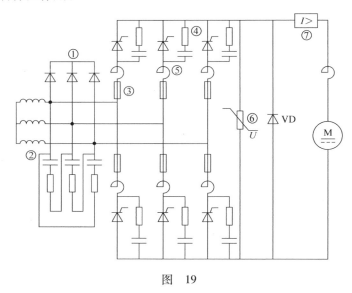

图 19

6. 根据图 20 所示的锯齿波同步触发电路, 回答下面的几个问题:

1）RP1 的作用是什么?

2）RP2 的作用是什么?

3）若要改变触发脉冲的宽度, 则应改变哪些元件的参数?

4）说明 A、B、C、D、E 引出端的作用;

5）+50V 整流电源的作用是什么?

7. 用 PLC 来控制的一台电动机, 其起动与停止控制的要求是: 当按下起动按钮时, 电动机立即得电起动, 并持续运行; 当按下停止按钮后, 尚需经过 10s 的延时, 电动机才断电而停止运行。试画出 PLC 的 I/O 接线

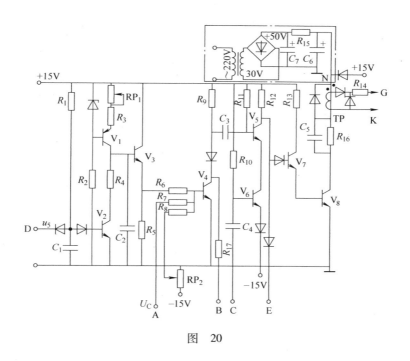

图　20

图，并设计 PLC 的梯形图程序。

8. 某生产设备要求电动机作正反转循环运行，电动机的一个运行周期为：正转 $\xrightarrow{\text{间隔30s}}$ 反转 $\xrightarrow{\text{间隔20s}}$ 正转，并要求有起、停控制。现用 PLC 来实现电动机的控制，试画出 PLC 的 I/O 接线图，并设计 PLC 的梯形图程序。

9. 某送料小车工作示意图如图 21 所示。小车由电动机拖动，电动机正转时小车前进，反转时小车后退。对送料小车自动循环控制的要求是：第一次按下送料按钮，预先装满料的小车从装料处 A（后限位开关 SQ1）前进送料，到达卸料处 B（前限位开关 SQ2）自动停下来卸料，经过卸料所需设定时间 30s 延时后，小车则自动返回到装料处 A，经过装料所需设定时间 45s 延时后，小车自动再次前进送料，到达卸料处 B 卸料，卸完料后小车又自动返回装料，如此自动循环。在送料小车自动循环过程中，若按下停止按钮，则小车在完成本次送料过程后停在装料处 A。现要求采用 PLC 控制，试画出 PLC 的 I/O 接线图，并设计 PLC 的梯形图程序。

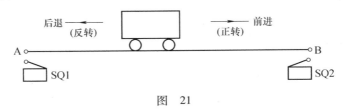

图　21

10. 有一台三级传送带运输机，分别由 M1、M2 和 M3 三台电动机拖动，为了实现正常传输，避免物料在传输途中堆积，运输机的控制要求是：起动时要求按一定时间间隔顺序起动，起动顺序为：M1 $\xrightarrow{\text{间隔 5s}}$ M2 $\xrightarrow{\text{间隔 5s}}$ M3；停车时也按一定时间间隔顺序停车，停车顺序为：M3 $\xrightarrow{\text{间隔 10s}}$ M2 $\xrightarrow{\text{间隔 10s}}$ M1。试画出 PLC 的 I/O 接线图，并设计 PLC 的梯形图程序。

11. 有一个 4 人抢答竞赛控制器，在 A、B、C、D 四个竞赛选手的桌上各有一只抢答按钮，分别为 SB1、SB2、SB3 和 SB4，他们的抢答信号分别由 L1、L2、L3 和 L4 的 4 只灯显示。竞赛时，主持人出题后，按下起动按钮 SB5 时，抢答开始灯亮，最先按下抢答按钮者的抢答灯亮，与此同时，禁止其他竞赛选手抢答；每一题抢答结束后，主持人按下复位按钮 SB6，将抢答开始灯和抢答信号灯熄灭。在主持人没有按下按钮 SB5 前，若有选手违规抢答，则蜂鸣器 HA 响，由主持人按下复位按钮 SB6，关闭蜂鸣器，将该题作废，重新出下一个问题。现要求采用 PLC 控制，试画出 PLC 的 I/O 接线图，并设计 PLC 的梯形图程序。

考核试卷样例

第一套试卷

一、是非题（是画√，非画×，每题 1 分，共 20 分）

1. 当 *RLC* 串联电路发生谐振时，电路中的电流将达到其最大值。

（　　）

2. 三相负载作三角形联结时，若测出三个相电流相等，则三个线电流也必然相等。 　　　　　　　　　　　　　　　　　　　（　　）

3. 集成运放工作时，其反相输入端和同相输入端之间的电位差总是为零。 　　　　　　　　　　　　　　　　　　　　　　　（　　）

4. 任何一个功率放大电路，当其输出功率最大时，其功放管的损耗最小。 　　　　　　　　　　　　　　　　　　　　　　　（　　）

5. 与逐次逼近型 A－D 转换器相比，双积分型 A－D 转换器的转换速度较快，但抗干扰能力较弱。 　　　　　　　　　　　　　（　　）

6. 对于门极关断晶闸管，当门极加正触发脉冲时可使晶闸管导通，而当门极加上足够的负触发脉冲时又可使导通着的晶闸管关断。（　　）

7. 无源逆变是将直流电变换为某一频率或可变频率的交流电供给负载使用。 　　　　　　　　　　　　　　　　　　　　　　　（　　）

8. 三相异步电动机的转子转速越低，电动机的转差率越大，转子电动势的频率越高。 　　　　　　　　　　　　　　　　　（　　）

9. 直流测速发电机，若其负载阻抗越大，则其测速误差就越大。

（　　）

10. 交流测速发电机，在励磁电压为恒频恒压的交流电且输出绕组负载阻抗很大时，其输出电压的大小与转速成正比，其频率等于励磁电源的频率而与转速无关。 　　　　　　　　　　　　　　　（　　）

11. 旋转变压器有负载时会出现交轴磁动势，破坏了输出电压与转角间已定的函数关系，因此必须补偿，以消除交轴磁动势的效应。（　　）

12. 交流伺服电动机在控制绕组电流作用下转动起来，如果控制绕组突然断路，则转子不会自行停转。（　　）

13. 在逻辑无环流调速系统中，必须由逻辑无环流装置 DLC 来控制两组脉冲的封锁和开放。当切换指令发出后，DLC 便立即封锁原导通组脉冲，同时开放另一组脉冲，实现正、反组晶闸管的切换，因而这种系统是无环流的。（　　）

14. 采用转速闭环矢量变换控制的变频调速系统，基本上能达到直流双闭环调速系统的动态性能，因而可以取代直流调速系统。（　　）

15. PLC 的存储器分为系统程序存储器和用户程序存储器两大类。前者一般采用 RAM 芯片，而后者则采用 ROM 芯片。（　　）

16. 由于 PLC 是采用周期性循环扫描方式工作的，因此对程序中各条指令的顺序没有要求。（　　）

17. 数控装置是数控机床的控制核心，它根据输入的程序和数据，完成数值计算、逻辑判断、输入输出控制、轨迹插补等功能。（　　）

18. 当磁通响应型拾磁磁头的励磁绕组中通入交变励磁电流时，在其拾磁线圈中可以得到与交变励磁电流同频率的输出信号。（　　）

19. 莫尔条纹的移动与两光栅尺的相对移动有一定的对应关系，当两光栅尺每相对移动一个栅距时，莫尔条纹便相应地移动一个莫尔条纹节距。（　　）

20. 在步进电动机伺服驱动系统中，用输入指令脉冲的数量、频率和方向来分别控制执行部件的位移量、移动速度和移动方向，从而实现对位移控制的要求。（　　）

二、选择题（将正确答案的序号填入空格内，每题 2 分，共 40 分）

1. 任意一个有源线性二端网络可以等效成一个含有内阻的电压源，该等效电源的内阻和电动势是＿＿＿＿＿＿。

A. 由网络的参数和结构决定的

B. 由所接负载的大小和性质决定的

C. 由网络和负载共同决定的

D. 与网络和负载均无关

2. *RLC* 并联电路在某一频率下的总阻抗呈感性，若在保持总阻抗仍为感性的前提下增大电源频率，则该电路的功率因数将_____。

A. 增大　　　　B. 减小　　　　C. 保持不变　　　　D. 不能确定

3. 周期性非正弦电路中的平均功率，等于直流分量功率与各次谐波平均功率_____。

A. 平方和的平方根　　　　　　B. 之和

C. 和的平方根　　　　　　　　D. 之差

4. 滞回比较器的回差电压 ΔU 是指_____。

A. 正向阈值电压 U_{TH1} 与负向阈值电压 U_{TH2} 之差

B. 最大输出正电压与负电压之差

C. 最大输入电压与最小输入电压之差

D. 最大输出电压与最小输入电压之差

5. 在开关型稳压电源中，开关调整管应始终处于_____。

A. 放大状态　　　　　　　　　B. 周期性通断状态

C. 饱和状态　　　　　　　　　D. 截止状态

6. 若欲对 160 个符号进行二进制编码，则至少需要_____位二进制数。

A. 7　　　　　B. 8　　　　　C. 9　　　　　D. 6

7. 带续流二极管的单相半控桥式整流大电感负载电路，当触发延迟角 α 等于_____时，流过续流二极管电流的平均值等于流过单只晶闸管电流的平均值。

A. 120°　　　　B. 90°　　　　C. 60°　　　　D. 30°

8. 晶闸管整流装置，若负载端串接大电感使输出电流为平直波形，则负载上消耗的功率为_____。

A. 输出直流电压 U_d 与输出直流电流 I_d 的乘积

B. 输出直流电压 U_d 与输出有效电流 I_d 的乘积

C. 输出有效电压 U 与输出直流电流 I_d 的乘积

D. 输出有效电压 U 与负载电阻 R_d 的乘积

9. 在三相串联电感式电压型逆变器中，除换相点外的任何时刻，均有_____晶闸管导通。

    A. 两个   B. 三个   C. 四个   D. 一个

10. 为了保证拖动系统顺利起动，直流电动机起动时，一般都要通过串电阻或降电压等方法把起动电流控制在_____额定电流范围内。

    A. <2 倍   B. ≤1.1~1.2 倍

    C. ≥1.1~1.2 倍   D. ≤2~2.5 倍

11. 三相笼型异步电动机用自耦变压器 70% 的抽头减压起动时，电动机的起动转矩是全压起动转矩的_____。

    A. 36%   B. 49%   C. 70%   D. 100%

12. 降低电源电压后，三相异步电动机的临界转差率将_____。

    A. 增大   B. 减小   C. 不变   D. 增大或减小

13. 绕线转子异步电动机的串级调速是在转子电路中引入_____。

    A. 调速电阻   B. 频敏变阻器   C. 调速电抗器   D. 附加电动势

14. 交流测速发电机输出电压的频率与其转速_____。

    A. 成正比   B. 无关

    C. 成反比   D. 有确定的函数关系

15. 三相六拍通电方式的步进电动机，若转子齿数为 40，则步距角 θ_s = _____。

    A. 3°   B. 1.5°   C. 1°   D. 0.5°

16. 对于积分调节器，当输出量为稳态值时，其输入量必然_____。

    A. 为零   B. 不为零   C. 为负值   D. 为正值

17. 直流自动调速系统中，当负载增加以后转速下降，可通过负反馈环节的调节作用使转速有所回升。系统调节前后，电动机电枢电压将_____。

    A. 减小   B. 增大   C. 不变   D. 不能确定

18. 转速、电流双闭环调速系统，在系统过载或堵转时，转速调节器处于_____。

    A. 饱和状态   B. 调节状态   C. 截止状态   D. 不确定状态

19. 在变频调速时，若保持恒压频比（U_1/f_1 = 常数），可实现_____。

A. 恒功率调速　　　　B. 恒效率调速

C. 恒转矩调速　　　　D. 恒电压调速

20. 转差频率控制的交流变频调速系统，其基本思想是_____。

A. 保持定子电流恒定，利用转差角频率控制电动机转矩

B. 保持磁通恒定，利用转差角频率控制电动机转矩

C. 保持转子电流恒定，利用转差角频率控制电动机转矩

D. 保持定子电压恒定，利用转差角频率控制电动机转矩

三、计算题（共 10 分）

线电压为 380V 的三相电源上接有两个三相对称负载：一个是星形联结的三相电阻炉，其功率为 10kW；另一个是三角形联结的电动机，其每相阻抗 $Z_\Delta = 36.3 \underline{/37°}\Omega$。试求：

1）电路的线电流。

2）总的有功功率。

3）总功率因数。

四、问答题（每题 5 分，共 20 分）

1. 双向晶闸管有哪几种触发方式？常用的是哪几种触发方式？

2. 转速、电流双闭环直流调速系统中电流调节器、转速调节器各有何作用？

3. 交流伺服电动机与直流伺服电动机各有何特点？

4. 可编程序控制器的顺序扫描可分为哪几个主要阶段执行？

五、作图题（10 分）

某生产设备要求电动机作正反转循环运行，电动机的一个运行周期为：正转 $\xrightarrow{间隔30s}$ 反转 $\xrightarrow{间隔20s}$ 正转，并要求有起、停控制。现用 PLC 来实现电动机的控制，试画出 PLC 的 I/O 接线图，并设计 PLC 的梯形图程序。

第二套试卷

一、是非题（是画√，非画×，每题 1 分，共 20 分）

1. 若对称三相电源的 U 相电压为 $u_U = 100\sin(\omega t + 60°)$ V，相序为

U – V – W，则当电源星形联结时线电压 $u_{UV} = 173.2\sin(\omega t + 90°)$ V。

（　　）

2. 集成运算放大器的输入级一般采用差动放大电路，其目的是要获得很高的电压放大倍数。（　　）

3. 任何一个逻辑函数表达式经化简后，其最简式一定是唯一的。

（　　）

4. A – D 转换器输出的二进制代码位数越多，其量化误差越小，转换精度也越高。（　　）

5. 晶闸管并联使用时，必须采取均压措施。（　　）

6. 如果晶闸管整流电路所带的负载为纯阻性，则电路的功率因数一定为 1。（　　）

7. 斩波器的定频调宽工作方式，是指保持斩波器通断频率不变，通过改变电压脉冲的宽度来使输出电压平均值改变。（　　）

8. 若交流测速发电机的转向改变，则其输出电压的相位将发生 180° 的变化。（　　）

9. 力矩电动机是一种能长期在低转速状态下运行，并能输出较大转矩的电动机，为了避免烧毁，不能长期在堵转状态下工作。（　　）

10. 步进电动机的输出转矩随其运行频率的上升而增大。（　　）

11. 当积分调节器的输入电压 $\Delta u = 0$ 时，其输出电压也为 0。（　　）

12. 控制系统中采用负反馈，除了降低系统误差提高精度外，还使系统对内部参数的变化不灵敏。（　　）

13. 双闭环直流自动调速系统包括电流环和转速环。电流环为外环，转速环为内环，两环是串联的，又称为双环串级调速。（　　）

14. 在两组晶闸管变流器反并联可逆电路中，必须严格控制正、反组晶闸管变流器的工作状态，否则就可能产生环流。（　　）

15. 串级调速可以将串入附加电动势而增加的转差功率，回馈到电网或者电动机轴上，因此它属于转差功率回馈型调速方法。（　　）

16. 变频调速的基本控制方式是在额定频率以下的恒磁通变频调速，而额定频率以上的弱磁调速。（　　）

17. 正弦波脉宽调制（SPWM）是指参考信号为正弦波的脉冲宽度调

制方式。　　　　　　　　　　　　　　　　（　　）

18. 输入继电器用于接收外部输入设备的开关信号，因此在梯形图程序中不出现其线圈和触点。　　　　　　　　　　　　　（　　）

19. 磁通响应型磁头的一个显著特点是在它的磁路中设有可饱和铁心，并在铁心的可饱和段上绕有励磁绕组，利用可饱和铁心的磁性调制原理来实现位置检测。　　　　　　　　　　　　　　　（　　）

20. 数控装置是数控机床的控制核心，它根据输入的程序和数据，完成数值计算、逻辑判断、输入输出控制、轨迹插补等功能。　　　（　　）

二、选择题（将正确答案的序号填入空格内，每题 2 分，共 40 分）

1. 在 *RL* 串联电路中，已知电源电压为 U，若 $R = X_L$，则电路中的无功功率为_____。

A. U^2/X_L　　　　　　　　　　B. $U^2/(2X_L)$

C. $U^2/(\sqrt{2}X_L)$　　　　　　　D. $U/(\sqrt{2}X_L)$

2. 60W/220V 的交流白炽灯串联二极管后，接入 220V 交流电源，其消耗的电功率为_____。

A. 60W　　　　B. 30W　　　　C. 15W　　　　D. 7.5W

3. 若要提高放大器的输入电阻和稳定输出电流，则应引入_____。

A. 电压串联负反馈　　　　　　B. 电压并联负反馈

C. 电流串联负反馈　　　　　　D. 电流并联负反馈

4. 比较器的阈值电压是指_____。

A. 使输出电压翻转的输入电压

B. 使输出达到最大幅值的基准电压

C. 输出达到的最大幅值电压

D. 使输出达到最大幅值电压时的输入电压

5. 8421BCD 码（0010　1000　0010）$_{8421BCD}$ 所表示的十进制数是_____。

A. 642　　　　B. 282　　　　C. 640　　　　D. 320

6. 若将一个频率为 10kHz 的矩形波，变换成一个 1kHz 的矩形波，应采用_____电路。

A. 二进制计数器　　　　　　B. 译码器

C. 十进制计数器　　　　　　D. A - D 转换器

7. 对于一个确定的晶闸管来说，允许通过它的电流平均值随导通角的减小而_____。

A. 增大　　　　B. 减小　　　　C. 不变　　　　D. 增大或减小

8. 带续流二极管的单相半控桥式整流大电感负载电路，当触发延迟角 α 等于_____时，流过续流二极管电流的平均值等于流过单只晶闸管电流的平均值。

A. 120°　　　　B. 90°　　　　C. 60°　　　　D. 30°

9. 晶闸管交流调压电路输出电压和电流的波形都是非正弦波，当导通角 θ _____时，即当输出电压越低时，波形与正弦波差别越大。

A. 越大　　　　B. 越小　　　　C. 等于90°　　　　D. 等于60°

10. 在三相串联二极管式电流型逆变器中，除换相点外任何时刻，均有_____晶闸管导通。

A. 两个　　　　B. 三个　　　　C. 四个　　　　D. 一个

11. 直流电机在额定负载下运行时，其换向火花应不超过_____。

A. 1　　　　B. $1\frac{1}{4}$　　　　C. $1\frac{1}{2}$　　　　D. 2

12. 在电源频率和电动机结构参数不变的情况下，三相交流异步电动机的电磁转矩与_____成正比关系。

A. 转差率　　　　　　　　　　B. 定子相电压的二次方
C. 定子电流　　　　　　　　　D. 定子相电压

13. 当步进电动机通电相的定、转子齿中心线间的夹角 $\theta =$ _____时，该定子齿对转子齿的磁拉力为最大。

A. 0°　　　　B. 90°　　　　C. 180°　　　　D. 60°

14. 转速负反馈调速系统对检测反馈元件和给定电压所造成的转速降_____。

A. 没有补偿能力　　　　　　　B. 有补偿能力
C. 对前者有补偿能力，对后者无补偿能力
D. 对前者无补偿能力，对后者有补偿能力

15. 晶闸管低同步串级调速系统中，其电动机的转子回路中串入的是

_____附加电动势。

A. 与转子电动势 $\dot{E}_2$ 无关的交流

B. 与转子电动势 $\dot{E}_2$ 频率相同、相位相同的交流

C. 可控的直流

D. 与转子电动势 $\dot{E}_2$ 频率相同、相位相反的交流

16. 当电动机在额定转速以下变频调速时，要求_____，属于恒转矩调速。

A. 定子电源的频率 f_1 可任意改变　　B. 定子电压 U_1 不变

C. 保持 $U_1/f_1 =$ 常数　　　　　　　D. 保持 $U_1 f_1 =$ 常数

17. SPWM 型变频器的变压变频，通常是通过改变_____来实现的。

A. 参考信号正弦波的幅值和频率

B. 载波信号三角波的幅值和频率

C. 参考信号和载波信号两者的幅值和频率

D. 参考信号三角波的幅值和频率

18. 为解决某一具体问题而使用的一系列指令就构成_____。

A. 软件　　　　　B. 程序　　　　　C. 语言　　　　　D. 指令系统

19. 在 FX 系列 PLC 中，_____是具有断电保持功能的软继电器。

A. 输入继电器　B. 输出继电器　C. 辅助继电器　D. 累计定时器

20. 为降低系统制造成本和提高系统的可靠性，经济型数控系统通常尽可能用_____来实现大部分数控功能。

A. 硬件　　　　　　　　　　　B. 软件

C. 可编程序控制器　　　　　　D. 通用微型计算机

三、计算题（共 10 分）

具有续流二极管的单相半控桥式整流电路，带大电感负载。已知 $U_2 = 220\text{V}$，负载 L_d 足够大，$R_\text{d} = 10\Omega$。当 $\alpha = 45°$ 时，试计算：

1）输出电压、输出电流的平均值。

2）流过晶闸管和续流二极管的电流平均值及有效值。

四、问答题（每题 5 分，共 20 分）

1. 晶闸管二端并接阻容吸收电路可起哪些保护作用？

2. 直流电动机稳定运行时，其电枢电流和转速取决于哪些因素？

3. 脉宽调制型逆变器有哪些优点？

4. 可编程序控制器具有很高的可靠性和抗干扰能力的原因是什么？

五、读图题（共 10 分）

根据图 20 所示的锯齿波同步触发电路，回答下面的几个问题：

1）RP1 的作用是什么？

2）RP2 的作用是什么？

3）若要改变触发脉冲的宽度，则应改变哪些元件的参数？

4）说明 A、B、C、D、E 引出端的作用。

5）+50V 整流电源的作用。

第三套试卷

一、是非题（是画√，非画×，每题 1 分，共 20 分）

1. 在 *RLC* 串联电路中，总电压的有效值总是大于各元件上的电压有效值。　　　　　　　　　　　　　　　　　（　　）

2. 放大电路引入负反馈，能够减小非线性失真，但不能消除失真。
　　　　　　　　　　　　　　　　　　　　　　　　（　　）

3. 只要是理想运放，不论它工作在线性状态还是非线性状态，其反相输入端和同相输入端均不从信号源索取电流。　　　　（　　）

4. 为了获得更大的输出电流容量，可以将多个三端集成稳压器直接并联使用。　　　　　　　　　　　　　　　　　（　　）

5. 译码器、计数器、全加器和寄存器都是组合逻辑电路。　（　　）

6. 在规定条件下，不论流过晶闸管的电流波形如何，也不论晶闸管的导通角是多大，只要通过管子的电流的有效值不超过该管额定电流的有效值，管子的发热就是允许的。　　　　　　　　　　（　　）

7. 电流型逆变器抑制过电流能力比电压型逆变器强，适用于经常要求起动、制动与反转的拖动装置。　　　　　　　　　（　　）

8. 通常情况下，他励直流电动机额定转速以下的转速调节，靠改变加在电枢两端的电压；而在额定转速以上的转速调节靠减弱磁通。

（　　　）

9. 旋转变压器有负载时会出现交轴磁动势，破坏了输出电压与转角间已定的函数关系，因此必须补偿，以消除交轴磁动势的效应。（　　）

10. 交流伺服电动机是靠改变对控制绕组所施电压的大小、相位或同时改变两者来控制其转速的。在多数情况下，它都是工作在两相不对称状态，因而气隙中的合成磁场不是圆形旋转磁场，而是脉动磁场。（　　）

11. 采用比例调节的自动控制系统，工作时必定存在静差。（　　）

12. 调速系统中的电流正反馈，实质上是一种负载转矩扰动前馈补偿校正，属于补偿控制，而不是反馈控制。（　　）

13. 双闭环调速系统起动过程中，电流调节器始终处于调节状态，而转速调节器在起动过程的初、后期处于调节状态，中期处于饱和状态。

（　　　）

14. 在转子回路中串入附加直流电动势的串级调速系统中，只能实现低于同步转速以下的调速。（　　）

15. 交 – 交变频是把工频交流电整流为直流电，然后再由直流电逆变为所需频率的交流电。（　　）

16. 梯形图必须符合从左到右、从上到下的顺序执行原则。（　　）

17. 对不同机型的计算机，针对同一问题编写的汇编语言程序，均可相互通用。（　　）

18. 数控加工程序是由若干个程序段组成的，程序段由若干个指令代码组成，而指令代码又是由字母和数字组成的。（　　）

19. 感应同步器中，在定尺上是分段绕组，而在滑尺上则是连续绕组。（　　）

20. 辨向磁头装置通常设置有一定间距的两组磁头，根据两组磁头输出信号的超前和滞后，可以确定磁头在磁性标尺上的移动方向。（　　）

二、选择题（将正确答案的序号填入空格内，每题 2 分，共 40 分）

1. 线圈产生感生电动势的大小正比于通过线圈的_____。

A. 磁通量的变化量　　　　B. 磁通量的变化率

C. 磁通量的大小　　　　　D. 磁通量变化的时间

2. 在 *RLC* 并联电路中，当电源电压大小不变而频率从电路的谐振频率逐渐减小到零时，电路中的电流值将_____。

A. 从某一最大值渐变到零　B. 由某一最小值渐变到无穷大

C. 保持某一定值不变　　　D. 作无规律变化

3. 集成运放的输入失调电压 U_{IO} 是指_____。

A. 输入为零时的输出电压

B. 输出端为零时，输入端所加的等效补偿电压

C. 两输入端电压之差　　　D. 两输入端电压之和

4. 正弦波振荡电路的类型很多，对不同的振荡频率，所采用振荡电路类型不同。若要求振荡频率较高，且要求振荡频率稳定，应采用_____。

A. *RC* 振荡电路　　　　　B. 电感三点式振荡电路

C. 电容三点式振荡电路　　D. 石英晶体振荡电路

5. 三相半波可控整流电路带电阻负载时，其晶闸管触发延迟角 α 的移相范围是_____。

A. $0° \sim 120°$　　B. $0° \sim 150°$　　C. $0° \sim 180°$　　D. $0° \sim 90°$

6. 带平衡电抗器三相双反星形可控整流电路中，每只晶闸管流过的平均电流是负载电流的_____。

A. 1/2 倍　　　B. 1/3 倍　　　C. 1/4 倍　　　　D. 1/6 倍

7. 直流电动机如要实现反转，需要对调电枢电源的极性，而其励磁电源的极性_____。

A. 保持不变　　B. 同时对调　　C. 变与不变均可 D. 与此无关

8. 三相六拍通电方式的步进电动机，若转子齿数为 40，则步距角 $\theta_s =$ _____。

A. $3°$　　　　　　B. $1.5°$　　　　　C. $1°$　　　　　　D. $0.5°$

9. 在同步发电机的转速不变、励磁电流等于常数和负载功率因数等于常数的情况下，改变负载电流的大小，其端电压随负载电流的变化曲线称之为同步发电机的_____。

A. 外特性曲线　　　　　　　　B. 调节特性曲线

C. 负载特性曲线   D. 空载特性曲线

10. 电机扩大机在工作时，一般将其补偿程度调节在_____。

A. 欠补偿   B. 全补偿   C. 过补偿   D. 无补偿

11. 无刷直流电动机从工作原理上看它是属于_____。

A. 直流电动机   B. 笼型异步电动机

C. 同步电动机   D. 绕线转子异步电动机

12. 为了消除自转现象，交流伺服电动机的临界转差率应满足_____。

A. $s_m = 1$ B. $s_m < 1$ C. $s_m > 1$ D. $s_m \leqslant 1$

13. 在数控机床的位置数字显示装置中，应用最普遍的是_____。

A. 感应同步器数显   B. 磁栅数显

C. 光栅数显   D. 旋转编码器数显

14. 无静差调速系统的调节原理是_____。

A. 依靠偏差的积累   B. 依靠偏差对时间的积累

C. 依靠偏差对时间的记忆   D. 用偏差进行调节

15. 在晶闸管直流调速系统中，当可控整流器的交流输入电压和触发延迟角均为一定值时，平波电抗器电感量越大，电流连续段机械特性区域_____。

A. 越大   B. 越小   C. 不变   D. 不能确定增大或减小

16. 转速、电流双闭环调速系统中不加电流截止负反馈，是因为其主电路电流的限流_____。

A. 由比例积分器保证   B. 由转速环保证

C. 由电流环保证   D. 由速度调节器的限幅保证

17. 在晶闸管可逆调速系统中，为防止逆变颠覆，应设置_____保护环节。

A. 限制 β_{min} B. 限制 α_{min}

C. 限制 β_{min} 和 α_{min} D. 限制 β_{max} 或 α_{max}

18. 晶闸管低同步串级调速系统是通过改变_____进行调速。

A. 转子回路的串接电阻   B. 转子整流器的导通角

C. 有源逆变器的触发超前角

D. 加在电动机定子上的交流电压

19. 当 PLC 的电源掉电时，PLC 的累计定时器_____。

A. 当前值寄存器复位为零 　　　B. 开始定时

C. 当前值寄存器的内容保持不变 D. 软触点恢复原始状态

20. 我国现阶段所谓的经济型数控系统，大多是指_____系统。

A. 开环数控 　　B. 闭环数控 　　C. 可编程控制 　　D. 硬件数控

三、计算题（共 10 分）

三相全控桥式整流电路带大电感负载，已知三相整流变压器的二次绕组接成星形，整流电路输出 U_d 可从 0 ~ 220V 之间变化，负载的 $L_d = 0.2H$，$R_d = 4\Omega$。试计算：

1）整流变压器的二次线电压 U_{21}。

2）晶闸管电流的平均值 I_{TAV}、有效值 I_T 及晶闸管可能承受的最大电压 U_{Tm}。

3）选择晶闸管型号（晶闸管电压、电流裕量取 2 倍）。

四、问答题（每题 5 分，共 20 分）

1. 实现有源逆变的条件是什么？

2. 为什么交流测速发电机有剩余电压，而直流测速发电机则没有剩余电压？

3. 变频调速时，为什么常采用恒压频比（即保持 U_1/f_1 为常数）的控制方式？

4. 数控机床对位置检测装置的要求是什么？

五、作图题（共 10 分）

某送料小车工作示意图如图 21 所示。小车由电动机拖动，电动机正转时小车前进，而反转时小车后退。对送料小车自动循环控制的要求为：第一次按动送料按钮，预先装满料的小车从装料处 A（后限位开关 SQ1）前进送料，到达卸料处 B（前限位开关 SQ2）自动停下来卸料，经过卸料所需设定时间 30s 延时后，小车则自动返回到装料处 A，经过装料所需设定时间 45s 延时后，小车自动再次前进送料，到达卸料处 B 卸料，卸完料后小车又自动返回装料，如此自动循环。若按下停止按钮，则小车在完成本次送料过程后停在装料处 A。现要求采用 PLC 控制，试设计控制程序。

答 案 部 分

一、判断题

1. √　　2. ×　　3. ×　　4. √　　5. ×　　6. √　　7. ×　　8. ×

9. ×　　10. ×　　11. ×　　12. ×　　13. ×　　14. √　　15. √　　16. √

17. ×　　18. √　　19. √　　20. √　　21. √　　22. ×　　23. ×　　24. ×

25. √　　26. √　　27. √　　28. √　　29. ×　　30. √　　31. ×　　32. √

33. √　　34. √　　35. ×　　36. ×　　37. √　　38. √　　39. √　　40. √

41. ×　　42. √　　43. √　　44. ×　　45. √　　46. ×　　47. √　　48. ×

49. √　　50. ×　　51. √　　52. ×　　53. √　　54. √　　55. ×　　56. ×

57. √　　58. ×　　59. √　　60. √　　61. ×　　62. ×　　63. ×　　64. ×

65. √　　66. √　　67. ×　　68. ×　　69. ×　　70. √　　71. √　　72. √

73. √　　74. √　　75. √　　76. √　　77. √　　78. √　　79. ×　　80. √

81. √　　82. √　　83. ×　　84. ×　　85. √　　86. ×　　87. ×　　88. ×

89. √　　90. √　　91. ×　　92. √　　93. √　　94. √　　95. √　　96. √

97. √　　98. √　　99. √　　100. ×　　101. ×　　102. ×　　103. √　　104. √

105. √　　106. √　　107. ×　　108. ×　　109. ×　　110. √　　111. √　　112. √

113. √　　114. √　　115. √　　116. √　　117. √　　118. ×　　119. ×　　120. √

121. √　　122. √　　123. ×　　124. ×　　125. √　　126. √　　127. ×　　128. √

129. √　　130. √　　131. √　　132. ×　　133. √　　134. √　　135. √　　136. √

137. √　　138. ×　　139. √　　140. √　　141. √　　142. ×　　143. ×　　144. ×

145. √　　146. √　　147. ×　　148. √　　149. √　　150. √　　151. √　　152. ×

153. √　　154. ×　　155. √　　156. √　　157. √　　158. √　　159. √　　160. ×

161. ×　　162. ×　　163. ×　　164. ×　　165. √　　166. √　　167. √　　168. ×

169. √　　170. √　　171. √　　172. √　　173. ×　　174. √　　175. √　　176. √

177. √　　178. √　　179. √　　180. √　　181. √　　182. √　　183. √　　184. ×

185. √　　186. √　　187. √　　188. ×　　189. √　　190. ×　　191. √　　192. √

193. ×　194. √　195. ×　196. √　197. √　198. √　199. √　200. √
201. ×　202. ×　203. ×　204. ×　205. ×　206. √　207. ×　208. ×
209. √　210. ×　211. √　212. ×　213. √　214. √　215. ×　216. ×
217. ×　218. √　219. ×　220. √　221. √　222. √　223. √　224. √
225. √　226. √　227. √　228. √　229. √　230. √　231. √　232. √
233. √　234. √　235. √　236. √　237. ×　238. √　239. ×　240. √
241. √　242. ×　243. √　244. √　245. √　246. ×　247. ×　248. √
249. √　250. √　251. √　252. ×　253. √　254. √　255. √　256. √
257. √　258. √　259. √　260. ×　261. ×　262. √　263. ×　264. √
265. √　266. √　267. √　268. √　269. √　270. ×　271. ×　272. ×
273. ×　274. √　275. ×　276. √　277. √　278. ×　279. ×　280. √
281. √　282. √　283. √　284. √　285. ×　286. √　287. ×　288. ×
289. ×　290. ×　291. √　292. √　293. ×　294. ×　295. √　296. √
297. √　298. ×　299. ×　300. ×　301. ×　302. ×　303. ×　304. ×
305. √　306. ×　307. ×　308. ×　309. √　310. ×　311. √　312. √
313. ×　314. √　315. √　316. √　317. √　318. ×　319. ×　320. √
321. √　322. ×　323. ×　324. ×　325. √

二、选择题
1. C　2. C　3. A　4. B　5. C　6. B　7. C　8. B
9. A　10. C　11. B　12. B　13. C　14. B　15. A　16. C
17. A　18. B　19. B　20. D　21. C　22. D　23. B　24. A
25. B　26. B　27. A　28. D　29. B　30. A　31. C　32. C
33. C　34. A　35. C　36. A　37. B　38. B　39. A　40. C
41. C　42. B　43. A　44. B　45. B　46. A　47. A　48. C
49. B　50. A　51. B　52. D　53. C　54. B　55. B　56. B
57. C　58. B　59. A　60. C　61. B　62. B　63. A　64. C
65. A　66. A　67. B　68. A　69. C　70. D　71. C　72. B
73. B　74. C　75. C　76. B　77. C　78. C　79. D　80. B
81. B　82. C　83. B　84. A　85. C　86. C　87. D　88. B

89. C	90. A	91. D	92. A	93. D	94. D	95. D	96. C
97. C	98. B	99. C	100. B	101. D	102. C	103. B	104. B
105. C	106. B	107. A	108. A	109. B	110. A	111. B	112. A
113. A	114. A	115. A	116. A	117. C	118. A	119. A	120. B
121. A	122. B	123. C	124. C	125. A	126. D	127. A	128. D
129. C	130. A	131. B	132. C	133. B	134. A	135. D	136. C
137. D	138. B	139. B	140. A	141. B	142. A	143. C	144. B
145. A	146. B	147. A	148. D	149. B	150. B	151. C	152. B
153. B	154. C	155. C	156. B	157. B	158. B	159. B	160. C
161. C	162. B	163. D	164. D	165. C	166. C	167. A	168. C
169. A	170. C	171. A	172. A	173. A	174. B	175. B	176. B
177. D	178. C	179. D	180. A	181. D	182. D	183. C	184. C
185. A	186. C	187. D	188. C	189. B	190. A	191. B	192. A
193. B	194. B	195. C	196. B	197. A	198. B	199. C	200. B
201. C	202. A	203. B	204. A	205. C	206. B	207. B	208. A
209. B	210. A	211. C	212. A	213. B	214. A	215. A	216. B
217. C	218. B	219. A	220. B	221. B	222. B	223. C	224. A
225. C	226. B	227. A	228. B	229. B	230. A	231. A	232. C
233. A	234. A	235. B	236. B	237. A	238. C	239. A	240. A
241. C	242. C	243. A	244. C	245. C	246. C	247. B	248. B
249. A	250. B	251. D	252. B	253. B	254. B	255. D	256. C
257. A	258. A	259. A	260. B	261. A	262. C	263. C	264. B
265. B	266. A	267. B	268. B	269. C	270. B	271. B	272. C
273. B	274. A	275. B	276. A	277. B	278. B	279. D	280. A
281. B	282. C	283. B	284. C	285. B	286. C	287. A	288. B
289. C	290. B	291. C	292. C	293. A	294. B	295. A	296. C
297. B	298. D	299. B	300. A	301. B	302. C	303. A	304. D
305. B	306. A	307. D	308. B	309. B	310. B	311. A	312. D
313. B	314. C	315. D					

三、计算题

1. 解 当电流表置于 $50\mu A$ 档时，有：

$$I_g = 50 \times 10^{-6} \frac{R_{A1} + R_{A2} + R_{A3} + R_{A4} + R_{A5}}{R_{A1} + R_{A2} + R_{A3} + R_{A4} + R_{A5} + R_g} = 50 \times 10^{-6} \frac{\sum R_A}{\sum R_A + R_g}$$

可得 $\quad : \sum R_A = R_{A1} + R_{A2} + R_{A3} + R_{A4} + R_{A5} = 15k\Omega$

$$\sum R_A + R_g = 18.75k\Omega$$

当电流表置于 $1mA$ 档时，有：

$$I_g = 1 \times 10^{-3} \frac{R_{A2} + R_{A3} + R_{A4} + R_{A5}}{R_{A1} + R_{A2} + R_{A3} + R_{A4} + R_{A5} + R_g}$$

$$= 1 \times 10^{-3} \frac{\sum R_A - R_{A1}}{\sum R_A + R_g} = 1 \times 10^{-3} \times \frac{15 - R_{A1}}{18.75} = 40 \times 10^{-6}$$

可得：$R_{A1} = 14.25k\Omega$

同理，当电流表分别置于 $10mA$、$100mA$ 和 $500mA$ 档时，依次可得：$R_{A2} = 675\Omega$；$R_{A3} = 67.5\Omega$；$R_{A4} = 6\Omega$。

再由 $\sum R_A = R_{A1} + R_{A2} + R_{A3} + R_{A4} + R_{A5} = 14.25 \times 10^3 + 675 + 67.5 + 6 + R_{A5} = 15 \times 10^3$，可得：

$$R_{A5} = 1.5\Omega$$

答 电流表的分流电阻为 $R_{A1} = 14.25k\Omega$；$R_{A2} = 675\Omega$；$R_{A3} = 67.5\Omega$；$R_{A4} = 6\Omega$；$R_{A5} = 1.5\Omega$。

2. 解 在任意一个电压档上，流过附加电阻的电流 I 均为

$$I = I_g + \frac{R_g I_g}{R_A} = \left(40 \times 10^{-6} + \frac{3750 \times 40 \times 10^{-6}}{15 \times 10^3}\right)A = 50 \times 10^{-6}A$$

当电压表置于 $U_1 = 2.5V$ 档时，可得附加电阻 R_{V1} 为

$$R_{V1} = \frac{U_1 - R_g I_g}{I} = \frac{2.5 - 3750 \times 40 \times 10^{-6}}{50 \times 10^{-6}}\Omega = 47k\Omega$$

当电压表置于 $U_2 = 10V$ 档时，可得附加电阻 R_{V2} 为

$$R_{V2} = \frac{U_2 - R_g I_g}{I} - R_{V1} = \left(\frac{10 - 3750 \times 10^{-6}}{50 \times 10^{-6}} - 47 \times 10^3\right)\Omega = 150k\Omega$$

同理，根据其余各档，依次可求得：$R_{V3} = 800\text{k}\Omega$；$R_{V4} = 4\text{M}\Omega$；$R_{V5} = 5\text{M}\Omega$。

答 电压表的附加电阻为 $R_{V1} = 47\text{k}\Omega$；$R_{V2} = 150\text{k}\Omega$；$R_{V3} = 800\text{k}\Omega$；$R_{V4} = 4\text{M}\Omega$；$R_{V5} = 5\text{M}\Omega$。

3. **解** 设 E、I_S 单独作用时流过电阻 R_3 的电流分别为 I' 和 I''，且 I' 和 I'' 的方向均与 I 相同。

E 单独作用时：
$$I' = \frac{R_2}{R_2 + R_3 + R_4} \frac{E}{R_1 + R_2 /\!/ (R_3 + R_4)}$$

$$= \frac{20}{20 + 8 + 12} \times \frac{30}{5 + 20 /\!/ (8 + 12)}\text{A} = 1\text{A}$$

I_S 单独作用时：
$$I'' = -\frac{R_4}{R_4 + R_3 + R_1 /\!/ R_2}I_S = -\frac{12}{12 + 8 + 5 /\!/ 20} \times 1\text{A}$$
$$= -0.5\text{A}$$

E 和 I_S 共同作用时：$I = I' + I'' = 1\text{A} - 0.5\text{A} = 0.5\text{A}$

答 流过电阻 R_5 的电流 $I = 0.5\text{A}$。

4. **解** 根据戴维南定理，将图中 a、b 两端断开后，含源二端线性网络可以等效成一个理想电压源 E_o 和内阻 R_o 相串联的电路，含源二端线性网络的开路电压 U_{abo} 就是 E_o，而含源二端线性网络的电源失去作用后的无源二端线性网络的等效电阻 R_{abo} 就是 R_o，即

$$E_o = U_{abo} = E_1 + \frac{R_1}{R_1 + R_2}(E_2 - E_1) - \frac{R_4}{R_3 + R_4}E_3$$

$$= \left[15 + \frac{1}{1 + 1} \times (11 - 15) - \frac{1}{1 + 1} \times 4\right]\text{V} = 11\text{V}$$

$$R_o = R_{abo} = R_1 /\!/ R_2 + R_3 /\!/ R_4 = (1 /\!/ 1 + 1 /\!/ 1)\Omega = 1\Omega$$

将等效电源 E_o 和 R_o 接入 a、b 两端，由全电路欧姆定律可得

$$I = \frac{E_o}{R_o + R_5} = \frac{11}{1 + 10}\text{A} = 1\text{A}$$

答 流过电阻 R_5 的电流 $I = 1\text{A}$。

5. **解** 由于改制前后吸力不变，即要求保持 Φ_m 不变，因为 $U_1 \approx 4.44fN_1\Phi_m$，$U_2 \approx 4.44fN_2\Phi_m$，则有：

$$\frac{U_2}{U_1} = \frac{N_2}{N_1}$$

求得：$N_2 = \dfrac{N_1 U_2}{U_1} = \dfrac{8750 \times 220}{380} = 5066$

由于 $\varPhi_{\mathrm{m}}$ 不变，因此改装前后所需磁通势不变，即 $I_2 N_2 = I_1 N_1$；又由于电流与导线截面积成正比，故有：

$$\frac{I_2}{I_1} = \frac{N_1}{N_2} = \frac{d_2^2}{d_1^2}$$

因此，改制后的导线直径 d_2 为

$$d_2 = \sqrt{\frac{N_1}{N_2}}d_1 = \sqrt{\frac{8750}{5066}} \times 0.09\mathrm{mm} \approx 0.118\mathrm{mm}；取\ d_2 = 0.12\mathrm{mm}$$

答 改绕后线圈为 5066 匝，导线的线径为 0.12mm。

6. **解** （1）按磁路的结构，可以分为铁心、衔铁和气隙三段。各段的长度、有效截面积分别为

$$l_1 = [2 \times (300 - 30) \times 10^{-3} + (300 - 60) \times 10^{-3}]\mathrm{m} = 0.78\mathrm{m}$$

$$S_1 = 0.92 \times 60 \times 50 \times 10^{-6}\mathrm{m}^2 \approx 27.6 \times 10^{-4}\mathrm{m}^2$$

$$l_2 = [(300 - 2 \times 30) \times 10^{-3} + 2 \times 40 \times 10^{-3}]\mathrm{m} = 0.32\mathrm{m}$$

$$S_2 = 50 \times 80 \times 10^{-6}\mathrm{m}^2 = 40 \times 10^{-4}\mathrm{m}^2$$

$$l_0 = 2 \times 1 \times 10^{-3}\mathrm{m} = 2 \times 10^{-3}\mathrm{m}$$

$$S_0 = 60 \times 50 \times 10^{-6}\mathrm{m}^2 = 30 \times 10^{-4}\mathrm{m}^2$$

各段的磁感应强度分别为

$$B_1 = \frac{\varPhi}{S_1} = \frac{3 \times 10^{-3}}{27.6 \times 10^{-4}}\mathrm{T} \approx 1.09\mathrm{T}$$

$$B_2 = \frac{\varPhi}{S_2} = \frac{3 \times 10^{-3}}{40 \times 10^{-4}}\mathrm{T} = 0.75\mathrm{T}$$

$$B_0 = \frac{\varPhi}{S_0} = \frac{3 \times 10^{-3}}{30 \times 10^{-4}}\mathrm{T} = 1\mathrm{T}$$

各段的磁场强度为

查表得 $H_1 \approx 460\mathrm{A/m}$；$H_2 \approx 500\mathrm{A/m}$

计算得 $\quad H_0 = 0.8 \times 10^6 B_0 = 0.8 \times 10^6 \times 1\mathrm{A/m} = 0.8 \times 10^6 \mathrm{A/m}$

所需的磁通势为

$$F = IN = \sum Hl = H_1 l_1 + H_2 l_2 + H_3 l_3$$
$$= (460 \times 0.78 + 500 \times 0.32 + 0.8 \times 10^6 \times 2 \times 10^{-3})\mathrm{A} = 2118.8\mathrm{A}$$

（2）当励磁电流为 1.5A 时，线圈的匝数为

$$N = \frac{F}{I} = \frac{2118.8}{1.5} \approx 1413$$

答 当电磁铁气隙中的磁通为 $3 \times 10^{-3}\mathrm{Wb}$ 时所需的磁通势为 2118.8A；当励磁电流为 1.5A 时线圈的匝数为 1413。

7. **解** 以电流 $\dot{I}$ 为参考相量，画出电压、电流的相量图如图 22 所示。

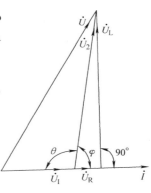

图 22

由相量图可知：

$$U^2 = U_1^2 + U_2^2 - 2U_1 U_2 \cos\theta$$

$$\cos\theta = \frac{U_1^2 + U_2^2 - U^2}{2U_1 U_2} = -0.418$$

$$\theta = 114.7° \quad \varphi = 180° - \theta = 65.3°$$

电路的电流 $I = \dfrac{U_1}{R_1} = 10\mathrm{A}$

由 $U_R = IR = U_2 \cos\varphi$ ，可得 $R = \dfrac{U_2 \cos\varphi}{I} = 5.06\Omega$

由 $X_L = \dfrac{U_2 \sin\varphi}{I} = 11\Omega$ ，可得 $L = \dfrac{X_L}{2\pi f} = 35\mathrm{mH}$

答 该线圈的参数为 $R = 5.06\Omega$、$L = 35\mathrm{mH}$。

8. **解** 设 $\dot{U} = 220\underline{/0°}\ \mathrm{V}$

（1）$Z = (R_3 + jX_3) + \dfrac{(R_1 + jX_1)(R_2 - jX_2)}{(R_1 + jX_1) + (R_2 - jX_2)} = 31.9\underline{/35.7°}\ \Omega$

（2）$\dot{I} = \dfrac{\dot{U}}{Z} = 6.9\underline{/-35.7°}\ \mathrm{A}$

$$\dot{I}_1 = \frac{R_2 - jX_2}{(R_1 + jX_1) + (R_2 - jX_2)}\dot{I} = 6.6\underline{/-53.1°}\text{ A}$$

$$\dot{I}_2 = \frac{R_1 + jX_1}{(R_1 + jX_1) + (R_2 - jX_2)}\dot{I} = 2.07\underline{/36.9°}\text{ A}$$

（3） $P = UI\cos\varphi = 1.23\text{kW}$ ； $Q = UI\sin\varphi = 0.886\text{kvar}$ ； $S = UI = 1.52\text{kV}\cdot\text{A}$

答 电路总的等效阻抗 $Z = 31.9\underline{/35.7°}\ \Omega$ ；支路电流 $I_1 = 6.6\text{A}$ 、 $I_2 = 2.07\text{A}$ ，总电流 $I = 6.9\text{A}$ ；电路的有功功率为 1.23kW 、无功功率为 0.886kvar 、视在功率为 $1.52\text{kV}\cdot\text{A}$ 。

9. **解** 设线电压 $\dot{U}_{UV} = 380\underline{/0°}\text{ V}$ ，则相电压 $\dot{U}_U = 220\underline{/-30°}\text{ V}$ 。

（1）三相负载对称，仅计算一相，其他两相可以推知。

电炉的电阻 $R_Y = \dfrac{3U_U^2}{P_Y} = \dfrac{3 \times 220^2}{10 \times 10^3}\Omega = 14.52\Omega$

线电流 $\dot{I}_{YA} = \dfrac{\dot{U}_U}{R_Y} = \dfrac{220\underline{/-30°}}{14.52}\text{A} = 15.15\underline{/-30°}\text{ A}$

电动机的相电流 $\dot{I}_{\Delta UV} = \dfrac{\dot{U}_{UV}}{Z_\Delta} = \dfrac{380\underline{/0°}}{36.3\underline{/-37°}}\text{A} = 10.47\underline{/-37°}\text{ A}$

线电流 $\dot{I}_{\Delta U} = \sqrt{3}\dot{I}_{\Delta UV}\underline{/-30°} = (\sqrt{3} \times 10.47\underline{/-37°-30°})\text{A} = 18.13\underline{/-67°}\text{ A}$

则总电流 $\dot{I}_U = \dot{I}_{YU} + \dot{I}_{\Delta U} = (15.15\underline{/-30°} + 18.13\underline{/-67°})\text{A} = 31.58\underline{/-50.23°}\text{ A}$

（2） $P = P_Y + P_\Delta = P_Y + \sqrt{3}U_1 I_{\Delta U}\cos\varphi_\Delta = (10 \times 10^3 + \sqrt{3} \times 380 \times 18.13 \times \cos37°)\text{W} \approx 19.53\text{kW}$

（3） $Q = \sqrt{3}U_1 I_{\Delta U}\sin\varphi_\Delta = \sqrt{3} \times 380 \times 18.13 \times \sin37°\text{var} \approx 7.18\text{kvar}$

$$S = \sqrt{P^2 + Q^2} = \sqrt{19.53^2 + 7.18^2}\text{kV}\cdot\text{A} = 20.8\text{kV}\cdot\text{A}$$

总功率因数 $\cos\varphi = \dfrac{P}{S} = \dfrac{19.53}{20.8} \approx 0.94$

答 （1）电路的线电流为 31.58A ；（2）总的有功功率为 19.53kW ；

（3）总功率因数为 0.94。

10. 解 由于仪表的最大基准误差 $\gamma_{nm} = \dfrac{\Delta x_m}{X_n} = \pm 0.2\%$ ，而电压表的量程 $X_n = 10\text{V}$ ，则

$$\Delta U = \Delta x_m = \pm 0.02\text{V} 。$$

所以 $\gamma = \dfrac{\Delta U}{U} \times 100\% = \dfrac{\pm 0.02\text{V}}{5\text{V}} \times 100\% = \pm 0.4\%$

答 电压表的最大绝对误差 ΔU 为 $\pm 0.02\text{V}$ ，最大相对误差 γ 为 $\pm 0.4\%$ 。

11. 解 （1）当 G1 截止（输出高电平）且 G2 导通（输出低电平）时，发光二极管可能发光。

（2）当 G1 的输出 $U_{OG1} = U_{OH}$ 、G2 的输出 $U_{OG2} = U_{OL}$ 时，流过发光二极管的电流为

$$I_D = \frac{U_{CC} - U_D - U_{CES} - U_{OL}}{R_C}, \text{故 } R_C = \frac{U_{CC} - U_D - U_{CES} - U_{OL}}{I_D}$$

当发光二极管点亮时，为保证 TTL 与非门不被损坏，要求：$I_{Dmin} \leqslant I_D \leqslant I_{Dmax} = I_{OL}$ ，即

$5\text{mA} \leqslant I_D \leqslant 10\text{mA}$ 。因此 R_C 应满足：

$$\frac{U_{CC} - U_D - U_{CES} - U_{OL}}{I_{OL}} \leqslant R_C \leqslant \frac{U_{CC} - U_D - U_{CES} - U_{OL}}{I_{Dmin}}$$

求得 $R_{Cmin} = \dfrac{U_{CC} - U_D - U_{CES} - U_{OL}}{I_{OL}} = 240\Omega$ $R_{Cmax} = \dfrac{U_{CC} - U_D - U_{CES} - U_{OL}}{I_{Dmin}} = 480\Omega$

（3）先由 $I_{BS} = \dfrac{U_{CC} - U_D - U_{CES} - U_{OL}}{\beta R_C}$ ，求得晶体管的基极临界饱和电流 $I_{BS} = 200\mu\text{A}$

晶体管基极电流 I_B 应满足 $I_{BS} \leqslant I_B \leqslant I_{OH}$ ，而 $I_B = \dfrac{U_{OH} - U_{BE} - U_{OL}}{R_B}$ ，则

$$\frac{U_{OH} - U_{BE} - U_{OL}}{I_{OH}} \leq R_B \leq \frac{U_{OH} - U_{BE} - U_{OL}}{I_{BS}}$$

求得 $R_{Bmin} = \dfrac{U_{OH} - U_{BE} - U_{OL}}{I_{OH}} = 6.5 \text{k}\Omega$　　$R_{Bmax} = \dfrac{U_{OH} - U_{BE} - U_{OL}}{I_{BS}} =$

$13\text{k}\Omega$

答　当 G1 截止且 G2 导通时发光二极管可能发光；晶体管的集电极电阻 R_C 的取值范围为：$240\Omega \leq R_C \leq 480\Omega$；当 $R_C = 300\Omega$ 时，基极电阻 R_B 的取值范围为：$6.5\text{k}\Omega \leq R_B \leq 13\text{k}\Omega$。

12. **解**　（1）$U_B = \dfrac{R_{B2}}{R_{B1} + R_{B2}} U_{CC} = 4\text{V}$　$I_C \approx I_E = \dfrac{U_B - U_{BE}}{R_E} =$

1.65mA

$$I_B = \frac{I_C}{\beta} \approx 33\mu\text{A}　U_{CE} = U_{CC} - I_C R_C - I_E R_E \approx U_{CC} - I_C (R_C + R_E) = 6.75\text{V}$$

（2）$R_i = R_{B1} /\!/ R_{B2} /\!/ r_{be} \approx r_{be} \approx 300\Omega + (1+\beta)\dfrac{26 \text{ (mV)}}{I_E \text{ (mA)}} = 1.1\text{k}\Omega$

$$R_o \approx R_C = 3\text{k}\Omega$$

（3）$A_u = -\dfrac{\beta(R_C /\!/ R_L)}{r_{be}} \approx -68$

答　静态工作点为：$I_B \approx 33\mu\text{A}$、$I_C \approx 1.65\text{mA}$、$U_{CE} \approx 6.75\text{V}$；输入电阻 $R_i \approx 1.1\text{k}\Omega$、输出电阻 $R_o \approx 3\text{k}\Omega$；电压放大倍数 $A_u \approx -68$。

13. **解**　（1）$I_B = \dfrac{I_C}{\beta} = 40\mu\text{A}$

$$U_E = U_C - U_{CE} = 1\text{V}$$

$$R_B = \frac{U_{CC} - U_{BE} - U_E}{I_B} \approx 258\text{k}\Omega$$

$$R_C = \frac{U_{CC} - U_C}{I_C} = 3.5\text{k}\Omega$$

$$R_E = \frac{U_E}{I_E} \approx \frac{U_E}{I_C} = 0.5\text{k}\Omega$$

（2）$r_{be} = 300\Omega + (1+\beta)\dfrac{26(\text{mV})}{I_E(\text{mA})} \approx 0.96\text{k}\Omega$

$$A_u = -\frac{\beta(R_C \mathbin{/\mkern-5mu/} R_L)}{r_{be}} \approx -91$$

$$R_i = R_B \mathbin{/\mkern-5mu/} r_{be} \approx r_{be} \approx 0.96\text{k}\Omega$$

$$R_o \approx R_C = 3.5\text{k}\Omega$$

答 该放大电路中 R_B、R_C 和 R_E 的值分别为 258kΩ、3.5kΩ 和 0.5kΩ；当 $R_L = R_C$ 时，放大电路的 $A_u \approx -91$、$R_i \approx 0.96\text{k}\Omega$ 和 $R_o \approx 3.5\text{k}\Omega$。

14. **解** （1）$I_B = \dfrac{U_{CC} - U_{BE}}{R_B + (1+\beta)R_E} \approx 11\mu\text{A}$ $I_C = \beta I_B \approx 0.55\text{mA}$

$U_{CE} \approx U_{CC} - I_C R_E \approx 6.5\text{V}$

（2）$A_u = \dfrac{(1+\beta)(R_E \mathbin{/\mkern-5mu/} R_L)}{r_{be} + (1+\beta)(R_E \mathbin{/\mkern-5mu/} R_L)} \approx 0.98$

（3）$R_i = R_B \mathbin{/\mkern-5mu/} [r_{be} + (1+\beta)(R_E \mathbin{/\mkern-5mu/} R_L)] \approx 96.7\text{k}\Omega$

（4）$R_o = \dfrac{R_B \mathbin{/\mkern-5mu/} R_S + r_{be}}{1+\beta} \mathbin{/\mkern-5mu/} R_E \approx 39\Omega$

答 晶体管的静态工作点为：$I_B \approx 11\mu\text{A}$，$I_C \approx 0.55\text{mA}$，$U_{CE} \approx 6.5\text{V}$；放大电路的电压放大倍数 $A_u \approx 0.98$；输入电阻 $R_i \approx 96.7\text{k}\Omega$；输出电阻 $R_o \approx 39\Omega$。

15. **解** $U_o = \dfrac{R_3}{R_2 + R_3}\left(1 + \dfrac{R_F}{R_1}\right)U_1 = \dfrac{100}{10+100} \times \left(1 + \dfrac{100}{10}\right) \times 0.55\text{V} = 5.5\text{V}$

$$I_L = \frac{U_o}{R_L} = \frac{5.5}{10}\text{mA} = 0.55\text{mA}$$

$$I_o = I_L + I_F = I_L + \frac{U_o}{R_1 + R_F} = \left(0.55 + \frac{5.5}{10+100}\right)\text{mA} = 0.6\text{mA}$$

答 运放输出电压 $U_o = 5.5\text{V}$，负载电流 $I_L = 0.55\text{mA}$，运放输出电流 $I_o = 0.6\text{mA}$。

16. **解** $T = t_{WH} + t_{WL} = 0.7(R_1 + R_2)C + 0.7R_2C = 0.7(R_1 + 2R_2)C$

$= 0.7 \times (3.9 \times 10^3 + 2 \times 3 \times 10^3) \times 1 \times 10^{-6}\text{s} = 6.93\text{ms}$

$$f = \frac{1}{T} = \frac{1}{6.93 \times 10^{-3}} \text{Hz} = 144.3 \text{Hz}$$

$$t_{\text{WH}} = 0.7(R_1 + R_2)C = 0.7 \times (3.9 \times 10^3 + 3 \times 10^3) \times 1 \times 10^{-6} \text{s} = 4.83 \text{ms}$$

$$q = \frac{t_{\text{WH}}}{T} \times 100\% = \frac{4.83}{6.93} \times 100\% = 69.7\%$$

答 该多谐振荡器的振荡周期为 6.93ms、振荡频率为 144.3Hz、脉宽为 4.83ms 及占空比为 69.7%。

17. **解** $U_o = 0.02 \times (0 \times 2^7 + 1 \times 2^6 + 0 \times 2^5 + 0 \times 2^4 + 1 \times 2^3 + 1 \times 2^2$
$+ 0 \times 2^1 + 1 \times 2^0)\text{V} = 1.54\text{V}$

答 该八位 D-A 转换器的输出电压 $U_o = 1.54\text{V}$。

18. **解** n 位 D-A 转换器的分辨率为 $\frac{1}{2^n - 1} \times 100\%$

当 $n = 7$ 时，分辨率为：$\frac{1}{2^7 - 1} \times 100\% \approx 0.7874\%$

答 七位 D-A 转换器的分辨率约为 0.7874%。

19. **解** $s_N = \frac{n_1 - n_N}{n_1} = \frac{3000 - 2910}{3000} = 0.03$

$$I_N = \frac{P_N}{\sqrt{3} U_N \eta_N \cos\varphi} = \frac{5 \times 10^3}{\sqrt{3} \times 380 \times 0.8 \times 0.86}\text{A} \approx 11\text{A}$$

$$T_N = 9.55 \frac{P_N}{n_N} = 9.55 \times \frac{5 \times 10^3}{2910}\text{N} \cdot \text{m} \approx 16.4\text{N} \cdot \text{m}$$

$$T_m = \lambda T_N = 2 \times 16.4\text{N} \cdot \text{m} = 32.8\text{N} \cdot \text{m}$$

答 该电动机的额定转差率 $s_N = 0.03$，额定电流 $I_N \approx 11\text{A}$，额定转矩 $T_N \approx 16.4\text{N} \cdot \text{m}$，最大转矩 $T_m = 32.8\text{N} \cdot \text{m}$。

20. **解** 由 $n_N = 1440\text{r/min}$ 可知，电动机是四极的，即 $2p = 4$，$n_1 = 1500\text{r/min}$，则

$$s_N = \frac{n_1 - n_N}{n_1} = \frac{1500 - 1440}{1500} = 0.04$$

$$\eta_N = \frac{P_N}{P_1} = \frac{P_N}{\sqrt{3} U_N I_N \cos\varphi} = \frac{7.5 \times 10^3}{\sqrt{3} \times 380 \times 15.4 \times 0.85} \approx 0.87$$

$$T_N = 9.55 \frac{P_N}{n_N} = 9.55 \times \frac{7.5 \times 10^3}{1440} N \cdot m \approx 49.74 N \cdot m$$

答 该电动机的极数 $2p = 4$，$S_N = 0.04$，$\eta_N = 0.87$，$T_N \approx 49.74 N \cdot m$。

21. 解 （1）$I_N = \frac{P_N}{\sqrt{3} U_N \eta_N \cos\varphi} = \frac{10 \times 10^3}{\sqrt{3} \times 380 \times 0.8 \times 0.88} A \approx 21.6 A$

（2）$I_{Yst} = \frac{1}{3} I_{st} = \frac{1}{3} \times 6.5 I_{st} = \frac{1}{3} \times 6.5 \times 21.6 A \approx 46.8 A$

$$T_{Yst} = \frac{1}{3} T_{st} = \frac{1}{3} \times 1.5 T_N = \frac{1}{3} \times 1.5 \times 9.55 \frac{P_N}{n_N}$$

$$= \frac{1}{3} \times 1.5 \times 9.55 \times \frac{10 \times 10^3}{1460} N \cdot m \approx 32.7 N \cdot m$$

（3）当 $T_L = 0.5 T_N$ 时，因 $T_{Yst} = \frac{1}{3} T_{st} = \frac{1}{3} \times 1.5 T_N = 0.5 T_N = T_L$，故不能采用丫 – △起动。

答 电动机的额定电流为 21.6A；丫 – △减压起动时的起动转矩为 32.7N · m，起动电流为 46.8A；若负载转矩 $T_L = 0.5 T_N$，不能采用丫 – △减压起动。

22. 解 （1）$s_m = \frac{r_2'}{\sqrt{r_1^2 + (x_1 + x_2')^2}} = \frac{1.53}{\sqrt{2.08^2 + (3.12 + 4.25)^2}} \approx 0.2$

（2）$s_N = \frac{n_1 - n_N}{n_1} = \frac{1000 - 975}{1000} = 0.025$

$$T_N = \frac{p}{2\pi f_1} \frac{3U_1^2 \frac{r_2'}{s_N}}{\left[\left(r_1 + \frac{r_2'}{s_N} \right)^2 + (x_1 + x_2')^2 \right]}$$

$$= \frac{3}{100\pi} \frac{3 \times 220^2 \times \frac{1.53}{0.025}}{\left[\left(2.08 + \frac{1.53}{0.025} \right)^2 + (3.12 + 4.25)^2 \right]} N \cdot m \approx 20.91 N \cdot m$$

(3) $T_m = \dfrac{p}{2\pi f_1} \cdot \dfrac{3U_1^2}{2\left[r_1 + \sqrt{r_1^2 + (x_1 + x_2')^2}\right]}$

$\qquad = \dfrac{3}{100\pi} \cdot \dfrac{3 \times 220^2}{2 \times \left[2.08 + \sqrt{2.08^2 + (3.12 + 4.25)^2}\right]} \text{N} \cdot \text{m} \approx 71.33\text{N} \cdot \text{m}$

$\qquad \lambda = \dfrac{T_m}{T_N} = \dfrac{71.33}{20.91} = 3.36$

答　该电动机的临界转差率为 0.2；额定电磁转矩为 20.91N·m；最大电磁转矩为 71.33N·m，过载系数 $\lambda = 3.36$。

23. **解**　（1）$P_1 = \dfrac{P_N}{\eta} = \dfrac{22}{0.84}\text{kW} = 26.19\text{kW}$

$\qquad\qquad I_N = \dfrac{P_1}{U_N} = \dfrac{26.19 \times 10^3}{110}\text{A} = 238\text{A}$

$\qquad\qquad I_{fN} = \dfrac{U_N}{R_f} = \dfrac{110}{27.5}\text{A} = 4\text{A}$

$\qquad\qquad I_{aN} = I - I_f = (238 - 4)\text{A} = 234\text{A}$

（2）$T_N = 9.55\dfrac{P_N}{n_N} = 9.55 \times \dfrac{22 \times 10^3}{1000}\text{N} \cdot \text{m} \approx 210\text{N} \cdot \text{m}$

（3）$E_a = U_N - I_{aN}R = (110 - 234 \times 0.04)\text{V} \approx 100.6\text{V}$

答　电动机额定电流为 238A，额定电枢电流为 234A，额定励磁电流为 4A；额定电磁转矩为 210N·m；额定负载下的电枢电动势为 100.6V。

24. **解**　（1）$I_{st} = \dfrac{U_N}{R} = \dfrac{110}{0.04}\text{A} \approx 2750\text{A}$　　$\dfrac{I_{st}}{I_N} \approx \dfrac{2750}{234} \approx 12$

（2）由 $I_{st}' = \dfrac{U_N}{R + R_S} = 2I_N$，可得

$\qquad\qquad R_S = \dfrac{U_N}{2I_N} - R = \left(\dfrac{110}{2 \times 234} - 0.04\right)\Omega = 0.195\Omega$

答　该电动机直接起动时的起动电流 $I_{st} \approx 12I_N$；当电枢回路串入的起动电阻 $R_S = 0.195\Omega$ 时，可以将起动电流限制为 $2I_N$。

25. **解**　（1）因为 $\theta_s = \dfrac{360°}{mKZ_R}$

所以 $Z_R = \dfrac{360°}{mK\theta_s} = \dfrac{360°}{3 \times 1 \times 3°} = 40$ 齿

（2） $n = \dfrac{60f}{NZ_R} = \dfrac{60f\theta_s}{360°} = \dfrac{60 \times 2000 \times 3°}{360°} = 1000\text{r/min}$

答 该步进电动机转子有 40 个齿；当 $f = 2000\text{Hz}$ 时，电动机的转速是 1000r/min。

26. **解** （1）步进电动机的步距角 $\theta_s = \dfrac{\theta_t}{N} = \dfrac{360°}{NZ_R} = \dfrac{360°}{mKZ_R} = \dfrac{360°}{3 \times 2 \times 40} = 1.5°$

（2）因为 $NZ_R = \dfrac{360°}{\theta_s}$

所以 $n = \dfrac{60f}{NZ_R} = \dfrac{60f\theta_s}{360°} = \dfrac{60 \times 1000 \times 1.5°}{360°} = 250\text{r/min}$

答 该步进电动机的步距角为 $1.5°$；当 $f = 1000\text{Hz}$ 时，步进电动机的转速为 250r/min。

27. **解** $U_d = 0.9U_2 \dfrac{1 + \cos\alpha}{2} = 0.9 \times 220 \times \dfrac{1 + \cos45°}{2}\text{V} = 169\text{V}$

$$I_d = \frac{U_d}{R_d} = \frac{169}{10}\text{A} = 16.9\text{A}$$

$$I_{TAV} = \frac{180° - \alpha}{360°}I_d = \frac{180° - 45°}{360°} \times 16.9\text{A} = 6.34\text{A}$$

$$I_T = \sqrt{\frac{180° - \alpha}{360°}}I_d = \sqrt{\frac{180° - 45°}{360°}} \times 16.9\text{A} = 10.35\text{A}$$

$$I_{DAV} = \frac{2\alpha}{360°}I_d = \frac{2 \times 45°}{360°} \times 16.9\text{A} = 4.23\text{A}$$

$$I_D = \sqrt{\frac{2 \times \alpha}{360°}}I_d = \sqrt{\frac{2 \times 45°}{360°}} \times 16.9\text{A} = 8.45\text{A}$$

答 整流电路输出的平均电压和平均电流分别为 169V、16.9A；流过晶闸管电流的平均值为 6.34A、有效值为 10.35A；流过续流二极管电流的平均值和有效值分别为 4.23A、8.45A。

28. **解** （1）$U_{\text{dmax}} = I_{\text{dmax}}R_{\text{d}} = 25 \times 4\text{V} = 100\text{V}$ $U_2 = \dfrac{U_{\text{d}}}{0.9} =$

111V $K = \dfrac{U_1}{U_2} = \dfrac{220}{111} \approx 2$

（2）当 $\alpha = 0°$ 时，整流电路的输出最大。

$I = K_{\text{f}}I_{\text{d}} = 1.11I_{\text{d}} = 1.11 \times 25\text{A} = 27.75\text{A}$ $S = \dfrac{I}{J} = \dfrac{27.75}{5} \approx 5.6\text{mm}^2$

（3）$I_{\text{T(AV)}} \geqslant 2 \times \dfrac{I_{\text{T}}}{1.57} = 2 \times \dfrac{I_{\text{d}}}{2} = 2 \times \dfrac{25}{2}\text{A} = 25\text{A}$ 取 $I_{\text{T(AV)}} = 30\text{A}$

$U_{\text{RM}} \leqslant 2U_{\text{Tm}} = 2 \times \sqrt{2}U_2 = 2 \times \sqrt{2} \times 111\text{V} \approx 314\text{V}$ 取 $U_{\text{RM}} = 400\text{V}$

故可选型号为 KP30 - 4 的晶闸管。

（4）$S = U_2I_2 = U_2I = 111 \times 27.75\text{V} \cdot \text{A} \approx 3.08\text{kV} \cdot \text{A}$ 取 $S = 3\text{kV} \cdot \text{A}$

（5）$P_{\text{Rd}} = I^2R_{\text{d}} = 27.75^2 \times 4\text{W} = 3.08\text{kW}$

（6）$\cos\varphi = \sqrt{\dfrac{1}{2\pi}\sin2\alpha + \dfrac{\pi - \alpha}{\pi}} = 1$（当 $\alpha = 0°$时）

答 变压器的电压比为 2；连接负载导线的截面积应选用大于 5.6mm^2 的标准线径；选用的晶闸管型号为 KP30 - 4；变压器的容量应大于 $3\text{kV} \cdot \text{A}$；负载电阻 R_{d} 的功率为 3.08kW；当 $\alpha = 0°$ 时，电路的功率因数为 1。

29. **解** $U_{\text{d}} = 1.17U_{2\varphi}(1 + \cos\alpha) = 1.17 \times 100 \times (1 + \cos 60°)\text{V} = 175.5\text{V}$

$I_{\text{d}} = \dfrac{U_{\text{d}}}{R_{\text{d}}} = \dfrac{175.5}{10}\text{A} = 17.55\text{A}$

$I_{\text{TAV}} = \dfrac{1}{3}I_{\text{d}} = \dfrac{1}{3} \times 17.55\text{A} = 5.85\text{A}$

答 整流电路输出的平均电压 $U_{\text{d}} = 175.5\text{V}$；流过负载的平均电流 $I_{\text{d}} = 17.55\text{A}$；流过晶闸管电流的平均值 $I_{\text{TAV}} = 5.85\text{A}$。

30. **解** （1）当 $\alpha = 0°$ 时，整流电路的输出最大，$U_{\text{d}} = 220\text{V}$。此时 $U_{\text{d}} = 2.34U_{2\varphi} = 1.35U_{2l}$

故 $U_{2l} = \dfrac{U_{\text{d}}}{1.35} = \dfrac{220}{1.35}\text{V} \approx 163\text{V}$

（2） $I_d = \dfrac{U_d}{R_d} = \dfrac{220}{4}A = 55A$ $I_{TAV} = \dfrac{1}{3}I_d = \dfrac{1}{3} \times 55A \approx 18.33A$

$$I_T = \sqrt{\dfrac{1}{3}}I_d = \sqrt{\dfrac{1}{3}} \times 55A \approx 31.75A \quad U_{Tm} = \sqrt{2}U_{2l} = \sqrt{2} \times 163V$$

$\approx 230V$

（3）晶闸管额定值选择如下：

$U_{RM} \geqslant 2U_{Tm} = 2 \times 230V = 460V$，取 $U_{RM} = 500V$

$I_{T(AV)} \geqslant \dfrac{2I_T}{1.57} = \dfrac{2 \times 31.75}{1.57}A = 40.45A$，取 $I_{T(AV)} = 50A$

故可选型号为 KP50 – 5 的晶闸管。

答　整流变压器二次线电压 $U_{2l} = 163V$；晶闸管 $I_{TAV} \approx 18.33A$、$I_T \approx$ 31.75A 及 $U_{Tm} \approx 230V$；晶闸管型号为 KP50 – 5。

四、简答题

1. 答　铁磁材料基本性质有：高导磁性（$\mu_r \gg 1$，材料可以被磁化），磁饱和性（非线性磁化曲线）和磁滞性（剩磁、矫顽磁力），非线性磁阻（μ_r 不是常数），交变磁化时的铁心损耗。

2. 答　磁路与电路的对应量有：电流 I 与磁通 Φ，电动势 E 与磁通势 F，电压 U 与磁压 U_M，电阻 R（$R = \dfrac{l}{\gamma S}$）与磁阻 R_M（$R_M = \dfrac{l}{\mu S}$）。对应公式有：电路欧姆定律（$I = \dfrac{U}{R}$）与磁路欧姆定律（$\Phi = \dfrac{U_M}{R_M}$），电路基尔霍夫第一定律（$\sum I = 0$）与磁路基尔霍夫第一定律（$\sum \Phi = 0$），电路基尔霍夫第二定律（$\sum U = 0$ 或 $\sum E = \sum IR$）与磁路基尔霍夫第二定律（$\sum F = \sum \Phi R_M$ 或 $\sum IN = \sum Hl$）。

3. 答　1）大量使用通用部件，设计制造周期短；2）产品变化时，通用部件可以组装成新的机床；3）采用多刀、多刃、多面、多件加工，生产率高；4）通用部件多，维护修理方便；5）工作可靠，加工精度、质量稳定。

4. 答　组合机床自动线是将若干台组合机床按工件的加工工艺顺序排列，各机床间用滚道等输送设备连接起来的一条生产流水线。加工时工件从一端"流"到另一端，整个加工过程都是自动的，不需人工操作。

5. 答　由于运算放大器的开环放大倍数很大（通常 $A_0 > 10^5$），因此其线性工作区很窄，只要输入信号的电压幅值达数十或数百微伏时，运放就将工作于非线性区。所以，只有在负反馈作用下，运放才能工作于线性区，进行正常的放大。

6. 答　采用集成电路制造工艺，将稳压电路中的调整管及取样放大、基准电压、启动和保护等电路全部集成于一个半导体芯片上，对外只有三个连线端头的稳压器，称为三端集成稳压器。三端集成稳压器可以分为三端固定输出稳压器和三端可调输出稳压器两大类，每一类中又可分为正极输出、负极输出以及金属封装和塑料封装等。

7. 答　与 TTL 集成电路相比，CMOS 集成电路具有静态功耗低，电源电压范围宽，输入阻抗高，扇出能力强，抗干扰能力强，逻辑摆幅大以及温度稳定性好等优点。但也存在着工作速度低，功耗随频率的升高显著增大等缺点。

8. 答　在任何时刻，输出状态只决定于同一时刻各输入状态的组合，而与先前状态无关的逻辑电路称为组合逻辑电路。在任何时刻，输出状态不仅取决于当时的输入信号状态，而且还取决于电路原来的状态的逻辑电路叫作时序逻辑电路。

9. 答　计数器是一种用于累计并寄存输入脉冲个数的时序逻辑电路。按照计数过程中数字增减来分，计数器可分为加法计数器、减法计数器和可逆（可加、可减）计数器；按照计数器中数字的进位制来分，计数器可分为二进制计数器、十进制计数器和 N 进制计数器；按照各触发器状态转换方式来分，计数器可分为同步计数器和异步计数器。

10. 答　把寄存器中所存储的二进制代码转换成输出通道相应状态的过程称为译码，完成这种功能的电路称为译码器。译码器是由一种多输入、多输出的组合逻辑电路。按功能不同，译码器分为通用译码器和显示译码器两种。

11. 答　数码显示器的显示方式一般有字形重叠式、分段式和点阵式三种。按发光物质不同，数码显示器件可以分为四类：1）气体放电数字显示器；2）荧光数字显示器；3）半导体数字显示器（又称为发光二极管数字显示器 LED）；4）液晶数字显示器。

12. 答　电力晶体管（GTR）是一种双极型大功率晶体管，属于电流控制型元件。由于大电流时，GTR 出现大电流效应，导致放大倍数减小，因此在结构上常采用达林顿结构。其特点是：导通时管压降较低，但所需的驱动电流大，在感性负载、开关频率较高时必须设置缓冲电路，且过载能力差，易发生二次击穿。

13. 答　电力场效应管（MOSFET）是一种单极型大功率晶体管，属于电压控制型元件。其主要优点是基本上无二次击穿现象，开关频率高，输入阻抗高，驱动功率小，易于并联和保护。其缺点是导通时管压降较大，限制了其电流容量的提高。

14. 答　绝缘栅双极型晶体管（IGBT）是一种由单极性的 MOS 和双极型晶体管复合而成的器件。它兼有 MOS 和晶体管二者的优点，属于电压型驱动器件。其特点是：输入阻抗高，驱动功率小；工作频率高；导通压降较低、功耗较小。IGBT 是一种很有发展前途的新型电力半导体器件，在中、小容量电力电子应用方面有取代其它全控型电力半导体器件的趋势。

15. 答　外部干扰是指从外部侵入电子设备或系统的干扰，主要来源于空间电或磁的影响，例如输电线和其他电气设备产生的电磁场等。它的特点是干扰的产生与电子设备或系统本身的结构无关，它是由外界环境因素所决定的。内部干扰是指电子设备或系统内本身产生的干扰，它主要来源于电子设备或系统内，器件、导线间的分布电容、分布电感引起的耦合感应，电磁场辐射感应，长线传输时的波反射，多点接地造成的电位差引起的干扰等，它的特点是干扰的产生与电子设备或系统的结构、制造工艺有关。

16. 答　抗干扰的基本方法有三种，即消除干扰源；削弱电路对干扰信号的敏感性能；切断干扰的传递途径或提高传递途径对干扰的衰减作用。

17. 答　1）吸收尖峰过电压；2）限制加在晶闸管上的 $\mathrm{d}u/\mathrm{d}t$ 值；3）

晶闸管串联应用时起动态均压作用。

18. 答　因为电路发生短路故障时的短路电流一般很大，而且电路中各种过电压的峰值可达到电源电压幅值的好几倍，所以电路中一定要设置过电流、过电压保护环节。此外，大电流、高电压的晶闸管价格也比较昂贵。

19. 答　晶闸管的触发电压可以采用工频交流正半周，也可以采用直流，还可以采用具有一定宽度与幅值的脉冲电压。为了保证触发时刻的精确与稳定，并减少门极损耗与触发功率，通常采用前沿陡削的脉冲电压来触发晶闸管。

20. 答　移相触发就是改变晶闸管每周期导通的起始点即触发延迟角 α 的大小，达到改变输出电压、功率的目的。移相触发的主要缺点是使电路中出现包含高次谐波的缺角正弦波形，在换流时刻会出现缺口"毛刺"，造成电源电压波形畸变和高频电磁波辐射干扰，大触发延迟角运行时，功率因数较低。

21. 答　过零触发是晶闸管在设定的时间间隔内，改变导通的周波数来实现电压或功率的控制。过零触发的主要缺点是当通断比太小时会出现低频干扰，当电网容量不够大时会出现照明闪烁、电表指针抖动等现象，通常只适用于热惯性较大的电热负载。

22. 答　双向晶闸管的额定电流与普通晶闸管不同，是以最大允许有效电流来定义的。额定电流 100A 的双向晶闸管，其峰值为 141A，而普通晶闸管的额定电流是以正弦半波平均值表示，峰值为 141A 的正弦半波，它的平均值为 $141/\pi \approx 45A$。所以一个 100A 的双向晶闸管与反并联的两个 45A 普通晶闸管，其电流容量相等。

23. 答　双向晶闸管有的四种触发方式，即（1）第一象限 I_+：U_{A1A2} 为 +，U_{gA2} 为 +；（2）第一象限 I_-：U_{A1A2} 为 +，U_{gA2} 为 -；（3）第三象限 III_+：U_{A1A2} 为 -，U_{gA2} 为 +；（4）第三象限 III_-：U_{A1A2} 为 -，U_{gA2} 为 -。其中，由于 III_+ 触发方式的灵敏度较低，故一般不用。双向晶闸管主要在交流电路中，其常用触发方式有两组，即（I_+、III_-）和（I_-、III_-）。

24. 答　双向晶闸管使用时，必须保证其电压、电流定额应能满足电路的要求，还应考虑到晶闸管在交流电路中要承受正、反向两个半波电压和电流，当晶闸管允许的电压上升率 du/dt 太小时，可能出现换流失败，而发生短路事故。因此，除选用临界电压上升率高的晶闸管外，通常在交流开关主电路中串入空心电抗器，来抑制电路中换向电压上升率，以降低对元件换向能力的要求。

25. 答　在三相反星形可控整流电路中，变压器有两组绕组，都接成星形，但同名端相反，每组星形绕组接一个三相半波可控整流器，在没有平衡电抗器的情况下为六相半波可控整流。而在接入平衡电抗器后，由于其感应电动势的作用，使得变压器的两组星形绕组同时工作，两组整流输出以 180° 相位差并联，这使得两组整流各有一只晶闸管导通并向负载供电，使得整个输出电流变大，晶闸管导通角增大，与六相半波可控整流电路相比，在同样的输出电流下，流过变压器二次绕组和器件的电流有效值变小，故可选用额定值较小的器件，而且变压器的利用率也有所提高。

26. 答　将直流电源的恒定电压变换成可调直流电压的装置称为直流斩波器。斩波器的工作方式有：1）定频调宽式，即保持斩波器通断周期 T 不变，改变周期 T 内的导通时间 τ（输出脉冲电压宽度），来实现直流调压；2）定宽调频式，即保持输出脉冲宽度 τ 不变，改变通断周期 T，来进行直流调压；3）调频调宽式，即同时改变斩波器通断周期 T 和输出脉冲的宽度 τ，来调节斩波器输出电压的平均值。

27. 答　普通晶闸管具有反向阻断的特性，故叫逆阻晶闸管。由逆阻晶闸管构成的斩波器叫作逆阻型斩波器。逆导晶闸管可以看成是由一只普通晶闸管反向并联一只二极管，故它也具有正向可控导通特性，而且它还具有反向导通（逆导）特性。由逆导晶闸管构成的斩波器就叫做逆导型斩波器。

28. 答　在晶闸管交流调压调速电路中，采用相位控制时，输出电压较为精确、调速精度较高，快速性好，低速时转速脉动较小，但会产生谐波，对电网造成污染。采用通断控制时，不产生谐波污染，但电动机上电压变化剧烈，转速脉动较大。

29. 答　有源逆变是将直流电通过逆变器变换为与交流电网同频率、同相位的交流电，并返送电网。其能量传递过程为：直流电→逆变器→交流电（频率与电网相同）→交流电网。

30. 答　无源逆变是将直流电通过逆变器变换为频率固定或可调的交流电，供用电器使用。其能量传递过程为：直流电→逆变器→交流电（频率固定或可调）→用电负载。

31. 答　实现有源逆变的条件：1）变流器直流侧的负载，不仅要有大电感而且还要有直流电源 E_d，并要求电源电动势 E_d 的极性必须与晶闸管导电电流方向一致且其值要稍大于变流器直流侧的输出平均电压 U_d，即 $|E_d| > |U_d|$，才能提供逆变能量；2）变流器必须工作在 $\beta < 90°$（即 $\alpha > 90°$）区域，使变流器直流侧输出的直流平均电压 U_d 为负值，即使 $U_d < 0$，才能把直流功率逆变为交流功率。上述两个条件，缺一不可，必须同时具备才能实现有源逆变。

32. 答　各种全控、直流端不接续流管的晶闸管电路，如单相全波、单相全控桥、三相半波、三相全控桥等晶闸管变流电路，在一定的条件下都可实现有源逆变。

33. 答　变流器在逆变运行时，晶闸管触发脉冲丢失或电源缺相，会造成换流失败即逆变颠覆（失败），出现极大的短路电流，而烧毁元器件，因此必须采取有效的防范措施。

34. 答　为了避免逆变颠覆，对触发电路的可靠性、电源供电可靠性、电路接线与熔断器选择都应有更高要求，并且必须限制最小触发超前角 β_{min}（通常需整定为 $30° \sim 35°$）。

35. 答　因为中频电源装置属于负载谐振换流，要保证导通的晶闸管可靠关断，必须使逆变器负载保持容性，即负载电流超前负载电压 t_f 时间，这个 t_f 称为引前触发时间，并要留有一定裕量。这样才能保证原导通的晶闸管在换流结束后，其阳极仍然要承受一段时间的反压而使管子可靠关断。

36. 答　电压型逆变器的直流电源经大电容滤波，故直流电源可近似看作恒压源，逆变器输出电压为矩形波，输出电流近似为正弦波，抑制浪涌电压能力强，频率可向上、向下调节，效率高，适用于负载比较稳定的运行方式。

37. 答　电流型逆变器的直流电源经大电感滤波，直流电源可近似看作恒流源。逆变器输出电流为矩形波，输出电压近似为正弦波，抑制过电流能力强，特别适用于频繁加、减速的起动型负载。

38. 答　直流电动机稳定运行时，其电枢电流取决于电机气隙的合成磁通 Φ 和负载转矩 T_L 的大小，而其稳定转速 n 取决于电枢电压 U_a、电枢电路总电阻 R_a、气隙合成磁通 Φ 和电枢电流 I_a。

39. 答　有静差调速的调速基础在于存在给定输入量 U_g 和实际转速反馈量 U_f 之间的偏差 ΔU，自动调速的目的是减小偏差 ΔU，因此在调节过程中，系统必须始终保持 ΔU 的存在。无静差调速是依靠偏差 ΔU 对时间的积累来进行自动调速，其目的是消除偏差 ΔU，因此在调节过程中，只要有偏差 ΔU 出现，系统就将进行调节，直到偏差 ΔU 为零。

40. 答　电气传动系统中，常用的反馈环节有：转速负反馈、转速微分负反馈、电压负反馈、电压微分负反馈、电流负反馈、电流微分负反馈、电流正反馈和电流截止负反馈等。

41. 答　电流正反馈是电压负反馈调速系统中可采用的辅助措施，它用以补偿电枢电阻上的电压降。电动机的转速与电枢电压有直接关系，而与电流无直接关系，因而电流正反馈并不反映转速（电压）的变化，所以调速系统若只采用电流正反馈是不能进行自动调速的。

42. 答　电流调节器的作用是：限制调速系统的最大电流（如过大的起动电流、过载电流），并使过载时（达到允许最大电流时）实现很陡的下垂机械特性；起动时，能使电流保持在允许最大值，实现大恒流快速起动；能有效抑制电网电压波动对电流的不利影响。转速调节器的作用是：能有效地消除转速偏差，保持转速恒定；当转速出现较大偏差时，它能迅速达到最大输出电压，输送给电流调节器，使电流迅速上升，实现快速响应。

43. 答　脉冲宽度可以通过一个比较器来实现调制，即用一个锯齿波（或三角波）与一个直流控制电压（即参考电压）进行比较，比较器输出电压的极性由这两个比较电压的差值的正负来决定。这样，改变控制电压的大小，即可改变两个电压的交点的位置，也就是改变输出电压极性变更的位置，从而改变正、负脉冲的宽度。

44. 答　电磁调速异步电动机是通过调节电磁离合器中的直流励磁电

流来调速的。当增大直流励磁电流时，电动机转速上升；当减小直流励磁电流时，电动机转速降低；当直流励磁电流为零时，电动机转速为零；当直流励磁电流反向时，电动机转向不变。

45. 答　晶闸管交流串级调速系统既有良好的调速性能，又能发挥交流异步电动机结构简单、运行可靠的优越性。调速时机械特性硬度基本不变，调速稳定性好；调速范围宽，可实现均匀、平滑的无级调速；异步电动机的转差功率可以通过整流、逆变而回馈电网，运行效率高，比较经济。

46. 答　1）电动机功率应稍大于生产机械要求的电动机功率；2）电动机过载能力应符合系统的要求；3）电动机的转速应比生产机械要求的最高转速大 10% 左右。

47. 答　交流电动机在变频调速时，若保持 U_1/f_1 = 常数，可以使电动机的气隙磁通 Φ 维持不变，而使电动机的输出转矩 T 保持恒定，从而获得恒转矩的调速特性。

48. 答　三相异步电动机变频调速系统具有优良的调速性能，能充分发挥三相笼型异步电动机的优势，实现平滑的无级调速，调速范围宽，效率高，但变频系统较复杂，成本较高。

49. 答　输出为阶梯波的交 – 直 – 交变频装置的主要缺点是：1）因变频装置大多要求输出电压与频率都能变化，因此必须有二个功率可控级（可控整流控制电压，逆变控制频率）在低频低压时，可控整流运行在大 α 角状态，装置功率因数低；2）由于存在大电容滤波，装置的动态响应差，动态时无法保持电压与频率之比恒定；3）由于输出是阶梯波，故谐波成分大。

50. 答　脉宽调制型（PWM）逆变器是随着全控、高开关频率的新型电力电子器件的产生，而逐步发展起来的，其主要优点是：主电路只有一个可控的功率环节，功率开关元件少，简化了结构；采用不可控整流器，使电网功率因数与逆变器输出电压的大小无关而接近于 1；由于逆变器本身同时完成变频和变压任务，因此与中间滤波环节的滤波元件无关，变频器动态响应加快；可获得比常规阶梯波更好的输出电压波形，输出电压的谐波分量极大地减小，能抑制或消除低次谐波，实现近似正弦波的交流电输出波形。

51. 答　选择异步电动机时，应根据电动机所驱动的机械负载的情况恰当地选择其功率，还要根据电动机的用途和使用环境选择适当的结构形式和防护等级等。对于通用型异步电动机，还应考虑到变频调速应用时产生的一些新问题，如由高次谐波电流而引起的损耗和温升以及低速运行时造成的散热能力变差等。

52. 答　无换向器电动机的调速范围很宽，采用直接传动就可以适应各种转速要求的机械，由于不必采用机械变速装置，因而减少了机械损耗，提高了运行效率和可靠性。

53. 答　无换向器电动机中的位置检测器的作用是检测转子的位置，随转子旋转，周期性地发出使变频器功率器件导通或关断的信号，使变频器的工作频率与电动机的转速始终保持同步，从而保证电动机稳定运行，并获得接近直流电动机的调速特性。

54. 答　交流测速发电机由于励磁磁通是交变的，其输出绕组与励磁绕组不是理想化的正交，故即使转子不转动，也会有一些交变的励磁磁通交链到输出绕组而感应出输出电压，这就是交流测速发电机的剩余电压。而直流测速发电机则与此不同，因为其励磁磁通是恒定的，因此它不能直接在电枢绕组内感应出电枢电动势，根据公式 $E_a = C_e \Phi n$ 可知，电机不转动时（$n = 0$）时，不会有电动势 E_a 的出现，因而也不会有输出电压，即不会有剩余电压。

55. 答　直流测速发电机只有当转速 $n > \Delta n = \Delta U / (C_e \Phi)$ 值以后，才会有输出电压出现，这是因为电刷与换向器之间的接触电阻是一个非线性电阻，需要有一个电刷接触电压降 ΔU 才能克服很大的接触电阻，因此不灵敏区 Δn 的值与电刷接触压降有关，只有当 $E_a = C_e \Phi n \geqslant \Delta U$ 时，才有输出电压出现，故 $\Delta n = \Delta U / (C_e \Phi)$。

56. 答　旋转变压器在自动控制系统中作为解算元件时，可以用于坐标变换和三角函数运算，也可以作为移相器用以及用于传输与转角相应的电信号等。

57. 答　自整角机的作用是将转角变为电信号或将电信号变为转角，实现角度传输、变换和接收，可用于测量远距离机械装置的角度位置，同时可以控制远距离机械装置的角度位移，还广泛应用于随动系统中机械设备之间角度联动装置，以实现自动整步控制。

58. 答　步进电动机是一种把电脉冲信号转换成直线位移或角位移的执行元件，数控设备中应用步进电动机可实现高精度的位移控制。

59. 答　同一台三相步进电动机在三种运行方式下，起动转距是不相同的。同一台三相步进电动机的起动转距，在三相双三拍方式运行时最大，在三相六拍方式运行时其次，而在三相单三拍方式运行时则为最小。

60. 答　选择步进电动机时，通常应考虑的指标有：相数、步距角、精度（步距角误差）、起动频率、连续运行频率、最大静转矩和起动转矩等。

61. 答　交流伺服电动机，为了满足响应迅速的要求，其转子几何形状显得细长，以减少机械惯性，为了满足单相励磁时无自转的要求，其转子的电阻比较大，以使机械特性变软。

62. 答　直流伺服电动机的特性线性度好，起动转矩较大，适用于功率较大的控制系统，但不宜在易燃、易爆和无线电通讯场合使用；交流伺服电动机本身的转动惯量较小，运行较稳定，与相同输出功率的直流伺服电动机相比，其体积大、效率低。

63. 答　无刷直流伺服电动机具有与有刷直流伺服电动机相似的机械特性、调节特性和工作特性，且无电气接触火花，安全、防爆性好，无线电干扰小，机械噪声小，寿命长，工作可靠性高，可工作于高空及有腐蚀性气体的环境。

64. 答　当金属或半导体薄片置于磁场中时，若在垂直于磁场的方向上有电流流过此薄片，则在薄片的垂直于磁场和电流的方向上产生霍尔电压，这种现象就是霍尔效应。霍尔器件主要有霍尔元件和霍尔集成电路两大类。

65. 答　所谓光电效应是指在光照的作用下，物体吸收了光能而产生的电效应。它分为外光电效应和内光电效应两大类。其中，外光电效应是指在光照的作用下，物体内的电子逸出物体表面向外发射的现象，基于外光电效应的光电器件，有真空光电管、光电倍增管和紫外线传感器等；内光电效应是指在光照的作用下，物体的电阻率发生变化或产生光生电动势的现象，前者称为光电导效应，后者称为光生伏特效应，基于光电导效应的光电器件有光敏电阻，而基于光生伏特效应的光电器件有光电池、光敏二极管、光敏晶体管和光敏晶闸管等。

66. 答　当把两种不同材料导体连接而组成一个闭合回路时，若两接点处的温度不同，则在此闭合回路中就会产生热电动势，并形成电流，这种现象称为热电效应。利用热电效应来测量温度的传感器主要有热电偶传感器，热电偶热电动势的大小只与热电偶两端的温度有关。

67. 答　接近传感器又称为无触点接近开关或接近开关，它是一种能够在非接触的情况下检测被测物体是否接近，并将检测结果以开关信号方式输出的位置控制信号元件。常用的接近开关有电感式、电容式、光电式、霍尔式等多种接近开关。

68. 答　莫尔条纹移过的条数与两光栅尺相对移过的栅距数相对应；莫尔条纹移动的方向与两光栅尺相对移动方向相垂直；莫尔条纹的间距是放大了的光栅栅距；莫尔条纹具有对光栅刻线的平均效应。

69. 答　动态响应型（即速度响应型）磁头仅有一个输出线圈，只有当磁头相对于磁栅作匀速直线运动时输出的电信号才有用，其输出信号频率与磁栅信号频率一致；而静态响应型（即磁通响应型）磁头有励磁线圈和输出线圈各一组，不管其是否运动，输出线圈均有输出电压信号，并且磁通响应型磁头输出信号频率是磁栅信号频率的两倍。

70. 答　在工作原理方面，可编程序控制器采用周期循环扫描方式，在执行用户程序过程中与外界隔绝，从而大大减小外界干扰；在硬件方面，采用良好屏蔽措施、对电源及 I/O 电路多种形式的滤波、CPU 电源自动调整与保护、CPU 与 I/O 电路之间采用光电隔离、输出联锁、采用模块式结构并增加故障显示电路等措施；在软件方面，设置自诊断与信息保护与恢复程序。

71. 答　可编程序控制器的顺序扫描工作有三个主要阶段：1）输入处理阶段：即读入输入信号，将按钮、开关的触头及传感器等的输入信号读入到存储器内，读入信号保持到下一次该信号再次读入为止；2）程序执行阶段：即根据读入的输入信号的状态，解读用户程序逻辑，按用户逻辑得出正确的输出信号；3）输出处理阶段：即把逻辑解读的结果通过输出部件输出给现场受控元件，如电磁阀、电动机等的执行机构和信号装置。

72. 答　1）偏差判别，即判别加工点相对于规定的零件图形轮廓的偏差位置，以决定进给方向；2）坐标进给，即根据偏差判别的结果，控制相应的坐标进给一步，使加工点向规定的轮廓靠拢，以缩小偏差；3）偏差计算，即进给一步后，计算新加工点与规定的轮廓的新偏差，为下一次偏差判别作准备；4）终点判别，即判别加工点是否到达终点，若已到终点，则停止插补，否则再继续按此四个节拍继续进行插补。

73. 答　数控机床对位置检测装置的要求是能满足运动速度和精度的要求、工作可靠、使用维护方便和经济耐用。

74. 答　半导体存储器是存放用二进制代码形式表示的数据和程序等信息的半导体器件。按存储信息的功能，半导体存储器可分为随机存取存储器（简称 RAM）和只读存储器（简称 ROM）两类。随机存取存储器又称读写存储器，它在计算机运行期间可随机地进行读写操作，但一旦断电，其所写入的信息就会消失；只读存储器在计算机运行期间只能读出它原来写入的信息，而不能随时写入信息，在断电时，其所写入的信息不会消失。

75. 答　只读存储器按功能可分为掩模式 ROM（简称 ROM）、可编程序只读存储器 PROM、可改写的只读存储器 EPROM（紫外线擦除、电可改写）、E^2PROM（电擦除、电可改写）和 FLASH ROM（闪存）等几种。

76. 答　地址总线是用来传送由 CPU 发出的用于选择要访问的器件或部件的地址；数据总线是用来传送计算机系统内的各种类型的数据；控制总线用来传送使计算机中各部件同步和协调的定时信号及控制信号。

77. 答　微型计算机的输入/输出设备，也称为外围设备，简称 I/O 设备或外设。微型计算机与外界通信要通过外围设备进行。常用的外围设备有键盘、CRT 及 LCD 显示器、打印机、磁盘驱动器、光盘驱动器、数 – 模转换器（D – A）、模 – 数转换器（A – D）以及其他专用设备等。

78. 答　1）输入/输出设备的选择；2）信息的转换；3）信息的输入/输出；4）数据的缓冲及锁存。

79. 答　集散型计算机工业控制系统又称为以微处理器为基础的分布式信息综合控制系统。集散控制系统是采用标准化、模块化、系列化的设计，具有分散控制和集中综合管理的分级计算机网络系统结构。它具有配置灵活、组态方便、便于实现生产过程的全局优化等特点。

80. 答　使被测信号源与示波器隔离，能测量较高电压信号；提高示波器的输入阻抗；减小测量引线分布电容对被测信号波形的影响；减小外界干扰的影响。

81. 答　双踪示波器采用单线示波管，示波管中只有一个电子枪，在电子开关的作用下，按时间分割原则，使两个测量通道交替工作，实现两个信号波形的显示，但由于其两个探头共用一个接地端，因此它要求两个被测信号必须要有公共端。双线示波器又称双束示波器，它采用双线示波管，示波管有两个电子枪，该示波器内部具有两个独立的 Y 轴测量通道，能同时分别测量两个不同的被测电压信号，因此它能较方便地对显示出的两个信号波形进行观察、比较和分析。

82. 答　液压传动的优点是：可实现无级变速，便于实现自动化；传动力大，运动比较平稳；反应快、冲击小，能高速启动、制动和换向；能自动防止过载；操作简便；使用寿命长；体积小、重量轻、结构紧凑。缺点是：容易泄露，元件制造精度要求高；传动效率低。

83. 答　电气设备技术管理主要内容是：正确使用和维护，开展预防性维修，配备必要的设备管理人员，规范设备的修理内容、修理时间的定额及修理费用。管理方式有：集中管理、分散管理及混合管理。

84. 答　工时定额包括作业时间 T_Z；准备与结束时间 T_{ZJ}；作业宽放时间 T_{ZK}；个人需要与休息宽放时间 T_{JXK}。

85. 答　1）整体结构最佳化；2）系统控制智能化；3）操作性能柔性化。

86. 答　五大组成要素：机械系统（机构）、电子信息处理系统（计算机）、动力系统（动力源）、传感检测系统（传感器）、执行元件系统

（如电动机）。五大内部功能：主功能、动力功能、检测功能、控制功能、构造功能。

87. 答 "CIMS" 是信息技术和生产技术的综合应用，旨在提高制造企业的生产率和响应能力，由此企业的所有功能、信息、组织管理方面都是一个集成起来的整体的各个部分。"FMS" 是在计算机辅助设计（CAD）和计算机辅助制造（CAM）的基础上，打破设计和制造的界限，取消图样、工艺卡片，使产品设计、生产相互结合而成的一种先进生产系统。

88. 答 由学员结合自己的经验举例。说明机电一体化产品不仅能代替人类的体力劳动，且具有了"头脑"。

89. 答 CAD 是计算机辅助设计（Computer Aided Design）的缩写，CAM 是计算机辅助加工（Computer Aided Manufacturing）的缩写，CAPP 是计算机辅助工艺规程设计（Computer Aided Process Planning）的缩写。

90. 答 1）以市场需求为依据，最大限度地满足市场多元化的需要。

2）产品开发采用并行工程方法。

3）按销售合同组织多品种小批量生产。

4）生产过程变上道工序推动下道工序为下道工序需求拉动上道工序生产。

5）以"人"为中心，充分调动人的积极性。

6）追求无废品、零库存，降低生产成本。

7）全面追求"尽善尽美"。

91. 答 主生产计划 MPS，物资需求计划 MRP，生产进度计划 OS，能力需求计划 CRP。

92. 答 生产同步化，生产均衡化，采用"看板"。

93. 答 1）管理信息系统 MIS。

2）技术信息分系统 CAD、CAPP、NCP。

3）制造自动化分系统 CAM。

4）质量管理分系统 CAQ。

94. 答 1）研究 ISO 9000 族标准。

2）组建质量体系。

3）确定质量体系要素。

4）建立质量体系。

5）质量体系的正常运行。

6）质量体系的证实。

五、读图与作图题

1. **答**　1）三种速度；2）回油节流调速回路；3）P形，中位时液压缸差动快进；4）泵1；5）阀5。

2. **解**　$u_I = 0$ 时，$u_{o1} = U_{OH1} = 3.6V$，$u_{o2} = U_{OL2} = 0.3V$，则 $u_A = U_{OL2} + \dfrac{u_I - U_{OL2} - u_D}{R_1 + R_2} R_2$

当 u_I 上升到正向阈值电压 U_{TH1} 时，触发器翻转。此时，$u_A = U_{TH} = 1.4V$，故

$$u_I = U_{TH1} = \frac{u_A - U_{OL2}}{R_2}(R_1 + R_2) + U_{OL2} + U_D = \left[\frac{1.4 - 0.3}{200}(100 + 200) + 0.3 + 0.7\right]V = 2.65V$$

触发器翻转后，只有当 u_I 下降到负向阈值电压 U_{TH2}，即 $u_I = U_{TH2} = U_{TH}$ 时，触发器才返回起始状态，则回差电压 $\Delta U = U_{TH1} - U_{TH2} = (2.65 - 1.4)V = 1.25V$。

在输入电压作用下，输出电压和波形如图23所示。

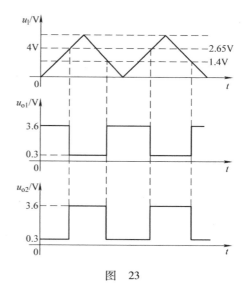

图　23

3. **答**　（1）按题意，列真值表　设输入变量为A，B，C表示电动机，开机为"1"，停机为"0"，输出变量为Y，停机和报警控制为"1"，正常动作或途中不堆积动作为不报警为"0"，列出真值表如下：

真值表

A	B	C	Y
0	0	0	0
0	0	1	0
0	1	0	1
0	1	1	0
1	0	0	1
1	0	1	1
1	1	0	1
1	1	1	0

（2）列逻辑函数式，并化简　逻辑表达式为

$$Y = \overline{A}B\overline{C} + A\overline{B}\,\overline{C} + A\overline{B}C + AB\overline{C} = \sum m\,(2,\ 4,\ 5,\ 6)$$

经化简后，得 $Y = A\overline{B} + B\overline{C}$ ，其与非式为

$$Y = \overline{\overline{A\overline{B}} \cdot \overline{B\overline{C}}}$$

（3）画逻辑图　逻辑图如图 24 所示。

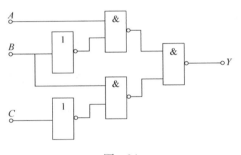

图　24

4. **答**　因为 $u_o = 3u_{i1} - 2u_{i2} = -(-3u_{i1} + 2u_{i2})$，因此对 u_{s1} 经反相器输出，再用求和电路得如图 25 所示电路。其中 $R_2 = R_1$，$R_5/R_4 = 2$；$R_5/R_3 = 3$。

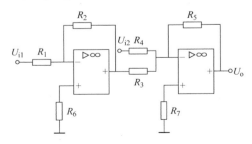

图　25

5. **答** ①为交流侧硒堆，用于吸收交流电网持续时间较长、能量较大的过电压；②为交流侧阻容过电压吸收，用于吸收持续时间短、能量小的尖峰过电压；③为桥臂快速熔断器，用于在过流时保护晶闸管，防止晶闸管因过流烧坏；④为晶闸管的阻容吸收电路，用于吸收晶闸管二端可能出现的尖峰过电压、限制 du/dt 的值，防止晶闸管过压击穿或误导通；⑤为桥臂空芯电抗，用于限制桥臂出现过大的 di/dt 值，以免晶闸管因局部过热而损坏，同时也起限制晶闸管的电压上升率 du/dt 值的作用，防止晶闸管误导通；⑥为直流侧压敏电阻，主要吸收直流侧过电压；⑦为直流侧过电流继电器，当直流电流超过设定值时，继电器动作，切断电源以保护晶闸管。

6. **答** 1）RP1 用于调节锯齿波的斜率；2）RP2 用于调节负偏移电压 U_b 的大小；3）改变电阻 R_{11} 或电容 C_3 的大小，可以改变触发脉冲的宽度；4）A 端接控制（给定）电压；B 端是为了形成双脉冲的 X 端，接到前相触发电路的 Y 端（即 C 端）；C 端为 Y 端，与来自后相触发电路的 X 端（即 B 端）相接；D 端接同步电压；E 端接封锁信号；5）+50V 整流电源用于产生强触发脉冲。

7. **答** PLC 的 I/O 接线图及梯形图程序如图 26 所示。

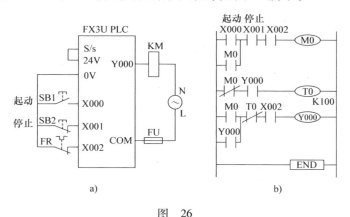

图 26

8. **答** PLC 的 I/O 接线图及梯形图程序如图 27 所示。

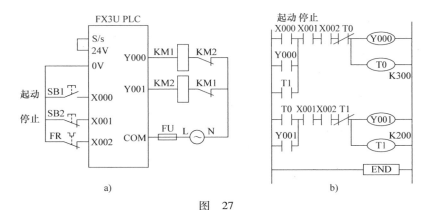

图　27

9. 答　PLC 的 I/O 接线图及梯形图程序如图 28 所示。

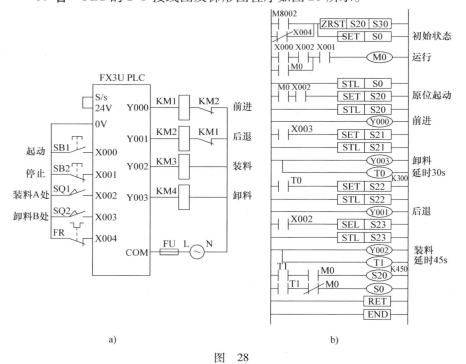

图　28

10. 答　PLC 的 I/O 接线图及梯形图程序如图 29 所示。

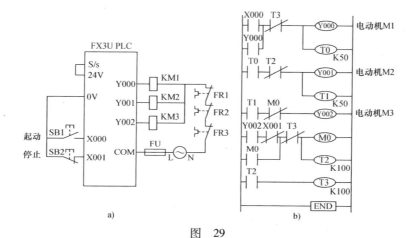

图 29

11. **答** PLC 的 I/O 接线图及梯形图程序如图 30 所示。

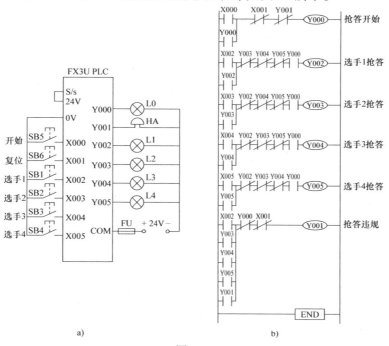

图 30

参 考 文 献

［1］廖常初．可编程序控制器应用技术［M］．4 版．重庆：重庆大学出版社，2002.

［2］孙振强．可编程控制器原理及应用教程［M］．北京：清华大学出版社，2005.

［3］机械工业技师考评培训教材编审委员会．维修电工技师培训教材［M］．北京：机械工业出版社，2001.

［4］王建，等．维修电工（技师、高级技师）国家职业资格证书取证问答［M］．3 版．北京：机械工业出版社，2006.

［5］机电类技师鉴定培训教材编审委员会．维修电工技师鉴定培训教材［M］．北京：机械工业出版社，2009.